全国注册建筑师继续教育必修教材（之十二）

装配式建筑系统集成与设计建造方法

中国建筑标准设计研究院有限公司　编著

刘东卫　主编

中国建筑工业出版社

图书在版编目（CIP）数据

装配式建筑系统集成与设计建造方法 / 中国建筑标准设
计研究院有限公司编著；刘东卫主编. — 北京：中国建筑
工业出版社，2020.6（2022.8重印）

全国注册建筑师继续教育必修教材.十二

ISBN 978-7-112-25235-0

Ⅰ.①装…　Ⅱ.①中…　②刘…　Ⅲ.①装配式构件 —
建筑设计　Ⅳ.① TU3

中国版本图书馆CIP数据核字（2020）第096076号

责任编辑：刘　静　徐　冉
责任校对：芦欣甜

全国注册建筑师继续教育必修教材（之十二）

装配式建筑系统集成与设计建造方法

中国建筑标准设计研究院有限公司　编著

刘东卫　主编

*

中国建筑工业出版社出版、发行（北京海淀三里河路9号）

各地新华书店、建筑书店经销

北京点击世代文化传媒有限公司制版

北京建筑工业印刷厂印刷

*

开本：787×1092毫米　1/16　印张：29　字数：616千字

2020年6月第一版　2022年8月第四次印刷

定价：85.00元

ISBN 978-7-112-25235-0

　　（35993）

编审名单

编 委 会： 崔 恺　王建国　孟建民　庄惟敏　丁 建　冯正功
李 军　李存东　吴 蔚　张伶伶　张俊杰　邵韦平
周铁征　赵元超　柳 澎　钱 方　郭卫兵　曹嘉明

主　　编： 刘东卫

编写组成员： 刘志鸿　周祥茵　朱 茜　冯海悦　伍止超　秦 姗
李 静　高志强　魏素巍　王 喆　杜志杰　张建斌
郝 伟　王琋慧　李 兵　蒋航军　狄 明　张 欣
罗文斌　贾 丽　郝 学　邓 烜　肖 明　魏 曦
何 易　何晓微　张洪伟　段朝霞　李晓峰　王 力
孙 楠　盛 晔　曹 爽　李增银　温 静　董元奇
郑 阳　唐浩翔　郭劭钦　唐 丽　张 超　商 磊
潘 阳　贾 璐　郑冰雪　王姗姗　刘若凡　洪哲远

编 写 单 位： 中国建筑标准设计研究院有限公司

主　　审： 庄惟敏　李兴钢

审查组成员： 赵冠谦　周静敏　贾倍思　张 宏　范 悦　李忠富
舒 平　邵 磊　何 川　孙志坚　刘晓钟　钱嘉宏
朱光辉　宋 兵　杨家骥　郭 宁　刘若南　李 桦
姚 慧　郭智敏　薛 峰　娄 霓　赵 钿　赵中宇
樊则森　汪 杰　袁 烽　周 峻　朱显泽　刘西戈
闫英俊　徐国军　郭 庆　满孝新　龙玉峰　马 涛
宋力峰　王凌云　徐颖璐　王 颖　施 刚　杨思忠
李 浩　刘宴山　徐晓波　李立恒

前　言

　　建筑工业化建造方式是工业革命以来开创的全新建造模式，这种史无前例的建造方式成为二战以后人类历史上宏大住宅建设的基础，在推动建筑生产工业化建造方式发展的城乡人居环境建设进程中取得了前所未有的辉煌成就。20世纪以来，伴随着工厂化预制建筑产品生产、全新装配集成技术及其新型建筑材料的发展，在全世界范围内以新型预制建筑技术为基础的工业化生产方式，来实现高品质、高效率和低资源消耗的装配式建筑的开发建设，既具有显著的社会、经济与环境效益，也是国际建设领域的重大发展趋势。

　　目前我国正在进入社会经济产业转型、实现高质量发展的新阶段。整个建筑业需尽快摆脱传统落后的状态，通过加速建筑产业现代化建设，全面实现生产建造方式升级转型。我国新型建筑生产建造方式的转型升级不仅关系到装配式建筑发展及其技术革新本身，还事关我国转变社会经济发展方式、实现全面建设小康社会目标的全局。它涉及理念的转变、模式的转型和路径的创新，是一个战略性、全局性、系统性的变革。这一转型还可通过建设具有长期优良性能的建筑产品和社会资产来推动我国经济社会的可持续发展，其作用明显且意义深远。新型生产建造方式的装配式建筑应该满足以下特征：实现建筑主体及内装的全方位设计标准化、生产工厂化、装修一体化、施工装配化、管理信息化和运维智能化，通过建筑体系的集成运用，体现绿色可持续发展；以高度灵活的空间构成为未来提供改变的可能，通过住宅的长寿化，为个人及社会创造优质资产，维持社会的可持续发展；以优良丰富的部件与部品为载体，造就强大的生产建造产业链并形成良性循环，为高品质建设提供保障的同时，推动社会经济、产业的发展。

众所周知，人们对当前建筑业所出现的可持续发展问题有了越来越清醒的认识，近年来装配式建筑在国家政策的大力推动下迅速发展，随着国家装配式建筑技术标准陆续发布实施，涌现了一系列创新性研究和实践，但是，与国际可持续发展的装配式建筑建造方式的技术集成相比还有很大差距，仍处于研究探索与实践应用的转型发展时期。同时，仍存在着装配式建筑基本认识与顶层设计较片面、可持续发展模式转型与市场能力不足、新型建筑设计与建造理论方法及其建筑集成体系不完善、装配式部件部品产业化水平落后和全产业链能力低下等一系列现实问题。

广大建筑师在装配式建筑的设计建造工作中，常面临如何从建筑设计的角度全面认识建筑产业现代化体系；如何利用装配式系统集成方法去解决建设中存在的建筑寿命问题、居住品质问题，乃至既有建筑改造的可持续发展问题；如何建立健全的住宅建筑生产产业链、统筹协调资源能源的利用问题。这些既是亟待解决的问题，也是未来研究发展的方向。从国外成熟的设计来看，装配化工厂生产方式使高质量、高效率建设成为可能，预制化建筑部件的设计制造，可以多样化实现传统建造方式难以呈现的表达形式和个性化、人性化的广阔的建筑创作空间。衷心期盼着，广大建筑师在今后装配式建筑设计实践中，创新设计思维与机制建设，关注建筑业全产业链的建筑工程质量、效率和效益水平的提升课题，为推动我国建设供给模式转变、促进社会经济和资源环境的可持续发展作出应有的贡献。

本教材主要基于新时代我国社会经济转型时期的建筑产业发展背景与装配式建筑的建设需求，从创新装配式建筑的设计建造方法出发，改变传统建造模式下设计思维和设计与建造相分离的工作方法，为广大建筑师提供一本具有基础性、系统性、适用性与先进性的教材。期望本书的出版为广大建筑师和读者学习完整性的装配式建筑相关专业理论知识、以新型建筑生产工业化的整体思维认识装配式建筑专业化设计与建造技术集成方法、全面理解并掌握装配式建筑技术标准等方面提供支持和帮助。

本书聚焦于建筑产业化发展装配式建筑系统集成与设计建造方法的新方向、新趋势与新技术，全面汇集了国内外装配式建筑设计建造的前沿理论及设计实践。国际建筑生产工业化创新发展的建筑体系以及相关集成方法论与实践的研究，表明了预制部件与集成系统对于推动建筑生产的设计建造发展的重要性，也凸显了预制装配式建筑发展的重要性。系统化装配式建筑体系的发展，是传统建造方式变革的基础。通过装配式建筑发展历程中不同时期建筑体系的研发，发展满足未来建设发展需求的建筑技术解决方案，增强设计适应性和集成建筑部品生产装配适宜性，指明未来新型装配式建筑体系与技术集成发展趋势，推动建筑从封闭体系向开放体系转变，满足建筑生命周期要求及建筑业的可持续发展。

本书第 1 章从国内外建筑产业发展、建筑生产工业化演变和未来预制装配领域技术革新的视角，系统性介绍装配式建筑相关基本认识与基础知识。从广义认知论、建筑生产论和开放体系论三个方面，系统介绍装配式建筑相关概念与分类、基本特征、新型生产建造方式、建筑生产的工业化、住宅产业化、建筑产业现代化、建筑构法和建筑体系等；在国内外建筑生产工业化方式演变与装配式建筑发展方面，围绕国外建筑工业化与装配式建筑和我国建筑工业化与装配式建筑的历程进行回顾，并着重于中日两国的装配式集合住宅与集成技术化的演进过程，介绍了建造技术集成化的发展轨迹；在新型生产建造方式与装配式建筑可持续发展方面，从国际可持续发展视野下的新型生产建造方式入手，分析我国装配式建筑发展与可持续建设挑战，提出迈向可持续建设发展模式的装配式建筑未来的建议。

本书第 2 章论述了我国以新型建造方式为基础的建筑体系的相关重要成果，全面介绍了装配式建筑系统集成的方法，阐述了装配式建筑系统集成体系、建筑主体工业化系统和建筑内装工业化系统的体系特点和技术要求。目前预制装配式技术在建筑结构和建筑外围护结构方面应用较多，但建筑设备系统和内装系统方面仍多为传统建造方法，在设计建造中应考虑内装部品系统化解决方案。在装配式建筑的系统集成方面，阐述了装配式建筑通用体系、系统集成方法与体系、其构成体系的基本系统；在建筑主体工业化系统方面，重点分析了装配式混凝土结构系统和装配式钢结构体系及其技术集成特点；在建筑内装工业化系统方面，强调了装配式内装相关技术体系、部品体系及其集成技术要点，重点对装配式墙面与隔墙等集成化部品和整体卫浴等模块化部品的技术集成提供标准化指导。

本书第 3 章以装配式建筑的设计集成方法与要求为目标，提出了创新现行设计及其流程的思路，建筑师从设计概念到实施的全过程将统领设计集成并提高系统化建造技术水平，实现绿色环保、技术先进、经济高效的解决方案。在概念与方案设计阶段引入集成设计创新与设计集成策略相结合的设计手段，可为装配式建筑实施提供保障，将建设全过程的策划设计、工厂生产和装配建造等环节联结为一个完整的产业系统，实现设计建造全产业链整合的设计项目管理模式。

装配式建筑以部件部品集成的建筑体系方法，将建筑产品通过模数协调等设计集成策略，统筹建筑结构系统、建筑外围护体系、建筑内装与管线设备系统的相互关联，这是集成设计的重要组成部分。本章围绕装配化特点阐明了新型装配式建筑设计方法，明确了建筑集成化设计、建筑流程化设计、建筑模数化设计、建筑标准化设计、系统化设计、部品化设计和可持续设计的基本主题，并针对其主题的设计要点提供了综合性指导。

关注全球化提高资源利用效率与可持续发展重大议题，对推动装配式建筑领域的发展具有重要意义，采取针对性策略来改变这种状况已迫在眉睫。应对建筑系统性和建筑可更新性方面进行评估，在规划设计阶段整体考虑预制与建造装配等环节的技术措施。在可持续设计方面，提出了建筑长寿化和性能化设计的要求。

本书第 4 章结合装配式建筑的生产建造模式体现出的精益化生产特点、生产组织模式和施工建造过程与建造策略，系统分析了装配式建筑的精益化生产、施工和管理各个主要环节，梳理了采用精细化模式实施装配式建筑建造全过程的技术途径，以达到缩短工期、提高效率、提升品质的目标，先进的精益化建造方法展现了预制装配建造技术的发展潜力。本章对装配式建筑与精益化生产方法的理念与目标、方法和实施进行了介绍；在装配式建筑的部件部品精益化生产方面，阐述了其精细化生产的流程与质量管理等要求与技术要点；在装配式建筑的精益化施工建造方面，归纳了其精益化施工建造的组织筹划、施工管理及其技术的要点；在装配式建筑的精益化管理方面，阐述了基于精益化管理方法，解析了装配式建筑信息化管理体系和工程总承包管理模式，分别提出了装配式建筑设计阶段、生产阶段和施工阶段的管理要点。

本书第 5 章为装配式建筑技术系列标准解读，对国家现行标准《装配式混凝土建筑技术标准》GB/T 51231—2016、《装配式钢结构建筑技术标准》GB/T 51232—2016、《装配式住宅建筑设计标准》JGJ/T 398—2017、《装配式钢结构住宅建筑技术标准》JGJ/T 469—2019、《装配式内装修技术标准》（报批稿）等系列技术标准进行详细解读。装配式建筑技术系列标准具有国际先进性、以新型装配式建筑的创新引领为核心、突出装配式建筑的完整建筑产品体系集成建筑的特点，聚焦解决装配式建造方式可持续发展问题。系列标准总结了我国装配式建筑和建筑产业现代化的实践经验和研究成果，借鉴国际先进经验制定了装配式建筑建造全过程、全专业的装配式建筑技术要求，其技术标准的发布与实施对促进传统建造方式向现代建筑生产工业化建造方式转变具有重要的引导和规范作用，也是推动建筑产业现代化持续健康发展的重要基础。希望广大建筑师建立装配式建筑设计思维，重视装配式建筑的设计方法，树立统领装配式建筑建造的由结构系统、外围护系统、设备与管线系统、内装系统集成建筑设计的全局观，转变从传统建筑设计思维到装配式建筑设计思维的观念。通过对装配式建筑技术系列标准的学习，正确执行标准对装配式建筑在适用、经济、安全、绿色、美观方面的具体要求，贯彻装配式建筑在全寿命期的可持续性原则，统筹标准化设计、工厂化生产、装配化施工、一体化装修、信息化管理和智能化应用的建筑生产全产业链技术，运用装配式建筑系统集成设计方法实现装配式建筑高品质产品。

本书最后优秀设计实践案例附录部分，重点选择了居住建筑和公共建筑两大类型中不同装配式建筑体系的前沿实践案例。其设计实践针对预制装配式建筑领域研究热点进行探讨，对预制装配式建筑未来研究方向进一步拓宽和突破，展现了装配式建筑在相关建筑体系、集成技术、施工建造工艺、产业化实施和质量控制及其形态表现方面的前景与魅力。这些优秀设计实践案例以应对建筑业生产方式转变和带动设计创新为目标，以预制装配式技术创新研发方法为基础，以全产业链合作实施为落脚点，提出集成设计建造策略，其研究成果具有应用和推广价值。由于本书篇幅所限不能全面介绍，所提供的案例可供建筑师学习时进一步查阅与参考。

目前我国装配式建筑正处于转型发展阶段，本书编写的可借鉴与参考的相关理论方法研究、工程实践和技术成果较少，加之首次编写针对建筑师的装配式建筑设计建造方面的书籍，限于编者水平、学术难度与时间问题，与广大建筑师和读者期盼的成果要求有所差距，不足之处，敬请批评指正。

作为中国建筑标准设计研究院有限公司十余年来研究与探索国际建筑产业现代化理念、新型建筑生产工业化的建筑体系、装配式建筑系统集成理论与相关标准研究的结晶及其设计建造技术集成的研发设计和技术成果的总结，期望本书能对我国广大建筑师的装配式建筑创新实践提供有益的参考，对我国建筑产业现代化进程中建筑行业的从业者具有一定的指导作用和借鉴价值，希望抛砖引玉地为找寻装配式建筑转型发展方向的同仁们提供一些思考。最后，对参与编写的中国建筑标准设计研究院有限公司各位同仁的共同奋斗与辛苦付出表示由衷的敬意和衷心感谢。

刘东卫

住房和城乡建设部建筑设计标准化技术委员会主任委员

中国建筑标准设计研究院有限公司总建筑师

2020 年 5 月 16 日于北京

目　录

前　言

1　装配式建筑概论 1

　　1.1　建筑产业现代化背景下的装配式建筑 2

　　　　1.1.1　广义认知论与装配式建筑 2

　　　　1.1.2　建筑生产论与装配式建筑 11

　　　　1.1.3　开放体系论与装配式建筑 16

　　1.2　国内外建筑生产工业化方式演变与装配式建筑发展 25

　　　　1.2.1　国外建筑工业化与装配式建筑的历程 26

　　　　1.2.2　日本装配式集合住宅与集成技术体系化的演进 35

　　　　1.2.3　我国建筑工业化与装配式建筑的历程 37

　　　　1.2.4　我国装配式集合住宅与集成技术化的演进 51

　　1.3　新型生产建造方式与装配式建筑可持续发展 53

　　　　1.3.1　国际可持续发展视野下的新型生产建造方式 53

1.3.2　我国装配式建筑发展与可持续建设挑战　56

1.3.3　迈向可持续建设发展模式的装配式建筑未来　57

2　装配式建筑的系统集成方法　61

2.1　装配式建筑的系统集成　62

2.1.1　装配式建筑通用体系　62

2.1.2　装配式建筑系统集成的构成体系　66

2.1.3　装配式建筑构成体系的基本系统　68

2.2　建筑主体工业化系统　71

2.2.1　装配式混凝土结构体系与技术集成　71

2.2.2　装配式钢结构体系与技术集成　74

2.3　建筑内装工业化系统　76

2.3.1　装配式内装与技术集成　76

2.3.2　集成化部品体系与技术集成　77

2.3.3　模块化部品体系与技术集成　79

3　装配式建筑的设计集成策略　85

3.1　建筑集成化设计　86

3.1.1　建筑集成基本方法　86

3.1.2　集成设计　86

3.2　建筑流程化设计　88

3.2.1　设计流程与技术策划　88

3.2.2　设计流程的基本阶段　90

3.3　建筑模数化设计　96

3.3.1　模数与模数网格　96

3.3.2　优先尺寸与尺寸协调和定位　100

3.4　建筑标准化设计　103

3.4.1　标准化基本方法　104

3.4.2　标准化设计　107

3.5　系统化设计　113

3.5.1　建筑结构的系统化设计　113

3.5.2　建筑外围护结构的系统化设计　120

3.5.3 设备及管线的系统化设计 126

3.6 部品化设计 131

3.6.1 部品设计基本方法 131

3.6.2 部品与技术集成 133

3.7 可持续化设计 138

3.7.1 建筑长寿化 138

3.7.2 建筑性能化 142

4 装配式建筑的精益生产建造 145

4.1 装配式建筑与精益生产方法 146

4.1.1 建筑生产与精益生产 146

4.1.2 精益生产方法与实施 150

4.2 装配式建筑的部件部品精益化生产 153

4.2.1 预制混凝土构件生产 153

4.2.2 钢构件生产 164

4.2.3 部品生产 171

4.3 装配式建筑的精益化施工建造 175

4.3.1 施工组织筹划 176

4.3.2 施工管理 180

4.3.3 施工技术 184

4.4 装配式建筑的精益化管理 197

4.4.1 信息化管理与应用 198

4.4.2 工程总承包管理模式 206

5 装配式建筑技术系列标准 213

5.1 《装配式混凝土建筑技术标准》GB/T 51231—2016 214

5.1.1 编制概况 214

5.1.2 标准的技术内容与要求 215

5.2 《装配式钢结构建筑技术标准》GB/T 51232—2016 257

5.2.1 编制概况 257

5.2.2 标准的技术内容与要求 258

5.3 《装配式住宅建筑设计标准》JGJ/T 398—2017 292

    5.3.1 编制概况   292

    5.3.2 标准的技术内容与要求   293

5.4 《装配式钢结构住宅建筑技术标准》JGJ/T 469—2019   319

    5.4.1 编制概况   319

    5.4.2 标准的技术内容与要求   320

5.5 《装配式内装修技术标准》报批稿   360

    5.5.1 编制概况   360

    5.5.2 标准的技术内容与要求   362

附录 装配式建筑的集成设计建造案例   385

居住建筑   386

    北京雅世合金公寓项目   386

    上海万科金色里程住宅项目   388

    山东济南鲁能领秀城住宅项目   390

    北京郭公庄公共租赁住房一期项目   392

    北京实创青棠湾公共租赁住房项目   394

    北京丰台桥南王庄子居住项目   396

    江苏镇江新区公共租赁住房项目   398

    江苏南京丁家庄保障房项目   400

    山东德州长屋住宅项目   402

    河北雄安市民服务中心周转及生活用房项目   404

    浙江绍兴宝业新桥风情住宅项目   406

    浙江杭州转塘单元 G-R21-22 地块公共租赁住房项目   408

    浙江嘉兴海盐吾悦广场住宅项目   410

    北京顺义区某低层住宅项目   412

    辽宁沈阳万科春河里 17 号楼住宅项目   414

公共建筑   416

    四川成都都江堰向峨小学项目   416

    北京城市副中心 C2 综合物业楼项目   418

    河北雄安市民服务中心企业临时办公区项目   420

    上海西岸世界人工智能大会 B 馆项目   422

    上海装配式建筑集成技术试验楼项目   424

广东省深圳坪山区学校项目　　　　　　　　　　　426

浙江乌镇"互联网之光"博览中心项目　　　　　　428

福建福州绿色科技产业园综合楼项目　　　　　　430

图片来源　　　　　　　　　　　　　　　　　432

参考文献　　　　　　　　　　　　　　　　　442

致　谢　　　　　　　　　　　　　　　　　449

1 装配式建筑概论

1.1 建筑产业现代化背景下的装配式建筑

1.1.1 广义认知论与装配式建筑

1.1.1.1 概念与内涵和相关用语

1）装配式建筑的基本概念

所谓装配，是 prefabrication 与 assemble 词汇意思的简称，意味着在现场组装之前预先进行部件部品的生产与加工。装配式建筑概念通常有两个方面的含义：第一，装配式建筑（prefabricated building）是将原来在现场建造的建筑通过部件部品化方法，预先进行部件部品工厂生产，再运到现场进行组装，因而，是由预制部件部品在工地装配而成的建筑；第二，装配式建筑（assemble building）的结构系统、外围护系统、设备与管线系统、内装系统的主要部分采用预制部件部品集成。

> **装配式建筑** prefabricated building、assemble building
>
> 装配式建筑（prefabricated building）：由预制部件部品在工地装配而成的建筑；
>
> 装配式建筑（assemble building）：结构系统、外围护系统、设备与管线系统、内装系统的主要部分采用预制部件部品集成的建筑。

2）装配式建筑的内涵及其相关用语

日本装配建筑协会对装配式建筑基本概念的内涵界定包括：第一，采用工厂生产部件部品装配化的建筑生产建造方式；第二，具有从建筑产品开发、部品生产、策划设计、施工建造和后期服务的全产业链生产供给体制；第三，运用先进工业化技术，保障工厂生产品质与现场施工质量，实施后期服务和赢得用户信赖。其内涵的相关主要用语如下。

（1）建筑系统集成（integration of building systems）：以装配化建造方式为基础，统筹策划、设计、生产和施工等，实现建筑结构系统、外围护系统、设备与管线系统、内装系统一体化的过程。

（2）集成设计（integrated design）：建筑结构系统、外围护系统、设备与管线系统、内装系统一体化的设计。

（3）协同设计（collaborative design）：装配式建筑设计中通过建筑、结构、设备、装修等专业的相互配合，并运用信息化技术手段满足建筑设计、生产运输、施工安装等要求的一体化设计。

（4）部件（component）：在工厂或现场预先生产制作完成，构成建筑结构系统的结构构件及其他构件的统称。

（5）部品（part）：由工厂生产，构成外围护系统、设备与管线系统、内装系统的建筑单一产品或复合产品组装而成的功能单元的统称。

（6）装配式住宅（assembled housing）：以工业化生产方式的系统性建造体系为基础，建筑结构体与建筑内装体中全部或部分部件部品采用装配方式集成化建造的住宅建筑。

（7）住宅建筑通用体系（housing open system）：以工业化生产方式为特征的、由建筑结构体与建筑内装体构成的开放性住宅建筑体系。体系具有系统性、适应性与多样性，部件部品具有通用性和互换性。

1.1.1.2 装配式建筑类型

装配式建筑通常根据建筑结构形式及其建材来进行分类，主要可分为装配式混凝土建筑类型、装配式钢结构建筑类型和装配式木结构建筑类型。

1）装配式混凝土建筑（assembled building with concrete structure）

建筑的结构系统由混凝土部件（预制构件）构成的装配式建筑。其结构类型包括装配整体式框架结构、装配整体式框架—现浇剪力墙结构、装配整体式框架—现浇核心筒结构、装配整体式剪力墙结构、装配整体式部分框支剪力墙结构等。其各类结构的最大适用高度见表1-1-1。

我国装配整体式混凝土结构房屋的最大适用高度（m）　　　　表 1-1-1

结构类型	抗震设防烈度			
	6 度	7 度	8 度（0.20g）	8 度（0.30g）
1. 装配整体式框架结构	60	50	40	30
2. 装配整体式框架—现浇剪力墙结构	130	120	100	80
3. 装配整体式框架—现浇核心筒结构	150	130	100	90
4. 装配整体式剪力墙结构	130（120）	110（100）	90（80）	70（60）
5. 装配整体式部分框支剪力墙结构	110（100）	90（80）	70（60）	40（30）

注：1 房屋高度指室外地面到主要屋面的高度，不包括局部突出屋顶的部分；
　　2 部分框支剪力墙结构指地面以上有部分框支剪力墙的剪力墙结构，不包括仅个别框支墙的情况；
　　3 摘自《装配式混凝土结构技术规程》JGJ1—2014 表 6.1.1。

2）装配式钢结构建筑（assembled building with steel-structure）

建筑的结构系统由钢部（构）件构成的装配式建筑。钢结构体系类型包括钢框架结构、钢框架—支撑结构、钢框架—延性墙板结构、筒体结构、巨型结构、交错桁架结构、门式刚架结构、低层冷弯薄壁型钢结构等。其各类结构的最大适用高度见表1-1-2。

我国多高层装配式钢结构适用的最大高度（m）　　　　表 1-1-2

结构体系	6 度（0.05g）	7 度		8 度		9 度（0.40g）
		（0.10g）	（0.15g）	（0.20g）	（0.30g）	
1. 钢框架结构	110	110	90	90	70	50
2. 钢框架—中心支撑结构	220	220	200	180	150	120

续表

结构体系	6度 （0.05g）	7度		8度		9度 （0.40g）
		（0.10g）	（0.15g）	（0.20g）	（0.30g）	
3. 钢框架—偏心支撑结构	240	240	220	200	180	160
4. 钢框架—屈曲约束支撑结构						
5. 钢框架—延性墙板结构						
6. 筒体（框筒、筒中筒、桁架筒、束筒）结构	300	300	280	260	240	180
7. 巨型结构						
8. 交错桁架结构	90	60	60	40	40	—

注：1 房屋高度指室外地面到主要屋面板板顶的高度（不包括局部突出屋顶的部分）；
　　 超过表内高度的房屋，应进行专门研究和论证，采取有效的加强措施；
　　2 交错桁架结构不得用于9度区；
　　3 柱子可采用钢柱或钢管混凝土柱；
　　4 特殊类，6、7、8度时宜按本地区抗震设防烈度提高1度后符合本表要求，9度时应作专门研究；
　　5 摘自《装配式钢结构建筑技术标准》GB/T 51232—2016 表5.2.6。

3）装配式木结构（assembled building with timber structure）

现代木结构建筑按结构构件采用的材料类型分为以下四种木结构建筑：轻型木结构、胶合木结构、方木原木结构、木结构组合建筑。各种木结构建筑的特点各不相同，满足的建筑功能也不相同。对拟建的木结构建筑应根据其使用功能、建筑面积、投资规模、现场环境和施工技术条件，结合当地结构用木材的供应状况，综合分析后再确定采用以上何种结构形式来建造该项目。

装配式木结构采用的预制木结构组件可分为预制梁柱构件、预制板式组件和预制空间组件，并应符合下列规定：①应满足模数化设计、标准化设计的要求；②应满足建筑使用功能、结构安全和标准化制作的要求；③应满足制作、运输、堆放和安装对尺寸、形状的要求；④应满足质量控制的要求；⑤应满足重复使用、组合多样的要求。

1.1.1.3　装配式住宅类型

装配式住宅建筑除了根据建筑结构种类分类之外，往往还有从工业化预制与装配程度、预制装配方式和建筑层数等角度进行的多种类型的划分。其中，划分为装配式低层住宅建筑类型与装配式中高层集合住宅建筑类型是主要的分类方式，这两种类别不仅体系特点各异，而且建筑生产与施工方法也有很大的不同。另外，由于建筑结构系统及其集成技术的特点，也划分出超高层装配式集合住宅建筑的类型。

1）装配式低层住宅类型与装配式集合住宅类型

装配式低层住宅建筑在按照其建筑结构材料分为钢结构、木结构和混凝土结构三种类型的基础上，还根据其装配方式的不同可以分为大型板类型、中型板类型、模块类型和龙骨类型四种。装配式低层住宅建筑类型，其钢结构、木结构以及内装部分工厂生产化的预制程度较高，且与装配式混凝土集合住宅相比，被称为轻量预制装配的"工厂化生产的装配式住宅"（表1-1-3）。

国外装配式低层住宅类型 表 1-1-3

序号	结构类型	装配方式与工法
1	木结构	大型板式体系与工法
2	钢结构	中型板式体系与工法
3	混凝土结构（含轻质混凝土）	单元模块式体系与工法
4		龙骨组合式体系与工法

注：摘自日本 NLI Research Institute 调查月报。

国外装配式混凝土集合住宅建筑类型 表 1-1-4

结构形式	装配方式与工法	适用层数
剪力墙结构 WPC 体系与工法	中型预制钢筋混凝土部件装配工法	低层（3 层以下）
	大型预制钢筋混凝土部件装配工法	中低层（5 层以下）
		高层（6 ~ 11 层）
	预应力预制钢筋混凝土部件装配工法	高层（10 层以下）
框架结构 RPC 体系与工法 HPC 体系与施工法	预制钢筋混凝土部件装配工法	从低层到超高层
	预制型钢钢筋混凝土部件组合装配工法	高层、超高层
	预应力预制钢筋混凝土部件装配工法	中高层
框架剪力墙结构 WRPC 体系与工法	预制钢筋混凝土部件装配工法	高层（15 层以下）

注：摘自社团法人　プレハブ建築協会「プレキャスト建築総論（第一編）」。

　　国内装配式集合住宅建筑的主体结构主要为混凝土结构、钢结构和木结构，现阶段以混凝土结构为主，混凝土结构在三类中应用最广，钢结构应用较少，木结构适应性受限，应用较少。装配式集合住宅由于大批量住宅建设供给需要和建筑产业与部件部品产业技术发展水平不同，其生产与施工方法、技术等在世界范围内呈现出多种多样的情况（表 1-1-4，图 1-1-1 ~ 图 1-1-4）。在住宅建筑生产方式上通常可以分为装配式主体生产工业化方式和装配式内装生产工业化方式两种装配化类型。

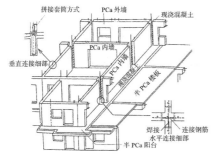

图 1-1-1　装配式剪力墙结构的 WPC 体系与工法

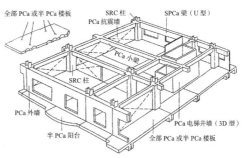

图 1-1-2　装配式框架结构的 HPC 体系与施工法

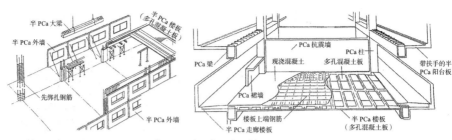

图 1-1-3 装配式框架结构的 RPC
体系与工法

图 1-1-4 装配式框架剪力墙结构的
WRPC 体系与工法

2）集合住宅建筑主体工业化生产方式的类型

集合住宅建筑主体工业化包括预制装配整体式混凝土结构、钢结构、钢混组合结构、木结构技术等。主体工业化通常是指主体结构部件采用工厂预制与现场进行装配施工的方法。建筑主体工业化方法具有工厂化批量预制、机械化施工，现场湿作业少、施工快、质量好、节省材料和人工的优点。主体工业化建造方式能提供高品质、高耐久、节能环保的建筑成品，解决长期以来建筑业存在的各种各样的寿命与质量问题。由于工厂生产可以按照一定的作业流程和严格的工艺标准控制产品生产质量，容易满足质量标准要求，现场吊装和少量节点连接作业可大大降低现场工人工作量和劳动强度，为保证施工质量创造良好的条件。

3）集合住宅建筑内装工业化生产方式的类型

集合住宅建筑内装工业化主要体现在工业化装修和内装部品化两方面。以内装工业化整合住宅内装部品体系，住宅部品的集成进一步使住宅生产达到工业化。内装工业化具有多方面优势：一是部品在工厂制作，现场采用干式作业，可以全面保证产品质量和性能；二是提高劳动生产率、缩短建设周期、节省大量人工和管理费用、降低住宅生产成本，综合效益明显；三是采用集成部品装配化生产，有效解决施工生产的误差和模数接口问题，可推动产业化技术发展与工业化生产和管理；四是便于维护，降低了后期的运营维护难度，为部品全寿命期更新创造了可能；五是节能环保，减少原材料的浪费，施工的噪声粉尘和建筑垃圾等环境污染也大为减少。在当前我国建筑产业化的背景下，建筑部品体系是实现建筑产业化的关键，建筑部品的标准化是推进建筑产业化的基础，以建筑部品相关设计体系、生产系统与集成技术研发实现部品通用化生产与社会化供应，才能保证建筑装配化的生产工业化建造方式的实现。

日本住宅建筑生产工业化的主体工业化构法通常为两大类型。一种是以现场生产工业化施工为中心，另一种则是以预制的工厂生产为中心。在实际项目应用中，为达到现场建造技术合理化、建造效率最优化的目标，往往会根据项目具体情况采用复合式工法，即根据具体建筑类型、层数、结构体系、现场规模、工时长短以及施工难度等情况，经综合分析后制定两个类型并用的复合方案。内装部品装配化是日本实现住宅生产工业化的关键。通过整合住宅内装部品，使部品趋向单元化和集成化，更加方便了安装，并减少了因接口产生的问题，提高了质量。部品均为工厂生产的通用部品，工法为干式施工。日本装配式住宅凭借建筑生产的多样性、高效省力与资源节约等优势在住宅建设中处处可见，无所不在。传统施工技术逐渐被取代，而多样化的装配式技术与"现场工业化生产施工方式"技术相结合已经成为当前主要的住宅建造方法。

4）超高层装配式集合住宅建筑的类型

国外超高层装配式集合住宅建筑从建筑体系、建筑材料到主体结构以及施工技术都进行了设计、施工及维护等方面的集成技术开发与创新。日本超高层装配式混凝土集合住宅建筑，根据混凝土的特性，进行了系统化的设计与施工技术、构法体系及工法方面的研发，进行了装配式技术与预应力技术相结合的技术实践，大跨度梁、预应力技术、超高强度混凝土的预制技术普遍应用，减少了柱的数量，增加了空间的开放性。超高层集合住宅装配式技术与减隔震技术相结合，既提高了生产施工的合理性，也提升了居住性能。

1.1.1.4 装配式建筑的基本特征

装配式建筑具有显著的优势。一是建筑产品的高品质。在拥有新技术的工厂中，采用完备的品质管理方式进行生产，制造出品质均一、高精度的建筑产品。二是施工的高质量。将许多现场作业改在工厂进行，通过标准化与规格化的方法保障了施工的简易、高品质。三是工期的高效率。采用避免受现场工人技能制约的工厂生产方法，既可减少现场作业，也可大幅度缩短工期。四是高性价比的成本。通过工厂生产的成本管理方法，可准确地控制工程成本。五是技术及性能的高附加值。采用特定预制工法技术，在工厂可实现现场难以实现的高附加值的技术和性能。

1.1.1.5 新型生产建造方式与装配式建筑

我国装配式建筑新型生产建造方式，完整实现了建筑产品的预制部件部品的工业化生产和管理，从其建筑全寿命期的可持续性来看，具体有六个方面的特征：标准化设计方式、工厂化生产方式、装配化施工方式、一体化装修方式、信息化管理方式和智能化运维方式（图1-1-5）。这可以从根本上改变传统建造方式，通过设计、生产、施工、装修等环节建筑产业链的高度协同，发展现代化工业，促进建造方式、建筑产业的转型升级。

标准化设计 standardization design

以装配式建筑生产的新型工业化建造方式，采用以建筑标准化为基本目标的标准化设计方法，实现建筑生产的专业化、协作化和集约化，提高装配式建筑的生产质量、效率与效益。

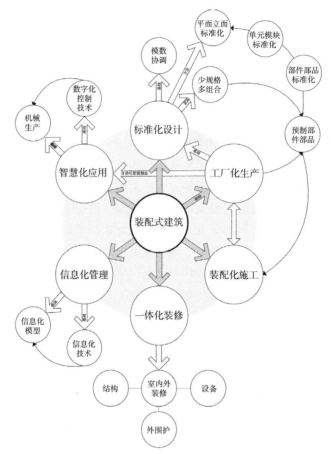

图 1-1-5 装配式建筑的新型生产建造方式

第一，标准化设计（standardization design）。以实现建筑标准化为基本目标的标准化设计方法，是装配式建筑生产建造方式的基础，是提高装配式建筑生产质量、效率与效益的重要手段，是建筑设计、生产、施工和管理之间生产协同的桥梁。建筑的标准化是建筑生产工业化的基本，建筑标准化可通过量产化来提高生产性、降低成本的同时，提高设计质量、保证建筑品质。装配式建筑的标准化设计方法能更好地实现建筑生产的专业化、协作化和集约化，装配式建筑的标准化设计可采用模块化与部品化方法，体现出工业化建造的优势。采用工厂化生产部品是标准化设计的关键，有利于提高生产速度和劳动效率，从而降低造价，也形成可满足其多样化要求的系列化建筑产品。

工厂化生产 industrial production

　　以装配式建筑生产的新型工业化建造方式，采用现代工业化手段实现施工现场作业向工厂生产作业的转换，形成标准化、系列化的预制构件部品，完成预制构件部品精细制造。

8

第二，工厂化生产方式（industrial production）。我国装配式建筑生产的新型工业化建造方式的明显标志就是部件部品的工厂化制造，建造活动由工地现场向工厂转移。工厂化制造是整个建筑生产建造过程的一个环节，需要在该过程中与上下游的建造环节相联系，进行有计划的生产、协同作业。装配式建筑的特征之一就是专业分工与相互协同，在整体系统中批量化、工厂化的生产环节与现场建造环节在技术上与管理上需要进行深度协同和融合。现场手工作业通过工厂加工来代替，减少制造生产的时间、节省资源；工厂化加工作业相对于人工作业而言，避免了人工技能差异而导致的作业精度和质量的不稳定，从而实现精度精准与制造品质的提高；工厂批量化的生产取代了人工单件的手工作业，从而实现生产效率的提高；工厂化制造实现了场外作业到室内作业的转变，改变了现有的作业环境和作业方式，体现出工业化建造的特征。

装配化施工 prefabricated construction

以装配式建筑生产的新型工业化建造方式，将在工厂中制作完成的预制部件部品运到现场，以构建部品装配施工代替传统现浇或手工作业，实现工程建设装配化施工。

第三，装配化施工方式（prefabricated construction）。在装配式建筑生产的新型工业化建造方式中，装配化施工是指将在工厂中制作完成的预制部件部品运到现场，以构建部品装配施工代替传统现浇或手工作业，实现工程建设装配化施工的过程。装配化施工可以减少用工需求，降低劳动强度。装配化建造方式可以将钢筋下料制作、构配件生产等大量工作在工厂完成，减少现场的施工工作量，极大地减少了现场用工的人工需求，降低现场的劳动强度，适应于我国建筑业未来转型升级的趋势和人工红利淡出的客观要求。装配化施工能够减少现场湿作业，减少材料浪费。装配化建造方式在一定程度上减少了现场的湿作业，减少了施工用水、周转材料浪费等，实现了资源节省。装配化施工减少了现场扬尘、噪声和环境污染。装配化建造方式通过机械化方式进行装配，减少了现场传统建造方式所产生的扬尘、混凝土泵送噪声和机械噪声等，也降低了对环境的污染。装配化施工能够提高工程质量和效率，通过大量的构配件工厂化、精细化生产实现了产品品质的提升，结合现场机械化、工序化的建造方式，实现了装配式建造工程整体质量和效率提升。

一体化装修 integrated decoration

以装配式建筑生产的新型工业化建造方式，将建筑室内外装修工程采用工业化方式生产，实施装配化施工，与结构主体、机电管线实行一体化建造。

第四，一体化装修方式（integrated decoration）。新型工业化建造方式的一体化装修，通过主体结构与装修一体化建造，实现建筑装修环节的一体化、装配化和集约化，才能让使用者感受到品质的提升和功能的完善。一体化装修与主体结构、机电设备等系统进行一体化设计与同步施工，具有工程质量易控、提升工效、节能减排、易于维护等特点，使一体化建造方式的优势得到更加充分的发挥和体现。一体化装修部品部件一般都是工厂定制生产，按照不同地点、不同空间、不同风格、不同功能、不同规格的需求定制，装配现场一般不再进行裁切或焊接等二次加工。通过工厂化生产，减少原材料的浪费，将部品部件标准化与批量化，降低制造成本。

信息化管理 information management

以装配式建筑生产的新型工业化建造方式，以建筑信息模型和信息化技术为基础，在工程建造全过程中实现协同设计、协同生产、协同装配，以及信息数据传递和共享。

第五，信息化管理方式（information management）。装配式建筑生产的信息化管理主要是指以信息化技术为基础，通过设计、生产、运输、装配、运维等全过程信息数据传递和共享，在工程建造全过程中实现协同设计、协同生产、协同装配等信息化管理。装配式建筑生产的信息化管理是为了实现装配式建筑集成的重要措施，集成串联起装配式建筑的策划设计、生产制造、施工安装、装饰装修和项目管理全过程，服务于设计、建设、运维直至拆除的项目全寿命周期。在建设全过程中，精确掌握施工进程，以缩短工期、降低成本、提高质量，既能提升项目的精细化管理和集约化经营，有效地减少和避免资源配置的浪费和施工隐患，又能够保证工程质量安全。BIM[①] 平台作为设计、施工、运维的一体化信息平台，对装配式建筑的全过程管理具有重要意义。在设计阶段，建立并有效利用 BIM 模型，对各专业设计进行分析、信息整合、信息碰撞、信息储存和信息表达，实现平台上的分工协作和设计整合。BIM 作为信息载体，对装配式建筑产业链的整合，不仅仅局限于产品子链的信息整合，更重要的是实现装配式建筑产业链全生命周期过程的协同。

智能化运维 smart application

以装配式建筑生产的新型工业化建造方式，将智能化、智慧化技术与绿色建筑深度融合，推广普及智能化应用、完善智能化系统运行维护机制，实现建筑舒适安全、节能高效，增加装配式建筑可持续性效益。

---

① 建筑信息模型技术（Building Information Modeling，简称 BIM），将在本书第 4 章详细介绍。

第六，智能化运维方式（smart application）。智能化、智慧化运维管理系统通过制定有效的维护计划，合理安排维护资源，促使维护人员高效快速地完成工作并对维护人员进行有效的考评分析，提高了维护管理的工作效率。针对不同设备制定相应的维修计划，提醒用户对设备进行定期维护，确保资产设备保持最佳运转状态，延长了使用期限，降低了维护成本。智能化、智慧化寿命周期运维管理系统形成了整套对全寿命周期进行管理的方案，以提高设施运行的稳定性。建筑维护效果直接关系到物业管理的水平和客户服务的满意度，长远来看会对使用率产生深远影响。

1.1.1.6 建筑产业现代化与装配式建筑体系

建筑产业现代化的新型建筑体系 new building system for the modern building industry

　　建筑产业现代化的新型建筑体系，是以建筑产业现代化为目标，将建筑按照建筑工业化生产建造方式与生产建造系统构建的建筑体系。

从 20 世纪世界建筑产业现代化发展历程来看，发达国家在注重建筑生产工业化的新型思路的同时，加紧建筑体系和相关集成技术的研发工作。世界各国的建筑都经历了建筑预制技术化、多样并存类型化和新型产业化体系三个阶段的发展。以建筑产业化的新型建筑体系为基础，采用新型工业化生产建造方式，实现了建筑从追求数量阶段到追求质量阶段的剧变。我国亟需发展新型可持续的建设体系和集成技术，通过新型建筑体系的创建，推动建筑产业转型和工业化生产建造方式升级。建筑产业现代化的新型建筑体系，可实现工业化部品的工厂化生产，现场进行装配的工业化建造方式，可为建筑产业现代化提供坚实的技术支撑。

住房和城乡建设部《建筑产业现代化国家建筑标准设计体系》提出了建筑产业化标准设计体系的总框架，系统地构建了适合于我国发展模式的建筑产业现代化国家建筑体系与顶层设计，为我国建筑产业化发展提供了有力的技术支撑。建筑产业现代化的建筑体系与部品技术是工业化生产建造的基础和前提，大力创建我国新型建筑工业化的建筑体系与部品技术应当成为当前我国建设发展方式转变的科技攻关目标，着力提高技术创新能力，攻关以转变生产建造方式为目的的建筑体系与部品集成技术，突破传统生产建设模式，促进建筑产业的技术升级换代。

1.1.2　建筑生产论与装配式建筑

1.1.2.1　建筑生产的工业化

1）建筑生产工业化（industrialization）

工业化过程以社会化大生产为特征，是现代社会经济发展的必经之路。《大英百科全书》中对 industrialization 的解释是"社会经济向以工业为主导地位经济秩序转变的过程"。《新帕尔格雷夫经济学大辞典》中把工业化视为国民经济中制造业活动和第二产业所占比例得到提高的一个过程，同时又进一步指出工业化过程中的其他特征，如制造业活动和第二产业在就业人口中的比例也有所增加，包括人均收入增加，生产方法、新产品式样不断变化，城市化提高、资本形成、消费等项开支所占比例发生变化等。

建筑生产一词通常用于阐述设计和施工关系的重要性概念，一般而言是指建筑物的建造过程中设计与施工的关联性与整合性的生产方式。狭义上相对而言，将设计与施工等生产环节完全分离的建筑行为为传统建筑生产的方式。

> **建筑生产** building industrialization
> 以工业化生产过程实施的策划、设计、施工等建筑物建造的建筑环节的总称。

2）建筑生产的工业化

针对建筑生产的工业化有多种定义，目前常采用联合国欧洲经济委员会的工业化定义，包括：生产的连续性、生产物的标准化、生产过程各阶段的集成化、工程高度组织化、尽可能用机械代替人的手工劳动，以及生产与组织一体化的研究与开发。

联合国欧洲经济委员会（Government Politics and the cost of Building, U.N.ECE. 1959 年）对工业化的定义为：

（1）生产的连续性，这就意味着同时需要稳定的流程。

（2）生产物的标准化。

（3）全部生产工艺的各个阶段的统一或集约密集化。

（4）工程的高度组织化。

在建筑工程中，首先第一点就意味着现场作业的完全组织化，第二点意味着在有条件的情况下，只要经济，就要把特定的作业从现场转移到工厂生产，最后在工厂里完成建筑物的大部分生产活动。

（5）只要有可能，就要用机械劳动代替手工劳动。

（6）与生产活动构成一体的有组织的研究和试验。

国外专家对建筑工业化也有各自的理解。日本学者土谷耕介提出：①所谓建筑生产工业化就是用"工业性"的方法建造建筑物；②所谓"建筑生产工业化"，就是把已经在一般工业领域里建立起来的生产及管理的方式、方法等引进并适用在"建筑"领域里。所谓工业化并非只是简单的施工方法和技术的问题，包括工程发包合同制在内，应该使建筑的制造方法适应生产方式的发展，并且要合理化生产。另外，可以说与工业化生产同时存在的还有机械化、合理化、组织化和标准化等方法。对工业化住宅而言，要在某种稳定需求的基础上，用经济的方法不断地生产出质量相同的住宅，尤其是需求与生产的连续性将成为重要的前提。

（1）所谓建筑生产工业化就是用"工业性"的方法"建造"建筑物。可以看出，这种说法只不过是把"建筑生产工业化"稍微延伸了一些，但这时的"工业性"是与"建筑性""承包性""土建性""现场性"相对立的概念，或者可以说与"制造业"基本相同。因此，可以对建筑生产工业化作出如下面（2）的更加具体的解释，从而也可以使（1）的解释更加明确。

（2）所谓"建筑生产工业化"，就是把已经在一段工业领域里建立起来的生产及管理的方式、方法等引进并适用在"建筑"领域里。在这时的"适用、引进"里面，为了容易引进那些方法等，包括在建筑方面将需求情况整理出来并使之达到标准化，改变订货合同方式等变化其体制。另外，这时的基本概念也可以说是制造业＝"先进产业"，建筑业＝"后进产业"。

日本学者江口祯教授阐述为，"建筑生产中，在促进先进性工业技术的开发与应用的同时，通过有效地发挥技术合理性，可以改革或重组建筑相关人员的社会系统及组织结构。其目标可以从以下三个方面显示为一种动态更新的过程。第一，对建筑的开发建设者和使用者而言，是相对更容易做到的建筑方面的事情。其不仅包括降低建造成本和缩短建造周期，而且还包含易于把握产品质量、预先解决用户常见问题等。第二，对建筑的生产者而言，要摆脱非稳定的生产作业环境及其传统的生产组织结构，提高或改善与企业利润相关联的先进性建筑生产能力。第三，从更加广泛的社会视角来看，建筑生产在与国家发展、资源环境、城市建设和人民生活协调发展的优良建筑存量资产建设方面不仅承担着重要的角色，而且所发挥的作用日益加强。"

建筑生产工业化是建筑生产方式的变革，其核心是围绕建筑生产展开的，即实现传统建筑生产转变成现代生产的工业化。对于装配式建筑的研究应建立在建筑生产方式的基础上，围绕建筑生产的相关技术革新和建筑产业升级，促使我国建筑业摆脱传统路径的束缚，在建筑产业现代化发展中实现从传统人工"建造"阶段到现代工业"制造"阶段的跨越。

建筑工业化 building industrialization

即建筑生产的工业化。采用现代化的科学技术手段代替过去传统的手工业生产方式，先进、高效、大规模地进行建筑产品生产。建筑工业化主要包括建筑设计标准化、建筑体系工业化、构配件生产工厂化、现场施工机械化、组织管理科学化。

住宅工业化 housing industrialization

即住宅建筑生产的工业化。指建筑工业化在住宅建设中的体现，是一种先进的住宅生产方式，是通过技术手段对住宅工业化生产的各个阶段的各个生产要素集成和系统地整合。其核心也是要实现由传统半手工、半机械化生产转变成现代住宅工业化生产。

住宅工业化是住宅生产方式的变革，其核心是实现由传统半手工、半机械化生产方式转变成现代住宅工业化生产方式。20 世纪中期以来，伴随着公共住宅的大规模建设，发达国家颁布实行了住宅生产工业化的产业政策，制定了住宅生产工业化促进制度，推动了住宅工业化发展和技术进步。住宅工业化发展过程中的新型住宅建筑体系与技术标准研发、住宅建筑主体和内装部品的工业化技术研究，及其以国家为主导的试点项目探索等发展脉络清晰，着重在集合住宅的生产工业化和技术方面进行研发工作，大力推进了住宅产业现代化的快速发展。经过数十年努力，住宅建设实现了工业化生产，并给住宅建设带来了根本性变化。

1.1.2.2 建筑产业化与住宅产业化

建筑产业化 building industrialization

指整个建筑产业链的产业化，把建筑工业化向前端的产品开发、下游的建筑材料、建筑能源甚至建筑产品的销售延伸，是整个建筑行业在产业链条内资源的更优化配置。

建筑工业化和建筑产业化，前者指建筑生产的工业化，是建筑生产方式上由传统方式向社会化大生产方式的转变；后者是整个建筑产业链的产业化，是整个建筑行业在产业链条内资源的优化配置（图 1-1-6）。建筑工业化是建筑产业化的基础和前提，建筑产业化是建筑工业化的目标。如果说建筑工业化更强调建筑体系与集成技术的主导作用，建筑产业化则增加了社会与经济和市场的结合。

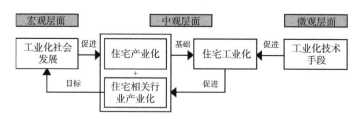

图 1-1-6 住宅产业化与住宅工业化的关系

住宅产业化是实现住宅一体化的生产经营与组织形式。以住宅市场需求为导向，以建材等行业为依托，以工业化生产住宅部件及部品和科技为手段，将住宅生命全过程的规划设计、构配件生产、施工建造、销售和售后服务等各环节联结为一个完整的产业系统。住宅产业化的核心体现在四个方面：一是住宅建筑标准化，二是住宅建筑工业化，三是住宅生产经营一体化，四是协作服务社会化。住宅工业化是住宅产业化的必要条件，住宅产业化是利用现代科学技术、先进的管理方法和工业化的生产方式去全面改造传统的住宅产业，使住宅建筑工业生产和技术符合时代的发展需求，降低成本、提高效率、保证质量。

1.1.2.3 建筑产业现代化

建筑产业现代化 modernization of building industry

以绿色发展为理念，以建筑业转型升级为目标，以技术进步为支撑，以新型建筑工业化为核心，以信息技术与工业化深度融合为手段，广泛运用先进适用的建造技术和科学的管理方法，整合投融资、规划设计、构件部品生产与运输、施工建造和运营管理等产业链，实现传统生产方式向现代工业化生产方式转变，从而全面提升建筑工程的质量、效率和效益，实现建筑业节能减排和可持续发展。

目前，我国建筑行业发展已进入必须以转型升级促进发展的新时期，转型升级涉及理念转变、模式转型和路径创新，是一个全局性、系统性的变革过程。而建筑业的转型升级是加快转变发展方式的关键所在，推动发展模式向以长久质量效益为中心的可持续发展建设方向的转变，是走中国特色新型工业化道路的根本要求。中国的建筑产业化与装配式建筑已经进入历史性变革时期，在新的形势下存在较多可持续建设发展方面的问题和挑战。从我国当前建筑产业化与装配式建筑发展所面临的挑战来看，建筑工业化要推动建筑产业现代化发展并改变我国建筑业的落后现状，就必须摆脱传统发展模式和束缚，寻求以建筑产业现代化为目标的创新发展路径。

建筑产业现代化是生产方式的变革，其核心是新型建筑工业化。对于装配式建筑而言，其最终目标是实现建筑产业现代化，而建筑产业现代化是以新型生产建造方式的建筑设计理念变革和装配式建造技术创新为先导，优化建筑业的生产方式和产业结构，从战略性的角度配置建筑产业资源，合理调整和协调全产业链各个环节的内容，从而建设符合时代发展、满足市场需求的高品质建筑。

15

1.1.3　开放体系论与装配式建筑

1.1.3.1　建筑构法与建筑体系

建筑构法是日本建筑学关于建筑的生产建造方式最为基础性的理论方法与技术学科，并且自 20 世纪中叶起，伴随着建筑学科和建筑产业化与建筑工业化的技术发展，逐步在建筑领域成为独立的技术研究方向，也作为建筑学科教育的内容。建筑构法注重建筑物的建筑体系、建造方法和过程，其建筑体系理论方法对建筑工业化和产业化发展有重要意义。

> **建筑构法** architecture and building construction
> 　　狭义上，指建筑物的物理构成体系以及构成方法。
> 　　广义上，指建筑物的物理构成体系以及构成方法，还指建筑物的组合系统（building assembly system）。

建筑构法的英文词汇从含义上包括了 building construction、building system、architectural detail 等概念。从这三个英文词汇分析，建筑构法是包含了生产建造方式与构成系统等内容的广义的建筑构成体系与方法。作为一种建筑的设计方法论，其与建筑生产相关的开放体系通常包括建筑体系、住宅部品、生产组织和模数协调等内容，对日本建筑生产的工业化发展起到了很大的推动作用。伴随着 20 世纪 60～70 年代建筑学科中建筑工业化和开放建筑的运动发展，建筑构法历经早期的设计论、生产论与可持续论三个阶段的演变成为综合性的建筑理论方法。建筑构法体系基于建筑全寿命周期，从项目策划阶段开始统筹，考虑了项目建设生产中各个阶段的不同因素，策划从设计构思与性能出发，并涵盖设计、生产、施工等全过程，同时延伸到使用维护阶段直至拆除更新阶段（表 1-1-5）。

1.1.3.2　可持续建筑通用体系

20 世纪 60 年代后半期，建筑专用体系与建筑通用体系的早期理论与实践出现在法国。东京大学内田祥哉先生进行了系统性的理论研究，并创新性地提出了部品化住宅等理念与方法。伴随着住宅产业与建筑生产工业化的演进，日本形成了被称为"装配住宅制造工厂"的部品化住宅制造企业，并在世界上独树一帜。实现建筑生产工业化，首先要在建筑生产工业化的生产体系基础上，针对建筑产品难于定型、环节零散等不利于工业化生产组织的特点，按照工业化生产要求，把建筑作为定型化产品对其策划设计、建材供给、部品制造、施工安装及管理等各个环节统筹组织。

建筑构法计划的范围　　　　　　　　　　　表 1-1-5

	企划	基本计划	基本设计	实施设计	生产·施工	完成	使用维护管理	拆除更新
（一般）计划	基本构想、事业计划、基础调查、计划意图、计划构想	基本机能、性能、规模、概算费用、工期、进度	配置计划、外部计划、平立剖面计划、结构计划、内装修计划、性能计划		生产设计、施工计划		维护管理计划	更新计划
构法计划	把握现状、展望将来、设定计划目标	决定构法方向、设计目标、构法构想	决定构法概要、设定机能、构法模式、生产系统	决定构法细部、生产设计、构法细部	施工　　计划 一般沿用构造延伸范围 构法计划、设备计划 系统建筑延伸范围 狭义构法计划的范围		模式转变 回馈部分	
构法计划的范围			广义构法计划的范围					

注：摘自内田祥哉.構法計画ハンドブック [M].东京：彰国社，1977.

1）建筑通用体系

建筑通用体系 open system

建筑通用体系，指采用标准化、通用化方式将建筑的部件、部品及其接口等进行体系整合，其部件、部品和接口满足可互换通用要求的开放性建筑体系。

在建筑生产领域，建造建筑整体的体系称为总体系，局部的体系称为子体系。不是为特定的建筑，而是为任何建筑都可以使用的子体系称作子体系的通用化，将通用化子体系集成所构成的总体系即为通用体系。子体系通用化的主要目标是抽取多数共通的子体系，使之可以进行工业化生产，各建筑通过选择子体系进行组合，可以获得低造价和多样化。因此通用体系的发展，最重要的是开发子体系，并促使同类子体系的多样化。

建筑通用体系是通过统筹协调建筑部件部品标准化、生产社会化与建筑多样化的一种最为适宜建筑生产工业化的方法。这种理论主张将部件部品生产与施工分割开来，以建筑部件部品为中心组织专业化、社会化的大生产，形成许多新兴的、各自独立但又互为依存的工业部门。由于各生产厂家都遵循统一制订的有关尺寸协调、公差及质量的标准规则，所以各生产厂家分头设计、生产的构配件可互相装配，并组合成形式多样的建筑。建筑通用体系的应用对象是所有建筑，但建筑中需求量最大的是住宅，因此首先是住宅领域。住宅工业化的建筑通用体系是以通用部件部品为基础的多样化组合的体系，既易于设计多样化住宅，也便于工业化批量生产。

2）建筑专用体系

建筑专用体系 closed system

建筑专用体系，指用于一定使用目的，采用定型化设计或非定型化设计建造的建筑体系。

建筑专用体系部品规格较少，可快速投产建造，但缺少与其他体系配合的通用性和互换性，只能在体系内进行体系化和重复性生产。因其市场得不到保障，建造量不稳定，设备利用率低，故为封闭式体系。建筑专用体系对应的部品，是根据特定用户的订单进行制造的，不是在市场上开放流通的部品。在建筑专用部品达到较大规模时，也相当于在其体系内部形成通用系统（图 1-1-7）。

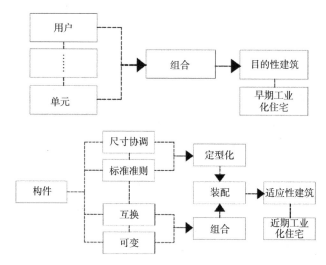

图 1-1-7　建筑专用体系与建筑通用体系

3）基于开放建筑理论与可持续建设方法的 SI 建筑体系

建筑支撑体 skeleton

建筑支撑体 S（skeleton）指住宅的建筑主体结构（梁、板、柱、承重墙）、共用部分设备管线，以及共用走廊和共用楼电梯等公共部分，具有 100 年以上的耐久性。支撑体属于公共部分，是住宅所有居住者的共有财产，其设计决策权属于开发方与设计方。公共部分的管理和维护由物业方提供。

建筑填充体 infill

填充体 I（infill）指住宅套内的内装部品、专用部分设备管线、内隔墙（非承重墙）等自用部分和分户墙（非承重墙）、外墙（非承重墙）、外窗等围合自用部分等，具有灵活性与适应性。自用部分是居住者的私有财产，其设计决策权属于居住者。围合自用部分虽然供居住者使用，但不可能由某一个居住者决定，其设计决策权需要与相邻居住者、物业方共同协调。非承重的外墙（剪力墙等承重外墙则属于支撑体体系）展现了住宅的外观形象，会随着环境的变化和时间的推移发生改变。

SI（skeleton-infill）建筑的可持续理论方法，以环境空间构成的"城市街区层级""建筑层级"和"用户层级"等级划分，构成"公共"的城市街区体系、"共同"的支撑体系和"用户"的填充体系（内装、设备管线），其基本概念广泛应用于城市建设、建筑设计和管理运营等方面。SI 可持续建筑体系是基于 SAR（Stichting Architechen Research）支撑体建筑理论与体系不断发展形成的新型建筑供给与建设模式、建筑体系和设计方法。

SI 可持续建筑体系是建筑支撑体 S 和填充体 I 完全分离的新型建设与供给体系，SI 建筑继承和发扬了日本早期工业化住宅的发展成果，并汲取了开放建筑的思想，以工业化生产方式解决多样性和适应性课题，在提高结构和主要部品耐久性、设备部品维护更新性、空间灵活可变与未来适应性等方面具有显著特征。

SI 建筑体系的基本内容有：第一，采用高耐久性能的建筑主体结构；第二，主体结构和内装及管线部分相分离；第三，户内空间具有灵活性和满足今后生活方式变化的适应性；第四，住栋公共部分和私有部分的分界清晰、责任分明；第五，住宅主管道设置在公共部分，便于管线与设备的维护和更换。国际上 SI 建筑理念、体系与方法在建筑生产工业化与装配式建筑上广泛应用，推动了部品产业化技术的发展，保障了建筑的长久价值，推动了社会经济与建设模式向长寿化和资源利用的可持续方向发展（图 1-1-8）。

支撑体的概念

	系统	子系统	所有权	设计权	使用权
支撑体	主体结构	梁、板、柱、承重墙	所有居住者的共有财产	开发方与设计方	所有居住者
	共用设备管线	共用管线、共用设备			
	公共部分	共用走廊、共用楼电梯			

填充体的概念

	系统	子系统	所有权	设计权	使用权
填充体	相关共用部分	外墙（非承重墙）、分户墙（非承重）、外窗、阳台栏板等	相邻居住者共有财产	开发方与设计方（视具体情况，居住者可以参与）	居住者
	内装部品	各类内装部品			
	户内设备管线	专用管线、专用设备	居住者的私人财产	设计方与居住者	
	自用部分	其他家具等		居住者	

图 1-1-8 SI 建筑体系的基本内容

1.1.3.3　开放建筑方法的建筑通用体系

SAR 理论方法、OB 理论方法及其衍生的建筑体系，是建筑学的学科前沿领域，在国际建设研究实践上得到不断演进和广泛发展。SAR 理论方法、OB 理论方法主要包含建筑生产等技术层面和社区与居住者等社会层面两个方面的内容，基本特征是将建筑支撑体和填充体分离的建设供给方式，其发展方向之一是建筑生产的工业化方式和建筑产业发展。在全球化资源环境问题的背景下，该体系也成为解决可持续建设与发展问题的前沿性研究领域与实践方法。

1）SAR 建筑理论方法与建筑体系

20 世纪 60 年代中期，SAR 建筑理论方法与建筑体系由荷兰学者、美国MIT 大学终身名誉教授哈布瑞肯（N. J. Habraken）提出，针对二战后大规模住宅建设工业化方法中存在的标准化与多样化等问题，倡导并实践到建设领域的开放设计体系和居住者参与等建筑学理论成果，构建了全新的系统性 SAR 建筑支撑体理论方法、建筑体系和建造技术。SAR 支撑体建筑理论及体系在世界范围已逐渐为人们所认识，在荷兰、英国、法国、德国和瑞士等欧洲国家得到全面推动；在美国、日本以至中国等国家，人们也应用 SAR 建筑理论方法进行了许多实践。

SAR 支撑体建筑理论及体系首次提出将设计与建造系统分为支撑（support）和可分单元（detachable unit）两个部分。这两部分的划分并不仅仅是建筑方面的概念，而是包含着公共与个人、固定与消费，以及设计范围大小、产权归属、建造分工等社会经济、城市发展和住宅建造方式等诸多方面的特定内涵（图 1-1-9、图 1-1-10）。SAR 支撑体建筑理论及体系也并非是一个局限于设计方法层面的理论及体系，而是突破了以往的建筑设计及建筑的方法和策略，在世界上许多国家发展形成了系统化、工业化设计建造的建筑体系及其供给模式。

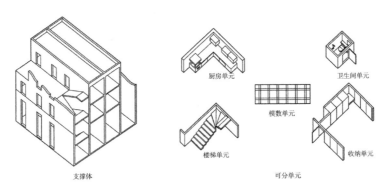

图 1-1-9　SAR 支撑体和可分单元

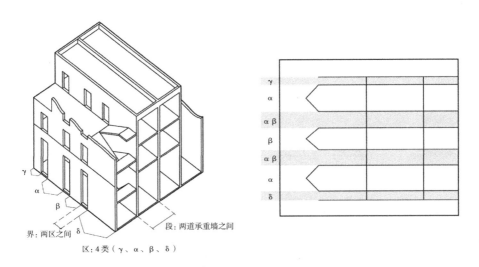

名称	区		界	段
位置	进深方向		进深方向	面宽方向
意义	代表不同使用功能		两区之间	使用功能的多样化
	γ	私人使用的室外空间（阳台）	α β　功能区过渡空间	
	α	与室外有联系的室内空间（起居室）		
	β	与室外无联系的室内空间（卧室、厨房、卫生间、储藏室）		
	δ	内部或外部的公共交通空间（过厅、走廊）		

图 1-1-10　SAR 体系区、界、段的概念

2）OB 建筑理论方法与建筑体系

OB（Open Building）建筑理论方法与建筑体系是在 SAR 支撑体建筑的城市街区（urban tissue）、支撑体（support）和填充体（infill）等概念（图 1-1-11）、理论和实践的基础上提出的。开放建筑理论及体系是由发展出的支撑体系、填充体系和外围护体系等几个集成附属体系（subsystem）所构成的基本理念。集成附属体系指的是将设计建造条件转化为规定性能的集合单位，且不同企业所生产的集成附属体系具有互换性，从而构成开放建筑体系。从概念与用语上来看，open building 从 open system 演变而来，包含着谁都能参与、谁都能生产的基本内涵。CIAM 设立了 Open Building 开放建筑委员会（W104 Open Building Implementation），推动了开放建筑体系在国际上的研究和实践，使开放建筑得到了重大发展。

在 OB 建筑体系中，使用者自身是环境控制的主体，建筑被指定为承接性容器，作为可长期持续变化的物体而存在。作为个体构成的城市社区对环境的决定方法，对应整个发展过程的专业人员介入方法等，成为开放建筑的重要研究方向。在开放建筑的范畴，建筑填充体方法在国际上备受瞩目并广泛应用，也在既有建筑改造等亟待解决的重大课题方面发挥着重要作用。随着以建筑填充体方法为生产供给方向的相关产业化技术的推广普及，保障了建筑可变性和长久性能，其建设模式向长寿化和资源有效利用的可持续方向发展。

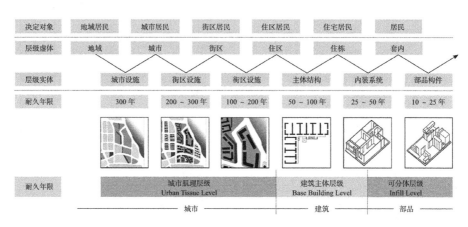

图 1-1-11　开放建筑的层级划分

1.1.3.4　开放建筑方法的住宅通用体系

1）KEP 住宅部品体系

KEP（Kodan Experimental Housing Project）住宅部品体系，是日本住宅公团开发的采用工厂生产的通用部品的住宅生产系统和住宅部品体系。KEP 住宅部品体系基于住宅产业发展，整合了多类型的住宅部品，通过住宅部品系统化满足住宅生产性与产业化的宝贵成果。

KEP 住宅部品体系构建了开放式住宅设计与生产系统及其供应模式，以住宅生产工业化方式作为技术保障，以通用性部品体系满足居住者灵活性与适应性的需求。KEP 住宅部品体系的重要思路是居住者参与设计与建造过程，改变建筑控制在传统建设流程内的模式，将灵活可变的居住空间交由居住者决定。

KEP 住宅部品体系建立了住宅内装部品生产的开放系统，其开放系统逐渐成熟的运转起来时，与之相应的住宅工业化策略也发生了变更，其菜单式住宅设计系列（KEP System Catalogue）方法是向居住者提供一个开放性可变的居住空间，通过不同部品组合来实现居住灵活性与适应性（表 1-1-6）。KEP 住宅部品体系菜单式选择中的关键是要有效控制目录上的选择因子——部品和部件。KEP 住宅部品体系提出了住宅部品的划分层级规则，即对部品模块（整体厨房、整体卫浴、整体收纳等）实行统一规格标准，实施工厂预制和现场拼装。部品模块的灵活性与适应性改变了过去的住宅工业化封闭体系，其住宅内装部品生产的开放系统也促进了相应的住宅产业的同步发展。

居民参与套内空间设计的阶段　　　　　　　　表 1-1-6

	第一阶段		第二阶段	第三阶段	第四阶段
类别	外部		内部		
系统	结构主体	外围护部品	内装部品		
构件物品	梁、板、柱、承重墙、设备管线（共用）等	分户墙（非承重墙）、户门、外窗、阳台栏板、阳台扶手、阳台分户墙等	轻质隔墙、吊顶,架空地板、整体厨房、整体卫浴等相关部分	轻质隔墙、整体收纳、专用设备、专用管线、电气等	家具、其他非系统部分（No-System）
要点	①住宅框架结构主体；②公共设备及管线；③外围护部品		①由居住者设计套内空间；②按照居住者的要求配备厨卫设备；③按照居住者的要求设隔墙，灵活划分套内空间	①按照居住者的要求深化套内空间设计；②以规格化部品完成内装工作	居住者按照个性化需求，从住宅产品菜单上选定补充性部分
示意					

2）MATURA 住宅部品体系

MATURA 住宅部品体系是一种综合性内装填充体系，其 Infill Systems BV 内装填充体系是完全预制的产品，提供定制的住宅单元。由于使用 MATURA 体系而增加的成本，可以通过住宅工期缩减、质量控制，以及全面的定制化单元等来平衡（图 1-1-12）。

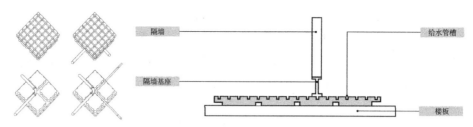

图 1-1-12　MATURA 住宅部品体系

MATURA 住宅部品的填充体系是由两个子系统共同组成的，其基础性系统需要 20 个以上的独立子系统以及上千个零部件构成，并形成了两个专利产品基座型材（Base Profile）和马特拉模块（Matrix Tile）。住宅单元内给水和电气走线的设置，是住宅填充体系统的重要原则。马特拉模块分配了整个住宅内的管道和电线等。工厂预制的基座型材嵌入顶部马特拉模块的槽内，可作为隔墙的基础和电线的通路，同时也辅助基础性系统以标准界面支撑"上层系统"，保证了墙内及门下的走线。上层系统包括分隔墙、橱柜和门等。马特拉模块上部槽内排布了住宅单元内的专用走线，而排水管则置于马特拉模块下侧的沟槽内。通过该系统在住宅单元内走线，减少了安装时间，并且可保证管线在楼板上连接。

3）CHS 住宅建筑体系

CHS（Century Housing System）住宅建筑体系作为一种住宅建设与供给系统，集住宅供给、规划设计、施工建造、维护管理于一身，提高了住宅建筑全寿命期内居住的长久性能。CHS 住宅建筑体系的意义在于提高住宅的耐久性和社会性，实现住宅的长寿化（图 1-1-13）。长寿命的住宅减少了建设人力物力的消耗，降低了对环境资源的破坏，从经济效益与环境保护方面提高了社会价值。CHS 住宅建筑体系高耐久性的建造模式、灵活性与适应性的居住方式，以及健全的维修管理系统，预示了住宅建设向可持续发展的升级换代和未来发展趋势。

CHS 住宅体系有六项基本原则。①可变性原则。在住宅建筑全寿命期内，为了满足家庭构成、生活方式的变化，应灵活布置套型平面。②连接原则。将部品模块按照不同的耐用年限进行分类，并按照优先滞后的连接方式进行部品模块之间的衔接。③分离原则。预留出单独的配管与配线空间，方便检查、更换和追加新设备。④耐久性原则。提高主体结构的耐久性能，增强基础及结构的牢固程度，加大混凝土厚度，通过涂装或装修加以保护等。⑤保养与检查原则。建立有计划的维护管理体制，如长期修缮、实施监管、售后服务等，使住宅得到长效保障。⑥环保原则。优先选用可循环再生的部品，抑制室内空气污染物质的产生，打造健康的居住环境。

4）KSI 住宅建筑体系

KSI（Kikou SI）住宅建筑体系是日本 UR 都市机构研发的住宅体系，以可持续建设的设计思想和支撑体与填充体分离的技术特点，推动了住宅工业化建

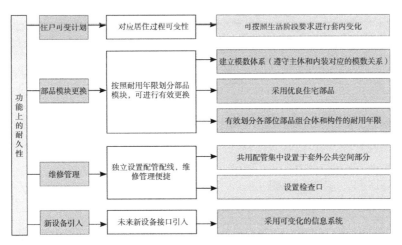

（a）CHS 体系的功能耐久性

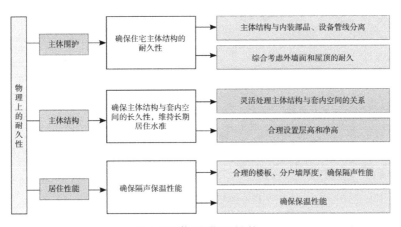

（b）CHS 体系的物理耐久性

图 1-1-13　CHS 体系的耐久性

造方法与可持续性住宅建设的同步发展。其适应性的内装工业化体系可以满足居住者家庭结构与生活方式的变化，整合了绿色低碳技术。KSI 住宅建筑体系提高了建筑寿命，降低了能源消耗；通过促进部品产业发展，更好地实现了空间灵活性与适应性；创造了可持续居住环境，有利于延续城市历史文化和街区风貌。KSI 住宅建筑体系强调适应性的内装部品体系集成，鼓励居住者自主参与设计，根据自己不同的生活方式进行空间划分、内装布置等以满足多样化的需求（图 1-1-14、图 1-1-15）。

1.2　国内外建筑生产工业化方式演变与装配式建筑发展

对于建筑生产工业化方式的演变与装配式建筑的发展的研究，不能脱开时

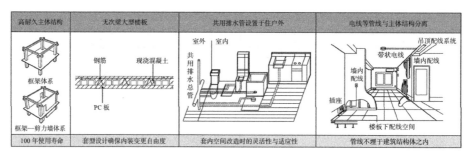

图 1-1-14　KSI 四要素

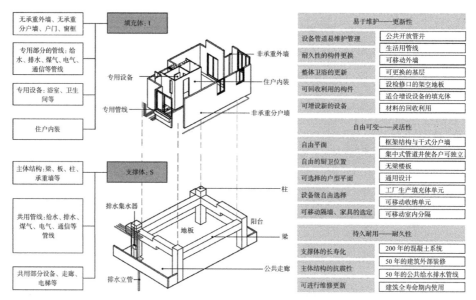

图 1-1-15　KSI 住宅建筑体系

代与社会经济发展的背景，在追溯其历史沿革中，始终有两个导向起到决定性作用。第一，技术所向。建筑工业化是科学技术长足进步所带来的建筑业生产方式的彻底改变，早期因工业革命催生建筑工业化，当代因可持续发展引导其转型，皆因技术所向奠定发展基调而延续至今。第二，需求所向。无论是建筑快速发展期还是放缓调整期，都与建筑类型、建设规模的需求有着直接联系。纵观全球建筑工业化发展，在时间上有先后和快慢差异，各国也根据各自国家建设背景和需求，选择了不同的装配式建筑发展道路和方式。21 世纪以来，可持续发展观下的建筑工业化转型升级，引领了装配式建筑的新一轮发展。

1.2.1　国外建筑工业化与装配式建筑的历程

1.2.1.1　建筑工业化与装配化技术的萌芽期

自 18 世纪 60 年代英国首先爆发工业革命始，19 世纪初的美国、19 世纪 20 年代的法国以及 19 世纪 40 年代的德国，都先后进入了工业时代。建筑技术的发展在 19 世纪以前没有出现显著变革，但是工业革命为建筑界打开了发展契机，彻底改变了建筑业的生产方式。新材料（钢、铁、玻璃）、新技术（工业化施工建造方式）、新设备（垂直升降机）都为世界近现代建筑走向建筑工业化发展奠定了基础（表 1-2-1）。《中国大百科全书·土木工程卷》记载，土木工程三次飞跃发展是同三种材料联系的：①砖瓦的出现；②钢材的大量应用；③混凝土的兴起。其中钢材和混凝土在建筑中的广泛应用始于 19 世纪，用钢来做房屋结构和其他部件部品，用混凝土代替砖石成为房屋建造的主要材料，这在建筑发展史上具有极为重要的意义，为建筑工业化和装配式建筑技术发展创造了基础（表 1-2-1）。

建筑工业化与装配式建筑发展脉络梳理（一）　　　　　　表 1-2-1

	18 世纪		19 世纪					20 世纪		
	1760	1780	1800	1820	1840	1860	1880	1900	1920	1940

	启蒙探索阶段							
	第一次工业革命（蒸汽时代）			第二次工业革命（电力时代）				
时代背景	英国工业革命	美国工业革命	法国工业革命	德国、俄国工业革命	主要资本主义国家英、美、德、法、日、俄同时进行工业革命			
		1914～1918第一次世界大战		1929～1939世界性经济危机				1937～1945第二次世界大战
建筑工业化发展	建筑类型非生产性建筑	生产性和实用性建筑		大跨度建筑得到突破		建筑高度得到突破		
	建筑材料木、砖、石	铁的生产激增、波特兰水泥诞生		钢结构代替铁结构		钢筋混凝土结构发展、玻璃广泛应用		
	建筑技术传统手工操作建造房屋	工厂机械生产		工厂电力机械生产、钢构铆接		构件类型发展	钢构焊接	
	建筑设备蒸汽牵引垂直升降机			电力牵引垂直升降机				
					现 代 主 义 建 筑 →			

　　19 世纪 60 年代以后，第二次工业革命在英、美、德、法等先进的资本主义国家同步突飞猛进地发展。1851 年英国举行了世界上第一次国际工业博览会，其主场馆"水晶宫"（The Crystal Palace）采用钢框架体系、标准化预制构件，以超前于时代的预制装配构想和技术开创了建筑设计和建造的新篇章，成为现代建筑史的里程碑，也标志着钢材作为新型建筑材料登上建筑舞台（图 1-2-1）。如果以工厂预制、现场装配作为定义装配式建筑的最基本要素，"水晶宫"作为建筑工业化的代表作，毫无疑问也符合早期装配式建筑的特征。1889 年巴黎埃菲尔铁塔（The Eiffel Tower）最早采用了金属预制构件；1891 年巴黎 Ed. Coigent 公司首

次在比亚里茨的俱乐部建筑中使用装配式混凝土构件；20 世纪初英国工程师 John Alexander Brodie 提出装配式公寓的设想和实践，采用预制混凝土材料完成利物浦埃尔登街作品（图 1-2-2）。这些都在潜移默化中推进了装配式建筑发展。对于日本这样的国家，由于第二次工业革命开始时，尚未完成第一次工业革命，于是同期交叉进行两次工业革命，其发展速度更快。工业革命给建筑发展带来的影响还表现在，大工业企业需要厂房，也需要工人们就近居住，因此出现了人口集中，即城市化过程。期间发展最快的建筑类别是兼具生产性和实用性的建筑，如厂房、仓库、车站、商业办公楼、商店和住房，这就要求多层、大跨度、耐火、耐振动的建筑物尽快建成，同时对建筑量的需求也促进了建筑生产方式的转变。代表性的实践如 1909 年德国著名的工业设计师、建筑师彼得·贝伦斯设计的柏林通用电气公司透平机工厂（AEG Turbine Factory），以及 1911 年沃尔特·格罗皮乌斯与 A·梅耶尔合作设计的法格斯工厂（Fagus Factory），后者在 20 世纪建筑史上被许多人视为具有开创意义的里程碑式建筑物（图 1-2-3）。

到 20 世纪 20 年代，现代主义先驱们秉承理性主义的原则，向建筑工业化生产方式转变下的建筑技术与艺术进行了全面探索。现代建筑大师沃尔特·格罗皮乌斯在 1910 年就提议建立用工业化方法供应住房的机构，1915 年成为包豪斯建筑学院的校长，开展在居住建筑、城市建设和建筑工业化方面的研究，对于推动住宅工业化和装配式住宅发展起到了举足轻重的作用（图 1-2-4）。他力主用机械化大量生产建筑构件和预制装配的建筑方法，研制了供装配用的大型预制构件和预制墙板。1927 年德意志制造联盟在斯图加特住宅区展览，通过创新的设计概念和设计方法，对住宅建筑平面布局、空间效果、建筑结构和建筑材料进行了一系列革新。1942 年，格罗皮乌斯与预制装配建筑发展重要奠基人康拉德·希瓦斯曼在美国纽约皇后区成立了"通用板公司"，专门从事预制装配式建筑领域的研发工作。

图 1-2-1 英国博览会 水晶宫　　图 1-2-2 英国利物浦 埃尔登街作品　　图 1-2-3 德国法格斯工厂　　图 1-2-4 德国包豪斯校舍

另一位现代主义建筑大师勒·柯布西耶在《走向新建筑》中提出的"住宅是居住的机器"，奠定了建筑工业化和装配式建筑最早的理论基础。他构想的"多米诺"住宅（Dom-Ino House）体系是对钢筋混凝土结构所形成的空间形态的高度概括，其均质性完全顺应现代工业的标准化和大批量制造的原则，其预应力混凝土板制成的楼板、柱和楼梯的组合是现代建筑工业化和装配式建筑的雏形（图 1-2-5）。1927 年勒·柯布西耶设计雪铁龙住宅项目时，开始尝试引入工业化预制方法。

另一位同样非常重视建筑体系和建造方式变革的现代主义建筑大师是密斯·凡·德·罗，在1924年出版的《建造方式的工业化》中他提出，"我们今天的建造方法必须工业化……建造方法的工业化是当代建筑师和营造商的关键问题。一旦在这方面取得成功，我们的社会、经济、技术甚至艺术的问题都会容易解决。"密斯·凡·德·罗的经典作品巴塞罗那世界博览会德国馆（Barcelona Pavilion）正是基于建筑技术和材料的创新，呈现了灵活多变的空间布局和新颖的形体构图（图1-2-6）。他同样参加了斯图加特住宅区展览，设计的公寓项目采用钢结构体系，墙体不承重，内部空间可根据居住者需求灵活划分，并且立面、平面都进行了标准化设计（图1-2-7）。

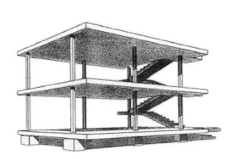

图1-2-5 "多米诺"住宅体系　　　　图1-2-6 巴塞罗那世界博览会德国馆

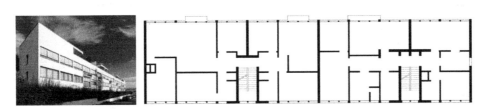

图1-2-7 斯图加特住宅区展览中密斯·凡·德·罗设计的公寓

在垂直维度上的突破也代表了这个时代建筑工业化科学技术发展的水平，美国成为高层和超高层试验的国家。自1885年最早的全框架高层商业建筑——10层高的芝加哥家庭保险公司（Home Insurance Building）落成于芝加哥开始（图1-2-8），美国建筑业将建筑高度一再突破。1931年103层的纽约帝国大厦（Empire State Building）成为当时世界上最高的建筑物，从拆除旧房到全部竣工只用了19个月，建筑工业化的生产建设方式、设计建造一体化的模式起到了关键性作用，是著名的钢结构和石材结合的装配式建筑（图1-2-9）。同样还有在20世纪30年代建设完成的纽约洛克菲勒中心（Rockefeller Center），也成为当时建筑工业化发展的经典作品（图1-2-10）。

18世纪60年代到20世纪40年代，尽管有将近200年的漫长时间，但到19世纪中叶以后，西方国家才逐步由轻工业转向重工业发展，彻底从传统的以农业为主的社会步入工业化社会。从工业革命到第二次世界大战结束，建筑界的发展随着世界格局的动荡变化也经历着起伏，建筑工业化和装配式建筑发展都处于启

图 1-2-8　芝加哥家庭保险公司　　　图 1-2-9　纽约帝国大厦及施工现场　　　图 1-2-10　纽约洛克菲勒中心

蒙探索阶段，装配式建筑与技术的构想和理念在欧美各国进行着探索。

1.2.1.2　建筑工业化与装配化技术的展开期

没有经过规模化实践的理念和技术体系都是不健全的，需要时间去检验，也需要机遇去触碰爆发点。二战结束后，世界各国都面临着城市亟需快速复兴复建的重大难题，加之劳动力短缺、住房存在巨大的缺口，对于建筑工业化和装配技术来说，迎来了真正发展的爆发点。由于当时预制装配建筑建造速度快、生产成本低，与建筑工业化发展的需求完全吻合，因此，西方发达国家以建筑生产为主要目标，将工业化与建筑设计、技术开发、部品生产和施工建造相结合，实现了建筑工业化生产的变革，并在 20 世纪 50 ~ 60 年代的英国、法国等战争重灾区的重建过程中迎来高峰。为了快速有效地解决战后欧洲住房严重短缺的问题，各国纷纷从战略高度上重新审视住房问题，开始采用工业化的生产方式批量建造住宅，预制混凝土结构体系成为时代主流，大大提高了生产与建设效率。没有受到二战影响的美国则在这个阶段的大量公共建筑建设中采用了"钢结构 + 幕墙"体系，促进高层建筑形式产生了根本性变革。

与此同时，被称作"第三次工业革命"的科技革命，即原子能、电子计算机、空间技术和生物工程的发明与应用于 20 世纪 40 ~ 50 年代爆发。这是人类文明史上继蒸汽时代（第一次工业革命）和电力时代（第二次工业革命）之后的又一次重大飞跃，迈入了信息时代。建筑工业化中工厂的管理与生产环节开始以流水线生产操作为主，机械设备按照设定的程序进行，部件部品的质量、精度和生产效率都大幅提升（表 1-2-2）。

二战之后，装配式混凝土结构体系技术在居住建筑中得到了快速发展。1952 年勒·柯布西耶设计了第一个全部采用预制混凝土外墙板的高层建筑——马赛公寓（Marseille Apartment）。并通过对马赛公寓的实践总结出了新体系——类框架体系，以固定的结构体系支撑不同的套型，不同套型的形式可以完全由居住者自己去决定（图 1-2-11）。建筑师摩西·萨夫迪于 1967 年在蒙特利尔世界博览会上设计的"栖息地 67 号"（Habitat 67）展现了预制混凝土模块体系的应用，造就了装配式住宅建筑史上具有里程碑意义的项目（图 1-2-12）。项目目标是通过最大规模的标准化实现最大可能的变化，在统一的框架下，将标准建筑模块进行不同组合，兼容各种平面使用功能。项目也开创了三维预制模块生产、设计与施工建造的先河。

建筑工业化与装配式建筑发展脉络梳理（二）　　　　　表 1-2-2

		量的积累阶段	质的成熟阶段	可持续转型阶段
			20 世纪 1945 1950　1960　1970　1980　1990　21 世纪 2000　2010	
时代背景		第三次工业革命（科技革命）——信息时代		可持续发展建设时代主题
		战后复兴／城市复建	1973 年第一次石油危机→经济危机 1978 年第二次石油危机→经济危机	1990 年第三次石油危机→经济危机
建筑工业化发展	建筑类型	预制混凝土结构体系、钢结构＋幕墙体系	模块化体系	通用体系与系统集成
	建筑材料	钢、混凝土和玻璃三大材料、铝材应用于建筑		新型复合材料
	建筑技术	计算机应用于结构计算、信息化技术	自动化技术、数字化控制技术	智能化、智慧化技术
	建筑设备	工厂流水线生产、大型塔吊应用于施工	机械化生产	

图 1-2-11　马赛公寓　　　　　　图 1-2-12　"栖息地 67 号"及施工现场

　　同样采用建筑工业化生产建造方式，但和居住建筑装配式混凝土结构呈现反差的是公共建筑，钢结构主体＋玻璃幕墙的组合登上了历史舞台。1950 年建成的美国纽约联合国总部秘书处大厦（United Nations Headquarters），新颖的建筑形态和高、轻、光、透的特征代表了当时工业化时代建筑材料、科学技术和施工建造的最高水平（图 1-2-13）。以此为起点，先后出现了一批高层办公建筑经典之作。密斯·凡·德·罗设计的 1951 年的芝加哥湖滨大道公寓（Lake Shore Apartments）、1958 年的纽约西格拉姆大厦（Seagram Building）、SOM 设计的 1952 年的纽约利华大厦（Lever House）（图 1-2-14）等。钢结构主体＋玻璃幕墙体系还广泛应用于小规模单体建筑，如密斯·凡·德·罗于 1955 年设计的美国伊利诺斯州工学院克朗楼（Crown Hall, Illinois of Technology）、1950 年设计的范斯沃斯别墅（The Farnsworth House），以及 1968 年设计的德国柏林新国家美术馆（National Gallery Berlin）（图 1-2-15）。

图 1-2-13　纽约联合国总部　　　图 1-2-14　纽约利华大厦及　　　图 1-2-15　柏林新国家美术馆
　　　　　秘书处大厦　　　　　　　　　　　　施工现场

1.2.1.3　建筑产业化与装配式建筑的发展期

全球爆发过三次石油危机，都对全球经济造成了严重冲击。其中两次集中于 20 世纪 70 年代，触发了第二次世界大战之后最严重的全球经济危机，造成世界各国经济全面衰退，随即建筑工业化发展步伐放缓。1973 年第一次石油危机以来，世界社会经济环境发生了极大的改变，西方工业化国家进入了经济衰退期，开始减少了公共性质的集合住宅建设数量。同时，在满足居住、生产的基本刚性需求之后，建筑工业化和装配式建筑标准化、规格化的形式难以满足人们在精神和物质方面日益丰富的多样化和个性化追求。特别是随着之前地域城市化和建筑工业化的加快，引发了城市人口骤增、用地短缺、交通拥堵、环境污染等问题。建筑工业化是时代发展的必然结果，但是传统工业化的弊端逐渐显现。在 20 世纪 70 年代以后，工业化呈现多样化趋势，各国建筑工业化和装配式建筑建设的基本形态呈现了由聚集向分散、由高层向低层、由单调外观向丰富外观的转变。为了在新形势下发展和丰富住宅工业化，这一时期的工程规模趋向分散化和小型化。

持续高涨的建筑工业化经历了回落时期，在理论层面却得到了深入发展。现代主义的分支结构主义提倡发展兼具灵活性与高度工业化技术的建筑，强调建筑设计的整体秩序和群化思维，寻求内部空间的灵活多变和自我更新。这一点直接被 20 世纪 60 年代荷兰约翰·尼可拉斯·哈布瑞肯教授提出的 SAR 支撑体建筑理论方法所吸收。SAR 建筑理论方法的意义在于赋予了工业化建造理论层面的价值，突破了传统建筑设计方法和策略，完成了理性思维的逻辑体系与感性设计的居住者参与选择单元的协调。在 SAR 建筑理论方法及住宅体系基础上，进而发展了开放建筑理论方法，该理论方法也被认为是建筑工业化发展的第一理论基础，其独特性在于以工业化建造方式解决多样的需求，即在项目建设过程中，提倡使用者参与，活用工业化技术，形成了一种开放式的建筑体系。1982 年完成的荷兰克安布尔格（Keyenburg）支撑体住宅是开放建筑思想的典型实例（图 1-2-16）。新陈代谢派是 20 世纪 50 ~ 60 年代高度工业技术倾向在日本的分支，日本代表建筑师黑川纪章提出了新陈代谢派理论，在 1972 年建设的中银舱体大楼中实践了其理论体系，将 60 年耐久年限的结构主体作为稳定体，140 个 2.5m × 2.5m × 4.5m 的"舱体"独立生活单元作为易变体，每 25 年进行一次更换。新陈代谢派在日本近现代建筑发展中起着举足轻重的作用，虽然其理论的探讨大于实际贡献，但是这种通过工业化手法探讨空间形式研究仍对建筑理论、思想产生了一定影响（图 1-2-17）。

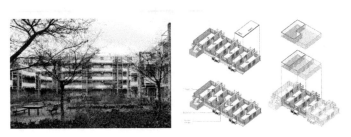

图 1-2-16 克安布尔格住宅及分析

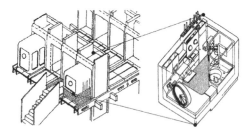

图 1-2-17 东京中银舱体大楼及分析

　　建筑工业化和装配式建筑不仅有效地解决了城市建设中各种建筑类型的批量化建设，也为定制化设计带来了机会。其生产建造方式的改变和技术的升级为建筑设计在功能与空间形式的突破创造了有利条件。丹麦建筑师约恩·伍重于 1973 年设计建成的澳大利亚悉尼歌剧院（Sydney Opera House）堪称装配式建筑发展史上具有跨时代意义的作品。曲面造型以当时的技术很难靠现浇实现，只有采用预制装配式才能解决这个难题，其预制件种类主要包括曲面薄壳所采用的装配式叠合板、钢构梁柱以及混凝土幕墙（图 1-2-18）。1977 年意大利建筑师伦佐·皮亚诺和英国建筑师理查德·罗杰斯共同设计的法国蓬皮杜国家文化艺术中心（Centre Georges Pompidou）展现了建筑工业化高超的技术，将钢骨结构和设备管线外置，并按系统进行拆分。之后的建筑实践也充分证实了很多杰出的建筑设计作品，都是工业化设计方法与装配式技术的建筑产物（图 1-2-19）。

图 1-2-18 悉尼歌剧院及施工现场　　　　图 1-2-19 法国蓬皮杜国家文化艺术中心

1.2.1.4 建筑产业化与装配式建筑的成熟期

　　可持续发展（sustainable development）的理念是在人类经历了工业革命爆发和市场经济转变，全球人口、资源和环境受到冲击，以至于赖以生存的自然环境

图 1-2-20　日本 KSI 实验展示栋

图 1-2-22　英国伦敦莫瑞街住宅

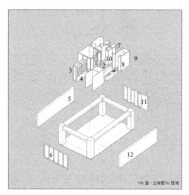

1- 日式房间榻榻米下设储藏空间;
2- 利用地板架空层敷设管线;
3- 灵活划分空间的家具隔断;
4- 便于移动、拆分、组装的家具;
5- 干式耐火、隔声分户墙面;
6- 成品窗可灵活更换窗框;
7- 高位吊顶, 室内净高 2900;
8- 旋转式排水总管, 可增设排水点;
9- 户外设共用供给设备;
10- 自动切换式制冷制暖系统;
11- 干式外墙面;
12- 干式山墙侧墙壁

图 1-2-21　SI 体系

图 1-2-23　MMC 单元模块建筑法

面临严重破坏和威胁之后, 于 20 世纪 80 年代逐渐形成。可持续发展的理念内涵主要是指生态、社会、经济三者之间的协调发展, 其目的在于为人类物种的延续谋求更广阔的生存发展空间。可持续发展体现着对曾经人类进步的反思和总结, 对现在发展情况的忧虑, 以及对未来发展方向的憧憬和期许, 在构建人与自然和谐关系之中传承了人类世代间的责任感。

　　20 世纪 90 年代末, 随着可持续发展思想和方法在城市与建筑领域的延伸, 世界各国建筑工业化和装配式建筑技术向绿色节能与建筑长寿化转型发展。世界各国不断实践探索, 以多体系并存, 构建了各国通用化、标准化、系列化的建筑工业化和装配式建筑技术体系。值得注意的是, 世界各国建筑工业化和装配式建筑技术不仅针对主体结构, 而且集成了设备管线、内装及其连接方式的集成性方法与建筑体系。例如, 以日本为代表的 SI 体系既实现了一种开放性的设计理念和建设供给方法, 也代表了一种居住适应性内装工业化体系。进入 21 世纪, 基于 SI 建筑体系的可持续住宅, 将建筑支撑体体系和开放建筑的"个别设计"转化为"通用设计", 以内装部品灵活性和适应性实现在建筑全寿命期的设计—建造—使用—改造内的最大资产价值, 保证建筑长久品质 (图 1-2-20、图 1-2-21)。英国装配式住宅的现代建造方法 MMC (Modern Methods of Construction) 采用工厂预制与现场拼装的方式, 以新材料、新技术提高住宅建设效率和建筑质量, 增加客户满意度和环境友好度, 是可持续的和建造过程可预知的建造方法。相对于传统建造方法，MMC 是一种成本较高的建造方式，但是其较高的建造效率和减少的工地劳动量也给建造者带来了经济利益（图 1-2-22、图 1-2-23）。

装配式建筑与技术发展体现的是技术所向和需求所向。因为技术所向，建筑科学技术的进步、工业化生产方式的变革和建造模式的转变，都注定使装配式建筑技术发展在 20 世纪前后开始与现代主义建筑发展产生密切的关联。因为需求所向，也使得装配式建筑无论是在战后量大面广的批量建设阶段，还是在各国由量转质的发展阶段，都展现了优越的技术适应性，做出以需求导向为核心的调整转变。所以，对于装配式建筑技术的研究一定是一个广义的范畴，有一定的时间和空间维度，才能全面地理解装配式建筑与技术。

同时值得注意的是，悉尼歌剧院、迪拜阿拉伯塔酒店（Arab Towel Hotel）这类在全球建筑发展史上都被视为经典的作品，毫无疑问也是装配式建筑技术发展史上的重要实例。但是这类建筑采用装配式生产建造方式，在一定程度上源于现场作业无法实现其独特的造型，只有采用工厂预制生产混凝土构件、现场装配才能解决这个难题，完成的项目属于特性个案。相比较而言，以荷兰、日本等建筑产业现代化国家为代表的装配式建筑，尤其是装配式住宅与技术，作为装配式建筑技术发展中重要的建筑类型，却有着极大的不同，其在建筑生产建造方式的转型与先进的建筑体系方法等诸多方面，均具有极大的建设普适性和借鉴意义。

1.2.2 日本装配式集合住宅与集成技术体系化的演进

自 20 世纪中期以来，随着日本建筑生产工业化的发展，日本政府制定了建筑产业化政策及建筑生产技术开发制度，极大地推动了日本建筑产业的现代化和装配化建造技术的发展，装配式住宅的建设体系研发和集成技术成果也得到了广泛普及。从数十年的整体历程来看，日本的建筑产业现代化与装配式住宅技术集成的发展大致经历了三个阶段。

1.2.2.1 工业化时期：建筑标准化建造方式的体系

以数量需求建设为中心的、采用建筑标准化建造方式为主要特征的工业化时期。

日本住宅工业化于 20 世纪 50 年代兴起。在战后急需解决住房大量短缺问题的背景下，为了满足批量化的大规模公共住宅建设的需求，日本建设省开始推行公共住宅标准设计和装配式住宅技术。此时，住宅公团进行了公共住宅通用化部品（KJ 部品）的开发与推广。同时，住宅公团与企事业机构合作，共同开发了装配式住宅建筑主体为中心的预制混凝土 PC 结构和 HPC 结构等体系及其施工工法技术。这个时期开发的预制化结构部件和工厂化部品被大量应用于中高层集合住宅的建设中。

1.2.2.2　产业化时期：建筑系统化建设方式的体系

以质量性能建设为中心的、采用建筑体系化建设方式为主要特征的产业化时期。

日本住宅建设量在1973年前后达到峰值并趋于饱和，住宅紧缺问题已经基本得到解决，新观念、新思想视角下的住宅设计引人注目，明显区别于以往那种采用类型化、系列化平面的、以规模化建设为前提的设计，整个住宅市场从追求数量进入注重居住品质与多样化、个性化的时代。在此期间，日本建设省和日本通商产业省先后颁布了《住宅建设工业化的基本构想》和《住宅产业振兴五年计划》等政策来促进住宅的工业化，1972年，日本的住宅开工总数量达到了史上最大的185万户，其中装配式住宅为15万户，占总量的8.5%。这时，"装配式住宅"与"住宅产业"相关联的基本概念得以确立，日本在世界上首次推出了装配式住宅的产业化理念并进行了各种相应的研发与实践。为了规范装配式住宅及保障质量，日本通商产业省和建设省相继发布了《工厂生产住宅等品质管理优良工厂认定制度》和《工业化住宅性能认定制度》，制定了SPH（Standard of Public Housing）与NPS（New Plan System）公共住宅标准体系，从而健全了制度与标准设计方法。接着，通过开发KEP（Kodan Experimental Housing Project）开放住宅体系，使住宅生产合理化，住宅生产链得到整合，因而KEP成为极具突破性的成果。更进一步，1980年日本建设省提出CHS（Century Housing System）住宅体系，在兼有建筑耐久性与适应居住的同时，具备维修管理性能，实现住宅长寿化，引领了面向新世纪的高品质住宅建设。

此后，日本全面推进住宅开放部品系统的发展，以社会性的BL（Better Living）部品取代原先公共住宅的KJ（Kodan Jutaku）部品；产学研联合研发的装配式住宅框架剪力墙结构构法体系、框架结构构法体系等在住宅建设领域得到普及；重点研发的应用于高层集合住宅建设的预制混凝土结构、钢结构与混合结构体系、多样化复合性施工工法技术趋于成熟并得到推广。从此，日本的建筑生产工业化与装配式住宅成为独具特色的国际领军翘楚。

1.2.2.3　可持续化时期：建筑长寿化生产方式的体系

以长久品质建设为中心的、采用建筑长寿化生产方式为主要特征的可持续化时期。

20世纪90年代，日本历经第二次石油危机之后，环境资源与劳动力等可持续发展问题凸显。1993年，空置房为448万户，约占住宅总数4594万户的10%。从泡沫经济的崩溃和阪神大地震倒塌住宅的反思中，全社会的共识从"经济快速发展"向"可持续发展"转变，建设未来社会与家庭的优良资产成为努力方向。

此后，日本政府制定了《住宅质量确保法》和《关于促进长期优良住宅普及的法律》，接着《新一代环保节能标准》《环境共生住宅认定制度》及《住宅性能表示制度》等也相继出台，以完善的制度保障具有长久品质住宅的建设与供给。随后，为了实现循环型低碳社会建设，日本着手推进建筑物长寿命化的实现，并为此制定普及措施和标准。因而，基于建筑全寿命期的生产施工、维护管理的整个过程中，能对应多种多样的居住方式且容易维修的 SI 住宅体系被研究和开发。1996 年日本住宅公团开始进行高耐久性住宅技术的研究，将 KSI 住宅体系广泛应用于住宅建设中。日本政府大力推广普及 SI 住宅体系，其目的是实现新型建筑生产供给系统的开发，通过住宅生产合理化及建筑长寿命化的方法确保居住的高质量、高品质。这种应对 21 世纪社会、环境与资源可持续发展的举措，体现了社会对未来装配式住宅建设的共识，其环境友好型集成技术、高强度高耐久结构技术与长寿化技术体系等也成为明确的发展方向。

1.2.3 我国建筑工业化与装配式建筑的历程

1.2.3.1 初创期：建筑工业化与建筑结构预制化技术时期

1）建筑工业化与建筑结构预制化技术初创期的第一阶段（1949～1978 年）

中华人民共和国成立初期，城市住宅严重短缺，全面复兴的城市建设与建筑工业化相结合。从 20 世纪 50 年代起，我国处于经济恢复和国民经济的第一个五年计划时期。在苏联"一种快速解决住房短缺方法"的建筑工业化思想影响下，我国建筑行业开始走预制装配式的发展道路。1956 年《国务院关于加强和发展建筑工业的决定》中首次明确建筑工业化是建筑业的发展方向，推行了"发展标准化生产、机械化施工和标准化设计"的建筑工业化思路。国家组建了从事建筑标准设计的专门机构，开展了设计标准化的普及工作，进行了砌块结构、钢筋混凝土大板结构等多类型住宅结构的工业化体系与技术的研发与实践。本阶段建筑工业化及技术以大量建设且快速解决居住问题为发展目标，重点创立了建筑工业化的住宅结构体系和标准设计技术，简单易行，部分采用预制构件的砖混结构体系推动了住宅的大量建设。1970 年代随着西方发达国家的工业化技术经验的系统性引进，促进了构件预制化技术的研究工作，也推动了早期住宅工业化试验项目建设工作（表 1-2-3，图 1-2-24 ～图 1-2-28）。

建筑工业化与建筑结构预制化技术初创期的第一阶段发展脉络　　　　表 1-2-3

阶段	建筑工业化与建筑结构预制化技术创建期的第一阶段（1949～1978 年）			
阶段发展特点	"一五"期间，引进苏联"一种快速解决住房短缺方法"思想，推行"发展标准化生产、机械化施工和标准化设计"的建筑工业化思路，以大量建设且快速解决居住问题为发展目标，重点创立了建筑工业化的住宅结构体系和标准设计技术，核心是主体结构的装配化			
历程	时间	研究及技术发展	主要内容及成果	
①住宅标准设计的出现	20 世纪 50 年代	我国在引进苏联建筑工业化方法的同时，也逐渐形成了标准设计的概念，设计效率极大提高	20 世纪 50 年代中期开始，由国家建设部门负责，按照标准化、工厂化构件和模数设计标准单元，编制了全国 6 个分区的标准设计全套各专业设计图。 1955 年，在苏联专家指导下，北京市建筑设计院设计了第一套住宅通用图·二型住宅。 1956 年，城市建设总局举办全国楼房住宅标准设计竞赛，并向全国推广了中选方案	

历程	时间	研究及技术发展	主要内容及成果
②预制化与建筑工业化体系的初创	20世纪50～60年代	以大型砖砌块体系作为建筑工业化体系到PC大板体系，本时期建筑多为砖木或砖混住宅结构，主体构件大多采用施工简便的预制楼板	1957年，在北京洪茂沟住宅区应用大型砖砌块体系，其后进一步出现了PC大板体系。 20世纪60年代以后，楼板、楼梯、过梁、阳台、风道等大量构件均已预制化，形成了砖混结构的工业化体系。 20世纪60年代以后，在北京、上海、天津等城市，进行了PC大板体系住宅规模性建设
③多类型结构主体工业化与高层PC大模板体系	20世纪70～80年代	在全国范围建筑工业化运动的"三化一改"（设计标准化、构配件生产工厂化、施工机械化和墙体改革）方针下，发展了大型砌块、楼板、墙板结构构件的施工技术，出现了系列化建筑工业化体系。除了砖混住宅体系的大量应用，还发展了大型砌块体系、PC大板体系、大模板体系和框架轻板体系等	1973年，北京前三门大街住宅，作为最早的PC高层住宅建成，共计26栋高层住宅采用了大模板现浇、内浇外板结构等工业化的施工模式，首次尝试用高层PC技术进行住宅大批量建造。 1980年，大模板住宅体系住宅设计作为"北京80·81系列住宅"的组成部分被大量采用，成果在北京五路居住区、西坝河东里小区、富强西里小区等住宅区建设中推广
④标准通用图的普及	20世纪70～80年代	发展标准化设计，标准化成为所有城市建设和构件生产的技术依据	此时期标准化设计方法标准图集的制定由各地方负责实施，各地方成立了专业部门来推进标准设计的工作。 1978年，北京市陆续编制了21类89套组合体的住宅通用图和试用图系列成果，称之为"北京80·81系列住宅"，在标准化的基础上力求多样化，为居民设计了居住方便、经济适用的居住空间。 1979年，《大模板住宅建筑体系标准化设计》研究完成。 1980年，《北京市大模板建筑成套技术》通过鉴定，北京市颁布了《大模板住宅体系标准化图集》
⑤建筑工业化"建筑体系"概念与国外住宅工业化的研究	20世纪70年代	西方国家住宅建筑工业化的经验与成就，成为我国住宅建设研究与借鉴的对象，同时将国外住宅工业化"建筑体系"概念引进国内，系统研究了法国、苏联、日本、联邦德国和美国等国家的建筑工业化发展及特点	1974年，《关于逐步实现建筑工业化的政府政策和措施指南》。 1979年，《国外建筑工业化的历史经验综合研究报告》，日本、法国、苏联等国家建筑工业研究分报告，以及《大模板施工技术译文集》等

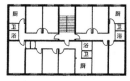
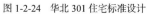

图1-2-24 华北301住宅标准设计

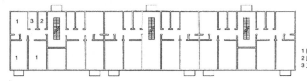

图1-2-25 上海陶粒混凝土大板住宅标准层平面

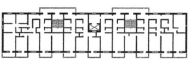

图1-2-26 北京洪茂沟住宅区

图1-2-27 北京前三门大街高层住宅及标准层平面

图 1-2-28　多类型住宅结构工业化体系（左起：砌块、大板、大模板、框架轻板）

2）建筑工业化与建筑结构预制化技术初创期的第二阶段（1979～1999年）

这个阶段由于建设技术水平不能适应新形势下的建设需求，解决建设数量与工程施工质量相矛盾的问题已成为当务之急，全社会逐渐形成了通过提高设计质量来解决工程质量的建设指导思想。本阶段建筑工业化及技术以改善居民居住生活的内部功能和外部环境问题为发展目标，以提高工程项目质量为中心，多方面、系列化地进行了工业化生产的建筑技术和理论体系的综合研究、部品技术的系统应用和整体性实践的项目尝试。

自1978年我国实行改革开放政策以来，城乡住房政策取得了举世瞩目的成就，人民的住房条件和居住环境得到了明显的改善。由于人民居住需求的快速释放，装配式混凝土建筑的应用到20世纪80年代达到全盛时期。在此阶段，我国城乡建立了数万个规模不同的预制件厂，我国构件行业发展达到了巅峰。主要的预制件有以下种类：一是民用建筑构件，包括外墙板、预应力大楼板、预应力圆孔板、预制混凝土阳台等；二是工业建筑构件，包括吊车梁、预制柱、预应力屋架、屋面板、屋面梁等。从技术上看，我国预制件的生产从以手工为主到机械搅拌、机械成型再到机械化程度很高的工厂流水线生产，经历了一个由低到高的发展过程。在如此大规模的建设过程中，住宅建造中所采用的建筑工业化方式也在发生变化，在工厂生产、现场装配的大板体系的应用范围，因交通运输、工厂用地、经营成本等原因，已逐渐萎缩。

20世纪90年代以后，从南方发源的现浇钢筋混凝土结构体系开始流行，这种采用现场制作混凝土模板、现场浇注混凝土的施工体系，包括现浇框架结构住宅、现浇剪力墙结构住宅以及二者的结合等施工体系得到了较大的发展。我国从1995年开始就提出了"住宅产业现代化"的核心，1995年原国家建设部与原国家科委联合启动了2000年小康型城乡住宅科技产业工程项目，其总体目标是：以科技为先导，以示范小区建设为载体，推进住宅产业现代化，构建新一代住宅产业。其意义不仅仅在于建造几种新型的住宅产品，它是一项系统工程，将使住宅建设从规划、设计、施工、科研、开发、产品集约化生产到小区现代化物业管理，形成一套全新的现代化住宅建设体系，并将对我国住宅建设进一步发展产生深远的影响（表1-2-4，图1-2-29～图1-2-33）。

建筑工业化与建筑结构预制化技术初创期的第二阶段发展脉络　　表 1-2-4

阶段	建筑工业化与建筑结构预制化技术初创期的第二阶段（1979～1998 年）			
阶段发展特点	由量转质的发展阶段，建筑工业化及技术以改善居民居住生活的内部功能和外部环境问题为发展目标，以提高工程项目质量为中心，多方面、系列化地进行了工业化生产的建筑技术和理论体系的综合研究、部品技术的系统应用和整体性实践的项目尝试			
历程	时间	研究及技术发展	主要内容及成果	
①国外 SAR 理论的研究实践	20 世纪 80～90 年代	引进哈布瑞肯 SAR 住宅理论和设计方法，奠定我国建筑工业化理论研究及其实践基础	1980 年，SAR 住宅理论及设计方法被介绍到国内。1986 年南京工学院在无锡进行了支撑体住宅研究实践，将住宅分为支撑体（包括承重墙、楼板、屋顶等）和可分体两部分设计和建造。20 世纪 90 年代，天津市建筑设计院也通过开发 TS 支撑体系（Tianjin Support Housing）进行了实验性建设	
②标准化多样化的研究实践	20 世纪 80 年代	进行标准化与多样化的探索性研究实践	1983 年，在研究法国、日本、苏联等国家的住宅发展信息的基础上，《国外工业化住宅建筑标准化与多样化探讨》的研究课题通过鉴定。1984 年，清华大学的退台式花园住宅系列设计方案在全国砖混住宅方案竞赛中脱颖而出，方案在北京、天津、烟台实践	
③两大样板工程及技术体系的推广	20 世纪 80～90 年代	建设部开展了城市住宅小区建设试点（1985～2000 年）和小康示范工程(1995～2000 年)一系列住宅小区建设样板工作	系列住宅小区建设样板工作把全国住宅建设的总体质量推进到一个新的水准，提升了住宅建设技术的理念与方法，推动了新技术成果的传播和交流，样板工程将体系化建设科技成果推向全国。1985 年，基于依托技术进步实现城镇住宅建设战略，国家开展了城市住宅小区建设试点工作，国家经委将城市住宅小区建设列为"七五"期间重点技术开发项目之一，强调推广科技成果，运用新技术、新材料和新工艺。1997 年，城市住宅小区建设试点总结出体系化的十大类 100 项"四新技术"作为推荐技术。城市住宅小区建设试点小区体系化的十类技术是：规划设计技术，墙体改革与新建筑体系，建筑节能，厨卫整体设计与新设备，新型门窗，防水新材料，给水排水·电气·暖通新技术、新设备，外墙饰面及室内装修新材料、新工艺，施工新工艺、新设备及地基处理新技术，物业管理新技术	
④中日国际合作研究 JICA 项目开拓性成果	20 世纪 80～90 年代	以中日两国政府为背景的国际合作项目，新型城市住宅、住宅新技术、住宅性能和部品、住宅节能综合技术和建筑减震隔震等一系列创新开拓性研究得以全方位展开，这些成果为我国住宅建设发展提供了国际理论方法研究的基础和先进性技术集成的支持	1988 年，中国政府和日本政府共同合作的第一个住宅建设领域的"中日 JICA 住宅项目"在北京正式启动，历经 20 年 4 期工程：第 1 期 JICA 住宅项目的"中国城市小康住宅研究项目"（1988～1995 年）、第 2 期 JICA 住宅项目的"中国住宅新技术研究与培训中心项目"（1996～2000 年）、第 3 期 JICA 住宅项目的"住宅性能认定和部品认证项目"（2001～2004 年）、第 4 期 JICA 住宅项目的"推动住宅节能进步项目"(2005～2008 年)、第 5 期 JICA 住宅项目的"建筑抗震技术人员培训项目"（2009～2013 年）	
⑤模数标准与标准设计发展	20 世纪 80 年代	基于模数协调的提出，标准设计作为国家、地方或行业的通用设计文件，成为促进科技成果转化的重要手段	1979 年的"全国城市住宅设计方案竞赛"，运用设计标准化、定型化与多样化手法来提高工业化的程度，在强调模数参数的同时提出了多种不同结构类型的住宅体系及系列化成套设计，以定型基本单元组成不同组合体。	

历程	时间	研究及技术发展	主要内容及成果
⑤模数标准与标准设计发展	20世纪80年代	基于模数协调的提出，标准设计作为国家、地方或行业的通用设计文件，成为促进科技成果转化的重要手段	我国先后在1984年、1997年编制及修编了《住宅模数协调标准》，提出了模数网络和定位线等概念，对我国住宅设计、产品生产、施工安装等标准化具有重要影响。 1984年"全国砖混住宅新设想方案竞赛"首次要求提高砖混住宅的工业化水平，以300为基本系列，推行双轴线定位，保证住宅内部装修制品、厨卫设备、隔墙等建筑配件的定型化与系列化。 20世纪80年代中期编制的《全国通用城市砖混住宅体系图集》和《北方通用大板住宅建筑体系图集》等，扩大了住宅标准设计的通用程度，发展了系列化建筑构配件。标准图集作为国家或行业的通用设计文件，为促进科技成果转化的重要手段
⑥厨卫设备设施专项研究	20世纪80～90年代	住宅研究的关注点从功能、面积转向住宅性能问题，以厨房、卫生间为核心的住宅设备设施的专项研究取得了一系列重要成果	1984年的《住宅厨房排风系统研究》。 1984年的《关于发展家用厨房成套家具设备的建议》。 1984年的"七五"课题报告，《改善城市住宅建筑功能和质量研究：城市住宅厨房卫生间功能、尺度、设备与通风专项研究报告》。 1988年编制的《住宅厨房和相关设备基本参数》。 1991年发布的《住宅卫生间相关设备基本参数》推动了住宅设备设施水平的进步。 1995年的《小康住宅厨卫设计要点的研究》等
⑦建筑结构专用体系的研究	20世纪80年代	一系列关于建筑体系的研究取得阶段性成果，在小区建设中得到大量性应用	1982年，《框架轻板住宅体系》。 1984年，《北方通用大板住宅体系》。 1986年，《城市多层砖混住宅体系化研究》
⑧小康住宅通用体系与灵活性适应性研究	20世纪80年代	中日双方开展了第一个合作研究项目"中国城市小康住宅研究"，研究项目形成了中国城市小康住宅通用体系（简称WHOS）	1988年，WHOS研究成果建立了我国城市住宅建筑与住宅部品模数的居住水准体系，从生活方式、面积标准、人体功效、设备配置到住宅部品标准化等基本出发点，建立了小康设计套型系列体系。在石家庄联盟住宅小区的小康住宅实验楼，运用的WHOS体系展现了小康居住水平的灵活性、适应性。 1989年，《天津试验住宅小区大开间住宅系列设计研究》
⑨住宅产业的概念提出	20世纪90年代	正式提出"住宅产业"的概念，"发展住宅产业是我国住宅发展的必由之路"，住宅产业相关工作逐步开始	中国建筑技术发展研究中心对住宅建筑工业化与国内建筑工业化试点城市、建筑施工合理化、建筑制品发展和住宅标准化等调查研究，分析了国外建筑工业化的新发展、日本发展部品化技术经验和法国产品认证制度做法等，并对国内外建筑工业化作出了比较研究。 1992年，向建设部提出了《住宅产业及发展构想》报告，首次提出了"住宅产业"概念，指出"发展住宅产业是我国住宅发展的必由之路"。 1994年之后，住宅产业相关工作逐步开始
⑩适应型住宅通用填充体的工程试验	20世纪90年代	"八五"重点研究课题《住宅建筑体系成套技术》中的《适应型住宅通用填充（可拆装）体》研究，特邀美国麻省理工学院建筑系前主任、荷兰开放住宅体系创始人哈布瑞肯教授担任课题技术顾问	1992年，"八五"课题《适应型住宅通用填充（可拆装）体》研究，吸收国外开放住宅（open-house）的支撑体（support）和填充体（infill）住宅经验，研发了适用于我国住宅结构体系的适应型住宅通用填充（可拆装）体，为我国首个以住宅通用体系与综合技术相结合的、整体实现解决方案的范例。该成果指导了北京翠微小区适应型住宅试验楼的建设

续表

历程	时间	研究及技术发展	主要内容及成果
⑪小康型城乡住宅科技产业工程技术体系的推动	20 世纪 90 年代	住宅产业现代化发展	1995 年《2000 年小康型城乡住宅科技产业工程》是第一个国家科委批准实施的国家重大科技产业工程项目，推进住宅科技产业为目标。 1996 年，建设部颁布了《住宅产业现代化试点工作大纲》和《住宅产业现代化试点技术发展要点》

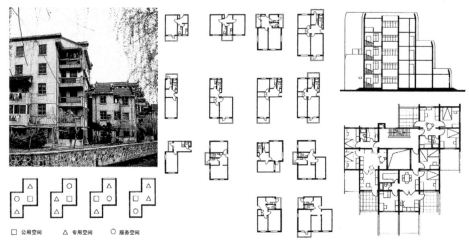

□ 公用空间　△ 专用空间　◇ 服务空间

图 1-2-29　江苏无锡支撑体系住宅　　图 1-2-30　天津"80 住"砖混结构住宅　　图 1-2-31　清华大学退台式
花园住宅

1.2.3.2　发展期：住宅产业化与装配式集成化技术时期

我国早期装配式建筑在完成量大面广的建设之后，其性能方面暴露出的单一、粗劣，以及难以满足日益多样化的功能和使用需求等问题，使得装配式建筑发展于 20 世纪 80 年代进入阶段性停滞。虽然建设部于 1979 年颁布实施了行业标准《装配式大板居住建筑结构设计和施工暂行规定》JGJ 1—79，这本标准又于 1991 年 10 月 1 日修订为《装配式大板居住建筑设计和施工规程》，但作为当时装配式建筑主要类型的 PC 结构，却因种种原因导致其结果并不如人意。预制技术方面，20 世纪 90 年代以来，城市的大中型构件厂大多已到了无法维持的地步，民用建筑上的小构件已让位给乡镇小构件厂生产。与此同时，某些乡镇企业生产的劣质空心板充斥了建筑市场，这进一步影响了预制件行业的形象。一些城市相继下令禁止使用预制空心楼板，一律改用现浇混凝土结构，又给装配式建筑发展带来了沉重打击。

20 世纪末，我国住房制度和供给体制发生了根本性变化，住宅商品化对住宅工业化产生了巨大影响，全社会资源环境意识的加强促进了住宅建设从观念到技术的巨变。住宅工业化及技术以住宅产业化为发展目标，由传统建造方式向工业化生产方式转变，对保障居住性能的工业化住宅体系和集成技术进行了综合性研发，推动了住宅工业化建设。因此，虽然装配式建筑经历了阶段性停滞，但在可持续发展观引导下，我国建筑工业化体系与集成技术持续转型发展（表

图 1-2-32　河北石家庄联盟小区小康住宅实验楼　　　图 1-2-33　北京翠微小区适应型住宅试验房

1-2-5，图 1-2-34 ~ 图 1-2-39）。

我国建筑工业化及技术转变期发展脉络 　　　　　　　表 1-2-5

阶段	住宅产业化与装配式集成化技术的发展期（1999 ~ 2010 年）		
阶段发展特点	在可持续发展观引导下，我国建筑工业化体系与集成技术持续转型发展		
历程	时间	研究及技术发展	主要内容及成果
①住宅产业化技术政策的引导	20 世纪 90 年代	加快住宅建设从粗放型向集约型转变，推进住宅产业化	1999 年，国务院颁发了《关于推进住宅产业现代化提高住宅质量的若干意见》通知（国办发〔1999〕72 号），作为推进住宅产业现代化的纲领性文件，明确推进住宅产业现代化的指导思想、主要目标、工作重点和实施要求。1999 年，建设部成立了"建设部住宅产业化办公室"，进一步推动了住宅产业化的工作
②住宅性能认定与评价体系的构建	20 世纪 90 年代 ~ 21 世纪 00 年代	对于住宅性能方面的深入研究是住宅建设由量转质的重要体现	1999 年，建设部颁发《商品住宅性能认定管理办法》，在全国试行住宅性能认定制度。2005 年，国标《住宅性能评定技术标准》发布，把住宅性能分为适用性能、环境性能、经济性能、安全性能、耐久性能等多个方面，在全国范围开展了住宅性能综合评定工作
③住宅部品的发展	21 世纪 00 年代	建设部在全国范围内开展了厨卫标准化工作，以提高厨卫产业工业化水平，推动建筑部品化整体浴室和整体厨房的应用	2001 年，建设部住宅产业化促进中心开始在全国范围内对符合国家产业政策和技术发展方向的住宅部品进行征选技术审查，通过审定的部品被编辑成册予以公布。2001 年，建设部出版《住宅厨房标准设计图集》和《住宅卫生间标准设计图集》，以提高厨卫产业工业化水平。2003 年，建设部住宅部品标准化技术委员会成立，负责住宅部品的标准化工作。2006 年，建设部发布《关于推动住宅部品认证工作的通知》，颁布了《住宅整体厨房》和《住宅整体卫浴间》行业标准。2008 年，建设部颁布《住宅厨房家具及厨房设备模数系列》
④国家康居示范工程的推行	21 世纪 00 年代	国家康居住宅示范工程成套技术以引导住宅技术的发展，促进我国住宅更新换代	2002 年，建设部发布《国家康居住宅示范工程选用部品与产品暂行认定办法》，开展国家康居住宅示范工程选用部品与产品的性能认定工作，将建筑部品按照支撑与围护部品（件）、内装部品（件）、设备部品（件）、小区配套部品（件）等分类

续表

历程	时间	研究及技术发展	主要内容及成果
⑤国家住宅产业化基地的建立	21世纪00年代	随着国家住宅产业化基地的建立，产业化基地涉及的领域也从单一的结构、内装发展到房地产开发、机制研究、标准化、示范城市等范畴	2002年，建设部颁布了《住宅产业化基地实施大纲》，其目的在于以培育一批具有技术创新能力的骨干企业为主体，建设产业关联度大、技术集约程度高、有市场前景的住宅产业化基地，在住宅产业化进程中起到示范带动作用。2002年，我国第一个以"钢-混凝土组合结构工业化住宅体系"为核心技术建设的"国家住宅产业化基地"在天津成立。实施的关键技术领域主要包括新型工业化住宅建筑结构体系、新型墙体材料和成套技术、住宅部品和成套技术、节水部品和成套技术、有利于城市减污和环境保护的成套技术，以及工厂化、标准化、通用化的住宅装修部品和成套技术等方面。2006年，建设部颁布《国家住宅产业化基地实施大纲》，更新了2002年颁布的《住宅产业化基地实施大纲》。在原大纲的基础上要求，住宅产品必须向标准化、系列化、规模化、产业化、模块化和通用化发展，以改善产品的性能和质量，方便设计和施工，为工业化住宅建筑体系奠定较好的物质基础
⑥我国首座工业化集合住宅与远大住工的影响	20世纪90年代~21世纪10年代	远大住工通过系列化住宅工业化科研，研发了住宅工业化体系、制造体系、工法体系、材料体系和产品体系等关键技术，包括整体厨卫、成套门窗、内装修、复合保温墙体等部品，形成了标准化设计、工厂化生产、配套化建设的工业化生产模式	1996年，远大第一代创业团队以发展新型工业化住宅、建立工业化住宅技术体系为目标，发展"住宅工业化制造模式"为特征，建立了建设部设置的首家综合型"国家住宅产业化基地"。1997年，远大空调与日本铃木合作组建远铃公司，首次引进整体卫浴部品。1999年，远大在部品技术研发的基础上，建成了我国第一座以工业化生产方式建设的工业化钢结构集合住宅。该住宅是我国住宅工业化最具影响力的作品之一。2007年，远大建设完成首个国家住宅产业化示范项目——长沙美居荷园小区，运用住宅工业化技术体系建造的全装修成品住宅，体现了以大批量、高速度建造低价、高质、普适性的住房理念。2008~2010年，远大研发了第五代集成住宅，在结构体系上采用叠合楼盖现浇剪力墙结构体系
⑦万科"住宅工业化建造模式"与PC技术的应用	20世纪90年代~21世纪10年代	万科集团在住宅产业化领域积极探索符合中国国情且能增强企业竞争力的发展道路。大量住宅工业化技术攻关、人力物力的投入，其企业住宅工业化综合性研发为提升我国住宅工业化水平做出贡献	1999年，万科建筑研究中心成立。2003年，标准化项目启动，提出了"像造汽车那样造房子"的口号，描述了万科住宅工业化模式。2004年，成立深圳建筑研究中心试验基地，实验工厂包括PC构件车间、木工车间和装饰部品车间等，建筑技术检测中心包括节能实验室、隔声实验室、设备实验室和环境实验室等。2005年，万科在深圳建筑研究中心试验基地的建筑技术试验场，建造了数个系列工业化生产的试验楼。2006年底，万科启动建设的万科住宅产业化研究基地，致力研究成套技术及产品，打造综合研发的平台。2007年，研究工业化与节能环保技术的《万科工业化住宅设计建造标准》和《万科住宅产品性能标准》的研发。2007年，首个住宅项目"上海新里程"推出以PC技术建造的新里程21号、22号两栋商品住宅楼，以VSI体系为主线，建筑主体的外墙板、楼板、阳台、楼梯采用PC构件，结合内部装修的"家居整体解决方案"，其系统性技术体系开发实践为我国住宅工业化发展的范例。2008年，深圳万科"第五寓"成为深圳首个全部采用工业化的商品房项目，采用工业化PC工法，首次实现了建筑设计、内装设计、部品设计流程控制一体化

续表

历程	时间	研究及技术发展	主要内容及成果
⑧国际先进住宅科技系统理念与北京锋尚国际公寓的实践	21世纪10年代	北京锋尚国际公寓是国际先进住宅科技傲首全国房地产市场的项目，中国第一个应用欧洲"高舒适与低能耗"环保理论及成套技术体系实施的项目	2003年，锋尚国际公寓依靠先进的保温隔热外围护结构，配合置换式新风系统和混凝土采暖制冷系统、中央吸尘系统等新技术，实现了"告别空调暖气时代"的公寓。采用天棚低温辐射采暖制冷系统和干挂饰面砖幕墙聚苯复合外墙外保温系统，多数指标达到欧洲发达国家有关规范的要求
⑨国际水准的百年住居LC体系研发与北京雅世合金公寓SI体系的实践	21世纪10年代	2006年中国建筑设计研究院"十一五"《绿色建筑全生命周期设计关键技术研究》课题组，提出了我国工业化住宅的"百年住居LC（Lifecycle Housing System）体系"，研发了保障住宅性能品质的规划设计、施工建造、维护使用、再生改建建筑全寿命期的新型工业化住宅体系与集成技术	2008年，北京雅世合金公寓项目为中日合作的技术集成住宅试点项目，研发创新的百年住居LC体系，首次将国际水准的SI住宅体系及集成技术全面应用，其新型住宅工业化设计、生产、维护、改造的集成系统研发，装配式内装实践等具有开创意义。2009年底，第8届中国国际住宅博览会提出住宅建造最新理念的概念宅——"明日之家"，以可持续居住理念引领高耐久性住宅研发和SI住宅生产技术的发展方向
⑩全装修成品住宅的提倡	20世纪90年代~21世纪10年代	全装修成品住宅是产业化的必经之路，在减少手工作业的同时，提高工业化生产程度，从本质上提升住宅性能和品质，成为衡量我国住宅工业化水平的标志	1999年，《关于推进住宅产业现代化提高住宅质量的若干意见》指出，"加强对住宅装修的管理，推广装修一次到位或菜单式装修模式，避免二次装修造成的破坏结构、浪费和扰民等现象"。2002年，建设部发布了《商品住宅装修一次到位实施细则》和《商品住宅装修一次到位材料、部品技术要点》。2008年，住房和城乡建设部《关于进一步加强住宅装饰装修管理的通知》中指出，"近年来在住宅装饰装修过程中，擅自改变房屋使用功能、损坏房屋结构等情况时有发生，给人民生命和财产安全带来很大隐患"，应提倡推广全装修成品住宅。2008年，由住房和城乡建设部组织编写的《全装修住宅逐套验收导则》正式出版

图1-2-34 第一代远大集成住宅 图1-2-35 万科第五寓 图1-2-36 万科新里程住宅

1.2.3.3 转型期：建筑产业现代化与新型建造方式时期

1）建筑产业现代化与新型建造方式转型发展的背景与重要意义

新世纪以来，伴随我国国民经济和社会的快速发展，建筑业作为国民经

图 1-2-37　叠合楼板、外挂墙板的长沙　　图 1-2-38　北京　　图 1-2-39　北京雅
花漾年华施工现场　　　　　　　　　　锋尚国际公寓　　　　世合金公寓

济支柱产业对国内生产总值的贡献率保持平稳增长，对城乡就业及改善城镇居民居住条件发挥着积极作用。建筑业在很大程度上仍依赖于高速增长的固定资产投资规模，仍存在着资源消耗较高，环境影响较大，技术创新不足，劳动生产率不高，劳动力短缺严重，建筑质量安全存在一定隐患，企业的规模扩张与企业管理实力、人员素质脱节等问题。亟须加快推进建筑产业现代化，实现建筑业从过去依靠规模扩张、低价劳动成本、不注重环境保护的发展模式向依靠质量提高效益型转变，经济发展动力从传统增长点转向新的增长点的"大转换"。

建筑产业现代化是以工业化、信息化、智能化为支撑，整合投融资、规划设计、构件部品生产与运输、施工建造和运营管理等产业链，实现建筑业生产方式和产业组织方式的创新和变革，全面提高建筑工程的质量、安全、效率和效益，促进建筑业实现节能减排、节约资源和保护环境的动态可持续发展。主要任务是通过标准化设计、工厂化生产、装配化施工、一体化装修、信息化管理和智能化应用，转变建筑生产方式，促进建筑业转型升级。

第一，建筑产业现代化是国家推进产业转型升级的重要内容。建筑业是国民经济支柱性产业，对地方经济贡献的比重高，产业辐射作用大，对上下游关联产业带动性强，推进建筑业的现代化转型，改变传统粗放的生产方式，提高建筑节能减排和绿色建筑发展水平，对国家经济结构调整将产生重要影响。

第二，建筑产业现代化是实施创新驱动发展战略的必然要求。创新是建筑业转变生产方式、实现提质增效目标的重要力量，面对新一轮科技革命和新型工业化发展趋势，建筑业必须通过产业技术政策和管理体制的调整，推进城乡建设领域的创新成果转变成产业新的经济增长点，通过技术管理和体制机制创新，提高工程设计、生产、施工等企业自主创新能力，实现我国建筑产业的现代化全面发展。

第三，建筑产业现代化是提高城镇化建设水平的战略选择。我国的新型城镇化是在人口多、资源相对短缺、生态比较脆弱、城乡差距较大的基础上进行的，选择更科学合理的规划设计方案，更绿色环保、提高资源有效利用的建设方式，节约土地、水、能源等资源，强化环境保护和生态修复，是实现"集约高效，绿色低碳"的城镇化建设目标的现实选择，必须改变过去建设领域重规模、轻管理，重速度、轻质量的传统生产模式，推进建筑产业现代化是提高城市规划建设水平的重要保证。

第四，建筑产业现代化是建筑业实现可持续发展的根本途径。建筑业的可持续发展能力，来自于建筑工程质量和品质的提升，注重建设规模和生态资源的可承载能力，降低资源和能源消耗。通过建筑工业化的转型，可优化产业结构和生产布局，提高工程建设效率和效益，减少建筑垃圾排放和污染，改善劳动生产环境，提高职业健康和安全水平，实现建筑业全面可持续发展。

2）建筑产业现代化与新型建造方式转型期的相关装配式建筑发展政策

我国正值建筑产业现代化与新型建造方式的转型与装配式建筑发展时期，面对我国建筑产业现代化发展转型升级的迫切需求，装配式建筑将全面进入新的发展机遇期。建筑业转型升级大背景下，中央层面持续出台相关政策推进装配式建筑。从 2013 年发展改革委、住房和城乡建设部发布《绿色建筑行动方案》以来，国家密集颁布关于建筑产业现代化与新型建造方式及推广装配式建筑的政策文件，在其发展规划、标准体系、产业发展、建设管理和工程质量等多个方面做出了明确要求。2016 年 2 月，国务院颁发《关于进一步加强城市规划建设管理工作的若干意见》，标志着国家正式将推广装配式建筑提升到国家发展战略的高度。在顶层框架要求的指引下，全国各省市出台了装配式建筑指导意见和相关配套措施（表 1-2-6）。

我国建筑产业现代化与新型建造方式转型期相关装配式建筑技术的政策　　表 1-2-6

时间段	技术政策与标准	重点内容
2010 ~ 2015 年	2013 年 1 月国务院办公厅转发国家发展改革委、住房和城乡建设部制订的《绿色建筑行动方案》国办发〔2013〕1 号	发展绿色建筑行动的纲领性文件 "加快绿色建筑相关技术研发推广，大力发展绿色建材，推动建筑工业化"
	2013 年 12 月《全国住房城乡建设工作会议的工作报告》	"2014 年十项重点工作任务中第七项明确提出：加快推进建筑节能工作，促进建筑产业现代化"
	2014 年 5 月国务院办公厅《2014—2015 节能减排低碳发展行动方案》	"以住宅为重点，以建筑工业化为核心，加大对建筑部品生产的扶持力度，推进建筑产业现代化"
	2014 年 7 月《关于推进建筑业发展和改革的若干意见》	明确提出 "转变建筑业发展方式，推动建筑产业现代化" 的发展目标
	2015 年 5 月《建筑产业现代化国家建筑标准设计体系》	按照主体、内装、外装三部分进行构建，其中主体部分包括钢筋混凝土结构、钢结构、钢—混凝土混合结构、木结构、竹结构等，内装部分包括内墙地面吊顶系统、管线集成、设备设施、整体部品等，外装部分包括轻型外挂式围护系统、轻型内嵌式围护系统、幕墙系统、屋面系统等内容
	2015 年 10 月《关于组织申报 2016 年建筑产业现代化示范项目的通知》	为促进建筑产业现代化发展，充分发挥示范项目的引领带动作用，推动装配式建筑及其他工业化建造方式的发展

时间段	技术政策与标准	重点内容
2016 年至今	2016 年 2 月中共中央国务院《关于进一步加强城市规划建设管理工作的若干意见》中发〔2016〕6 号	"发展新型建造方式，大力推广装配式建筑。" "制定装配式建筑设计、施工和验收规范。" "完善部品，实现建筑部件部品工厂化生产。鼓励建筑企业装配式施工，现场装配。" "建设国家级装配式建筑生产基地。" "加大政策支持力度，力争用 10 年左右时间，使装配式建筑占新建建筑的比例达到 30%。积极稳妥推广钢结构建筑"
	2016 年 2 月《全国民用建筑工程设计技术措施建筑产业现代化专篇——装配式混凝土剪力墙结构住宅设计》	技术措施主要内容包括：施工组织及策划、构件场内运输与装卸、构件存放、构件缺陷与修补、施工工艺流程、竖向结构施工、叠合类水平构件安装、非承重类构件安装、预制楼梯及隔墙板安装、防水构造要求、成品保护、施工质量验收、质量管理、安全文明施工、绿色施工、成本管理等方面的技术措施。汲取了各企业长期的工程实践经验，对施工过程中各环节遇到的问题进行规范与指导，为提高施工质量提供技术支持
	2016 年 7 月《住房城乡建设部 2016 年科学技术项目计划装配式建筑科技示范项目名单》	为促进建筑产业现代化发展，充分发挥示范项目的引领带动作用，推动装配式建筑及部件部品生产的发展。2016 年批准列入计划的项目共 119 项，其中：装配式混凝土结构 41 项、钢结构 19 项、木结构 4 项、部件部品生产类 54 项、装配式建筑设备类 1 项
	2016 年 9 月《国务院办公厅关于大力发展装配式建筑的指导意见》国办发〔2016〕71 号	发展装配式建筑纲领性文件 "以京津冀、长三角、珠三角三大城市群为重点推进地区。" "因地制宜发展装配式混凝土结构、钢结构和现代木结构等装配式建筑。" "力争用 10 年左右的时间，使装配式建筑占新建建筑面积的比例达到 30%。" "一健全标准规范体系，二创新装配式建筑设计，三优化部件部品生产，四提升装配施工水平，五推进建筑全装修，六推广绿色建材，七推行工程总承包，八确保工程质量安全"
	2017 年 1 月《"十三五"节能减排综合工作方案》	到 2020 年，城镇绿色建筑面积占新建建筑面积比重提高到 50%。实施绿色建筑全产业链发展计划，推行绿色施工方式，推广节能绿色建材、装配式和钢结构建筑
	2017 年 1 月装配式建筑技术系列标准：《装配式混凝土建筑技术标准》GB/T 51231—2016、《装配式钢结构建筑技术标准》GB/T 51232—2016、《装配式木结构建筑技术标准》GB/T 51233—2016	为贯彻落实《国务院关于进一步加强城市规划建设管理工作的若干意见》和《国务院办公厅关于大力发展装配式建筑的指导意见》（国办发〔2016〕71 号），健全装配式建筑标准规范体系
	2017 年 2 月《国务院办公厅关于促进建筑业持续健康发展的意见》国办发〔2017〕19 号	发展装配式建筑重要性文件 "促进建筑业持续健康发展，打造'中国建造'品牌。" "推动造方式创新，大力发展装配式混凝土和钢结构建筑，在具备条件的地方倡导发展现代木结构建筑，不断提高装配式建筑在新建建筑中的比例。力争用 10 年左右的时间，使装配式建筑占新建建筑面积的比例达到 30%。"
	2017 年 3 月《"十三五"装配式建筑行动方案》 2017 年 3 月《装配式建筑示范城市管理办法》 2017 年 3 月《装配式建筑产业基地管理办法》建科〔2017〕77 号	住房和城乡建设部装配式建筑三大文件 "到 2020 年全国装配式建筑占新建建筑的比例达到 15% 以上，其中重点推进地区、积极推进地区和鼓励推进地区分别大于 20%、15% 和 10%。"

续表

时间段	技术政策与标准	重点内容
2016年至今	2017年3月《建筑节能与绿色建筑发展"十三五"规划》	开展绿色建材产业化示范，在政府投资建设的项目中优先使用绿色建材。大力发展装配式建筑，加快建设装配式建筑生产基地，培育设计、生产、施工一体化龙头企业；完善装配式建筑相关政策、标准及技术体系
	2017年5月《建筑业发展"十三五"规划》	建筑业发展的六大主要目标和九大任务，装配式建筑面积占新建建筑面积比例达到15%。 推动建筑产业现代化：推广智能和装配式建筑，鼓励企业进行工厂化制造、装配化施工。大力发展钢结构建筑，引导新建公共建筑优先采用钢结构，推广钢结构住宅。 推进建筑节能与绿色建筑发展：绿色建筑，政府投资办公建筑、学校、医院、文化等公益性公共建筑，保障性住房要率先执行绿色建筑标准。推进全装修，提高新建住宅全装修成品交付比例
	2017年6月《关于促进建筑业持续健康发展的意见》	大力发展装配式混凝土和钢结构建筑，在具备条件的地方倡导发展现代木结构建筑，不断提高装配式建筑在新建建筑中的比例。力争用10年左右的时间，使装配式建筑占新建建筑面积比例达到30%
	2017年6月《关于组织申报2017年装配式建筑示范城市和产业基地的通知》	充分发挥装配式建筑示范城市和产业基地的示范作用，梳理成功经验，分析存在的问题，实事求是，因地制宜发展装配式建筑
	2017年10月《装配式住宅建筑设计标准》JGJ／T 398—2017	为贯彻落实《国务院关于进一步加强城市规划建设管理工作的若干意见》和《国务院办公厅关于大力发展装配式建筑的指导意见》国办发〔2016〕71号，健全装配式建筑标准规范体系
	2017年12月《装配式建筑评价标准》	自2018年2月1日起，装配式建筑应同时满足下列要求；主体结构部分的评价分值；围护墙和内隔墙部分的评价分值；采用全装修；装配率
	2018年1月《住房城乡建设部办公厅关于开展2017年度建筑节能、绿色建筑与装配式建筑实施情况专项检查的通知》	贯彻落实国家关于建筑节能和发展绿色建筑、装配式建筑的法律法规和政策，掌握各地2017年度建筑节能、绿色建筑和装配式建筑工作任务完成情况，总结推广经验和做法
	2018年3月《住房城乡建设部建筑节能与科技司关于印发2018年工作要点的通知》建科综函〔2018〕20号	推进装配式建筑发展。编制装配式建筑领域技术体系框架，梳理装配式建筑关键技术，发布装配式建筑技术体系和关键技术；编制装配式建筑团体标准，提高装配式建筑设计、生产、施工、装修等环节工程质量，提升装配式建筑技术及部件部品标准化水平。推进BIM技术在装配式建筑中的全过程应用，推动既有建筑装配式装修改造，开展装配式超低能耗高品质绿色建筑示范。提高全产业链、建筑工程各环节装配化能力，提升装配式建筑产业发展水平
	2018年12月装配式建筑技术系列部品标准，《装配式整体卫生间应用技术标准》JGJ/T 467—2018、《装配式整体厨房应用技术标准》JGJ/T 477—2018	为贯彻落实《国务院办公厅关于大力发展装配式建筑的指导意见》国办发〔2016〕71号，健全装配式建筑标准规范体系

续表

时间段	技术政策与标准	重点内容
2016年至今	2019年6月《装配式钢结构住宅建筑技术标准》JGJ/T 469—2019	为贯彻落实《国务院办公厅关于大力发展装配式建筑的指导意见》国办发〔2016〕71号，健全装配式建筑标准规范体系
	2019年7月《装配式混凝土建筑技术体系发展指南（居住建筑）》	《装配式混凝土建筑技术体系发展指南（居住建筑）》指引行业将标准化方法作为贯穿于装配式建筑技术体系发展的主线，进一步推动装配式建筑产业化

3）我国现阶段装配式建筑的现状问题和未来发展

目前我国建筑需求量巨大且建设发展迅速，建筑产业现代化与工业化生产建造方式的转型升级成为新时期人们关注的焦点课题，传统建筑业正值促进建筑生产建设方式转型与发展的有利时机。近年来由于国家建筑产业化政策的引导和市场的需求，促进我国建筑生产工业化研究与实践已经到了迫在眉睫的地步，虽然建筑产业现代化与生产工业化得到国内同行的普遍关注，但是对建筑生产工业化课题的认识并非十分清晰，也缺乏对建筑生产工业化方面的系统性体系化研究和实践。当前，我国积极探索发展装配式建筑，装配式建筑代表新一轮建筑业的科技革命和产业变革方向，既是建造方式的重大变革，也是推进供给侧结构性改革和新型城镇化发展的重要举措。现阶段我国装配式建筑的发展还存在许多亟待解决的课题，与国际上发展装配式建筑及其先进生产建造方式相比还有很大差距。

第一，目前我国装配式建筑体系初步成型，但仍然缺乏装配式建筑新型工业化建筑通用体系理论。建筑通用体系通过整合工业化基础，能够有效提高住宅品质，延长住宅寿命，实现建筑产业的转型升级和全面发展。目前我国装配式建筑的发展需要建立新型工业化建筑通用体系理论，把建筑物作为定型产品，对建筑设计、建材生产、部品制作、现场施工安装及组织管理等各个环节，按工业化生产的要求通盘考虑，综合研究，配套地应用新技术，以取得最优综合技术经济成果。

第二，装配式混凝土建筑、装配式钢结构建筑、装配式木结构建筑等多样化体系均得到一定的发展，但对装配式建筑的研究均针对结构体系，而且装配式混凝土建筑结构体系也不仅仅指剪力墙结构体系。装配式结构主体的连接节点、接缝技术以及结构减隔震技术与装配式建筑的结合成为研究热点。现阶段我国装配式建筑仍处于如何突破建筑技术瓶颈、突破关键技术难题、完善技术体系的阶段。

第三，我国装配化产业发展水平还较低，相对于装配式建筑主体结构装配式的发展，无论是在设计理念、科技研发、工厂化制作、现场管理等方面，还是在建筑全产业链生产管理体制、建筑产业联动发展方面，与国外相比还有较大的差距。装配式全产业链与传统的建造方式相比，有着节能环保、建筑垃圾少、现场施工耗时少、方便后期运维的显著优点。随着"毛坯房"逐渐淡出地产市场，随着经验和技术的升级和优化，装配式模式将成为行业趋势，并得到消费者的认可。

第四，建筑内装部品存在较大短板，部品部件产业发展与装配式建筑发展不匹配。装配式建筑的发展需要工业化部品部件产业的发展，继而推动部品部件制造业的发展。目前我国部品体系初步建立，部品概念得到行业认知，部品生产企业已经涌现，但部品部件的发展仍然存在着集成化程度不高、标准化通用化程度低等问题，严重阻碍了装配式建筑的健康发展。

第五，新时代高质量装配式建筑有待发展，有待整合与绿色可持续建筑相关的百年建筑、健康建筑和低能耗建筑等新理念、新成果，以绿色可持续发展理念大力推动新型建造方式的重大变革，以提高建筑品质和性能，满足人民群众对优质建筑产品的需要，提高节约资源能源水平，提升劳动生产效率和质量，促进建筑业与信息化、工业化深度融合，培育新产业、新动能，实现迈向建筑产业现代化之路的转型升级。

总体上看，新时期是我国建筑业转型升级的攻坚时期，转型升级如能加快推进，就能推动我国建筑业进入良性发展轨道；如果行动迟缓，不仅资源环境难以承载，而且会错失重要的战略机遇期。装配式建筑发展必须积极创造有利条件，着力解决突出矛盾和问题，促进建筑业结构整体优化升级，加快实现由传统工业化道路向新型建筑生产工业化道路的转变。装配式建筑发展应适应新型工业化、城镇化建设需要，以转变建筑业发展方式为主线，推动新兴建筑产业快速发展，加快建立适应我国国情的建筑产业现代化体系，创新管理体制和运行机制，着力提升自主创新能力，全面提高建筑工程质量、效率和效益水平，实现建设与供给模式的根本性转变，促进社会经济和资源环境的可持续发展。

1.2.4 我国装配式集合住宅与集成技术化的演进

我国自 20 世纪 50 年代开始住宅工业化建设以来，在不同的社会经济发展阶段以及不同的解决居住问题方针影响下，建筑产业的现代化和装配式建造技术的发展历经了漫长而曲折的道路。

1.2.4.1 建筑结构预制技术体系化时期

以数量需求建设为中心、以建筑结构预制化技术为主要特征的工业化时期。

住宅工业化及技术的创建期正值中华人民共和国成立的发展建设初期，城市住宅严重短缺，住宅建设全面复兴，呈现快速、经济的住宅建设研究与住宅工业化相结合的情形。这一时期，引入了苏联的住宅工业化经验，开展了设计标准化的普及工作，进行了多类型住宅结构工业化体系及技术的研发与实践。到了 20世纪 70 年代，在全国范围开展的设计标准化、构配件生产工厂化、施工机械化的建筑工业化运动的推动下，以及墙体改革方针的指引下，大型砌块、楼板、墙板结构构件的施工技术得到了发展，且涌现出系列化、工业化住宅体系。其中砖混住宅、大型砌块住宅体系、大板装配式住宅体系、大模板（内浇外挂式的住宅体系）和框架轻板住宅等工业化住宅体系均得到了比较广泛的应用。1973 年，作为最早 PC 体系高层住宅的北京前三门大街高层住宅建成竣工，全部 26 栋住宅都采用了大模板现浇、内浇外板结构的工业化建造模式，引起轰动。

改革开放之后，国外住宅工业化"建筑体系"的概念被关注。同时，基于SAR理论的标准化、系列化和多样性的研究与实践探索得以开展，展现了工业化方式的空间灵活性和适应性成果。20世纪80年代开启了开放建筑与建筑体系研究实践时期，清华大学张守仪教授将SAR支撑体住宅理论方法介绍到国内，1983年建筑学术刊物上对KEP和CHS建筑体系进行了介绍，1985年东南大学鲍家声教授设计了支撑体住宅并出版《支撑体住宅》一书。1991年，马韵玉教授主持了"八五"重点研究课题"住宅建筑通用体系成套技术"与适应型住宅通用填充体的研究及实践项目，同时，中日双方合作开展了中日JICA住宅项目——中国城市小康住宅WHOS通用体系的研究和试点项目的建设，天津TS体系也在多地进行了建筑支撑体体系与适应性建设实践。

随后，国家制定了住宅技术发展的相关政策，加快科技进步的步伐。1985～2000年开展了城市住宅小区建设试点和小康示范工程工作。1996年颁布的《住宅产业现代化试点工作大纲》和《住宅产业现代化试点技术发展要点》，在住宅产业化的新技术、新产品、新材料的集成推广应用方面取得了明显成效，同时进行了系统应用尝试。本阶段住宅工业化及技术以大量建设且解决居住问题为发展目的，重点创立了住宅工业化的住宅结构体系和标准设计技术，也推动了早期的建筑体系技术研发的工作。

1.2.4.2　建筑系统集成技术体系化时期

以质量转型发展为中心、以建立建筑体系集成化技术为主要特征的产业化时期。

为了加快住宅建设从粗放型向集约型转变，推进住宅产业化，一系列的措施与政策陆续出现：国务院于1999年颁发了《关于推进住宅产业现代化提高住宅质量的若干意见》；在国家康居住宅示范工程成套技术的推广工程中，采用先进适用的成套技术；2006年建设部颁布《国家住宅产业化基地实施大纲》，要求建立产业化基地；建设部发布了《住宅性能认定标准》和《关于推动住宅部品认证工作的通知》，提出推行住宅装修工业化和健全住宅装修的标准化体系；万科等企业结合住宅工业化生产，进行了集合住宅建筑主体工业化建造技术和内装部品集成的工程实践，经过多年建筑工业化探索，我国初创了装配式住宅建筑预制混凝土体系（PC）、钢结构体系、混合结构体系和内装部品集成体系等。

随后进入了国际开放建筑研究与日本产业化技术的"建筑通用体系"为主线的标准编制、体系攻关和创新实践新时期。2006年国家"十一五"科技支撑《绿色建筑全生命周期设计关键技术研究》课题、2015年国家"十二五"科技支撑《保障性住房新型工业化住宅通用体系研究》课题提出了我国工业化住宅百年住居LC（Lifecycle Housing System）住宅体系和适用于保障性住房的新型建筑部品NBP（New Building Parts System）通用体系。聚焦可持续SI住宅建筑体系的诸多成就，《CSI住宅建设技术导则（试行）》《装配式住宅建筑设计标准》和《中国百年住宅标准》等标准成功编制和实施，推动了新型工业化集合住宅体系与应用集成技术的创新发展。

实践方面，北京、上海率先开始了 SI 体系与集成技术实践。2005 年，中日合作建成了技术集成项目——北京雅世合金公寓和众美公租房项目；2007 年，上海万科进行了应用 VSI（VANKE SI）体系的建造项目。2012 年至今，中日合作系列化成果包括上海绿地百年住宅示范项目在内的十余个试点项目落地建成。示范项目将住宅研发设计、部品生产、施工建造和组织管理等环节联结为一个完整产业链，并通过设计标准化、部品工厂化、建造装配化实现了通用化的新型工业化住宅体系和技术集成，以建设产业化、建筑的长寿化、品质的优良化和绿色低碳化四个方面，实现了住宅长久价值的可持续居住环境，为中国新时期开放建筑的研究与实践探索了新的发展方向。

1.3 新型生产建造方式与装配式建筑可持续发展

1.3.1 国际可持续发展视野下的新型生产建造方式

随着社会经济与城市化的迅猛发展，建筑业的建设活动与自然环境之间的矛盾也日趋加重，所产生的高耗能、高污染、高废物正在破坏着人与自然和谐共生的平衡关系。过度开发和一味追求高速批量建设，严重制约了建筑领域走可持续发展道路。围绕可持续发展建设思想和方法在城市与建筑领域的延伸，美国、英国、德国、加拿大、日本等国家及北欧地区相继开展了生态建筑、绿色建筑、智慧建筑和低能耗建筑等符合可持续性建筑思想方法的研究与实践。这些研究主题背后所涉及的具体设计流程和评估系统可能是不一样的，但所传达的可持续发展的思想内涵是一致的。进入 21 世纪以来，建设领域将可持续建筑定义为涵盖建筑全生命周期及其建筑生产建造各环节的同时，综合协调相关联的经济、社会、文化和生态等可持续建设因素。在城市发展与建设层面，面向未来的可持续发展模式立足于当前城乡可持续建设问题，着眼于人居环境的长远发展，并对其建设模式、建造方式和建筑技术等方面提出了全新的要求，彻底改变了传统思维方式下的设计、生产、建造模式。

1.3.1.1 环境可持续的生产建造方式
环境与生态可持续性是新型生产建造方式与装配式建筑发展的基础。人类建设活动不应以破坏环境为前提，而应采取有利于环境保护的新技术、新策略，维护生态多样性和系统稳定性。源于生态学的可持续发展理念首先强调对自然的保护，但不同于其他生态自然观中将环境保护和社会发展对立的做法，其通过发展模式转型，实现资源节约型和环境友好型社会的构建。

新型生产建造方式与装配式建筑实现了建设的可持续营造。技术创新带动社会发展进步，以可持续技术为先导是当今建筑领域发展的必然趋势。由于装配式建筑的系统集成方法，使建筑通用体系下的子系统进行独立性工业化生产制造，促进了建筑的生产模式从手工操作为主转向工业化生产为主，进而转向大规模生产；从传统施工现场"湿作业"转向集成化预制装配"干作业"方法。以可持续建筑技术手段彻底改变传统建设中高投入、高消耗、高污染、低效益的粗放型现状，以节能减排、绿色环保的发展模式，促进产业的转型和升级。新型生产建造方式与装配式建筑应实现资源节约化，最大限度地降低对自然环境的破坏，降低建筑建设中人力物力的消耗，实现资源永续，在建筑全生命周期内最大限度地延长建筑寿命，做到对资源的节约和对环境的保护。

1.3.1.2 经济可持续的生产建造方式

经济持续性是新型生产建造方式与装配式建筑发展的条件，旨在兼顾生态环境承受力的同时，保持建设的持续增长与协同发展。2000年日本以循环经济社会构建为目标提出了3R循环经济模式构想，通过再循环（recycle）、再利用（reuse）、减量化（reduce）最终实现节约资源、保护环境，实现社会可持续发展。集约型经济增长取代了传统粗放型经济增长方式，不再一味追求数量，相反注重发展的质量和效率。当今的新型生产建造方式与装配式建筑发展不应以牺牲未来资源为代价，而应是在经济增长协调发展中，实现对环境资源的保护。

可持续建筑集约型经济增长，可以在保证生产规模不变的情况下，提高生产要素的利用效率，降低资源消耗和生产成本，使经济效益最终得到提高。在装配式建筑设计和建造的过程中，依靠高效的生产建造方式、精益的施工工艺、尖端的工业化技术集成，增加了资金、设备、原材料的利用率，提高了经济活动中的效益。建筑的质量和功能的提高与投入的时间和成本不再是正比关系，实现质量Q（quality）× 功能S（service，此处服务引申为功能）>成本C（cost）× 时间T（time），进而实现建筑全生命周期中的低运营与高回报。

提高生产效率，加快资金回收周期。装配式建筑整体交付时间一般比传统建造方式快速，其预制部件部品采用工厂化生产，操作不受天气及劳动力影响，大大缩短了施工周期。因此，其最直接的经济效益就是由项目建设周期变短、效率变高、资金回收周期同步加快所产生的。

在质量Q方面，装配式建筑在其全生命周期中，随着时间的推移逐步凸显综合效益；在功能S方面，通过装配化建造方法将全面提升建筑性能和品质；至于时间T和成本C，在实际工程中，通过优化集成技术及其预算等方式可以控制建造的投入，降低资金、人力和物力的消耗。我国劳动力结构正在发生变化，现场施工人力资源的供不应求导致劳动成本快速攀升。传统的模式是典型的劳动力密集型生产方式，但如今这一模式将难以为继。装配化建造作为一种集约的生产方式，产业链高度机械化，能够减少用工，大幅降低劳动力等不可控因素（如阶段性劳动力短缺、劳动力个体技术与水平差异、劳动力人口老龄化等）所带来的影响。

装配式建筑突出3R循环经济模式，即再循环、再利用、减量化，可以在保证自然资源持久供应能力不被破坏的情况下，实现建筑全生命周期内的住宅经济增长，并使其净利益增加到最大限度。同时，由于大量部品及构件采用工厂预制、现场装配的方式，避免了湿作业造成的污染，减少了建筑废弃物的产生，节约了资源和能源。在建筑投入使用后，可避免二次装修带来的资源浪费。在建筑拆除时，大量的建筑材料可以回收后通过清洁更换零部件等措施进行再生、再利用，使材料最大限度地循环使用，避免了以往建筑改造中大部分材料废弃后难以再利用而造成大量建设资源浪费的情况，降低了无效投资。基于 SI 建筑体系与工法的装配式住宅建筑与传统住宅比较，节能和材料回收利用方面都有明显的优势。

1.3.1.3 社会可持续的生产建造方式

社会持续性是装配式建筑的目的，即保证居住者长期有效地参与发展决策，建立同属于现在和未来的长效居住环境空间。装配式建筑的社会效益体现在长效发展上，其改变了传统生产方式，实现了由手工到机械、工地到工厂、施工到总装、农民工到产业工人、劳动工人到制造工人的转变，这种从生产方式到建设模式的转变对建筑业乃至社会带来了巨大的影响。同时，以集约化的可持续发展道路围绕装配式建筑衍生出的建筑部品产业与全产业链，也将促进建筑业的转型升级。

高品质、长寿化的装配式建筑作为社会资产的重要组成部分，在设计、建造、使用、改造直至拆除的建筑全生命周期内，随时间和空间的变化而变化，可满足现实与未来的需求，保证城市建设与文化发展的持续性。具有高耐久性的主体结构和具有灵活性与适应性的内装满足了不同业主的需求，当建筑属性发生改变时，可以改变属性进行二次开发利用，展现出了良好的普适性。当建筑寿命即将结束时，其部件部品可以被有效地回收利用，在下一个即将开始的新载体上得到延续。

1.3.1.4 技术可持续的生产建造方式

装配式建筑应以新型建筑工业化生产建造方式和技术集成实现高品质建设，具有建设高效、设计及工艺精准、技术尖端的特点，适应当今社会的发展模式。在项目开发、建筑规划设计到施工建造的各个环节中，都应注重建筑结构主体的耐久性和内部空间的灵活适应性，为实现建筑可持续建设提供现实保障。正是由于工业革命产生的新材料、新技术、新设备引发了建筑革命，推动了建筑领域工业化发展。因此，要以科技为先导，应用新型工业化技术并建立技术创新机制，加速科学技术成果转换为生产力，促进新产品、新工艺、新技术的应用，实现建筑建设全流程的一次升级换代。同时，工业化技术手段需要协调可持续发展观念下的人文观，满足社会生活的需求，促进城市居住问题与环境问题得到根本的改善。装配式建筑应将千篇一律的批量生产转变为形式多样的批量定制，开拓多样化"定制式"的建筑生产模式，以建筑弹性设计方法为业主打造多样的空间环境（图 1-3-1）。

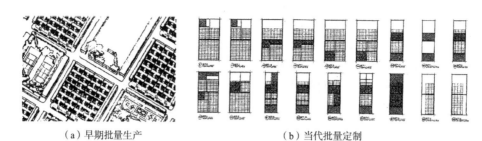

（a）早期批量生产　　　　　　　　（b）当代批量定制

图 1-3-1　批量生产与批量定制

1.3.2　我国装配式建筑发展与可持续建设挑战

1.3.2.1　建设的高能耗、高污染方式与城乡人居环境危机课题

改革开放以来，我国城乡建设取得了举世瞩目的成就。然而，建筑业既是我国国民经济的支柱产业，也是资源和能源大量消耗的产业。特别是在城镇化加速进程中，量大面广的城乡建设导致过度开发和追求高速建设等问题出现，随之产生的高能耗、高污染正破坏着人与自然和谐共生的平衡关系。首先是资源环境问题日益突出，以不断消耗自然资源为代价的 20 世纪传统建造方式，伴随着中国城市建设的高速发展延续了四十余年，大量消耗不可再生的资源能源，产生了大量的 CO_2 和建筑垃圾，导致资源枯竭和自然环境的大范围退化。另外一个突出的问题是，随之而来的城乡环境污染、建筑质量低下及其城市环境恶化等城乡人居环境危机，严重制约了我国社会经济的可持续发展。城乡开发建设必须转变现有的发展模式，从根本上改善资源能源的利用效率，提高经济效益，提升城市人居环境质量，重点转向低碳节能、降低对环境的压力以及资源循环利用的可持续发展阶段和可持续发展模式，实现建筑业发展方式和城乡建设模式的根本性转变，为促进社会经济和资源环境的协调及可持续发展提供重要支撑。

1.3.2.2　建设开发的大拆大建方式与建筑短寿命课题

我国城市大量的建筑与住宅寿命远低于正常设计使用寿命，其建筑寿命低于三五十年的情况相当普遍。据不完全统计，"十二五"期间我国每年拆除建筑的面积约为 4.6 亿 m^2，按每平方米成本 2000 元左右计算，每年因过早拆除房屋建筑导致近 1 万亿元资金的浪费。普通建筑和住宅建筑设计使用年限为 50 年，建筑整体来看呈短寿型，平均使用寿命只有 30 ~ 40 年，100 年内需要建造和拆毁两三次，远低于国际发达国家的建筑寿命水平。我国建筑与住宅平均使用寿命较短的原因主要体现在两个方面：第一，因为思想意识和利益驱动等社会经济原因，处于使用年限内的住宅被拆除；第二，结构安全质量、建筑老化和使用维护等建设与硬件原因导致相当多的建筑被毁坏，造成了大量资源浪费以及居住者与社会财富的巨大损失。从社会、资源和环境的可持续发展角度出发，实现我国从资源消耗型向资产持续型的建设转型已成为当前重大课题。因此，这就需要对大量生产、大量消耗、大量废弃型的传统住宅建设模式进行重新审视，加强全社会对于住宅寿命问题的认识，大力推进长寿化住宅建设。

1.3.2.3 传统生产建设方式与建筑产业及质量水平问题

我国建筑业与房地产业以传统生产方式为主，仍存在着工业化生产水平不高、建设方式粗放、产业化水平低、技术创新不足、劳动力短缺严重，以及建筑质量安全存在一定隐患等问题。目前，我国住宅竣工面积平均每年可达10亿 m² 左右，庞大的工程建设量是我国建设历史中任何一个时期都不可企及的，然而建筑产业和建造技术所暴露出的问题也日益严重，这表明住宅建设亟须从过去依靠规模扩张、低价劳动成本的传统发展模式向依靠质量提高的效益型转变。当前，我国建筑产业化设计建造体系还没有完全确立，在设计、生产、施工与维护方面所存在的标准化程度不足等技术转型问题仍然阻碍着产业现代化的发展。在生产建造方式上，其技术集成化程度低、缺乏完善的质量控制技术，尚未形成建筑部件部品化的生产与供应模式，既影响生产效率，也不利于降低生产成本。住宅建设应通过重点发展建筑产业现代化的建筑结构技术体系、建筑部品技术体系、信息化技术集成、工业化生产与施工装备及技术集成、技术标准体系的支撑技术攻关推广和集成创新，改变我国建筑业现状，摆脱传统路径的依赖和束缚，寻求以建筑产业现代化为目标的新型建筑产业化发展路径。

1.3.2.4 传统建筑产品供给方式与既有建筑运维问题

目前我国开发建设受限于传统认识与建筑生产建造方式等因素，在整体建筑品质的适用性能、环境性能、经济性能、安全性能、耐久性能等方面存在不足。以住宅建筑为例，外墙渗水脱落、卫生间漏水反味、建筑隔声差、室内空气质量差和适老生活不便等问题屡见不鲜。这一系列的问题造成了国内建筑无法满足较长的使用年限，建筑物中管线设备等容易发生老化问题，管线维护和维修引发的纠纷也屡见不鲜。因此，我们必须提高建筑产品的长久质量，将高质量产品供给的认识延伸到建筑全寿命期的各个环节。另外，既有建筑改造已成为中国社会发展与城市宜居环境建设中亟待解决的重大问题，房地产业也进入了存量与增量并行的时代，住宅消费需求已从满足数量型转向追求质量型。因此，住宅建设应重点解决建筑全寿命的矛盾，尤其应重视维护使用中高能耗和运维难度大的问题。住宅建设要结合未来生活方式，从长远上建设对社会和每个居住者而言可以作为优良资产和具有长久价值的建筑产品，满足人民对建筑品质的更高需求。

1.3.3 迈向可持续建设发展模式的装配式建筑未来

1.3.3.1 高质量发展时代的装配式建筑

改革开放以来，我国城乡建设高速发展，取得了举世瞩目的成绩，但仍存在着环境、资源、社会矛盾等问题和瓶颈。经济增长由高速度向高质量转变，意味着发展模式将由粗放型增长转向集约型增长，从低效领域转向高质领域。

推动住宅建设的高质量发展，既是社会经济可持续发展的根本途径，也是开发建设转变的必然要求，更是广大居住者高品质生活与供给方式的重大变革。高质量发展不是片面强调经济和产业的发展，而是更加注重经济、社会、环境之间协调与可持续发展的系统性推进。高质量发展城乡建设基本内涵的系统性，在宏观层面上，表现为经济发展方式的转变和增长动力的转换；在中观层面上，表现为传统产业的转型升级和新兴产业的快速成长；在微观层面上，表现为建筑产品质量可以作为提升供给的着力点。

近年来，我国积极探索发展装配式建筑，但在建造方式的技术顶层设计与支撑保障方面还存在着许多亟待解决的课题，装配式建筑比例和规模化程度较低，整体质量与品质上也存在不少问题，与国际先进建造方式相比还有很大差距。比较而言，由于认知水平、社会经济、产业政策和技术部品体系等软硬两方面诸多因素的制约，使得我国建筑工业化历经数十年发展，并未取得长足的进步，我国建筑产业现代化仍处于生产方式的转型阶段。

从宏观层面的发展质量来看，仍需应对建设发展模式这一课题的挑战。我国建筑业的能源和资源消耗大、环境污染严重、建筑寿命短，传统发展方式仍占据主导地位，传统建筑业模式所积累的问题和矛盾日益突出。因此，必须转变发展模式，从根本上改善资源能源利用效率，提高经济效益，提升城市化人居环境质量，重点转向低碳环保以及资源循环利用的可持续发展模式。

从中观层面的建造质量来看，仍需应对新型建造方法这一课题的挑战。我国建筑业与国外同行业相比，建筑业主流仍然采用传统生产方式，手工作业多，工业化程度低，劳动生产率低，工人工作条件差，建筑工程质量和安全问题时有发生。因此，推动建筑产业现代化发展，改变我国建筑业现状，必须要摆脱传统路径的依赖和束缚，寻求建筑产业现代化为目标的新型建筑工业化发展路径。

从微观层面的产品质量来看，仍需应对优良建筑产品供给不足这一难题。建筑产品消费需求已从满足数量型转向追求质量型，过去重视量的扩张、忽视质量提升的发展模式已不能适应我国社会主要矛盾的变化。因此，城乡建设必须提高建筑产品的长久质量，将提高居民生活质量的产品供给高质量地延伸到建筑全寿命期的各个环节之中，提高建筑综合性能。

1.3.3.2 装配式建筑发展目标与技术对策

发达国家建筑产业现代化与装配式建筑系统集成技术的发展与经验为我国探索未来装配式建筑与新型建造方式的转型提供了方向性的参考与启示。如何从顶层设计的角度全面认识并建立建筑产业现代化；如何利用装配式的系统集成技术去解决建筑中存在的建筑寿命和品质问题，乃至既有建筑改造更新问题；如何建立健全完善的建筑生产产业链，统筹协调资源能源的利用，等等，这些都是亟待解决的问题，也是未来发展的方向（表1-3-1）。

新型建造方式的装配式建筑发展目标与技术对策　　　　表 1-3-1

主要目标	面临问题	发展对策
1. 推动发展模式转型	可持续发展模式转型与市场化能力不足	推进质量供给和节约资源，实现建设可持续发展
2. 推动建造方式升级	新型建造方式与建筑通用体系有待建立	以新型建造方式创新，促进住宅建筑产业转型升级
3. 发展设计建造方法	装配式建筑的认识与顶层设计较为片面	运用系统集成建筑体系，实现标准化集成设计建造
4. 引导部品部件产业	装配式部件部品产业化水平落后	引导部件部品全面发展，推动部件部品标准化生产
5. 开发装配施工能力	装配建造全产业链与工法关键技术低下	开发装配施工的技术与工法，提高装配化技术水平
6. 提高装配内装水平	装修部品体系与集成技术短缺	推广模块化、装配化装修，做到品质优良和健康环保
7. 提升工程综合质量	施工质量水平不足与专业技术人才短缺	提升建造质量安全技术体系，确保工程质量安全
8. 保障长期优良品质	缺乏完善的维护与管理体系支撑	保障建筑全寿命期质量，重视建筑长久性能品质

　　首先，装配式建筑要深刻把握高质量发展的可持续发展建设转型升级方向的课题和实现途径；其次，需要理清我国装配式建筑高质量发展目标和重点任务，大力推进建筑产业现代化，攻关建筑系统集成体系；最后，全面提升长久品质的、高质量产品的供给，高质量发展是新时代装配式建筑的可持续建设发展的必由之路。为了适应新型工业化、城镇化建设需要，我国的建设领域应以转变建筑业发展方式为主线，推动新兴建筑产业快速发展，加快建立适应我国国情的建筑产业现代化体系，创新管理体制和运行机制，着力提升自主创新能力，全面提高建筑工程质量、效率和效益水平，实现建设与供给模式的根本性转变，促进社会经济和资源环境的可持续发展。

2　装配式建筑的系统集成方法

2.1 装配式建筑的系统集成

2.1.1 装配式建筑通用体系

2.1.1.1 建筑产业现代化国家建筑标准设计体系

在建筑产业现代化发展背景下，基于新型工业化的装配式建筑通用体系是以建筑产业现代化为目标，通过建筑工业化生产的建造方式，将建筑按照工业化建造体系划分出系统性的通用化部品体系，该体系的基础是建筑支撑体和填充体分离的理论方法。从国外建设与发展经验来看，装配式建筑通用体系是推进建筑产业现代化的重要内容，通过构建我国建筑产业新型工业化的建筑体系，将为系统集成和设计建造提供坚实的技术支撑，也将推动装配式建筑的可持续发展。装配式建筑通用体系基于建筑工业化的生产体系要求，统筹协调策划设计、建材生产、部品制造、施工安装及组织管理等各个环节，将建筑作为工业产品，采用统一建筑参数、体系化结构形式和标准化部件部品，结合配套的生产工艺、施工方法以及科学的组织管理，形成工业化的生产过程。

住房和城乡建设部发布的《建筑产业现代化国家建筑标准设计体系》有助于推动我国建筑产业现代化通用体系的构建工作，协同推进建筑全产业链的整合和产业化发展。其体系按照建筑主体系统、建筑内装系统、建筑外围护系统三部分进行构建，其中主体部分包括钢筋混凝土结构、钢结构、钢—混凝土混合结构、木结构、竹结构等；内装部分包括内墙、地面、吊顶系统、管线集成、设备设施、整体部品；外围护部分包括轻型外挂式围护系统、轻型内嵌式围护系统、幕墙系统、屋面系统等内容（图2-1-1）。

2.1.1.2 建筑产业现代化的新型建筑部品体系

建筑产业现代化的建筑通用体系与部品技术是工业化生产建造的基础和前提。从推动我国建筑产业现代化发展和中国新型工业化道路出发，住房和城乡建设部进行了《建筑产业现代化建筑与部品技术体系研究》课题和"十二五"国家科技支撑计划《保障性住房新型工业化住宅通用体系研究》课题的研究工作，重点研发我国建筑产业现代化建筑与部品体系。其中，新型建筑部品 NBP 体系（New Building Parts System）以建筑产业现代化的建筑部品为基础，通过划分为建筑支撑体和建筑填充体分离方式，全新构建了我国具有建筑可持续性的支撑体产业化（主体工业化）部品与填充体产业化（内装工业化）部品建筑通用体系，推动以转变生产建造方式为目标的建筑体系与部品技术集成的发展（图2-1-2）。

新型建筑部品 NBP 体系具有良好的社会、环境和经济效益。第一，环境友好型、资源节约型可持续社会的构建要求。新型建筑体系下的建筑具有耐久性的支撑体以及灵活可变的填充体。在建筑使用过程中可以根据需求进行更新，降低对自然环境的负担，节省资源和能源，为社会贡献可以保证长期优良品质的建筑。第二，适应社会经济发展与生活使用的变化需求。新型建筑体系可以灵活地更新

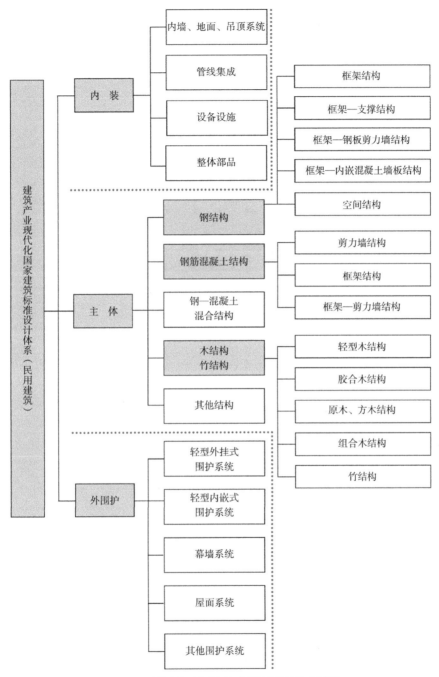

图 2-1-1　建筑产业现代化国家建筑标准设计体系总框架

填充体，可以解决我国传统建造模式中的既有建筑问题，满足因时代变化、科技发展以及生活与工作方式转变所带来的更新及改造要求。第三，助力建筑产业现代化的发展。通过针对支撑体与填充体及其部件部品的研发推动新兴产业的发展，进而促进建筑产业的现代化发展。第四，是可持续人居环境的建设要求。新型建筑体系下的建筑通过延长建筑寿命与可持续的更新改造方式，可以形成建筑文化积淀，使城市风貌得以延续。

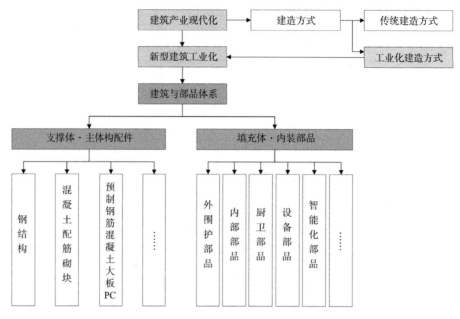

图 2-1-2 建筑产业现代化的新型建筑部品 NBP 体系

部品 part

由工厂生产，构成外围护系统、设备与管线系统、内装系统的建筑单一产品或复合产品组装而成的功能单元的统称。

集成化部品 integrated parts

隔墙、吊顶和楼地面，是装配式建筑内装系统的主要集成化部品。作为内装系统实现干法施工工艺的基础，既可满足管线分离的设计要求，也有利于装配式内装生产方式的集成化建造与管理。

模块化部品 modular parts

整体卫浴、集成厨房和系统收纳是装配式住宅建筑内装体的三大模块化部品，其制作、加工全部实现工厂化和现场安装，可全部实现装配化。

2.1.1.3　装配式住宅建筑通用体系

住宅建筑通用体系 housing open system

　　以工业化生产方式为特征的、由建筑结构体与建筑内装体构成的开放性住宅建筑体系。体系具有系统性、适应性与多样性，部件部品具有通用性和互换性。

　　建筑师首先应对装配式建筑部品部件的类型与内容有充分的了解，方能更好、更合理地进行标准化设计工作。部件是指在工厂或现场预先生产制作完成，构成建筑结构系统的结构构件及其他构件的统称。部品是指由工厂生产，构成外围护系统、设备与管线系统、内装系统的建筑单一产品或复合产品组装而成的功能单元的统称。装配式混凝土建筑常用部品部件类型见表 2-1-1。

装配式混凝土建筑常用部件部品类型　　　　　　表 2-1-1

项目	系统分类	部件部品主要内容
装配式建筑常用部件部品	结构系统	梁、柱、外墙板、楼板、楼梯、阳台、空调机搁板等部件
	外围护系统	非承重外墙、内隔墙、装饰构件、门窗等
	设备与管线系统	给水、排水、燃气、暖通与空调、电气与照明、消防、电梯、新能源、智能化等
	内装系统	地面、墙面、吊顶、整体式卫生间、集成厨房、系统收纳等

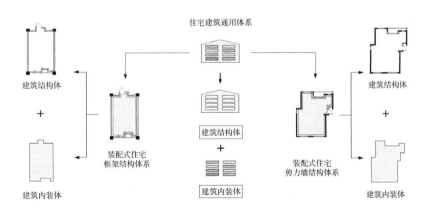

图 2-1-3　住宅建筑通用体系

　　住宅建筑通用体系是以建筑产业现代化发展为目标、以新型建筑工业化生产为基础的开放性住宅建筑体系，装配式住宅建筑设计宜采用建筑通用体系。采用该体系的工业化生产方式的主要特征是通过产业化发展起来的系统化建造体系，以及具有通用性、互换性的部件部品进行集成建造，以实现建筑适应性和多样化的可持续发展，建设高品质的住宅建筑产品。从国际先进的装配式住宅建造与发展经验来看，装配式住宅采用建筑通用体系，成功解决了住宅建筑批量生产中标准化与多样化需求之间的矛盾，既可以满足住户的多样化与适应性需求，也解决了室内后期维护与改造的浪费问题，保证了建筑全寿命期过程中主体结构的安全性和长期使用价值（图 2-1-3）。

住宅建筑通用体系相关用语如下。

（1）装配式住宅（assembled housing）：以工业化生产方式的系统性建造体系为基础，建筑结构体与建筑内装体中全部或部分部件部品采用装配方式集成化建造的住宅建筑。

（2）住宅建筑结构体（skeleton system）：住宅建筑支撑体，包括住宅建筑的承重结构体系及共用管线体系；其承重结构体系由主体部件或其他结构构件构成。

（3）住宅建筑内装体（infill system）：住宅建筑填充体，包括住宅建筑的内装部品体系和套内管线体系。

（4）主体部件（skeleton components）：在工厂或现场预先制作完成，构成住宅建筑结构体的钢筋混凝土结构、钢结构或其他结构构件。

（5）内装部品（infill components）：在工厂生产、现场装配，构成住宅建筑内装体的内装单元模块化部品或集成化部品。

（6）管线分离（pipe and wire detached from skeleton）：建筑结构体中不埋设设备及管线，采用设备及管线与建筑结构体相分离的方式。

2.1.2 装配式建筑系统集成的构成体系

系统集成 system integration

装配式建筑系统集成，实现建筑结构系统、外围护系统、设备与管线系统、内装系统的技术集成；协同建筑、结构、机电和装修等全专业集成；统筹策划、设计、生产、施工和运维等全过程集成。

2.1.2.1 系统集成的基本方法

装配式建筑技术标准的创建，以完善装配式建筑的全面顶层设计创新引领为核心，突出其完整建筑产品体系集成的建筑特点，构建了装配式建筑系统集成的理念与方法。装配式建筑系统集成的特征为：①"全建筑"的系统集成方法，装配式建筑应保证一个完整建筑产品的长久品质，提倡全装修，其内装系统应与结构系统、外围护系统、设备与管线系统进行一体化设计建造，采用工业化生产的集成化部品，倡导进行装配式装修；②"全寿命"的系统集成方法，装配式建筑应全面提升品质，减少建筑后期维修维护费用，延长建筑使用寿命，应满足建筑全寿命期的使用维护要求，提倡主体结构与设备管线分离的方式；③"全协同"的系统集成方法，装配式建筑强调全专业的一体化协同，充分发挥建筑专业的龙头作用，解决了以往规范中仅强调结构单专业，专业间的衔接较差，重结构、轻建筑及机电设计等问题；④"全环节"的系统集成方法，装配式建筑应实现全过程的协同，即采用系统集成的方法统筹设计、生产运输、施工安装及验收等各个环节；装配式建筑应遵循模数协调、模块化与标准化设计、统一接口、少规格多组合的原则，实现部件部品的系列化和多样化；⑤"全过程"的系统集成方法，装配式建筑应有技术策划阶段，在项目前期对技术选型、技术经济可行性和可建造性进行评估，并科学合理地确定建造目标与技术实施方案，运用建筑信息化模型 BIM 技术，实现全专业全过程的信息化管理。

2.1.2.2　装配式建筑的构成体系

建筑系统集成的 BIS（Building Integration Systems）构成体系：以装配化建造方式为基础，统筹策划、设计、生产和施工等环节，实现建筑的结构系统、外围护系统、设备与管线系统、内装系统一体化的过程。建筑的结构系统、外围护系统、设备与管线系统、内装系统是技术体系集成；统筹策划、设计、生产和施工是建筑全寿命期内的管理体系集成（图 2-1-4）。从系统集成的角度理解装配式建筑，以 BIS 建筑构成体系方法为指导，以信息化技术为工具，以建筑形式与功能为核心，以结构系统为基础，整合外围护系统、设备与管线系统及内装系统，实现其系统的体系化集成。

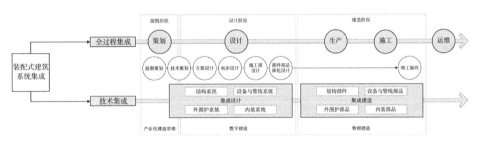

图 2-1-4　装配式建筑系统集成的 BIS 建筑构成体系

装配式建筑的关键在于系统集成的构成体系，新型装配式建筑不等于传统生产方式和装配化的简单相加，用传统的设计、施工和管理模式进行装配化施工不是真正的装配式建筑建造方式。这种新型装配式建筑系统集成的 BIS 建筑构成体系，有明确的体系与子体系、完备的系统与子系统，是基于部件部品进行系统集成，从而实现建筑功能。在其体系构成方法之下，建筑是最终的产品。对于产品，传统分散的、局部的思路是不可行的，就需要站在建筑系统集成的层面上去思考解决思路。建筑师的角色要发生转变，去统筹思考建筑项目的全过程，以体验导向的思维去主导项目进行系统集成。

实现建筑业生产方式变革与产业组织构架模式创新，对于推动建筑业发展和施工技术进步具有重要意义。这就需要改变固有的思维模式，以产业化集成思维整合设计、生产、施工、运营等全产业链。在项目实施过程中，明确部件部品生产企业和施工建造单位的分工协作，使策划、设计、生产、施工等环节形成一套完整的协作机制和工作流程，以先进的工业化、信息化、智能化技术为支撑，通过技术集成和管理集成进一步提高经济效益，发挥资源优势。

在满足传统建筑功能需求的基础上，熟悉各种构件部品性能并将其整合到建筑系统集成中，已经成为决定装配式建筑成败的技术核心。集成化的建筑产品中任何影响建筑质量和体验的问题，都可能导致用户的不满。实际上装配式建筑的质量问题大多数发生在主体结构、外围护、内装和机电管线之间的整合与协同上。从这个意义上说，目前在推广应用的 BIM 技术是装配式建筑实现集成设计、智能制造、虚拟建造的重要实施手段，以实现装配式建筑全流程、全专业、全产业的综合性集成。

2.1.3 装配式建筑构成体系的基本系统

装配式建筑是以建筑工业化生产方式为基础，统筹策划、设计、生产、施工和运维等全过程，以及建筑、结构、机电和装修等全专业，实现建筑的结构系统、外围护系统、设备与管线系统、内装系统的整合化系统集成过程。基于既定的性能目标，装配式建筑对结构、外围护、设备与管线、内装各系统进行统一协调，实现各系统间的最优化组合，使之达到整体效率、效益最大化，形成完善的建筑有机整体（图 2-1-5）。

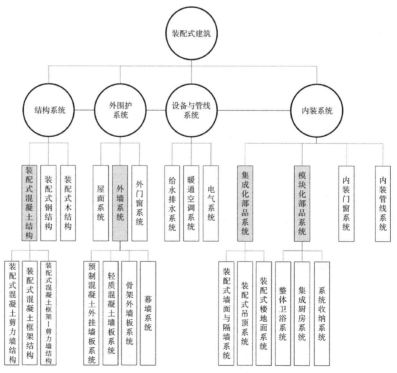

图 2-1-5 装配式建筑通用体系的四大系统

2.1.3.1　结构系统

结构系统 structure system

　　由结构构件通过可靠的连接方式装配而成，以承受或传递荷载作用的整体。

　　结构系统是装配式建筑的骨架，按主体结构使用材料与形式可分为装配式混凝土结构、装配式剪力墙结构、装配式木结构和各种混合结构。其中，装配式混凝土结构是装配式建筑中应用最广的类型。

　　我国装配式钢结构住宅结构系统的类型包括以下几种。

　　（1）钢管混凝土束结构体系。钢管混凝土束结构体系，是由若干 U 型钢、矩形钢管及钢板拼装而成，由多个竖向空腔结构单元形成钢管束，并在其中填充混凝土墙体和钢梁的结构体系。主要适用于居住类建筑，如住宅、公寓。基于结构体系的受力性能，此结构多应用于多层和高层住宅建筑。

　　（2）分层装配式钢支撑结构体系。分层装配式钢支撑结构体系，主要适用于层数不超过 6 层的民用建筑，包括居住类建筑如住宅、宿舍、公寓、旅馆、农居，公共服务类建筑如学校、医院、办公用房等。基于结构体系的受力性能，此类房屋应用于低多层建筑。

　　（3）部分填充钢—混凝土组合结构体系。部分填充钢—混凝土组合结构体系，主要适用于住宅、宿舍、公寓、旅馆。基于结构体系的受力性能，此类房屋多应用于多高层建筑。

　　（4）模块化建筑结构体系。模块化建筑结构体系是由建筑模块通过可靠的连接方式装配而成的建筑物。该类型结构体系主要适用于低层的民用建筑，当模块仅作为功能单元而与主体结构连接时可用于高层建筑。主要的适用建筑类型为住宅、宿舍、公寓、旅馆等。按照模块构成结构的不同可分为集装箱模块化建筑和钢框架模块化建筑。

2.1.3.2　外围护系统

外围护系统 envelope system

　　由建筑外墙、屋面、外门窗及其他部件部品等组合而成，用于分隔建筑室内外环境的部件部品的整体。

　　外围护系统包含屋面系统、外墙系统、外门窗系统等，其中最重要的是外墙系统。外墙围护系统有多种划分依据，通常按照部品内部构造可以分为预制混凝土外挂墙板系统、轻质混凝土墙板系统、骨架外墙板系统、幕墙系统等。其中预制混凝土外挂墙板由于自重较大，安全性要求最高，设计和施工与其他三类有明显的区别，在居住建筑中应用量大、使用面广；轻质混凝土墙板系统的连接构造与预制混凝土外挂墙板有类似之处，但其结构计算与预制混凝土外挂墙板相比要求较少。外墙围护系统也可按与主体结构的连接形式分为内嵌式、外挂式及内嵌外挂结合式。各类型墙板又可根据不同材质、结构、连接方式等进一步细化，如按照外观形式分为整间板系统和条板系统两类。外墙围护系统的外观形式主要以立面效果区分，预制混凝土外挂墙板可为整间板或条板，轻质混凝土墙板以条板为主，骨架外墙板也可为整间板或条板，幕墙中的单元式幕墙多以类似条板为主。

外墙围护系统的范围是：非承重类外围护系统和承重类外围护系统的非结构系统部分。如果承重类外围护结构仍属于结构系统，且承重类外围护系统的结构性能和物理性能应考虑结构部分的有利作用，其性能不仅要满足作为结构系统的承载力要求，还要满足作为外围护系统的各项性能要求，包括安全性、适用性和耐久性。在我国的装配式混凝土建筑中，尤其是居住建筑，结构系统以装配式混凝土剪力墙结构、框架结构及框架—剪力墙结构为主。当外墙采用剪力墙时，均以装配式混凝土的墙板类构件作为结构系统设计建造，其相关规定也属于结构系统部分。而结构系统的框架填充部分，均以非承重的填充墙进行设计建造。同理，屋面围护系统中的屋盖也属于结构系统的重要组成部分，只有屋盖上方的防水、保温隔热构造以及架空屋面构造，属于本教材所述的外围护系统。

2.1.3.3 建筑设备与管线系统

设备与管线系统 facility and pipeline system

由给水排水、暖通空调、电气和智能化、燃气等设备与管线组合而成，满足建筑使用功能的整体。

设备与管线是装配式建筑的重要组成部分，应在建造全过程中贯彻这一理念。由于设备与管线本身具备标准化设计、工厂化生产、装配化施工等特征，因此应从装配式建筑对设备与管线系统的需求出发，发展并完善适用于装配式建筑的高品质要求及工业化建造方式的技术体系。需要区分的是，设备与管线系统是针对建筑公共设备管线而言，或者说是设备管线的公共部分，内装系统中涉及的设备与管线仍属于内装系统。

2.1.3.4　建筑内装系统

> **内装系统** interior decoration system
>
> 　　由装配式墙面和隔墙、装配式吊顶、装配式楼地面等集成化部品和整体卫浴、集成厨房、系统收纳等模块化部品，以及内门窗、内装管线等构成的满足建筑空间使用要求的整体。

　　内装系统是装配式建筑的重要组成部分，应采用装配式内装的方式。内装系统包含集成化部品系统、模块化部品系统、内装门窗系统、内装管线系统等。其中集成化部品又包含装配式墙面和隔墙、装配式吊顶、装配式楼地面；模块化部品包含整体卫浴、集成厨房、系统收纳等。装配式内装是一种以工厂化部品、装配式施工为主要特征的装修方式，其本质是以部品方式提升品质和效率，同时减少人工、节约资源能源消耗。

　　如果内隔墙为非承重墙，根据项目情况一般应归入内装系统。内装系统应和设备与管线系统集成，实现内装和套内设备与管线维护改造时无需破坏结构系统的目标。套内管线从结构系统中分离，可改变套内管线维护和改造不便的现状，在后期的维护改造中可以不破坏主体结构，使居住建筑能够随着住户的需求和科技的发展变化进行维护和改造。

2.2　建筑主体工业化系统

　　当前我国装配式混凝土建筑、装配式钢结构建筑、装配式木结构建筑等多样化体系均得到一定的发展，但装配式建筑的研究实践大多为装配式混凝土建筑结构体系，装配式住宅建筑往往局限于剪力墙结构体系。装配式结构主体的连接节点、接缝技术以及结构减隔震技术与装配式建筑的结合逐渐成为研究热点。现阶段我国装配式建筑仍处于如何突破建筑技术瓶颈、突破关键技术难题、完善技术体系的阶段。装配式建筑的发展，无论是在设计理念、科技研发、工厂化制作、现场管理等方面，还是在建筑全产业链生产管理体制、建筑产业联动发展方面，我国还需继续深入研究。今后应大力发展装配式混凝土结构、钢结构和木结构等多元化建筑结构体系，提升水平，转变思维。

2.2.1　装配式混凝土结构体系与技术集成

　　装配式混凝土建筑的主要结构体系包括剪力墙结构、框架结构、框架—剪力墙结构、框架—核心筒结构等。现阶段主要应用的装配式混凝土结构为装配整体式混凝土结构，其主要的预制构件连接节点均采用和现浇结构性能接近的连接方式，此时可参照现浇混凝土结构的力学模型对其进行结构分析。承重预制部件采用干式连接等非等同现浇连接节点的装配式混凝土结构，安装简单方便。但在地震区，特别是在高烈度地震区的高层建筑中应用时，还有待进一步开展研究工作。

2.2.1.1 装配整体式混凝土剪力墙结构体系

1）技术特点

装配整体式混凝土剪力墙结构是目前我国应用最为广泛的高层装配式混凝土结构体系。其竖向承重构件可部分采用预制剪力墙（如外墙），或全部采用预制剪力墙。装配整体式剪力墙结构的外墙通常采用预制夹芯保温剪力墙外墙板，内墙采用预制剪力墙墙板，楼板采用带桁架钢筋的叠合楼板。通过节点区域以及叠合楼板的后浇混凝土，将整个结构连接成为具有良好整体性、稳定性和抗震性能的结构体系。

2）技术简介

在装配整体式剪力墙结构设计过程中应重点考虑构件连接构造、水电管线预埋、门窗、吊装件的预埋件，以及制作、运输、施工必需的预埋件、预留孔洞等，按照建筑结构特点和预制构件生产工艺的要求，将剪力墙结构分为带装饰面及保温层的预制混凝土墙板，带管线应用功能的内墙板、叠合梁、叠合板，以及带装饰面及保温层的阳台等部件。同时，应考虑方便模具加工和构件生产效率、现场施工吊运能力限制等因素（图2-2-1）。

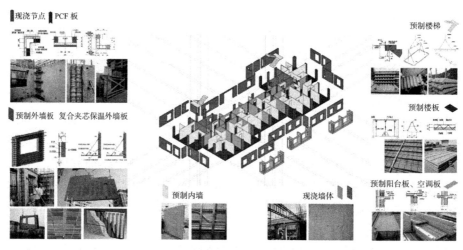

图 2-2-1　装配整体式混凝土剪力墙体系

设计完成后，进行构件的模具设计和制造，工厂化预制构件采用标准化设计模板，形成标准模具。在分解构件单元设计图的基础上，将模具设计成统一的组合卧式钢模具。在外墙板制作过程中，由于采用卧式平模加工，构件预制工艺置入外饰面层、粘贴层、保温层与结构层，同时整体预制加工。粘贴层、保温层与结构层之间设置受力可靠的拉结件，并通过合理的蒸汽养护，形成结构、保温、装饰一体化预制外墙板。

在预制楼梯加工过程中，采用工具式模具一次成型，也可同时完成装饰面。楼梯平台可采用现浇，也可与楼梯整体预制。预制楼梯与支承构件之间，可采用简支连接。此时，可一端设置固定铰，另一端设置滑动铰。

在叠合楼板预制过程中，在保证钢筋位置准确度的前提下加入各种功能管线，且预制部分的楼板可以作为后浇楼板的模板。为增加预制部分楼板的刚度可以使用钢筋桁架。确保预制楼板运输吊装过程中的安全。

预制构件运输到工地现场后，使用起重机械进行吊装，完成内外墙体和各种连梁的安装后，进行墙体灌浆和叠合板安装，水电安装队伍对工厂预制的水电线路进行整体连接安装，然后进行支模板和负筋等绑扎，最后浇筑混凝土。

2.2.1.2 装配整体式框架结构体系

1）技术特点

装配整体式框架结构已在我国得到越来越广泛的应用。目前，大多数已建成装配整体式框架结构中，柱采用预制柱，水平构件中的梁采用叠合梁，楼板采用叠合楼饭。通过梁柱节点区域以及叠合楼板的后浇混凝土，将整个结构连接成为具有良好整体性、稳定性和抗震性能的结构体系。今后随着我国装配式混凝土建筑的各种技术和配套设备的发展，以及对大跨度框架结构需求的增加，大跨度的预应力水平构件也将会得到推广应用。

2）技术简介

以标准层为单元，根据结构特点和便于构件制作、安装的原则，将结构分成不同种类的构件，如梁、板、楼梯等。尽量将相同类型构件的截面尺寸和配件等统一成一个或少数几个种类，同时对钢筋进行逐根定位，并绘制构件图，以便于标准化的生产、安装和质量控制。

梁、板等水平构件采用叠合形式，即构件底部（包含底筋、箍筋、底部混凝土）采用工厂预制，面层和深入支座处（包含面筋）采用后浇混凝土。应在现场每施工段构件全部安装完成后，统一进行浇筑，以便有效地解决安装工程整体性差以及影响结构抗震性能等问题。同时也减少现场钢筋、模板、混凝土的材料用量，简化了现场施工（图 2-2-2 ~ 图 2-2-4）。

图 2-2-2　预制柱

图 2-2-3　预制叠合梁

图 2-2-4 连接节点

构件的加工计划、运输计划和每辆车构件的装车顺序紧密地与现场施工计划和吊装计划相结合，确保每个构件严格按实际吊装时间进场，以保证安装的连续性。构件设计和生产的统一性保证了安装的标准化和规范性，大大提高了工人的工作效率和机械利用率，有利于缩短施工周期和减少劳动力数量，满足社会和行业对工期的要求，并解决劳动力短缺的问题。

外墙可采用非承重预制混凝土外挂墙板，其面层的涂料或瓷砖、外墙上的窗框等均可在构件厂与外墙同步完成，这在很大程度上解决了窗框漏水和墙面渗水的质量通病，并大大减少了外墙装修的工作量，缩短了工期（现场只需进行局部补修工作）。

2.2.2　装配式钢结构体系与技术集成

钢结构建筑可广泛应用于工业建筑、公共建筑、商业建筑、住宅建筑等领域。钢结构住宅是钢结构建筑的重要类别，其具有钢结构建筑的一系列特性，同时又具备一般住宅建筑的共性。钢结构建筑常用的结构体系主要可分为轻钢龙骨体系、钢框架体系、钢框架—支撑体系、钢框架—剪力墙体系、钢框架—核心筒体系、交错桁架体系等。不同的结构体系有不同的适用范围，虽然有些结构体系应用范围较广，但通常会受到经济等因素的限制。

2.2.2.1　轻钢龙骨体系

我国在 20 世纪 80 年代末开始引进欧美及日本的轻型装配式小住宅。此类住宅以镀锌轻钢龙骨作为承重体系，板材起围护结构和分隔空间的作用。在不降低结构可靠性及安全度的前提下，可以节约钢材用量约 30%。该体系具有以下优点：构件尺寸较小，可将其隐藏在墙体内部，有利于建筑布置和室内美观；结构自重轻，地基费用较为节省；梁柱均为铰接，省却了现场焊接及高强螺栓的费用；受力墙体可在工厂整体拼装，易于实现工厂化生产，易于装卸，加快施工进度；楼板采用楼面轻钢龙骨体系，上覆刨花板及楼面面层，下部设置石膏板吊顶，既可便于管线的穿行，又满足了隔声要求等。因此，该体系较适用于 1～3 层的低层住宅，不适用于强震区的高层住宅。

2.2.2.2 钢框架体系

钢框架体系受力特点与混凝土框架体系相同，竖向承载体系与水平承载体系均由钢构件组成。钢框架结构体系是一种典型的柔性结构体系，其抗侧移刚度仅由框架提供。该体系具有以下优点：受力明确，建筑物整体刚度及抗震性能较好；框架杆件类型少，可以大量采用型材，制作安装简单，施工速度较快。但该体系在强震作用下，抵抗侧向力所需梁柱截面较大，导致其用钢量大；相对于围护结构梁柱截面较大，导致室内露柱，影响美观和建筑功能。因此，该体系一般适用于6层以下的多层住宅，不适用于强震区的高层住宅，并且用于高层住宅时经济性相对较差。

2.2.2.3 钢框架—支撑体系

在钢框架体系中设置支撑构件以加强结构的抗侧移刚度，形成钢框架—支撑结构。支撑形式分为中心支撑和偏心支撑。中心支撑根据斜杆的布置形式可分为十字交叉斜杆、单斜杆、人字形斜杆、K形斜杆体系。与框架体系相比，框架—中心支撑体系在弹性变形阶段具有较大的刚度，但在水平地震作用下，中心支撑容易产生侧向屈曲。偏心支撑中每一根支撑斜杆的两端，至少有一端与梁相交（不在柱节点处），另一端可在梁与柱交点处进行连接，或偏离另一根支撑斜杆一段长度与梁连接，并在支撑斜杆杆端与柱子之间构成一耗能梁段，或在两根支撑斜杆的杆端之间构成一耗能梁段。偏心支撑框架与剪力墙结构相比，在达到同样的刚度时重量要小，因此用于高层住宅结构时经济性较好。

2.2.2.4 钢框架—剪力墙体系

钢框架—剪力墙体系可细分为框架—混凝土剪力墙体系、框架—带竖缝混凝土剪力墙体系、框架—钢板剪力墙体系及框架—带缝钢板剪力墙体系等。框架—混凝土剪力墙体系常在楼梯间或其他适当部位（如分户墙）采用现浇钢筋混凝土剪力墙作为结构主要抗侧力体系，由于钢筋混凝土剪力墙抗侧移刚度较强，可以减少钢柱的截面尺寸，降低用钢量，并能够在一定程度上解决钢结构建筑室内空间的露梁露柱问题。该体系将钢材的强度高、重量轻、施工速度快和混凝土的抗压强度高、防火性能好、抗侧刚度大的特点有机地结合起来，但现场安装比较困难，制作比较复杂。

2.2.2.5 钢框架—核心筒体系

钢框架—核心筒体系是由外侧的钢框架和混凝土核心筒构成。钢框架与核心筒之间的跨度一般为 8 ~ 12m，并采用两端铰接的钢梁，或一端与钢框架柱刚接、另一端与核心筒铰接的钢梁。核心筒的内部应尽可能布置电梯间、楼梯间等公用设施用房，以扩大核心筒的平面尺寸，减小核心筒的高宽比，增大核心筒的侧向刚度。体系中的柱子可采用箱形截面柱或焊接的 H 型钢，钢梁可采用热轧 H 型钢或焊接 H 型钢。钢框架—核心筒体系的主要优点有：侧向刚度大于钢框架结构；结构造价介于钢结构和钢筋混凝土结构之间；施工速度比钢筋混凝土结构有所加快；结构面积小于钢筋混凝土结构。

2.2.2.6 交错桁架体系

该体系是在钢框架结构的基础上演变而来的，它无论是在建筑功能方面还是在力学特性上都有着胜过普通钢框架的优点，其基本组成为柱、钢桁架梁和楼面板，主要适用于 15～20 层住宅。交错桁架体系是由高度为层高、跨度为建筑全宽的桁架，两端支承在房屋外围纵列钢柱上组成。框架承重结构不设中间柱，在房屋横向的每列柱的轴线上，这些桁架隔一层设置一个，而在相邻柱轴线则交错布置。在相邻桁架间，楼板的一端支承在相邻桁架的下弦杆。垂直荷载则由楼板传到桁架的下弦，再传到外围的柱子。该体系利用柱子、平面桁架和楼面板组成空间抗侧力体系，具有住宅布置灵活、楼板跨度小、结构自重轻的优点。具体为：①腹杆可采用斜杆体系和华伦式空腹桁架相结合，便于设置走廊，房间在纵向必要时也可连通；②交错桁架体系可采用小柱距获得大空间；③桁架与柱连接均为铰接，进一步简化了节点的构造；④该体系的构件主要承受轴力，可以使结构材料的强度得到充分利用，经济性好。缺点有：交错桁架体系在大的地震力作用下，结构的抗震性能很差，桁架腹杆会提前屈曲或较早进入非弹性变形，造成刚度和承载力的急剧下降。

2.3 建筑内装工业化系统

2.3.1 装配式内装与技术集成

2.3.1.1 装配式内装方式

装配式内装方式 assembled decoration
采用干式工法，将工厂生产的内装部品在现场进行组合安装的装修方式。

可逆安装方式 reversible installation
实现部件部品拆卸、更换及安装时不对相邻的部件部品产生破坏性影响的安装方式。

装配式内装应以新型建筑工业化顶层设计为支撑，提高其制造水平，可以从以下几个方面展开。①装配式内装产品供给的产业化技术解决方案：组织实施标准化设计，落实全产业链工业化建造与管理技术，满足品质优良、效率提升、绿色环保等工业化建设技术要求及高标准的需求；②装配式内装产品供给的建筑长寿化技术解决方案：保证建筑全寿命周期内的质量稳定，在提高支撑体物理耐久性的同时，实现建筑全寿命周期内的长久居住价值；③装配式内装产品供给的品质优良化技术解决方案：提出品质优良化部品集成应用；④装配式内装产品供给的绿色低碳化技术解决方案：最大限度地减轻环境负荷。装配式内装的转型，关键是要从认识上转变观念，只有这样，才能推动新兴建筑内装产业发展，转变为以建筑工业化为主线的发展方式，提升装配式内装的技术集成创新能力，全面提高建筑与内装工程的品质和效益水平，最终实现建筑产品的建设转变。

2.3.1.2 装配式内装部品体系

装配式住宅内装部品 infill components

在工厂生产、现场装配，构成住宅建筑内装体的内装单元模块化部品或集成化部品。

装配式内装以工业化生产方式为基础，采用工厂制造的内装部品，并通过干式工法进行部品的安装施工。推行装配式内装是装配式建筑发展的重要方向，其具有五个方面的优势：①部品在工厂制作，现场采用干式作业，可以最大程度地保证产品质量和性能；②提高劳动生产率，节省大量人工和管理费用，大大缩短建设周期，综合效益明显，从而降低住宅生产成本；③节能环保，减少原材料的浪费，施工现场大部分为干法施工，噪声、粉尘和建筑垃圾等污染大为减少；④便于维护，降低了后期的运营维护难度，为部品更新变化创造了可能；⑤采用集成部品可实现工业化生产，有效地解决了施工生产的尺寸误差和模数接口问题。

装配式内装部品体系需要遵循模数协调、部品标准化、接口通用化等原则，并采取部品认定保障制度等措施促进部品体系的建立，使部品集成更加通用化、系列化。墙面、吊顶及地面部品是实现内装工业化主体、内装、管线分离设计理念的核心内容。集成化部品易于控制质量，精准度高，同时采取干法施工，可大幅提高施工效率。设计前期应考虑两大方面内容：第一，将可实现六面体架空的墙面、地面和吊顶系统进行技术梳理，明确各类系统的构造组成、技术优势、适用范围、经济指标、设计预留条件等；第二，寻找可国产化、能实现SI理念的低成本部品，如低空间龙骨等，并通过优化设计的方法，如局部架空以减少层高的增加来实现内装、管线与主体结构的分离，降低成本，增加市场接受度。

2.3.2 集成化部品体系与技术集成

2.3.2.1 装配式墙面与隔墙部品

装配式墙面与隔墙 assembled wall and partition

由工厂生产的具有隔声、防火或防潮等性能，且满足空间和功能要求的墙面与隔墙集成墙体部品。

装配式墙面和隔墙系统集成了支撑构造、填充构造和饰面层，包含与外墙及分户墙结合的贴面墙和室内隔墙，以及相应部位的管线和设备。承重墙表层可采用树脂螺栓或木龙骨，外贴石膏板、硅酸钙板等装饰板，实现双层贴面墙。并在其架空层内敷设设备及电气管线等，实现了墙面管线与主体结构的分离。

采用轻质内隔墙是建筑内装工业化的基本措施之一，隔墙集成程度（隔墙骨架与饰面层的集成），施工是否便捷、高效是内装工业化水平的主要标志。隔墙的主要形式有龙骨类和条板类（图 2-3-1 ~ 图 2-3-4）。

装配式墙面和隔墙主要性能特征有：①隔声保温性能好；②提高空间使用率；③自重轻、抗震性能好、布置灵活。

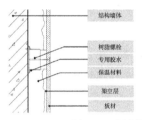
图 2-3-1　树脂螺栓架空墙面示意图

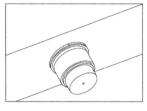
图 2-3-2　树脂螺栓施工实景图

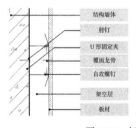
图 2-3-3　轻钢龙骨墙面示意图

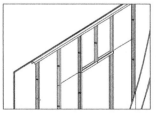

图 2-3-4　轻钢龙骨墙施工实景图

2.3.2.2　装配式吊顶部品

装配式吊顶 assembled ceiling

通过在结构楼板下采用吊挂具有保温隔热性能的装饰吊顶板，并在其架空层内敷设电气管线、安装照明设备等的集成化顶板部品。

装配式吊顶架空层内用来敷设各种管线、安装灯具等，实现了地面管线与主体结构的分离，其主要性能特征有：①具有一定的隔声效果；②增加室内空气流通性（图 2-3-5、图 2-3-6）。

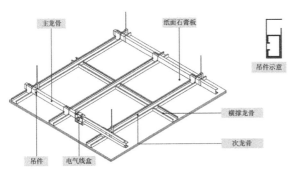

图 2-3-5 装配式吊顶系统构成示意图　　　　图 2-3-6 架空吊顶实景图

2.3.2.3　装配式楼地面部品

装配式楼地面 assembled floor
通过在结构楼板上采用树脂或金属地脚螺栓，在地脚螺栓上再敷设衬板及地板面层形成架空层的集成地面部品。

装配式楼地面架空层内用来敷设各种管线，实现了地面管线与主体结构的分离，其主要性能特征有：①隔声保温性能好；②树脂螺栓＋架空地板缓冲性好、脚感好（图 2-3-7、图 2-3-8）。

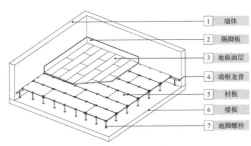

图 2-3-7 装配式楼地面构成示意图　　　　图 2-3-8 架空地面与树脂地脚螺栓

2.3.3　模块化部品体系与技术集成

模块化部品的建立是一个由小型部品或构件集聚为大部品的过程，小型部品是标准化控制的对象，模块化部品则是小型部品的组合，以通用单元的形式满足住宅的自由度和多样性。模块化部品建立的目的就是通过部品的标准化、多样化，组成高集成度部品的系列化单元库。随着产业化发展，其部品库的规模也会越来越庞大，需要我们有效地控制主要部品模块的种类，如整体卫浴、集成厨房和系统收纳等。这种高度整合的部品群将大幅提升部品价值，简化设计和订购流程，增加部品的流通性能，也为使用者提供丰富的组合选择。模块化部品可解决部品之间最易出现的衔接问题。现场操作的节点变得越来越少，部品整体稳定性得以提高，从而直接提升建筑成品的质量。

2.3.3.1 整体卫浴部品

整体卫浴 unit bathroom

  由工厂生产、现场装配的满足洗浴、盥洗和便溺等功能要求的基本单元，作为模块化部品，配置卫生洁具、设备管线，以及墙板、防水底盘、顶板等。

  整体卫浴由工厂预制，现场装配，整体模压，一次成型。不同于传统湿作业内装方式，采用整体卫浴系统，需要从住宅设计阶段就开始介入，建设方和设计方要先选定整体卫浴的提供方（部品商）。整体卫浴厂商需对内部空间进行优化，并精细化设计施工图。其主要性能特征有：①采用防水盘结构,防水性和耐久性好；②采用节水型坐便器、水龙头，节能环保；③干净卫生，整洁美观（图 2-3-9、图2-3-10）。

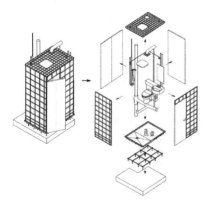  

图 2-3-9　整体卫浴构成示意图   图 2-3-10　整体卫浴实景照片
                            （北京丰科建泽信公馆项目）

2.3.3.2　集成厨房部品

集成厨房 integrated kitchen
　　由工厂生产、现场装配的满足炊事活动功能要求的基本单元，也是模块化的部品，配置整体橱柜、灶具、抽油烟机等设备设施与管线。

　　集成厨房通常也称整体厨房。在同为强调"整体"概念时，卫浴和厨房也存在着一定的差别。整体卫浴，针对的是一个完整空间的卫浴模块全部在工厂预制完成之后，到施工现场进行整体模块组装。而整体厨房突出的是部品、产品、柜体、台面、五金件等工厂生产，现场进行统一拼装以及设备管线的集成，包括给水排水、燃气、采暖、通风、电气等设备管线需进行集中设置，合理定位，统一安装。因此，厨房用"集成厨房"一词表述更为准确。其主要性能特征有：①集中配置厨房部品、产品，提升便利性；②内装与设备管线集成，避免反复拆改或加改设备管线；③干净卫生，整洁美观（图2-3-11、图2-3-12）。

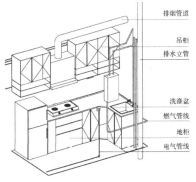

图 2-3-11　集成厨房构成示意图　　　　图 2-3-12　集成厨房实景照片
　　　　　　　　　　　　　　　　　　　　　　（北京丰科建泽信公馆项目）

2.3.3.3　系统收纳部品

系统收纳 system storage
　　由工厂生产、现场装配的满足不同套内功能空间分类储藏要求的基本单元，也是模块化的部品，配置门扇、五金件和隔板等。

　　系统收纳采用标准化设计和模块化部品尺寸，便于工业化生产和现场装配，既能为居住者提供更为多样化的选择，也具有环保节能、质量好、品质高等优点。

工厂化生产的系统收纳部品通过整体设计和安装，从而实现产品标准化、工业化的建造，可避免传统设计与施工误差造成的各种质量隐患，全面提升了产品的综合效益。设计系统收纳部品时，应与部品厂家协调，满足土建净尺寸和预留设备及管线接口的安装位置要求，同时还要考虑这些模块化部品的后期运维问题。

系统收纳强调系统性，突出了其分类储藏、就近收纳的特征。对于住宅项目来说，系统收纳通常分为专属收纳空间模块和辅助收纳空间模块。专属收纳空间指：① 入户收纳部品模块——在住宅入户的位置，应设置门厅柜，包括鞋柜、衣柜和零散物品收纳柜等，这是收纳功能中的必需部分；② 过道收纳部品模块——结合走廊过道位置设置具有较强收纳功能的走廊壁柜；③ 卧室收纳部品模块——可结合卧室空间布局，综合考虑卧室的嵌入式衣柜，布置时不应破坏卧室的空间完整性；④ 客厅收纳部品模块——根据客厅使用需求，结合成品家具进行收纳设置；⑤ 厨房收纳部品模块——主要包括炊具收纳和食材收纳两类，按照其使用频率及大小形状设置不同的收纳柜体；⑥ 卫生间收纳部品模块——坐便器旁设置纸类用品、清洁用品的收纳空间，洗脸盆旁设置毛巾、洗漱用品、化妆品、洗涤用品收纳空间，淋浴器附近设置浴液、洗发液、浴巾、换洗衣物等物品收纳空间；⑦ 家务间收纳部品模块——合理设置衣物暂时储存，洗涤用品和清洁用具的收纳空间；⑧ 阳台收纳部品模块——主要分为生活阳台和家务阳台两类，生活阳台设置花盆、植物、座椅、茶桌等相应收纳空间，家务阳台可设置晾衣架、拖把用具等相应收纳空间。辅助收纳空间是针对没有条件设置独立收纳空间的套型而设置的。分析实践经验，可以看出辅助收纳面积适当增加，更有利于实现其他功能空间的整洁与舒适（图 2-3-13、图 2-3-14）。

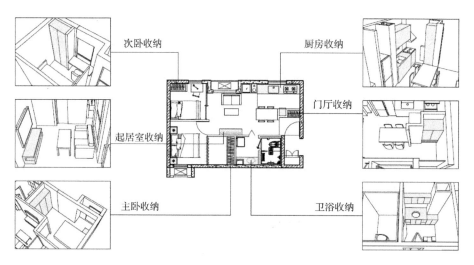

图 2-3-13　系统收纳示意图

图 2-3-14　系统收纳实景照片（北京丰科建泽信公馆项目）

3 装配式建筑的设计集成策略

3.1 建筑集成化设计

3.1.1 建筑集成基本方法

3.1.1.1 建筑产品

装配式建筑是采用工业化生产方式、具有长久品质且实施全装修的，建筑结构系统、外围护系统、内装系统和设备与管线系统进行集成设计建造的完整建筑产品。首先，建筑产品应符合高质量的要求并能满足用户的性能与质量等的需求；再者，建筑产品应符合采用建筑生产工业化方法提升综合效益的要求。长期以来，功能与形式占据建筑设计的重要地位，但在装配式建筑系统集成面前，功能与形式只是其中的一个环节。技术所向和需求所向催生并确定了建筑工业化与装配式建筑的发展，可以说装配式建筑是以用户体验为中心，最终完成的是建筑产品。装配式建筑设计需要站在系统集成的层面以产品化思维统筹项目，从产业整合和技术集成解决方案的角度思考，实现高质量成品交付的建筑产品。

3.1.1.2 协同设计

协同设计 collaborative design

装配式建筑设计中通过建筑、结构、设备、装修等专业相互配合，并运用信息化技术手段满足建筑设计、生产运输、施工安装等要求的一体化设计。

协同为设计与建造全过程的整体性和系统性的方法和过程，协同思维突破传统项目分散与局部的思路，以一种连续完整的思维方式覆盖项目实施全系统与全流程。协同设计的关键是参与各方都要有协同意识，各个阶段都要与合作方实现信息的互联互通，确保落实到工程上所有信息的正确性和唯一性。通过一定的组织方式建立协同关系，最大限度地达成建设各阶段任务的最优效果。协同设计有多种方法，可通过协同工作软件和互联网等手段提高协同的效率和质量。比如运用BIM技术，从项目技术策划阶段开始，贯穿设计、生产、施工、运营维护各个环节，保证建筑信息在全过程的有效衔接。

3.1.2 集成设计

集成设计 integrated design

建筑结构系统、外围护系统、设备与管线系统、内装系统一体化的设计。

装配式建筑以建筑工业化生产建造为基础，以建筑产品为最终形态，决定了装配式建筑从设计思维到流程都不同于传统建筑，不再是以设计思维主导建筑设计，而是以设计集成策略主导项目。集成设计方法体现在两个方面，分别是建筑产品化方法和设计协同化方法。

装配式建筑设计应符合建筑、结构、设备与管线、内装修等集成设计原则，各专业之间应协同设计。在建筑、结构、机电设备、室内装修一体化设计的同时，通过专业性设计协同实现集成技术应用，如建筑结构系统与建筑内装系统的集成技术设计、建筑内装系统与设备及管线的集成技术设计、设备及管线与建筑结构系统分离的集成技术设计等专业性设计协同。

装配式建筑设计、部（构）件部品生产运输、装配施工及运营维护等应满足建筑全寿命期各阶段协同的要求。装配式建筑应以工业化生产建造方式为原则，做好建筑设计、部件部品生产运输、装配施工、运营维护等产业链各阶段的设计协同，这将有利于设计、施工建造的相互衔接，保障生产效率和工程质量（图 3-1-1、图 3-1-2）。

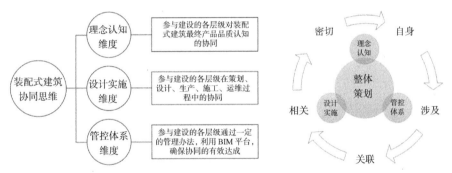

图 3-1-1　装配式建筑协同思维逻辑关系

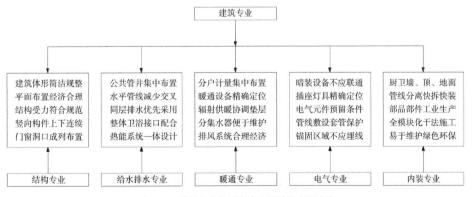

图 3-1-2　建筑专业协同各专业设计的主要内容

3.1.2.1　体系集成

在建筑体系集成的设计过程中，系统性的思考方法十分重要。集成设计对于建筑师的综合能力要求很高，集成设计通常采用一个开放性的建筑体系，体系内部各系统随设计进程而优化内部关系，并对这些要因进行梳理和整合，实现集成设计的优化和升级。例如，装配式住宅定制化趋势颠覆了传统住宅建筑的单一空间功能模式，取而代之的是灵活多变、多元化的个性空间模式，开放性体系要求建筑师不断地吸纳新的集成设计策略以及相关联设计手法。

体系集成主要解决装配式建筑部品生产、施工安装等全过程实施的系统性问题，通常采用建筑通用体系来整合设计与集成技术，通过产业链各阶段的设计协同，保证设计和施工相互衔接，保障建筑的性能与品质。SI 建筑的体系集成基于长寿化可持续建设设计方法，在建筑全寿命期内提升建筑的资产价值和使用价值，是今后集成设计的重要方向。SI 建筑更加强调一种理念，它在提高主体结构和内装部品耐久性设计、设备管线维护更新性设计和空间灵活适应性三个方面具有显著特征。

3.1.2.2　技术集成

设计集成的系统性策略和开放性体系落实到实践中，都需要转化为对技术集成的创造和应用，利用创新技术研发综合解决设计问题。过去传统的设计模式将建筑设计的创造性过多地倾注于建筑方案设计阶段，而忽视技术手段的重要性。装配式建筑的技术集成对于推动建筑设计、生产、建造具有重要作用。技术集成可通过不同的建筑技术解决方案，增强设计适应性和集成建筑部品生产装配适宜性。对于装配式建筑的集成设计来说，其技术集成的支撑作用尤为关键。装配式内装以工业化生产方式为基础，采用工厂制造的内装部品，部品安装采用干式工法的施工工艺，其技术集成的作业场没有泥沙尘埃，既干净又独立，整体工作环境得到改善，大力提升了最终建筑产品的工程质量。

3.2　建筑流程化设计

3.2.1　设计流程与技术策划

3.2.1.1　设计流程

传统建筑设计流程主要分为三个阶段：以接到任务书、签订合同开始的设计前期阶段，随即进入方案设计、初步设计（扩初设计）、施工图设计的设计阶段，交付施工图之后进入设计配合阶段直到竣工验收。相比之下，装配式建筑设计流程增加了技术策划和部件部品深化设计两个环节，即装配式建筑设计流程主要分为技术策划、方案设计、初步设计（扩初设计）、施工图设计、部件部品深化设计五个阶段。技术策划是整个装配式建筑项目的核心，是产品化思维控制的重点，可以统筹规划与建筑设计、部件部品生产运输、施工安装和运营维护等环节，以保证装配式建造顺利实施。而部件部品深化设计，是装配式建筑设计流程中的特色环节，也是装配式建筑产品实施的基本点。在装配式建筑系统、子系统层层分级的情况下，正是通过标准化部件部品的连接组合来实现装配式建筑系统的集成的（图 3-2-1）。

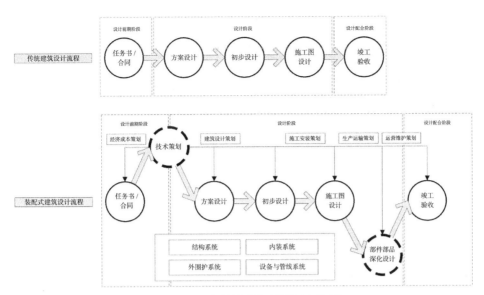

图 3-2-1　装配式建筑与传统建筑设计流程比较

　　从装配式建筑参与者与建筑设计的关系来看，由近及远可大致分为自身参与者、密切参与者、相关参与者、关联参与者四个层级（图 3-2-2）。①自身参与者：主要是指建筑、结构、给水排水、暖通、电气等专业，他们往往是一项建筑设计工作的主要参与者，是设计一体化的核心，也是对建筑效果影响最直接、最大的层级。这一层级决定了建筑的主要形态，也影响着其他层级对建筑的作用。②密切参与者：主要是指与主体设计密切相关的室内、幕墙、灯光、景观、市政等专业。这些专业的参与不但能使主体建筑得到进一步的丰富与完善，还可起到弥补主体建筑不足与缺陷的作用，他们与主体建筑相互依赖、相互影响。③相关参与者：主要是指部件部品的生产方及现场施工方，承载着由蓝图转变为实体的功能，因此对于建筑设计的完成度形成直接影响。④关联参与者：主要指在建筑落成后的使用、运营、维护过程中的相关参与者，他们是检验建筑设计初衷是否真正实现的最终评判者。随着建筑全寿命周期理念的提出，以及装配式建筑设计的发展与实践的深入，对于装配式建筑设计集成的理解程度在加深，相关参与者、关联参与者这两个层级也逐渐被纳入到建筑设计考虑的范畴之中（图 3-2-3）。

图 3-2-2　装配式建筑参与者划分

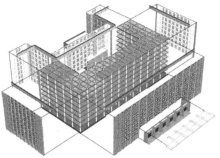

综合物业楼设计流程

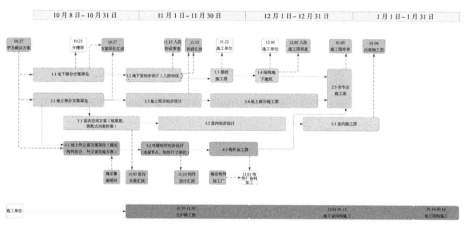

图 3-2-3　装配式建筑工程项目设计流程（北京城市副中心 C2 综合物业楼项目）

3.2.1.2　技术策划

装配式建筑的技术策划主要有两方面的工作：第一，对技术选型、技术经济可行性和可建造性进行评估；第二，科学合理地确定建造目标与技术实施方案。装配式建筑设计的技术选型最为关键，是否合理是决定装配式建筑建造效率、成本、性能和质量优劣的重大因素。设计时在进行部件部品体系及集成的优化设计的同时，还应充分了解不同技术选型的特点，并结合建造施工现场情况与实施条件，因地制宜地作出科学合理的决策，达到保证施工效率、节省施工措施、质量满足需要、有效降低成本等目的（图 3-2-4）。

3.2.2　设计流程的基本阶段

3.2.2.1　技术策划阶段

前期策划是传统项目设计流程开始之前的重要环节，针对装配式建筑项目，前期技术策划中包括装配式建筑产业化、绿色节能等目标要求、地方装配式政策奖励分析等。通常前期策划与装配式建筑项目重要的技术策划环节相关联。技术策划环节主要目的是为了系统地统筹规划设计、部件部品生产运输、施工安装和运营维护等全过程，对装配式建筑结构选型与技术研发的合理性、经济性与施工

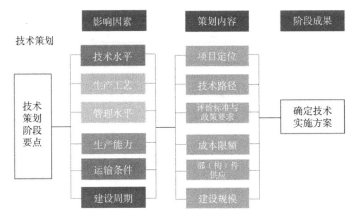

图 3-2-4　装配式混凝土建筑的技术策划要点

安装可行性进行分析评估，从而选出执行方案。技术策划要考虑到项目定位、建设规模、装配化目标、成本限额以及各种外部因素对装配式建筑建造的影响，并根据标准化、模块化设计原则制定合理的建设方案，为后续阶段提供设计依据（表 3-2-1）。

前期技术策划阶段集成设计内容及协同　　　　　　　　　　　　表 3-2-1

阶段流程	集成设计内容	各专业参与方协同									
		建筑	结构	给水排水	暖通	电气	总图景观	内装	生产方	施工方	建设方
前期技术策划阶段	项目定位（地域、技术、成本、工期、管理、政策等）	●	●	●	●	●	●	●		●	●
	项目可行性研究	●	●	●	●	●	●	●	●	●	●

注：●为应考虑的技术专业。

建筑专业在装配式建筑前期策划与技术策划阶段，保持与各专业协同，具体工作如下：①分析当地产业化政策要求、实施装配式政策奖励以及对本项目的要求等因素；②根据地质条件、建筑功能、项目定位等确定结构系统的形式；③确定结构形式后，根据可选用的预制部件部品生产厂的距离、技术水平以及生产厂家的产能等因素，基本确定装配式技术体系；④根据建筑功能、市政条件、项目定位及投资造价等因素，初步考虑设备系统形式；⑤内装系统根据项目需求、技术选择、建设条件与成本控制要求，统筹考虑室内装修的施工建造、维护使用和改扩建需要，采用适宜、有效的装配化集成技术（图 3-2-5）。

3.2.2.2　方案设计阶段

方案设计阶段是对四大系统进行协同设计的重要环节，根据技术策划所确定的技术条件与目标，秉承标准化设计原则，采用系统集成的方法（表 3-2-2，

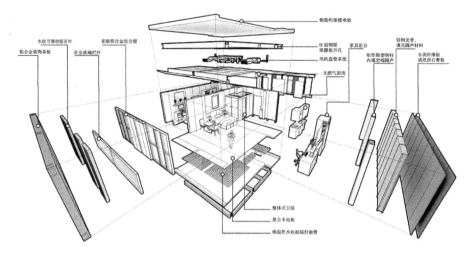

钢筋桁架楼承板
木纹可滑动铝百叶
铝板铝合金组合窗
H型钢梁梁腹板开孔
家具组合
轻钢龙骨、填充隔声材料
铝合金装饰条板
安全玻璃栏杆
风机盘管系统
矩形箱型钢柱内填岩棉隔声
水泥纤维板或纸面石膏板
无燃气厨房
整体式卫浴
复合木地板
低温热水地面辐射盘管

图 3-2-5 基于钢结构的一体化装配式建筑综合解决方案（河北雄安市民服务中心周转及生活用房项目）

图 3-2-6 ）。

方案设计阶段集成设计内容及协同　　　　　　　　表 3-2-2

阶段流程		集成设计内容	各专业参与方协同									
			建筑	结构	给水排水	暖通	电气	总图景观	内装	生产方	施工方	建设方
方案设计阶段	总体协调	总平面设计	●	●	●	●	●	●				●
		建筑总体设计	●	●	●	●	●	●				●
	结构系统	建筑方案设计	●	●		●		●	●			●
		结构选型设计	●	●						●		●
	外围护系统	立面风格设计	●	●		●		●		●		●
		空间识别设计	●	●				●				●
		建筑节能设计	●	●	●	●	●					●
	设备与管线系统	给水排水设计	●		●			●		●		●
		暖通设计	●			●		●		●		●
		电气设计	●				●	●		●		●
	内装系统	隔墙、地面、吊顶选型	●		●	●	●		●			●
		集成厨房、整体卫浴	●		●		●		●			●
		系统收纳	●						●			●

注：●为应考虑的技术专业。

建筑专业在建筑方案之初，就应在各个设计环节中充分考虑装配式建筑与传统项目的差异性，协同结构、设备和内装等专业与建设方共同完成方案设计，具体工作如下：①总体规划布局时，需考虑建筑预留发展空间与装配式建造的可行性；②根据项目定位、场地条件、建筑方案等确定合理的结构体系和预制结构类型；③根据结构体系、平面布置等初步确定外围护系统（重点是外墙系统）类型和设计形式；④根据项目定位、建筑方案等制定设备与管线系统的实施技术路线，并结合内装系统初步考虑设备管线敷设方式；⑤完成内装部品选型，优选集成化、模块化部品；⑥在保障使用功能的前提下，建筑方案应注重平面、建筑体形的规整，尺度和模块的标准化，并提高模块使用率；立面设计注重外墙系统类型和设计形式的结合，并通过标准化的预制外墙板多样化的排列组合形成丰富的立面效果。

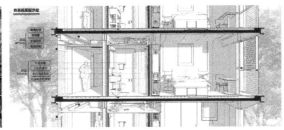

图 3-2-6　各系统装配分析（河北雄安市民服务中心周转及生活用房项目）

3.2.2.3　初步设计阶段

初步设计阶段是在方案设计文件的基础上进行的深化设计，以解决总图与建筑功能、四大系统自身与系统之间集成等方面的技术问题（表 3-2-3）。

初步设计阶段集成设计内容及协同　　　　　表 3-2-3

阶段流程		集成设计内容	各专业参与方协同									
			建筑	结构	给水排水	暖通空调	电气智能化	总图景观	内装	生产方	施工方	建设方
初步设计阶段	结构系统	结构平面布置	●	●						●	●	●
		结构系统连接技术	●	●						●	●	●
	外围护系统	外围护系统的立面划分	●	●						●		●
		外墙、屋面节能、防水、防火等集成技术	●	●		●			●	●		●
		预制外挂墙板、幕墙等连接技术	●	●						●	●	●
	设备与管线系统	给水排水系统集成技术	●		●				●			●
		暖通系统集成技术	●			●	●		●			●
		电气系统集成技术	●			●	●		●			●
		管线管井布置及模块化集成技术	●	●	●	●			●		●	●

阶段流程		集成设计内容	各专业参与方协同								
			建筑	结构	给水排水	暖通空调	电气智能化	总图景观	内装	生产方	施工方	建设方
初步设计阶段	内装系统	集成隔墙、地面、吊顶集成系统与技术	●	●	●	●	●		●	●		●
		整体卫浴、集成厨房的集成系统与技术	●	●	●	●	●		●	●		●
		系统收纳系统	●						●	●		●

注：●为应考虑的技术专业。

建筑专业加强各专业之间配合度，具体工作如下：①采用合理的结构系统与承重部件的排布，优化轴网和层高，为结构预制构件的标准化提供条件；②根据结构体系、平面布置等对外围护系统（重点是外墙系统）进行设计集成，考虑保温、防水、防火与装饰等功能，实现系统化、装配化、轻量化、功能化和安全性等的要求；③结合内装系统确定设备管线敷设方式，综合布置管线与管井；④根据建筑内隔墙、地面和吊顶的室内设计方案，结合柱梁等结构部件的布置进行空间整合，优化室内空间布局；⑤明确预制构件的开洞尺寸与定位尺寸，提前做好连接件的预埋；采用局部结构降板进行同层排水时，应合理确定降板的位置和高度。

3.2.2.4 施工图设计阶段

施工图设计阶段是在已批准或通过专家论证的初步设计文件基础上进行的深化设计，提出各系统的详细设计，满足生产运输与施工安装的需要。在施工图设计说明中应增加装配式建筑设计专篇，包括技术体系、部品部件应用部位、一体化设计情况、保温技术选用、BIM技术应用等。建筑平面图及平面详图中应表达出部品部件种类及位置、定位，以及设备系统的预留预埋和定位。剖面、墙身大样图中应明确所有部品部件的节点与接口做法。所有部品部件连接节点与接口大样图应完善并标注构件安装的细部要求和尺寸（表3-2-4）。

施工图设计阶段集成设计内容及协同　　　　　表3-2-4

阶段流程		集成设计内容	各专业参与方协同								
			建筑	结构	给水排水	暖通空调	电气智能化	总图景观	内装	生产方	施工方	建设方
施工图设计阶段	结构系统	结构承重部件连接节点设计	●	●						●	●	●
		预制楼梯等连接节点设计	●	●					●	●	●	●
		外挑部件等节点设计	●	●						●	●	●
		抗震、减隔震、防火防腐节点设计										

阶段流程		集成设计内容	各专业参与方协同									
			建筑	结构	给水排水	暖通空调	电气智能化	总图景观	内装	生产方	施工方	建设方
施工图设计阶段	外围护系统	外墙板缝、窗口缝等接口设计	●		●	●	●	●	●	●	●	●
		外墙、屋面系统连接节点的抗震、防火、防水、隔声、节能等设计	●	●	●	●	●		●	●	●	
		外墙、屋面防护栏杆（板）等接口设计	●	●					●	●	●	●
	设备与管线系统	给水排水设备管线节点与部件部品之间接口设计	●		●				●	●	●	
		暖通设备管线节点与部件部品之间接口设计	●			●			●	●	●	
		电气设备管线节点与部件部品之间接口设计	●				●		●	●	●	
		模块化管线管井节点接口设计	●		●	●	●		●	●	●	
	内装系统	集成隔墙、地面、吊顶节点接口设计	●		●	●	●		●	●	●	
		整体卫浴、集成厨房节点接口设计	●		●	●	●		●	●	●	
		系统收纳接口设计	●						●	●		

注：●为应考虑的技术专业。

在施工图设计阶段，具体工作如下：①结构系统应根据建筑功能布局和结构类型，进行结构柱网和平面深化设计，以及预制构件连接处的节点设计；加强荷载集中区域的结构设计；加强整体结构系统的抗震性能，并考虑减隔震设计；合理确定预制构件的截面尺寸。装配式钢结构建筑同时要进行钢结构防火防腐等性能设计。②外围护系统如采用外挂墙板、幕墙、保温装饰一体板等，需进行立面划分，即进行外墙板排板图设计；细化外墙连接件与结构构件的连接节点，细化防水、防火、保温等构造节点。③设备管线系统需要进行优化布置，避免管线交叉，合理确定管井、检修口、设备管线接口的位置及尺寸。④内装系统根据建筑空间与功能分布、室内基本风格、机电设备使用要求等综合考虑隔墙、地面、吊顶的集成设计。

3.2.2.5 部件部品深化设计阶段

部件部品深化设计，是装配式建筑设计区别于一般建筑设计且具有高度工业化特征的设计阶段。装配式建筑部件部品深化设计与生产阶段紧密连接，具体表现为生产企业依据深化设计文件进行部件部品加工图设计，在加工图中体现设备管线、连接节点等预留预埋点位，并按加工图进行部件部品的生产（表3-2-5）。

深化设计阶段集成设计内容及协同 表 3-2-5

阶段流程	集成设计内容	各专业参与方协同									
		建筑	结构	给水排水	暖通	电气	总图景观	内装	生产方	施工方	建设方
部件部品深化设计	结构部件深化设计详图	●	●	●	●	●			●	●	●
	外墙板、幕墙深化设计详图	●	●	●	●	●			●	●	●
	内装部品深化设计详图	●						●	●	●	●
	设备管线、连接节点预留预埋详图、点位详图	●						●	●	●	●

注：●为应考虑的技术专业。

部件部品深化设计需要建筑师了解部件部品的加工工艺、生产流程和运输安装等环节，这样才能更好地完成部件部品的合理设计与连接点设计。具体工作如下。

部件深化设计详图是结构系统整个工序中的一项重要工作，是部件加工和安装的依据。部件深化设计的过程也是外围护系统、内装系统、设备管线系统以及建筑空间等各方深入协同的过程，可以消除不同系统之间的碰撞冲突。

深化设计内容包括预制外墙板、幕墙、厨房、卫生间等详图，需通过部件部品深化设计，满足生产加工的需求。预制外墙板设计详图主要是根据结构尺寸及板材规格进行合理选材及排板，要处理好外墙板与外门窗、雨篷、栏板、空调板、装饰格栅等的连接节点，同时解决防火、防水、保温、隔声等问题。

内装设计与设备管线应进行综合设计，宜采用管线分离的方式，并做好预制构件上孔洞、套管、管槽及预埋件等的预留预埋设计。预留预埋应在预制构件厂内完成，并进行质量验收。设备与管线应避免敷设于预制构件的接缝处。同时梁柱包覆应与构造节点结合，实现防火防腐包覆与内装系统的集成。

3.3 建筑模数化设计

3.3.1 模数与模数网格

3.3.1.1 模数化与模数协调

我国从 20 世纪 50 年代即开始模数协调的研究工作，主要是对模数系列和扩大模数的研究。第一批建筑模数协调标准从 1956 年开始实施，它基本上是参照苏联有关规范编制的，包括有《建筑统一模数制》（标准 104）和《厂房结构统一化基本规则》（标准 105）。它们在全国房屋建造过程中得以推广实施，在中华人民共和国建立初期的基本建设中发挥了重要作用。

1970 年代左右，在经过了近 20 年的工程建设实践后，为了使标准更契合我国工程建设的实际，工程技术人员对国内外的模数协调理论，以及我国的传统技术和国情做了全面的分析和研究，对标准作了删繁就简的修编工作，形成了中国自己的模数协调标准。修编后的标准有《建筑统一模数制》GBJ 2 和《厂房建筑统一化基本规则》TJ 6 两套。我国工业与民用建筑物构配件标准图大多数是在这两套标准原则的指导下完成的，前者为原则性规定，后者是为工业建筑特别是厂房建筑而编制的模数协调理论。1950 年代以来，中国建筑标准设计研究院遵循《厂房建筑模数协调标准》，完成了一整套单层工业厂房的标准图，此套标准图在我国建国初期的大规模工业建设中发挥了重要作用，至今仍然在指导我国的工业建设。

1980 年代以后，我国形成了历史上空前的建设高潮。面对规模大、速度快的建设任务，我国住宅结构体系在不断发生变化和发展。由于新结构体系的出现、科学技术的进步和建筑新材料的涌现，促成了 80 年代以后对模数协调标准的修订和编制。到目前，已初步形成了我国的建筑模数协调标准体系。

目前，建筑模数协调标准体系大约分属于四个层次：《建筑模数协调标准》GB/T 50002—2013 属最高层次，它规定了模数数列、定义、原则和方法；第二个层次《厂房建筑模数协调标准》GB/T 50006—2010、《工业化住宅尺寸协调标准》JGJ/T 445—2018 为行用的分类标准；第三个层次《住宅厨房模数协调标准》JGJ/T 262—2012、《住宅卫生间模数协调标准》JGJ/T 263—2012 是专项标准；第四个层次《建筑门窗洞口尺寸系列》GB/T 5824—2008 是建筑构配件标准，可用产品分类目录的统一规格尺寸加以指定。经过半个多世纪的研究与探索，模数协调体系发展成型，其详细的研究体系和方法在本教材中不作深入展开，可通过查阅上述模数协调相关标准学习有关内容（图 3-3-1）。

模数协调 modular coordination
　　应用模数实现协调及安装位置的方法和过程。

对于装配式建筑而言，要实现结构系统、外围护系统、设备和管线系统、内装系统的集成设计，需要各大系统建立在模数协调的基础上。那么就需要把建筑模数协调体系落实到新型工业化建筑生产的全过程、全专业和集成设计上。模数和模数协调是建筑工业化的基础，用于建造过程的各个环节，在装配式建筑中显得尤其重要。没有模数和尺寸协调，就不可能实现标准化。因此，装配式建筑标准化设计的基本环节是建立一套适应性的模数与模数协调原则。模数协调是进行标准化设计的基础条件，通过协调主体结构部件、外围护部品、内装部品、设备与管线部品之间的模数关系，优化部件部品的尺寸，保证部件部品标准化，满足通用性与互换性的要求，并通过标准化接口实现部品部件的组合与互换，从而实现大规模的工厂化生产，有效降低成本，提高施工安装效率。同时，对部品部件的生产、定位和安装，后期维护和管理，乃至建筑拆除后的

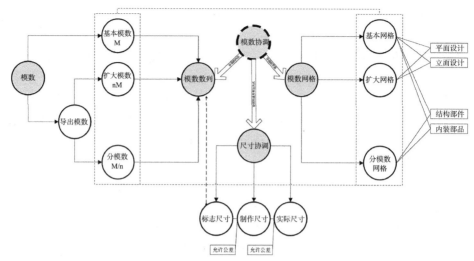

图 3-3-1　模数协调基本概念关系

部件再利用都有积极意义。

3.3.1.2　模数网格

1）模数网格基本方法

模数网格是指用于部件定位的，由正交、斜交或弧线的平行基准线（面）构成的平面或空间网格，且基准线（面）之间的距离符合模数协调要求。确定建筑平面，以及相关部件部品、组合件的平面标志尺寸时，如建筑物的开间、进深、柱距、跨度等，以及梁、板、内隔墙和门窗洞口的标志尺寸宜采用扩大模数（3M）。确定装配式建筑中主要功能空间的关键部品和构配件的制作尺寸等（如外墙板、非承重内隔墙、门窗、楼梯、厨具等），应优先采用推荐的优选模数尺寸。这是实现使用最小数量的标准化部件部品，建造不同尺度和类型的装配式建筑的捷径。其中，确定部件部品的厚度，部件部品之间的节点、接口的尺寸以及设备管线的尺寸及其定位尺寸等，可采用分模数增量。内装修网格宜采用基本模数网格或分模数网格。隔墙、固定橱柜、设备管井等定位宜采用基本模数网格，构造节点、接口、填充件等宜采用分模数网格。确定建筑物的竖向尺寸时，建筑高度、层高及室内净高等，宜采用基本模数增量。

模数网格的设置是建筑模数协调应用的前提。新型工业化建筑的部件按照模数网格进行定位安装，模数网格线起到部件定位控制线的作用。例如，在使用单、双线混合的模数网格进行建筑空间分隔部件（墙体、门、窗等）的定位安装时，符合1M模数的分隔部件用同样符合1M模数的双线网格定位，部件的界面限定在网格线以内，形成符合扩大模数（如3M）进级的模数化内部空间，为内装部品模块化提供了可能。

建筑模数是建筑设计中选定的标准尺寸单位，是建筑物、建筑构配件、建筑制品以及有关设备尺寸相互间协调的基础。模数作为一条纽带，将设计、施工、材料及部件生产紧密联系起来。传统工业化建筑的模数应用主要是预制构件（墙板、楼板等大模块）的尺寸确定和定位，以及扩大模数网格对建筑开间、进深、层高等数值的控制。与传统工业化建筑相比，新型工业化建筑的部件种类多、构造更为复杂，在设计阶段就要解决各种部件之间的模数协调关系；同时，模块化的内装、外装也需要模数协调以提高建筑的综合品质。因此，较之以往，装配式建筑的模数协调应通过层级建立，实现四大系统内部和彼此之间的协调。

2）支撑体空间网格

当把建筑看作是三维坐标空间中三个方向均为模数尺寸的模数空间网格时，这一空间网格在新型工业化建筑中可被设定为模数协调体系的第一层级。支撑体空间网格在三个空间方向上的模数可以不等距，层高以基本模数 1M（模数）进级，开间和进深以扩大模数 6M 和 3M 进级。支撑体结构部件主要指梁、柱或板等，它们通过预制装配或现浇的方式连接成符合空间网格参数的建筑框架，从而形成模数化的支撑体和单元内部空间框架。支撑体结构部件的尺寸应符合模数要求，其中梁、柱的长度方向和板的长度、宽度宜以 1M、3M 或 6M 进级，梁柱截面尺寸和板的厚度宜以 1M、1/2M 或 1/5M 进级，起固定、连接结构部件作用的分部件在三个维度上的参数宜以 1/2M、1/5M、1/10M 进级（图 3-3-2）。

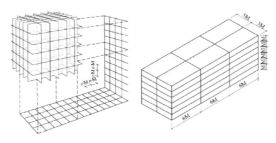

图 3-3-2　支撑体空间网格

3）单元空间网格与空间分隔部件的模数协调

支撑体空间网格可以分解为数个独立的单元，这些单元可被设定为模数协调体系的第二层级——单元空间网格（图 3-3-3）。新型工业化建筑的空间单元是可变的。在建筑的全寿命使用过程中，人们对建筑空间的需求会改变，在不改变建筑支撑体结构的情况下，可根据需要改变单元空间的形态和尺寸。虽然在尺度上小于支撑体空间网格，但是单元空间网格的框架仍然是由支撑体结构部件（含分部件）连接装配形成。相邻单元空间网格之间通过空间分隔部件的安装形成隔墙、楼板，从而形成具有相对独立性的空间单元。以住宅建筑为例，逐层分解的单元空间网格与住宅单元、住宅户型、房间等空间单位相对应。逐层分解的单元空间网格参数分别以 3M 和 1M 进级。空间分隔部件的尺寸应符合模数，其中长度和宽度方向的尺寸宜以基本模数 1M 或扩大模数 nM 进级，厚度方向宜以 1/2M、1/5M 等分模数进级。

4）平面网格与内装及外装部品的模数协调

新型工业化建筑需要在支撑体最外层的框架上装配外装部件，以形成建筑外围护结构；而在单元空间内部，内装部品需装配于各空间界面。上述外围护结构所形成的界面，以及内部空间界面，安装内装或外装部件都在相应的二维模数网格中进行，这些二维模数网格可被设定为模数协调体系的第三层级——平面网格（图 3-3-4）。不同的空间界面按照所需装配部件的不同，采用不同参数的平面网格。平面网格参数按照从大到小的顺序，分别以 3M、1M、1/2M 进级。内装、外装部件（分部件）的类型复杂，在尺寸上跨度较大。除了极少数板状部件在长度方向上的尺寸以 3M 进级以外，大部分内装、外装部件的尺寸以 1M 和 1/2M 进级，内装、外装分部件的尺寸宜以分模数 1/2M、1/5M、1/10M 进级。用平面网格进行部件的定位安装能体现模数协调体系的应用价值。

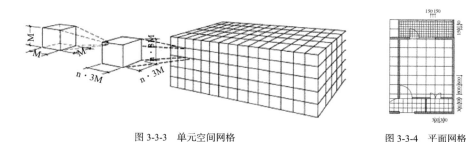

图 3-3-3　单元空间网格　　　　　　　　图 3-3-4　平面网格

3.3.2　优先尺寸与尺寸协调和定位

3.3.2.1　优先尺寸

优先尺寸是指从模数数列中事先排选出的模数尺寸，在使用中被选为优先于其他模数的尺寸。优先尺寸应包括网格优先尺寸和部件优先尺寸两类，前者是后者得以实施的基础。网格优先尺寸是指建筑支撑体空间网格、内部空间网格和平面网格等各层级网格的最优化的参数数列；部件优先尺寸是指建筑专业部位或部件的最优化的参数数列。网格优先尺寸和部件优先尺寸的根本区别在于，前者的参数是指相邻网格线之间的尺寸，后者的参数是指部件三个维度上的外缘尺寸。

装配式建筑功能空间、部件部品优先尺寸的确定应符合功能性和经济性原则，并满足模数与人体工学的相关要求。部件的优先尺寸应由部件中通用性强的尺寸系列确定，并应指定其中若干尺寸作为优先尺寸系列，部件基准面之间的尺寸应选用优先尺寸。优先尺寸与地区的经济水平和制造能力密切相关。优先尺寸越多，则设计的灵活性越大，部件部品的可选择性越强，但制造成本、安装成本和更换成本也会增加；优先尺寸越少，则部件的标准化程度越高，但实际应用受到的限制越多，部件部品的可选择性越低。住宅、宿舍、办公、医院病房等规则性强、使用空间标准化程度高的各类建筑，宜采用装配式建筑设计与建造，并根据不同建筑的自身特点确定模块空间及选用的优先尺寸。

3.3.2.2 尺寸协调

装配式建筑设计在遵循模数协调的基础上，通过提供通用的尺度"语言"，实现设计与安装之间的尺寸配合协调，打通设计文件与制造之间的数据转换。尺寸协调的过程就是采用模数协调尺寸作为确定部件部品制造尺寸的基础，使设计、制造和施工的整个过程均彼此相容，从而降低造价。装配式建筑在指定领域中，部件部品的基准面之间的距离，可采用标志尺寸、制作尺寸和实际尺寸来表示。对应着部件的基准面、制作面和实际面。标志尺寸为符合模数数列规定，用以标注建筑物定位线（轴线）之间的距离，如开间、柱距、进深、跨度、层高等，以及建筑构配件、建筑部品及有关设备管线位置界线之间的尺寸，是应用最广泛的房屋构造的定位尺寸。制作尺寸是建筑部品、建筑构配件的设计尺寸。一般情况下，制作尺寸加上节点或接口所需尺寸等于标志尺寸。实际尺寸是建筑部品、建筑构配件的实有尺寸。实际尺寸与制作尺寸的差值数应在规定的允许偏差数值内（图 3-3-5）。

对设计人员而言，更关心部件部品的标志尺寸，以把控建筑的整体效果。对生产企业来说，则关心部件的制作尺寸，根据部件部品的基准面确定的标志尺寸及其节点接口尺寸来确定部件部品的制造尺寸，且必须保证制作尺寸符合基本公差的要求，以保证部件部品之间的安装协调。对建设方而言，则关注部件部品的实际尺寸、安装完成后的效果。部件部品的标志尺寸主要根据建筑空间尺寸确定，并应采用优先尺寸系列，以达到减少部件部品种类、提高生产效率等目的。部件部品之间的节点接口尺寸应满足使用功能以及结构安全、防火、防水、保温及耐久性能等要求，还应包容部件部品制作和安装过程中产生的各种偏差，并满足安装的便利性。外围护系统的节点接口尺寸尚应满足建筑美学的要求。

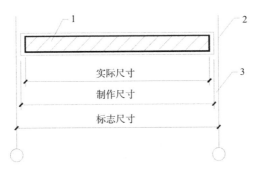

图 3-3-5　部件部品的尺寸
1—部件部品；2—基准面；3—装配空间

3.3.2.3 部件部品定位

模数协调应利用模数数列调整建筑与部件部品的尺寸关系。装配式建筑功能空间宜采用界面定位法。部件部品的水平定位可采用界面定位法、中心线定位法，或者中心线定位法与界面定位法混合使用的方法。中心线定位法，指基准面（线）设于部件上（多为部件的物理中心线），且与模数网格线重叠的部件定位方法；界面定位法，指基准面（线）设于部件边界，且与模数网格线重叠的方法。部件通过模数网格进行定位协调，因此部件定位方法和模数网格的设置有密切关系。单线模数网格最适合中心线定位法，定位轴线与网格线重叠。如果要求部件的某一侧为平整界面的模数空间时，在单线网格中，也可采用界面定位法。双线模数网格最适合界面定位法，部件定位轴线与双网格线的中分线重叠，部件的界面与双网格线重叠，以保证部件两侧的空间模数化。单、双线模数网格也可混合设置。双线网格用于空间分隔部件（部品）和支撑体结构部件的定位，单线网格用于内装部件的定位。

部件部品的定位应以空间参考系统中的水平模数网格构成基本参考平面，建筑中部件部品的水平定位应与此水平模数网格相关联，部件部品的垂直定位应以楼层平面作为基本参考平面。确定部件部品的位置时，应根据工程项目特定的目的，选定模数网格的优选尺寸；每一个部件部品都应置于模数网格内；部件部品所占用的模数空间尺寸应包括部件部品的尺寸、公差以及节点接口所需的净空。部件部品定位方法的选择应符合部件部品受力合理、生产简便、尺寸优化和减少部件部品种类的需要，满足部件部品的通用性和可置换性的要求。对于功能空间，装修完成后所提供的空间是真正有效使用的建筑功能空间，功能空间采用界面定位法是进行精细化设计、生产、安装的前提与保障（图 3-3-6 ~ 图 3-3-8）。

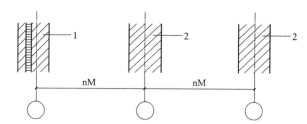

图 3-3-6　采用中心线定位法的模数基准面
1—外墙；2—柱、墙等部件

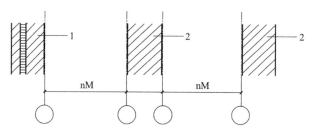

图 3-3-7　采用界面定位法的模数基准面
1—外墙；2—柱、墙等部件

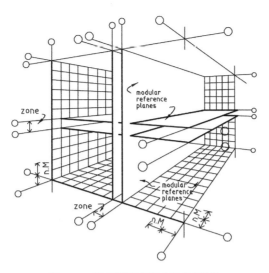

图 3-3-8　用于模数协调的空间参考系统

还可根据部件部品在建筑空间中水平模数协调的要求，采用不同的水平定位法。

①对于采用湿式连接的装配整体式混凝土建筑部件的定位，宜采用中心线定位法。②对于采用干式连接的装配式混凝土建筑部件的定位以及内装部品的定位，宜采用界面定位法。③对于外围护部品的定位，宜采用中心线定位法与界面定位法混合使用的方法。例如，装配式住宅建筑中厨房、卫生间、电梯井、过道、电梯厅等的定位宜采用界面定位法（净空尺寸），客厅、卧室、走廊、阳台、楼梯间等的尺寸模数宜采用中心线定位法（轴线尺寸）。④水平部件部品中洞口的定位，例如门窗的安装洞口，宜采用界面定位法。

再则，建筑沿高度方向的部件部品的定位，应根据不同的条件确定其基准面，具体如下。

①楼层的基准面宜定位在楼面完成面或顶棚表面上，应根据部件部品的安装工艺、顺序和功能要求确定基准面。②建筑层高和室内净高宜满足模数层高和模数室内净高的要求。③模数楼盖厚度应包括在楼面和天棚两个对应的基准面之间。当楼板厚度的非模数因素不能占满模数空间时，余下的空间宜作为技术空间使用。

3.4　建筑标准化设计

如前文所述"建筑产业化的核心是工厂化生产，工厂化生产的关键是标准化设计"，可见标准化设计是实施装配式建筑的有效手段。标准化设计是在模数协调的基础上，遵循少规格、多组合的原则，采用模数化、模块化及系列化的设计方法，使建筑单元模块、连接构造、部件部品及设备管线等尽可能满足需求。通过标准化设计，一方面可以促进部件部品的工厂化生产、装配化施工，大幅降低成本，提高生产、安装和施工效率，方便维护管理与责任追溯；另一方面有利于形成全面、系统的技术标准与规范，为建立健全企业技术体系发展提供技术支撑。作为工业化的基础，标准化设计是装配式建筑的典型特征，也是装配式建筑的设计思路和方法。

3.4.1 标准化基本方法

3.4.1.1 部件部品少规格与多组合

少规格、多组合是标准化设计的基本原则，其基本出发点是建筑生产中预制部件的科学设计。作为最基础的一环，预制部件科学设计对建筑功能、建筑平立面、结构受力状况、预制部件承载能力、工程造价等都会产生影响。根据功能与受力的不同，部件主要分为垂直部件、水平部件及非受力部件。垂直部件主要是预制剪力墙等，水平部件主要包括预制楼板、预制阳台空调板、预制楼梯等，非受力构件包括 PCF 外墙板及丰富建筑外立面、提升建筑整体美观性的装饰构件等。基于部件规格化，少规格、多组合的原则也适用于内装部品、单元模块等。

> **少规格、多组合** less specifications and more combinations
> 指减少预制部件部品的规格种类、提高部件部品生产模具的重复使用率，以规格化、通用化的部件部品形成多样化、系列化组合，满足不同类型建筑的需求。

少规格的目的是为了制定统一标准实现部件部品的规格化、定型化生产，从而提高生产效率，降低综合成本，为装配建筑真正做到四大系统技术集成、全过程集成和全专业集成形成一个标准化的实施基础。多组合的目的是为了实现多样化，满足适应性。少规格、多组合从经济学角度分析，是以最小的投入谋得最大的利益，满足合理性和经济性，这一点也充分体现了装配式建筑的经济效益。构件设计时要避免方案的不合理而导致后期技术经济的不合理。结合 BIM 可视化分析，可以对各预制构件的类型及数量进行优化，从而减少预制构件的类型和数量（图 3-4-1）。

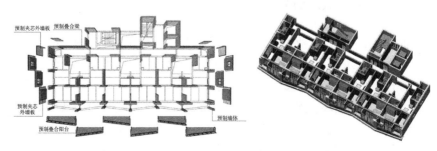

图 3-4-1　预制构件分析（江苏南京丁家庄保障房项目）

3.4.1.2　建筑模块化与系列化

模块 module

　　由标准化的部件部品通过标准化的接口组成的功能单元，并满足功能性和通用性的要求。

　　关于模块的定义有很多种，从装配式建筑的角度界定模块，应考虑以下几个要素。

　　第一，模块是工程的子系统。模块是构成系统的单元，也是一种能够独立存在的、由一些零部件组装而成的部件单元。它不仅可以自成一个小系统，而且可以组合成一个大系统。模块还具备从一个系统中分拆和更替的特点。如果一个单元不能够从系统中分离出来，那么它就不能称之为模块。模块可以根据需要不断扩充子模块的数量及功能，形成一个模块的数据库，并不断进行更新和管理。通用的模块不断被延展扩充，是解决工业化定制生产的重要前提。

　　第二，模块具有明确的功能单元。虽然模块是系统的组成部分，但并不意味着模块是对系统任意分割的产物。模块应该具有独特的、明确的功能，同时，这一功能能够不依附于其他功能而相对独立地存在，也不会受到其他功能的影响而改变自身的功能属性。模块可以单独进行设计、分析、优化等。

　　第三，模块是一种标准化形式。模块与一般构件的区别在于模块的结构具有典型性、通用性和兼容性，并可以通过合理地组织构成系统。另外，模块能满足模数协调的要求，采用标准化和通用化的部件部品，可以为尺寸协调、工厂生产和装配施工创造条件。

　　第四，模块通过标准化的接口组成。应根据不同功能建立模块，并满足功能性和通用性的要求。模块间具有通用性的接口，以便于构成系统。设计和制造模块的目的就是要用它来组织成为系统。模块可以通过标准化接口进行相互联系，通过组织骨架的联系界面重新构建一个新的系统。接口的可连接性往往是通过逻辑定位来实现的，而逻辑定位可以理解为是模块的内部特征属性。

　　模块是复杂产品标准化的高级形式，无论是组合式的单元模块还是结构模块，都贯穿一个基本原则，就是以标准化模块形成多样化的系列组合，即用形式和尺寸数目较少、经济合理的标准化单元模块，构成大量具有各种不同性能、复杂的系列组合。模块与模块组合可以实现不同部件部品之间的互换，使部件部品满足不同建筑产品的需求。为了实现模块间的组合，保证模块组成的产品在尺寸上的协调，必须建立一套模数系统对产品的主尺度、性能参数以及模块化的外形尺寸进行约束。模块应考虑系列化，同系列模块间应具备一定的逻辑及衍生关系，并预留统一的标准化接口。

　　对划分出来的模块单元，需要设定它应有的耐用性能。这里所说的耐用性能，不只是物理上的耐久性，还包括使用功能上的耐久性和社会耐久性等，是一个综合性的标准。原则上，耐用年数短的模块，相对于耐用年数长的模块，在设计上定为"滞后"，必须采用维修更换时不能让其他模块受损伤的连接方式和构成方法。不但对每个模块单元都进行耐用性能的设定，而且必须考虑相应的模块之间的连接和构造方式。

对于装配式建筑而言，根据功能空间的不同，可以将建筑划分为不同的空间单元，再将相同属性的空间单元按照一定的逻辑组合在一起，形成建筑模块。单个模块或多个模块经过再组合，就构成了完整的建筑。装配式建筑设计应满足使用者多样化的需求，应采用模块和模块组合的设计方法。装配式建筑的设计，应将标准化与多样化两者巧妙结合并协调设计，在实现标准化的同时，兼顾多样化和个性化。比如住宅建筑用标准化套型模块和核心筒模块，可组合出不同平面形式和建筑形态的单元模块。为满足规划多样性和场地适应性等要求，楼栋可由不同单元模块组合而成（图 3-4-2）。

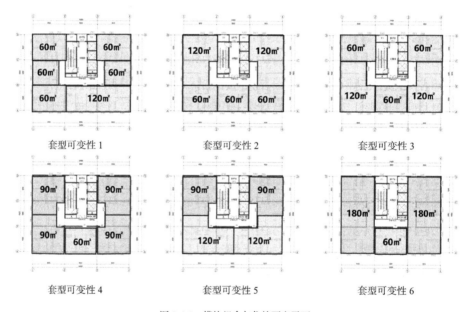

图 3-4-2　模块组合与住栋可变平面

模块可以分为三个层级。①部件部品模块：结构构件中的墙板、梁、柱、楼板、楼梯等，可以做成标准化的产品，在工厂内进行批量规模化生产，应用于不同的建筑楼栋。内装部品，如住宅的架空地板、轻质隔墙等，采用标准化设计，形成具有一定功能的建筑系统。②功能模块：功能模块是在部件部品模块基础上进一步集成。建筑中的许多空间其功能、尺度基本相同或相似，如医院病房、学校教室、旅馆间等，这些功能空间均适合模块化设计。③单元模块：由具有相似或相同的功能空间模块集成，如住宅单元、医院护理单元等。适用于规模较大的建筑群体，如住宅楼、教学楼、宿舍、办公、酒店、医院病房等建筑物。大多具有相同或相似体量、功能的建筑，采用模块化设计可以大大提高设计的质量和效率，有利于规模化生产，合理控制建筑成本（图 3-4-3、图 3-4-4）。

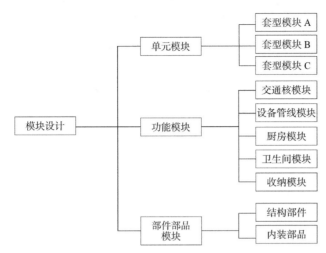

图 3-4-3　模块设计层级（以住宅建筑为例）

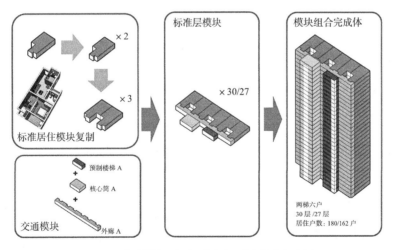

图 3-4-4　住宅模块组合（江苏南京丁家庄保障房项目）

3.4.2　标准化设计

3.4.2.1　平面标准化

1）平面的规整性

　　装配式建筑的平面应规整，合理控制楼栋的体形。平面设计的规则性有利于结构的安全，符合建筑抗震设计规范的要求，并可以减少部件部品的类型，降低生产安装的难度，有利于经济的合理性。因此在建筑设计中要从结构安全和经济性的角度优化设计方案，尽量减少平面的凸凹变化，避免不必要的不规则和不均匀布局。合理规整的平面会使建筑外表面积得到有效控制，可以有效减少能量流失,有利于达到建筑节能减排、绿色环保的要求。

2)空间的可变性

大开间大进深的布置方式可以提高空间的灵活性与可变性,满足功能空间的多样化使用需求,有利于减少部件部品的种类,提高生产和施工效率,节约造价。以居住建筑为例,传统建造方式的住宅多为砌体和剪力墙结构,其承重墙体系严重限制了居住空间的尺寸和布局,不能满足使用功能的变化和对居住品质的更高要求,而大开间大进深的布置方式(如框架结构)则满足了居住建筑空间的可变性、适应性要求。另外,室内空间可采用轻钢龙骨石膏板等轻质隔墙进行灵活的空间划分,轻钢龙骨石膏板隔墙有利于设备管线布置与检修,便于更新改造。

3)功能模块组合

平面标准化设计是对标准化模块的多样化系列的组合设计,即通过平面划分,形成若干独立的、相互联系的标准化模块单元(简称标准模块),然后将标准模块组合成各种各样的建筑平面。平面标准化设计将标准化与多样化两者巧妙结合并协调设计,在实现标准化的同时,兼顾多样化和个性化。以居住建筑为例,用标准化套型模块和核心筒模块可以组合出不同平面形式和建筑形态的单元模块。套型模块内,又可分为卫生间、厨房、卧室、起居室、门厅、餐厅等功能模块(图3-4-5)。

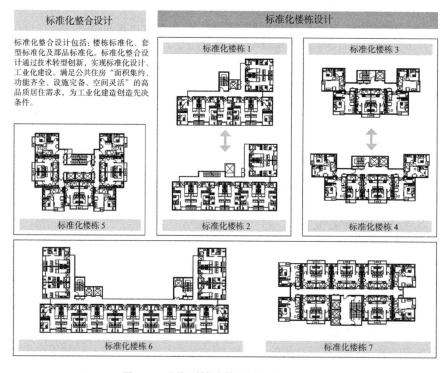

图 3-4-5 公共租赁住房模块的标准化设计(1)

图 3-4-5 公共租赁住房模块的标准化设计（2）

3.4.2.2 立面标准化

装配式建筑立面标准化是在平面标准化的基础上形成的，也是建筑外围护系统中重要组成要素的标准化，主要涉及外墙板、门窗构件、阳台和空调板等，其相互叠合形成完整且富有韵律的立面体系。装配式建筑立面设计很好地体现了标准化和多样化的对立统一关系，既不能离开标准化谈多样化，也不能片面追求多样化而忽视了标准化。装配式建筑的标准化平面往往限定了结构体系，相应也固化了外墙的几何尺寸，但立面要素的色彩、光影、质感、纹理搭配、组合依然能够产生多样化的立面形式（图 3-4-6、图 3-4-7）。

1）外墙板

装配式建筑预制外墙板的饰面可选用装饰混凝土、清水混凝土、涂料、面砖、石材等具有耐久性和耐候性的建筑材料。结合考虑外立面分格、饰面颜色与材料质感等细部设计进行排列组合，实现装配式建筑特有的形体简洁、工艺精致、具有工业化属性的立面效果。

2）门窗构件

考虑构件生产加工的可能性，根据装配式建造方式的特点，门窗在满足正常通风采光的基础上，应减少门窗类型，统一尺寸规格，形成标准化门窗构件。同时，适度调节门窗位置和饰面色彩等，结合不同的排列方式与窗框分隔样式可增强门窗围护系统的韵律感，丰富立面效果。

3）阳台和空调板

阳台和空调板等室外构件在满足功能的情况下，有较大的立面设计自由度。通过装饰构件的色彩、肌理、光影、组合等虚实变化，可实现多元化的立面效果，满足差异化的建筑风格要求和个性化需求。同时，空调板、阳台栏板的材质也需要选择具有耐久性和耐候性的材料。

（a）北京郭公庄公共租赁住房一期项目　　　（b）辽宁沈阳万科春河里 17 号楼住宅项目

图 3-4-6　装配式住宅立面

（a）河北雄安市民服务中心周转及　　　　（b）福建福州绿色科技产业园
生活用房项目　　　　　　　　　　　　　综合楼项目

图 3-4-7　装配式公共建筑立面

3.4.2.3　部件部品标准化

部件部品标准化是以产品化思维改进设计方法，并通过工业化的集成生产，保障部件部品质量，提高生产效率，全面改善建筑建造质量。标准化部品的使用，可以减少尺寸不协调的部品数量，提供安装和组合的便利性，实现部品的经济性，也为系统地进行节点接口设计、提高连接性能与互换性提供条件，满足多样化使用需求且便于日后维护。因此对部件部品种类的划分要具有生产和施工的可行性和独立性，构造简单，安装方便。

1）主体部件标准化

装配式建筑应采用标准化设计的结构部件，符合模数数列的要求，部件的标志尺寸应满足安装互换性的要求，构件及其连接宜具有通用性和互换性构件的截面设计，同时布置应符合建筑功能空间组合的系列化和多样性要求。构件宜与建筑部品、装修及设备等进行尺寸协调，构件设计应满足构件生产制作和施工安装相关的尺寸协调要求，构件的实际尺寸与制作尺寸之间应满足制作公差的要求。以标准部件为基础进行装配式建筑设计，可全面优化设计、生产、施工的生产流程，并使得整个工程项目管理更加高效。

对于装配式混凝土结构，预制混凝土构件宜满足下列要求：预制构件配筋应与预埋件、预留孔洞和设备管线等进行尺寸协调；预制构件之间采用后浇混凝土连接时，后浇混凝土部分的宽度尺寸宜采用基本模数的整数倍数，并宜与生产和施工模板尺寸进行协调；预制外墙板及其连接设计应与建筑外装饰和室内装修等进行尺寸协调。

2）内装部品标准化

装配式建筑将卫浴、厨房和收纳等部品模块化，将地板、吊顶、墙体等部品集成化。这些部品是以标准化为基础，并具有系列化和通用化的特性。通用化部品所具有的互换能力，可促进市场的竞争和部品生产水平的提高。标准化系列部品可以有效地减少施工的工序和复杂性，同时在后期维修更换中也方便快捷。例如，门窗选用集成化配套系列的门窗部品及其构造做法，可以更好地满足外墙围护系统的防水性能和气密性要求。

部品标准化要通过设计集成，用功能部品组合成若干"小模块"，再组合成更大的模块。小模块划分主要是以功能单一部件部品为原则，并以部品模数为基本单位，采用界面定位法确定装修完成后的净尺寸；部品、小模块、大模块以及结构整体间的尺寸协调通过"模数中断区"实现。部品本身实现标准化、集成化的成套供应，同时多种类型的小型部品进行不同的排列组合，以增加大部品的自由度和多样性。如集成厨房和整体卫浴两大部品体系即是通过小部品不同的排列组合以满足多样化的需求。

3.4.2.4 接口标准化

传统建筑的部件部品及其接口的标准化程度较低，各生产企业根据自身部件部品特性及工艺确定所采用的接口种类繁多，不具备通用性和互换性，长期以来未能在全社会范围内实现量产，严重阻碍了装配式建筑的发展。

节点是指部件部品在安装时，为保证其相互连接，或将部件部品连接到所附着的结构上时所需要的空间。接口（间隙）是指部件部品在安装时，其实际制作完成面与安装基准面之间产生的空间。指装配式建筑部件部品之间的节点和接口应在满足使用功能与结构安全、防火、防水、保温等要求的基础上，进行标准化设计。其模数与规格应满足通用化和多样性的要求，并且接口的技术标准与工艺要满足施工要求，具有可建造性，以及安装组合的便利性、互换性和通用性。

节点接口的性能、形式和尺寸是其三要素，彼此之间相互影响、相互制约。形式和尺寸的设计是以实现相应的节点接口性能为目标，而性能要求和连接形式又会对尺寸产生直接影响。在三要素中，尺寸是标准化节点接口的重要因素。预先规定连接的形状，可实现不同厂家产品的互换与装配。节点接口形式可按多种方式分类。按连接类型，可分为点连接、线连接和面连接；按所连接部件部品的相互位置关系，可分为并列式和嵌套式；按连接强度，可分为固定（强连接）、可变（弱连接）和自由（无连接）；按连接技术手段，可分为粘接式、填充式和固定式。从实践来看，部件部品节点接口标准化的途径是指应按照统一协调的标准进行节点接口设计，做到位置固定、链接合理。

设计阶段决定了所有部件部品的节点接口构造，确保部件部品的可建造性是设计阶段的主要任务，也是设计与其他建设流程之间协调的关键。部件部品的设计必须依据技术节点接口标准化原则，其模数与规格应满足通用化和多样性的要求，与整个系统配套、协调。部件部品的连接节点设计应遵循标准化原则，确保部品吊装就位和装配成型。预制部品的设计需要对重要节点与细部、部品制作材料以及部品结构参数分别作具体说明，以便后续的部品生产方和施工方能够全面清晰地了解部品的尺寸和规格，确保节点接口技术的准确实施。当节点接口需要封闭时，封闭材料应满足节点、接口所必需具备的各种物理性能和耐久性能的要求；节点接口的尺寸尚应满足封闭时施工的可行性。处于外立面的节点接口尚应满足建筑立面的美学要求。接口界面需考虑生产和安装公差的影响及各种预期变形，如挠度、体积变化等。对于建筑模块化来说，空间的"断面"便是模块的接口。不同模块通过空间组合连接在一起。部品之间的连接也要注意余量的设置，制造精度高的余量小，制造精度低的余量应相应放宽（图 3-4-8、图 3-4-9）。

图 3-4-8　钢结构主体的连接节点（浙江杭州转塘单元 G-R21-22 地块公共租赁住房项目）

图 3-4-9　集水器和分水器（北京雅世合金公寓项目）

3.5　系统化设计

建筑的整体宏观性能是其内部各级子系统微观性能共同作用的体现，宏观性能表现总是会因为个别微观性能的明显缺陷而大打折扣。装配式建筑发展并不能以单一方面为重点，一定是系统内各个方面的整体优化。采用系统整合的策略方案效果往往能够事半功倍，在单项策略的有效性提升空间不大的情况下，可以进行多项策略的集成设计以达到性能提升的目的。系统性原则帮助建筑师建立系统观，用系统整合的思路进行装配式建筑系统集成设计，统筹建筑结构系统、外围护系统、设备与管线系统、内装系统四大系统，灵活运用各种有效的技术策略，综合性、系统性地解决问题。

3.5.1　建筑结构的系统化设计

3.5.1.1　基本方法
1）结构体系选型

安全性能是结构系统需要考虑的第一大性能。建立与结构系统相匹配的设计方法，提出与结构体系相适宜的性能目标和技术要求，结构计算模型应与结构整体、部件及其连接的实际受力特征相符合。在确定部件及其连接做法后，应通过研究形成结构设计方法，包括：结构的性能目标要求、结构的整体分析方法、结构分析模型、部件及连接的承载力计算方法、构造要求等，按此方法设计的结构整体性能不应低于国家现行标准对结构性能的基本要求。计算模型与实际受力情况的符合性对于结构的安全性至关重要，因此在装配式建筑结构体系的选择和研发时应研究清楚部件及其连接的受力特性，以及基于受力特性确定合适的计算模型。

结构系统作为骨架除保证其安全性外，与建筑空间的布局、各类填充部件部品（外围护、内装、设备与管线系统）都具有一定的相关性。因此结构布置应与建筑功能空间相互协调，满足建筑功能空间组合的灵活可变性要求，采用大开间、大进深的布置方案。预制部件应与外围护、内装、设备与管线系统的部件部品之间进行协调。

按主体结构使用材料与形式装配式建筑结构可分为装配式混凝土结构、装配式钢结构、装配式木结构和各种混合结构。由于剪力墙结构能够符合居住建筑的功能需要，避免房间内梁柱外露，与我国长期的居住习惯相同，因此长期以来装配式混凝土结构是装配式建筑中应用最广的类型。其主要的预制部件连接节点均采用和现浇结构性能接近的连接方式，此时可参照现浇混凝土结构的力学模型对其进行结构分析。装配式剪力墙结构采用的主要节点连接技术均为成熟技术，国内较多采用的是竖向钢筋通过套筒灌浆连接，水平钢筋通过后浇带搭接连接，竖向后浇段、水平后浇带、叠合楼板现浇层等共同作用，加强了装配式剪力墙结构整体性能。

钢结构具有轻质、高强、抗震性好、布局灵活、构件截面尺寸小、易装配、施工期短、使用面积高等优点，应用于各类型建筑，同时受到政策的支持，具有良好的发展前景。特别是在要求大跨度、空间灵活的公共建筑中，钢结构的灵活性具有明显的优势。随着对住宅建筑功能适应性的优化，装配式钢结构也大量应用于居住建筑中，以满足大空间、灵活性的要求，可根据家庭结构及家庭人员需求，对户型内房间格局进行多样化改造，增强了建筑使用的适应性，有效延长了建筑的功能寿命。装配式钢结构建筑不同于其他建筑，需要处理好钢构件与外围护、内装、设备管线的协同问题，解决好防火、防腐、防水、保温、隔声、传声等问题，满足建筑耐久性、安全性的要求。例如钢结构内装系统可考虑隐藏室内的梁柱支撑，使用整体卫浴防止钢构件的锈蚀。外围护系统的设计应与结构专业紧密协同，考虑外围护与主体结构连接的可行性及安全性。

2）预制构件及其连接节点

预制构件及其连接节点是结构系统的两大基本要素，装配式建筑应建立结构部件系统，且构件系统应遵循通用化和标准化原则（表3-5-1）。在功能空间模块及其组合的基础上，形成标准化、系列化的结构部件及其连接技术，并应充分重视构件生产、运输、施工安装的可行性、便捷性。针对具体的建筑产品类型应配套完整的构件产品手册及技术指标说明，在一定范围内宜形成系列化标准钢构件库。这里所述一定范围指某一区域、某一类产品等，各地方或企业可根据具体的技术体系和建筑产品类型逐步建立相应的标准化钢构件库，如在保障性住宅中形成楼板、楼梯、墙板等标准构件库。预制混凝土部件宜采用高性能混凝土、高强钢筋，提倡采用预应力技术。在运输、吊装能力范围内构件规格尺寸宜大型化，减小构件尺寸种类、减少连接钢筋数量也方便生产、施工。钢筋混凝土结构部件宜采用成型钢筋，可以实现机械化批量加工，提高生产效率，降低钢筋损耗。

部件连接和节点接口的成套技术包括部件与部件、部件与部品等，连接技术应遵循安全可靠、适用明确、配套完整、操作简便等原则。部件之间需要通过配套产品连接时，应采用规格化、系列化的定型产品，形成固定的产品系列。针对具体的建筑产品类型应建立完整的标准和标准设计体系，发展相关配套产品。预制部件及其连接节点中大量采用定型产品，包括用于结构部件连接的预埋件、吊装及临时支撑用预埋件等。设计、生产、安装时应严格遵循相应的产品要求。采用经过认证的产品，认证过程中会对厂家的生产设备、工艺、质量控制体系和管理体系、产品性能等进行检查和评定，有利于保证产品质量。

预制部件主要类型   表 3-5-1

混凝土部件	梁、板、柱、剪力墙、承重墙
	楼梯、阳台
	空调板、女儿墙、围护墙、延性墙板、内隔墙等
	支撑等

钢部件	钢梁、钢柱
	钢楼梯
	系杆、上弦杆、下弦杆、腹杆、檩条
	支撑、支座
	预埋件、螺旋球、焊接球等

3）生产与施工要素

成套的预制部件生产技术一般包括原材料及配件进厂，模具制作及拼装，钢筋及预埋件的安装，混凝土成型、养护、脱模、存放、运输，构件成品保护等，完善的装配式结构系统应配套预制部件生产各环节的技术措施，并结合施工安装的要求制定适宜的部件出厂质量控制要求。部件出厂质量控制要求包括构件的尺寸偏差、外观质量要求等。

装配式混凝土结构、钢结构等成套施工技术包括安装工艺和工序、配套设备设施和机具、质量控制措施、检验验收方法等。施工安装一般包括预制部件进场、场内运输与存放、部件吊装与定位、部件临时固定、连接施工、成品保护等，应结合部件及其连接的特点建立成套的技术方案，并制定各环节的质量控制措施、安全管理措施，并提出质量检验验收的方法。对于复杂的施工环节宜采用 BIM 技术进行模拟。

3.5.1.2 装配式混凝土结构体系

1）平面布置

装配式混凝土建筑的平面形状和竖向构件布置方面的要求均严于现浇混凝土结构的建筑。规则的平面设计更有利于结构安全性和抗震性，并减少预制楼板与构件的类型，降低构件生产难度，经济性上更为合理。装配整体式剪力墙结构的布置，应尽量减少平面的凸凹变化，避免不必要的不规则和不均匀布局。剪力墙面布置宜简单、规则，自下而上宜连续布置，避免层间侧向刚度突变。门窗洞口宜上下对齐、成列布置，不宜采用转角窗。门窗洞口的平面位置和尺寸应满足结构受力及预制构件设计要求。抗震等级为一、二、三级的剪力墙底部加强部位不应采用错洞墙，结构全高均不应采用叠合错洞墙。装配式混凝土居住建筑的户型设计时，需要预先考虑预制构件的平面布置方式。方案及初步设计阶段需要结构专业提前配合，预制部件的位置、现浇带的大小、宽度对于建筑平面的开窗大小、开窗形式均有影响。为了避免后期深化设计时窗洞口无法实现的情况出现，在平面设计时，需要预先与结构专业沟通，确定最小墙垛宽度、厚度，以确定窗洞口最大宽度，核实建筑采光、通风量是否满足规范标准，以及在节点构造层面是否有可能实现。

2）高度要求

装配整体式框架结构、装配整体式框架—现浇剪力墙结构、装配整体式剪力墙结构、装配整体式部分框支剪力墙结构的房屋最大适用高度应满足要求。

3）预制墙板设计

对装配式混凝土建筑，方案阶段需考虑建筑立面预制外墙板的可实施性，如外墙开窗尺寸、墙垛尺寸、飘窗及装饰线脚可行性、现浇和预制外墙挂板的一致性等问题。对于装配式构件接缝的处理，应与立面造型相结合，将接缝作为立面元素进行设计，使其效果与整体和谐统一。预制混凝土外墙的装饰面层宜采用清水混凝土、装饰混凝土、免抹灰涂料和反打面砖等耐久性强的建筑材料，针对结构部件及连接节点的特点进行耐久性设计。除应满足现行相关标准外，还应注意合理确定保护层厚度，应满足防火、防腐等要求。在腐蚀环境或者寒冷条件等不利环境中，预制部件及连接节点的耐久性要进行专门的研究。

预制剪力墙板的高度尺寸应协调建筑层高、门窗洞口尺寸、结构楼板厚度、建筑地面做法厚度、墙体两侧楼板是否存在降板及板顶标高、楼板与墙板部件的连接方式、生产和施工过程中采取的措施等综合确定。设计过程中不仅做要好结构本身的设计，还应与建筑、机电专业密切配合、协同设计，对于开洞多、异形、降板等复杂部位可考虑现浇的方式。注意预制部件重量及尺寸，综合考虑项目所在地区的部件生产能力及运输、吊装等条件。预制部件设计应充分考虑生产的便利性、可行性以及成品保护的安全性。当部件尺寸较大时，应增加部件脱模及吊装用的预埋吊点的数量。

高层建筑中预制剪力墙板尺寸宜符合相关规定，低、多层建筑预制墙板尺寸可参照采用。其中，长度尺寸宜采用3M的整数倍，可采用2M的整数倍；应根据建筑产品特征（空间、立面、装修等）和部品集成要求等选择适宜的模数尺寸。

4）预制混凝土夹芯保温外墙板设计

预制混凝土夹芯保温外墙板是将内叶墙板、保温层及外叶墙板在工厂一次加工成型，通过可靠的连接件进行连接形成一个整体，无需再做外墙保温，并且保温层和外饰面与结构同寿命，几乎不用维修。而非夹芯保温墙板需二次粘贴内保温或外保温，其保温层使用寿命低于主体结构。

预制混凝土夹芯保温外墙板的外饰面有清水混凝土、装饰混凝土、免抹灰涂料和反打面砖或瓷砖等，在工厂生产时，采用面砖或瓷砖反打的方法将外饰面的面砖一次成形，也可将外饰面做成凹凸、条纹或各种花纹样式，使外饰面造型多样化。预制混凝土夹芯保温外墙板有60mm厚外叶板，应具有双重防水作用。两块墙板拼接水平缝处采用建筑密封胶与构造企口、结构自防水，具有多重防水作用。两块墙板拼接竖向缝处采用建筑密封胶＋空腔防水，比预制非夹芯外墙多两重防水功能。预制非夹芯外墙，若是预制剪力墙粗糙面不合格，其后浇段竖向缝处很容易引发漏水现象；水平缝处二次灌注浆料易干缩形成微裂缝，施工中不严加把控，后期容易出现渗水现象。但是，预制混凝土夹芯保温外墙板由于多出60mm厚外叶墙，其成本高于非夹芯保温外墙，且有对施工精度要求高、外立面复杂造型实施难度大等缺点（图3-5-1、图3-5-2）。

预制混凝土夹芯保温墙板中外叶墙板尺寸见表3-5-2。

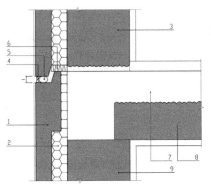

图 3-5-1　夹芯保温外墙水平缝防水构造
1—外叶墙板；2—夹芯保温层；3—内叶承重墙板；4—建筑密封胶；5—发泡芯棒；6—岩棉；7—叠合楼板现浇层；8—预制楼板；9—内叶承重墙板

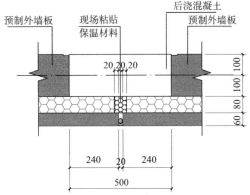

图 3-5-2　夹芯保温外墙竖向缝防水构造

预制混凝土夹芯保温墙板选用尺寸（mm）		表 3-5-2
内容	尺寸	说明
外叶墙板厚度	60（120）	括号内为局部加大尺寸的上限值
外叶墙板两侧适宜的外伸长度	190　240　290	对应于竖向连接段宽度 400　500　600
外叶墙板上下端企口高度	30 ~ 50	根据风、雨、雪等条件和建筑立面选择

5）楼盖设计

装配式混凝土结构建筑的叠合楼盖包括桁架钢筋混凝土叠合板、预制平板底板混凝土叠合板、预制带肋底板混凝土叠合板、叠合空心楼板等。结构转换层、平面复杂或开间较大的楼层，作为上部结构嵌固部位的地下室楼层宜采用现浇楼盖。

楼板与楼板、楼板与墙体间的接缝应保证结构整体性。叠合楼板应考虑设备管线、吊顶、灯具安装点位的预留预埋，满足设备专业要求。当顶层楼板采用叠合楼板时，为增强顶层楼板的整体性，需提高后浇混凝土叠合层的厚度和配筋要求，同时叠合楼板应设置桁架钢筋。楼板厚度宜采用表 3-5-3 中优先尺寸。

楼板厚度优先尺寸（mm）	表 3-5-3
项目	优先尺寸
楼板厚度	180　200　250

6）预制楼梯

预制混凝土楼梯在工厂生产完成后，运输至现场即可安装完毕，效率高，施工速度快。而传统现浇楼梯存在支模复杂、施工质量不佳等问题。预制楼梯外观

3　装配式建筑的设计集成策略

117

质量好、表面光滑，无需二次抹灰，楼梯表面无需二次作业，大大优于现浇楼梯。

7）其他部位设计

高层建筑装配式混凝土结构宜设置地下室，地下室宜采用现浇混凝土。剪力墙结构和部分框支剪力墙结构底部加强部位，以及框架结构的首层柱宜采用现浇混凝土。

3.5.1.3 装配式钢结构体系

1）高度要求

装配式钢结构建筑应根据建筑功能、建筑高度及抗震设防烈度选取表3-5-4中的结构体系。

多高层装配式钢结构建筑适用最大高度（m）   表3-5-4

结构体系	6度 （0.05g）	7度		8度		9度 （0.40g）
		（0.10g）	（0.15g）	（0.20g）	（0.30g）	
钢框架结构	110	110	90	90	70	50
钢框架—中心支撑	220	220	200	180	150	120
钢框架—偏心支撑、钢框架—屈曲约束支撑、钢框架—延性墙板	240	240	220	200	180	160
筒体（框筒、筒中筒、桁架筒、束筒）、巨型框架	300	300	280	260	240	180
交错桁架结构	90	60	60	40	40	—

注：摘自《装配式混凝土结构建筑技术标准》GB/T 51232—2016 表5.2.6。

2）平面布置

钢结构建筑的平面设计应采用合理的钢结构体系排布，尽量统一轴网和标准层高，为钢梁、钢柱等钢结构构件的标准化提供条件。在建筑设计中要从结构合理性和经济性角度优化设计方案，平面几何形状宜规则，其凹凸变化及长宽比例应满足结构对质量、刚度均匀的要求，平面刚度中心与质心宜接近或重合；应充分兼顾钢框架结构的特点，房间分隔应有利于柱网设置。钢结构设计追求简洁高效的结构体系，体系的优劣是影响结构性能和造价的关键。纯钢结构体系一般情况下难以满足设计要求的位移比，因此需要在钢框架内添加支撑，增加结构抗侧力的能力。对于高层钢结构来说，支撑体系的选用和其连接节点应予以重视。节点用钢量在总用钢量中占有相当的比例，且节点的造价也比较贵，需合理控制节点的数量。支撑的布置要兼顾功能要求与结构效率，需满足承载力、稳定、抗震构造、变形和舒适度等结构设计要求。常见的支撑体系可分有中心支撑、偏心支撑、屈曲约束支撑以及钢板剪力墙形式等。在设计中，结构专业应该就各种形式的支撑与其他专业进行协同设计，考虑其他专业的需求，比如建筑的开窗、外围护的保温、分户墙及走道等位置。支撑需要满足结构抗侧刚度的需求，减少结构扭转效应，同时支撑布置需避开建筑门窗洞口等。在门窗口处的支撑一般设置成偏心支撑，或者采用间柱型阻性器代替。支撑可以尽量布置于内隔墙或者楼梯电梯井周围，也可使结构的支撑体系作为建筑的立面造型。需要考虑位于支撑处的外围护体系是否可实现有效连接，钢支撑处保温隔热效果是否会出现冷热桥等不良状况；内装隔墙是否便于施工，是否暴露结构构件，影响建筑美感。

3）楼盖设计

装配式钢结构建筑的楼盖体系可采用钢筋桁架楼承板、压型钢板组合楼板、钢筋桁架混凝土叠合楼板，以上楼板均属于工业化程度很高的部件部品。楼板应与主体结构可靠连接，可以保证楼盖的整体牢固性。传统的钢筋桁架楼承板、底模和上部桁架通过点焊连接固定。在楼板的混凝土凝固后，拆除底模的难度较大，后期在板底外露的钢筋需要单独刷防锈漆。改进后为底模可拆卸的钢筋桁架楼承板，这种楼承板的钢筋桁架与钢板底模之间用一个机械卡扣连接，在浇筑完成后，卡扣可以松开，便于取下钢板，这样钢板和卡扣就可以重复使用，节省费用。楼盖结构也应具有适宜的舒适度。

4）楼梯设计

楼梯与主体应采用滑动连接，楼梯既可以采用钢楼梯，也可以采用预制混凝土楼梯。采用钢楼梯时，因楼梯刚度较柔，为减轻楼梯的震颤作用，满足舒适度要求，宜在钢踏步处增设 5mm 厚的混凝土预制板，以增加刚度。采用预制混凝土楼梯时可以采用清水工艺，保证建筑美观。

5）地下室及基础设计

设置地下室时，竖向连续布置的支撑、延性墙板等抗侧力构件应延伸至基础。有些项目在电梯井角处布置有钢柱，钢柱在地下室处转换成钢骨混凝土柱，外包了一层混凝土，导致截面尺寸增大，占用了部分电梯井面积，导致电梯无法顺利安放进去。所以，在结构布置时，需尽量不在电梯井处布置柱子，如果无法避免，则可将钢柱直接落到基础筏板上，不再采用钢骨混凝土转换柱。

6）钢材料选型

钢结构标准部件的材料为钢材，钢材可分为碳素结构钢、低合金高强度结构钢、耐候结构钢、高强钢等，材料选型如下。

（1）碳素结构钢适用于焊接、栓接工程结构的低碳钢。碳素钢的延性较好。

（2）低合金高强度结构钢是在碳素钢中添加少量合金成分（总量不大于5%）以改善性能和提高强度，并适用于一般工程结构的合金钢。

（3）耐候结构钢是在钢中加入少量铜（Cu）、磷（CP）、铬（Cr）、镍（Ni）等合金元素，使其表面形成防护层以提高耐大气腐蚀性能，并适用于桥梁、建筑等工程结构的低合金钢。对于环境恶劣的地区可采用耐候钢，它可形成一层致密的氧化物层，提高耐大气腐蚀能力。耐大气腐蚀性能为普通碳素钢的 2 ~ 5 倍。

（4）高强钢是钢材牌号不低于 Q460、Q460GJ 的结构钢材。高强钢材的强度设计值比常规用的 Q235、Q345 等钢材大幅提升，钢构件承载力大幅提升，可有效减少构件截面，大幅降低用钢量，减少焊接工作量和焊接材料用量，减少各种涂层（防锈、防火）用量及施工工作量，降低加工制作、运输和施工安装成本，具有良好的经济效益。

3.5.2 建筑外围护结构的系统化设计

3.5.2.1 基本方法

1）集成设计

在设计中应协调外围护系统与建筑空间布局、建筑外立面、内装系统、设备与管线系统之间的关系，保证整体建筑的性能要求。外围护系统应具备在自重、风荷载、地震作用、温度作用、偶然荷载等各种情况下保证安全的能力，并根据抗风、抗震性能、耐撞击性能等要求合理选择组成材料、生产工艺和外围护系统部品内部构造。外围护系统与主体间的连接节点、各部品之间的连接应传力路径清晰、安全可靠，满足持久设计状况下的承载能力、变形能力、裂缝宽度、接缝宽度要求，以及短暂设计状况下的承载能力要求。宜避开主体结构支承构件在地震作用下的塑性发展区域，且不宜支承在主体结构耗能构件上。当预制混凝土外挂墙板系统采用夹芯保温墙板时，内外叶墙板之间的拉结件应满足持久设计状况下和短暂设计状况下承载能力极限状态的要求，并应满足罕遇地震作用下承载能力极限状态的要求。

外围护系统应选用在工厂生产的标准化系列部品，外墙板、外门窗、幕墙、阳台板、空调板及遮阳部件等进行集成设计，成为具有装饰、保温、防水、采光等功能的集成式单元墙体。外围护系统应提高各个部件部品性能的构造连接措施，任何单一材料不应成为该部品性能的薄弱环节。外围护系统主要部品的设计使用年限应与主体结构相同，不易更换部品的使用寿命应与主体结构相同（图 3-5-3）。

2）标准化设计

装配式建筑的外围护系统设计应符合标准化与模数协调的要求。在遵循模数化、标准化原则的基础上，坚持"少规格、多组合"的要求，实现立面形式的多样化。立面设计要合理选择在水平和竖直两个方向上的基本模数与组合模数，同时兼顾外围护墙板等构件的单元尺寸。外墙、阳台板、空调板、外窗、遮阳设施及装饰等部件部品宜进行标准化设计。

居住建筑的立面设计要充分利用工厂化工艺和装配条件，做到标准化设计，减少部品类型，提高部品的标准化程度，简化部品加工和现场施工，其中预制混凝土外挂墙板通过模具浇筑成形，骨架外墙和幕墙通过多种材质组合，形成多种装饰效果。也可通过 BIM 技术进行相应的设计和多样化施工组合模拟，然后再进行实际工厂化生产和装配化施工，做到简洁有序、经济合理。

3.5.2.2 系统选择

1）选择因素

外围护系统材料选择应充分尊重方案设计的立面效果，考虑性能、安全、造

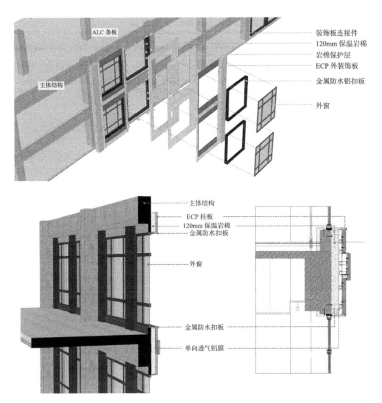

装饰板连接件
120mm 保温岩棉
岩棉保护层
ECP 外装饰板
金属防水铝扣板
外窗

主体结构
ECP 挂板
120mm 保温岩棉
金属防水扣板
外窗
金属防水扣板
单向透气铝膜

ALC 条板
主体结构

C2 工程外围护体系由外到内依次为挤出成型水泥条板（以下简称 ECP 挂板系统）（挂板及连接件）+ 保护层 + 保温材料 + 蒸压加气混凝土条板（以下简称 ALC 条板）/ 混凝土剪力墙（结构）。

图 3-5-3　外围护系统（北京城市副中心 C2 综合物业楼项目）

价及施工难度等问题，合理选用部品体系配套成熟的轻质墙板或集成墙板等部品。

外墙系统应根据不同的建筑类型及结构形式，选择适宜的系统类型。进行外墙材料的选用时，需要统筹考虑地区温度的差异、材料的性能和稳定性、材料对建筑外观的作用。优先考虑使用轻质材料，方便施工和装配。外围护材料的选择应考虑耐擦洗、耐沾污、良好通风等要求，便于维护。

2）系统分类

外墙系统按照部品内部构造分为预制混凝土外挂墙板系统、轻质混凝土墙板系统、骨架外墙板系统、幕墙系统等四类。

3）装配式混凝土建筑外围护的系统分类

装配式混凝土建筑的外围护系统分为承重和非承重两类。装配式混凝土居住建筑的承重类外围护系统属于结构系统，应满足装配式混凝土建筑对外围护系统的性能要求，且承重类外围护系统的结构性能和物理性能可考虑结构部分的有利作用。

装配式混凝土建筑外围护系统可以按照结构构造、施工工艺或材料特点分别进行分类。从建筑生产的角度来说，对于建筑外围护系统的分类，可以在不同的层级按照特定的方法进行。以建筑外围护系统在施工现场有无骨架组装进行分类基础上，再按照结构形式进行区分，其建筑外围护系统可按照表 3-5-5 所示的分类选用。

装配式混凝土建筑外围护系统主要类型　　　　　　　表 3-5-5

预制外墙	整间板体系	预制混凝土外墙板	普通型	预制混凝土夹芯保温外挂墙板
			轻质型	蒸压加气混凝土板
		拼装大板		在工厂完成支承骨架的加工与组装、面板布置、保温层设置等
	条板体系	预制整体条板	混凝土类 普通型	硅酸盐水泥混凝土板
				硫铝酸盐水泥混凝土板
			混凝土类 轻质型	蒸压加气混凝土板
				轻集料混凝土板
			复合类	阻燃木塑外墙板
				石塑外墙板
		复合夹芯条板		面板＋保温夹芯层
现场组装骨架外墙		金属骨架组合外墙体系		
		木骨架组合外墙体系		
建筑幕墙		玻璃幕墙		
		金属板幕墙		
		石材幕墙		
		人造板材幕墙		

预制混凝土外墙板的装饰面层宜采用清水混凝土、装饰混凝土、免抹灰涂料和反打面砖等耐久性强的建筑材料。

预制混凝土外挂墙板分为整间板、横条板、竖条板等，应符合下列规定：

（1）整间板板宽不应大于 6.0m，板高不应大于 5.4m；

（2）横条板板宽不应大于 9.0m，板高不应大于 2.5m；

（3）竖条板板宽不应大于 2.5m，板高不应大于 6.0m。

立面设计为独立单元窗时，外挂墙板应符合下列规定：

（1）当采用整间板时，板高宜取建筑层高，板宽宜取柱距或开间尺寸；

（2）当采用横条板时，上下层窗间墙体应按横条板设计，板宽宜取柱距或开间尺寸，窗间水平墙体应按竖条板设计；

（3）当采用竖条板时，窗间墙体应按竖条板设计，板高宜取建筑层高，上下层窗间墙体应按横条板设计；

（4）立面设计为通长横条窗时，宜选用横条板，板宽宜取柱距或开间尺寸，上下层窗间墙体应按横条板设计；

（5）立面设计为通长竖条窗时，宜选用竖条板系统，板高宜取建筑层高，窗间水平墙体应按横条板设计（图 3-5-4）。

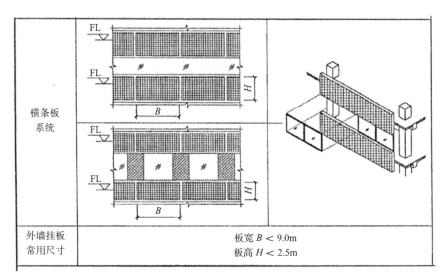

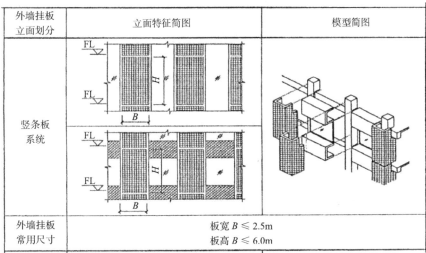

	立面特征简图	模型简图
横条板系统		
外墙挂板常用尺寸	板宽 B < 9.0m 板高 H < 2.5m	
外墙挂板立面划分	立面特征简图	模型简图
竖条板系统		
外墙挂板常用尺寸	板宽 B ≤ 2.5m 板高 B ≤ 6.0m	

图 3-5-4 外挂墙板板型划分及设计参数要求

4）装配式钢结构建筑外围护的系统分类

装配式钢结构建筑外围护系统应考虑保温、防水、防火与装饰等功能，进行集成设计，实现系统化、装配化、轻量化、功能化和安全性的要求。装配式钢结构建筑的外围护系统可采用内嵌式、外挂式、嵌挂结合等形式，宜分层承托或悬挂，应根据建筑类型和结构形式选择适宜的系统类型（图 3-5-5）。

装配式钢结构建筑在选择外围护系统时，需考虑使用、构造和性能等要求，具体要求见表 3-5-6。

表 3-5-7 是常见的一些外墙板特点的比较。

3.5.2.3 性能要求

1）物理性能

围护系统的接缝设计应结合变形需求、水密气密等性能要求，构造合理、方便施工、便于维护。水密性能包括外围护系统中基层板的不透水性，以及基层板、

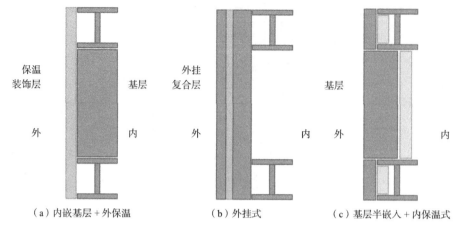

（a）内嵌基层＋外保温　　　　　　（b）外挂式　　　　　　（c）基层半嵌入＋内保温式

图 3-5-5　外围护系统与结构系统的相对位置关系

外墙板性能要求 表 3-5-6

使用要求	构造要求	性能要求
厚度薄，少占空间，提高使用率； 成本可接受； 易维护，易更换； 对室内空间影响小，不影响内装	轻型，易安装，简单可靠； 构造层次明确，安装施工简便； 连接节点性能良好，安全可靠	保温良好； 防火性好（无机材料）； 适应结构变形和温度变形； 防水性能好（构造防水与材料防水结合）； 美观，适用性和表现力强； 耐久（耐紫外线、水、污、酸、碱，不开裂）； 气密性好，接缝少； 质量大，少孔隙，隔声好

外墙板特点比较 表 3-5-7

种类	单板类	钢筋混凝土夹芯复合墙板	钢丝网架水泥夹芯板	现场组装复合板	复合墙板	
代表产品	ALC 板（175mm 厚）	钢构混凝土夹芯板（200mm 厚）	太空板（150mm 厚）	CCA 板整体灌浆墙（200mm 厚）	钢框架复合外墙板	轻钢龙骨复合外墙板
施工速度	★★★★★ 需吊装、施工安装快	★★★★☆ 需吊装、施工安装快	★★★★☆ 需吊装、施工安装快	★★☆☆☆ 需现场组装，并需要现浇，工作量较大	★★★☆☆ 需现场组装，吊装施工，施工速度较快	★★★☆☆ 需现场组装，吊装施工，施工速度较快
外墙保温性能	★☆☆☆☆ 单一材质，保温效果不佳	★★★☆☆ 在板的端部及接缝处均易形成冷桥	★★☆☆☆ 易形成冷桥	★★★☆☆ 易形成冷桥，虽然采用了开孔龙骨，但仅能起到缓解的作用	★★★☆☆ 易形成冷桥，且冷桥较多	★★★★☆ 可实现保温层连续贯通，保温效果较好
防渗漏性能	★★★☆☆ 板材接缝处需做重点构造处理	★★★☆☆ 板材接缝处需做重点构造处理	★★★☆☆ 板材接缝处需做重点构造处理	★★★★☆ 构造层错缝拼接	★★☆☆☆ 内嵌式连接，板缝较多，构造节点难处理	★★★★☆ 构造防水和材料防水，防水性能较好

外墙板或屋面板接缝处的止水、排水性能。气密性能主要为基层板、外墙板或屋面板接缝处的空气渗透性能。外墙围护系统接缝应结合建筑物当地气候条件进行防水排水设计。外墙围护系统应采用材料防水和构造防水相结合的防水构造，并应设置合理的排水构造。外围护系统的隔声性能设计应根据建筑物的使用功能和环境条件，并与外门窗的隔声性能设计结合进行。外围护系统墙板类部件部品应具备一定的隔声性能，防止室外噪声的影响。外围护系统应做好节能和保温隔热构造处理，在细部节点做法处理上应注意防止内部冷凝和热桥现象的出现。应结合不同地域的节能要求进行设计，供暖地区的外围护系统应采取防止形成热桥的构造措施。采用外保温的外围护系统在与梁、板、柱、墙的连接处，应注意保持墙体保温的连续性，外门窗及玻璃幕墙的内表面温度应注意防结露。外围护系统饰面层的耐擦洗、耐沾污性能应根据设计使用年限及维护周期综合确定。架空屋面应在屋顶有良好通风的环境中使用，其进风口宜设置在当地炎热季节最大频率风向的正压区，出风口宜设置在负压区。

2）耐久性能

居住建筑外围护系统主要部品的设计使用年限应与主体结构相同，不易更换部件的使用寿命应与主体结构相同。接缝密封材料应规定维护更新周期，维护更新周期应与其使用寿命相匹配。面板材料应根据设计维护周期的要求确定耐久年限，饰面材料及其最小厚度应满足耐久性的基本要求。龙骨、主要支承结构及其与主体结构连接节点的耐久性要求，应高于面板材料。外围护系统应明确各组成部分、各配套部品的检修、保养、维护的技术方案。

3.5.2.4 构造节点设计

1）安全性设计

外围护系统节点的设计与施工，应首要保证其安全性能，确保其与结构系统可靠连接，保温装饰等材料有效固定。外围护系统与主体结构连接用节点连接件和预埋件应采取可靠的防腐蚀措施。所采用的粘结、固定材料需具有合理的耐久性，避免老化脱落造成安全隐患。幕墙系统中所用结构胶、耐候胶等其他材料按规定同步进行使用前检测，在幕墙构件安装之前进行。装配式混凝土建筑的外墙板采用面砖装饰时，宜采用反打成型工艺。反打工艺在工厂内完成，背面设有粘结后防止脱落的措施。

2）防火设计

外围护系统应满足建筑的耐火等级要求，遇火灾时在一定时间内能够保持承载力及其自身稳定性，防止火势穿透和沿墙蔓延，且应满足以下要求：

（1）外围护系统部品各组成材料的防火性能满足要求，其连接构造也应满足防火要求；

（2）外围护系统与主体结构之间的接缝应采用防火封堵材料进行封堵，防火封堵部位的耐火极限不应低于楼板的耐火极限要求；

（3）外围护系统部品之间的接缝应在室内侧采用防火封堵材料进行封堵，防止蹿火；

（4）外门窗洞口周边应采取防火构造措施；

（5）外围护系统节点连接处的防火封堵措施不应降低节点连接件的承载力、耐久性，且不应影响节点的变形能力。

3）保温设计

外墙的保温材料耐久性能不如主体材料，需得到良好的保护，或采用易维护、易更换的构造形式。推荐采用夹芯保温、内保温做法，温暖地区可采用外墙板自身保温。采用夹芯保温墙板时，内外叶墙板之间的拉结件宜选用强度高、抗腐蚀性好、耐久性高、导热系数低的金属合金连接件、FRP 连接件等，同时满足持久、短暂、地震状况下承载能力极限状态的要求，避免连接件形成冷桥，或连接件腐蚀造成墙体安全隐患。预制外墙板的板缝处，应保持墙体保温性能的连续性，在竖向后浇段，将预制构件外叶墙板延长段作为后浇混凝土的模板。

4）防水设计

预制外墙板的板缝处要做好防水节点构造设计，通过材料防水和构造防水设置两道防水措施，主要连接节点形式有 T 形、一字形。

双面叠合外墙板"以堵为主"：在双面叠合墙板中间空心层浇筑混凝土，形成连续的现场混凝土立面层，阻挡雨水侵入，起到可靠的防水效果。

预制外挂墙板主要"以导为主，以堵为辅"：采用材料防水和结构防水相结合的原理，从外向内依次为建筑密封胶、泡沫条、防水密封胶条和耐火接缝材料。水平板缝中间的空腔通常做成高低缝、企口缝等形式，可有效避免雨水流入。十字接头处需增加一道防水，避免因墙板相互错动导致漏水。一般每隔三层左右会增设一处排水管，将空腔中的水分有效排向室外。防水构造对墙板安装精度要求高，但密封胶的使用寿命有限，一般 15 ~ 25 年即需要更换（图 3-5-6）。

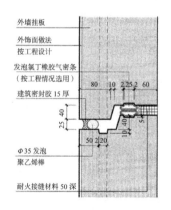
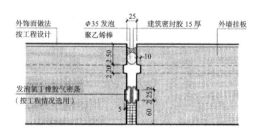

图 3-5-6　接缝构造节点图

3.5.3　设备及管线的系统化设计

3.5.3.1　基本方法
1）一体化设计

装配式建筑应实现全装修，设备与管线系统应与结构系统、外围护系统、内装系统一体化设计。强调装配式建筑的结构与外围护、设备与管线、内装等四大系统一体化设计，各系统互为条件，互相制约，实现高完成度的各系统集成设计。在进行结构系统、外围护系统、设备与管线系统、内装系统的施工及安装前，需在前期设计时精准定位，条件不允许时则考虑部件中预埋，必须通过最大限度的配合实现最优方案，宜结构与设备管线分离。

设备及管线系统采用一体化设计，优先选用符合模数的标准化部品，与结构、外围护、内装各系统以及部件部品的生产、运输、安装等各环节相互协调。

2）集成设计与管线综合设计

设备与管线系统的集成设计应符合下列要求：第一，给水排水、暖通空调、电气智能化、燃气等设备与管线应综合设计；第二，宜选用模块化产品，接口应标准化，并应预留扩展条件。装配式建筑设备与管线系统是由给水排水、供暖通风空调、电气和智能化、燃气等设备与管线组合而成，各专业设计协同和管线综合设计是装配式混凝土建筑设计的重要内容，其管线综合设计应符合各专业之间、各种设备及管线间安装施工的精细化设计及系统性布线的要求。管线宜集中布置、避免交叉。

管线综合设计时，还应注重部品通用性和互换性的要求，对设置在预制部件上的给水排水管线、采暖与空调、电气管线及各种接口进行预留。接口均应采用标准化产品，方便后期更换维修。

3）管线分离设计

管线分离 pipe & wire detached from structure system
将设备与管线设置在结构系统之外的方式。

同层排水 same-floor drainage
在建筑排水系统中，器具排水管及排水支管不穿越本层结构楼板到下层空间、与卫生器具同层敷设并接入排水立管的排水方式。

装配式建筑的设备与管线宜与主体结构相分离，应方便维修更换，且不应影响主体结构安全。在现浇混凝土建筑的建造中，一般均将设备管线埋在楼板现浇混凝土或墙体中，把使用年限不同的主体结构和管线设备融为一体。由于设备管线本身使用寿命及建筑功能改变等原因，在建筑全寿命期内需要对设备管线进行多次更新，为了不影响建筑的使用寿命及功能，装配式建筑提倡设备管线与主体结构分离的做法。

按照设备管线与主体结构相分离的原则，设备管线宜设在架空层及吊顶内，架空层及吊顶空间应满足空调及新风、给水、强弱电等管道管线的安装要求，在合适位置设置检修口，楼地面的架空层内敷设给水排水和供暖等管道时应考虑设置检修口。

4）标准化与运维检修相关设计

装配式建筑的部品与配管连接、配管与主管道连接及部品间连接应采用标准化接口，且应方便安装、使用和维护。同一类型的部品部件与设备管线连接应尽量形成统一的标准化接口，提高部品部件及设备管线的通用性和互换性；不同类型、不同材质的部品部件与设备管线采用适用范围广的接口技术，提高其标准化程度，接口的尺寸精度应满足工业化要求。

设备与管线系统宜进行模块化设计，选用便于现场安装、装配化程度高的设备管线成套系统，设备、管线、阀门、仪表等宜集成预制。公用的管线、阀门、计量仪表、电表箱、配电箱、弱电箱等，应集成设置在公共区域。当装配式建筑采用太阳能热水系统时，宜选用集热器、储水罐等与建筑一体化集成的技术与产品；装配式居住建筑的套内新风系统、供暖系统宜采用模块化产品；套内设备管线应采用同层敷设方式，在管井、隔墙、架空地板或吊顶内集成设置；装配式居住建筑应采用集成化智能化系统设计，并选用配套的集成化部品。

为了适应装配式建筑的集成建造方式，设备与管线设计宜采用高集成度的设备管线技术产品，如集成管道井、设备管线与预制墙体的集成、中央集成给水管道系统、模块化同层排水系统等。通过建筑、内装、给水排水、暖通、电气及智能化等多专业集成设计，实现安全美观、安装便捷、易于维护管理的目标。设备及管线系统特别需要考虑建筑全寿命期的安装、维护和更新。因此设备管线系统与主体结构、内装宜分离，且在维修更换时应不影响主体结构安全和内装稳定，实现居住建筑的安全耐久、健康舒适、资源节约。

5）空间集约化设计

设备及管线系统需要考虑到设备设施的空间使用问题。设备机房、管道井、竖向及水平管道空间使用应与建筑空间相协调。水泵、水箱、空调机组、配电柜等机电部品应优先选用符合工业化尺寸模数的标准化产品并满足自身功能要求，其操作面应留有一定的操作空间和维护空间。给水总立管、雨水立管、消防立管、供暖、电气智能化干管、公共功能的阀门、计量设备和电气设备以及用于总体调节和检修的部品，均应统一集中设置在建筑公共部位。住宅公共功能的机电设备，如空调机组、消防设备、太阳能热水器、配电箱、配电柜、接线柜、仪表、阀门、各种计量表等，应尽量与建筑空间模数相协调，并预留检修空间。

6）精确定位与预留预埋相关设计

设备与管线设计应遵循模数协调的基本原则。在进行专业设计时应进行模数的协调，减少设备管线对建筑部件部品的标准化程度提升的影响。管井敷设、架空敷设的管线尺寸模数，为满足建筑空间尺寸和安装需求，可采用分模数 M/5 的整数倍。垫层暗埋敷设的管线有时数量较多，需要在较小空间内精确定位，节点大样排布尺寸模数宜采用分模数 M/10 的整数倍。设备管线宜采用界面定位法，方便确定设备与管线的空间定位。

设备及管线应减少在预制构件内的预留预埋，提高预制构件的标准化程度，简化生产流程，提高预制构件生产效率。当需要预留预埋时，也应遵守结构设计的模数网格，提供给预埋预留的尺寸应准确，减少预留预埋对结构钢筋布置的影响，避免后期对预制构件的凿剔，提高预留预埋的有效性。

3.5.3.2 给水排水

1) 给水管道设置

给水排水设计应结合预制部（构）件的特点，将部（构）件的生产与设备安装综合考虑，在满足日后维护和管理需求的前提下，减少预制部（构）件中预留洞和预留套管的数量，减少部（构）件规格种类，以降低造价，提高施工效率。给水横管按其在楼层所处的位置可分为楼层底部设置及楼层顶部设置两大类。楼层底部设置可采用建筑垫层暗埋或架空层设置，给水管道不论管材是金属管还是塑料管（含复合管），均不得直接埋设在建筑物结构层内。楼层顶部设置可采用梁下设置或穿梁设置，管线穿越预制梁部（构）件处需预埋钢套管，套管预埋位置不应影响结构安全，套管管径及定位应经结构专业确认，且管线设置高度应满足建筑净高要求。穿梁钢套管尺寸一般大于所穿管道 1 ~ 2 档，如为保温管道，则预埋套管尺寸应考虑管道保温层厚度；敷设于架空层内的管道，应采取可靠的隔声减噪措施；给水管与排水管共设于架空层或垫层时，给水管应敷设在排水管上方。

2) 排水管道设置

住宅卫生间应采用同层排水。同层排水形式分为排水支管暗敷在隔墙内、排水支管敷设在本层结构楼板与最终装饰地面之间两种形式。此种排水管设置方式有效地避免了上层住户卫生间管道故障检修、卫生间地面渗漏及排水器具楼面排水接头处渗漏对下层住户的影响。同层排水的卫生间建筑完成面及预制楼板面应做好严格的防水处理，避免垫层或架空层积蓄污水或污水渗漏至下层住户室内。采用同层排水时，给水排水专业应向土建专业提供相应区域地坪荷载及降板高度要求，确保满足结构荷载要求，降板高度应确保排水管管径、坡度满足要求。当同层排水采用排水横支管降板回填或架空层敷设，且排水管路采用普通排水管材及管配件时，卫生间区域降板高度不宜小于 300mm，并应满足排水管设置最小坡度要求；排水管路采用特殊排水管配件且部分排水支管暗敷于隔墙内时，卫生间区域降板高度不宜小于 150mm，并应满足排水管道及管配件安装要求。当同层排水采用整体卫浴横排形式时，降板高度 $H=$ 下沉高度−地面装饰层厚度 h，装饰层厚度由土建根据相应的地面材料做法确定。

为减小降板高度，应尽可能从卫生间洁具布置上考虑。坐便器宜靠近排水立管，减小排水横管坡度，并尽可能采用排水管暗敷于隔墙内的形式；洗脸盆排水支管可在地面上沿装饰墙暗敷；在洗衣机处地面上一定高度做专用排水口，并采用洗衣机专用托盘架高洗衣机，解决洗衣机设地漏排水的问题。淋浴也可采用同样的方法解决必须设地漏排水的问题。采用局部结构降板进行同层排水时，应在设计之初结合项目的特征，合理确定降板的位置和高度。

3.5.3.3 暖通空调

1）供暖系统设计

采用预制外墙板的装配式混凝土结构建筑，当采用散热器供暖时，要与土建密切配合，在预制外墙板上准确预埋支架或挂件；当采用地面辐射供暖时，减少了外墙的预埋工作量，安装施工在土建施工完毕后即可进行，不受装饰装修的制约。地面辐射供暖系统舒适度好。为便于安装与维修，建议优先采用干式敷设的地面辐射供暖系统。

整体卫浴和同层排水的架空地板下面有很多给水和排水管道，为了方便检修，不建议此部分空间采用地面辐射供暖方式。带外窗的卫生间有一定热负荷，可采用散热器供暖方式，一般采用毛巾架散热器。

2）通风空调系统设计

居住建筑中设置分体式空调或户式中央空调时，设计应在预制混凝土外墙上预埋分体空调器冷凝水管排出的孔洞及套管。孔洞位置应考虑模数，躲开钢筋。孔洞直径宜为 $D75$，挂墙安装的孔洞一般距地 2200mm，落地安装的孔洞高度距地 150 mm。空调板多采用预制部（构）件。

3.5.3.4 电气与智能化

对于装配式建筑而言，家居配线箱和控制器宜尽可能避免安装在预制墙体上。装配式混凝土建筑的主体结构多为整体预制的大型混凝土部（构）件，若将配电干线、弱电干线分散敷设在这些部（构）件内，会导致标准化程度降低，管线施工难度加大，因此配电干线、弱电干线要尽可能与装配式结构主体分离，竖向主干线宜集中设置在建筑公共区域的电气管井内。当无法避免时，应根据建筑的结构形式合理选择电气设备的安装形式及进出管线的敷设形式。电气管井在设置时，应该避免设置于采用预制楼板（如楼梯半平台等）的区域内，从而减少在预制部（构）件中预埋大量导管的情况。

装配式混凝土建筑中电气管线可采用在架空地板下、内隔墙及吊顶内敷设，如受条件限制必须采用暗敷设时，宜优先选择在叠合楼板的叠合层或建筑找平层中暗敷。当设计要求箱体和管线均暗埋在预制部（构）件时，还应在墙板与楼板的连接处预留出足够的操作空间，以方便管线连接的施工。为方便和规范部（构）件制作，在预制墙体上预留的箱体和管线应遵照预制墙体的模数，在预制部（构）件上准确定位。

3.5.3.5 模块化机电部品

模块化机电系统主要体现在装配式机房、模块化水暖管道井、模块化电管线、综合支吊架技术等。

1）模块化水暖管道井

公共空间的水暖管道井，应考虑对给水总管、雨水立管、消防管道、空调水管及公共功能控制阀门、计量水表、检修口等进行集成设计，并利用 BIM 信息化手段对设备、仪表及管线进行详细的综合设计，同时通过标准化设计形成模块化水暖管道井。为加快施工速度，特别是在超高层大型公建中，为满足设备管线与主体结构的同步安装，利用BIM模型实现了模块化管道单元节的工厂预制加工。设置于公共部位的分区供水横干管、检修阀门应采用局部吊顶、双面墙等做法实现管线与主体结构的分离。

2）模块化电气管道井

公共空间电气电信管井设计，应对安装桥架、配电箱等进行集成设计，并利用BIM信息化手段对安装桥架、配电箱进行详细的综合设计，同时通过标准化设计形成模块化电气管道井。利用BIM模型可实现模块化桥架与电气管线单元节的工厂预制加工，减少现场加工的浪费，提高施工效率。

3.6 部品化设计

3.6.1 部品设计基本方法

3.6.1.1 部品集成

1）设计集成

内装系统设计集成应按照标准化、模数化、通用化的要求，实现内装系列化和多样化。内装设计应在建筑设计的统筹下，与结构系统、外围护系统及设备与管线系统进行一体化集成设计，综合考虑内装系统与相关专业设计的协同关系，不应破坏其他系统的完整性、稳定性和安全性。

与结构系统集成，结构系统的设计和建造应考虑内装的需求，采用大开间、大进深的结构形式。大开间、大进深的结构形式有利于内装系统划分室内空间，同时也有利于未来空间的自由更改。内装系统采用一体化装修，无须结构全部封顶后进行，可穿插施工，即内装的施工可在主体结构工程部分完成后进行，这将大幅提升工程效率，缩短工期。需要注意的是，应明确内装系统与结构系统的施工界面。与设备管线集成，采用局部结构降板进行同层排水时，应在设计之初结合项目的特征，合理确定降板的位置和高度，以及排烟方式采用烟道排烟还是直排等。与外围护系统集成，综合考虑内装系统与外围护系统的划分和接口，协调开窗、设备外机的尺寸和位置，同时需要综合考虑保温层采用内保温还是外保温形式。

2）设计流程

装配式内装修的技术策划主要包括项目定位、成本目标、技术和部品配置、部件部品供应、施工安装组织等方面。技术策划应在项目开始阶段进行，最晚不应迟于内装方案设计结束之前；方案设计应在技术策划的指导下进行，满足使用功能要求，对房间布置、功能流线、空间效果、主要材料等进行设计；部品集成与选型阶段在内装方案设计基本定型之后，对工程中所有的部件部品进行选型和设计，确定部品的规格、性能、材料、成本，着重解决部品之间的连接问题，并测算工程成本；深化设计阶段在部品选型确定之后进行。着重进行细部节点设计、部件部品深化设计、定制部品的设计等，并最终完成装配式内装修所有的设计文件（图3-6-1）。

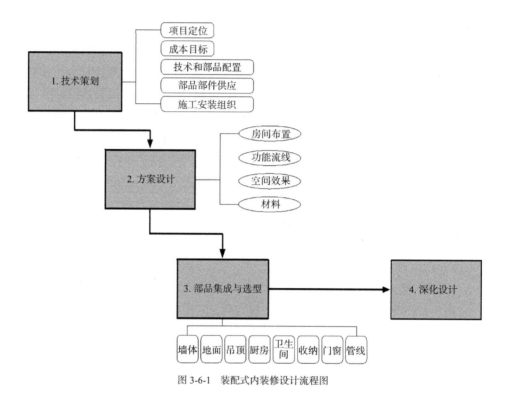

图 3-6-1 装配式内装修设计流程图

3.6.1.2 内装模数协调

内装设计应遵循模数协调的原则。内装系统的隔墙、固定橱柜、设备、管井等部件部品，其尺寸不到1m的宜采用分模数M/2的整数倍；尺寸大于1m的宜优先选用1M的整数倍。内装系统的构造节点和部件部品接口等宜采用分模数M/2、M/5、M/10。内装部件部品的定位可通过设置模数网来控制，宜采用界面定位法。内装部品接口的位置和尺寸应符合模数协调的要求，采用标准化的接口。

3.6.1.3 部品选型

内装系统将工业化部品进行集成，部品选型作为非常重要的一个环节，需要在图纸深化设计之前进行。内装系统应优选品质优良的内装部品，并通过合理的构造连接保证系统的耐用性，以寿命短的部品更换时不损伤寿命长的部品为原则，将部品进行合理集成，可以通过定期的维护和更换，实现住宅的长期适用和品质优良。内装部品的选型在满足国家现行标准规定的基础上，优选环保性能优、装配化程度高、通用化程度高、维护更换便捷的优良部品，特别是高度集成化部品和模块化部品。此外，我国已将推行产品认证制度作为提高产品质量的重要手段。认证能指导使用者选购满意的产品，给生产制造者带来信誉，帮助生产企业建立健全有效的质量体系，在建筑工程领域是确保内装系统质量并保障相关方利益的有效手段。加强产品认证制度的推行，可有效降低工程质量的不确定性，提升内装系统的可靠程度。

3.6.1.4　部品安装预留

内装设计应与结构系统和外围护系统相关部件的深化设计紧密配合，在设计阶段应该明确构件的开洞尺寸及定位位置，并提前做好连接件的预埋，杜绝现场临时开洞、剔凿等对建筑主体结构耐久性有影响的做法，严禁降低建筑主体结构的设计使用年限（表3-6-1）。

与内装系统配合的构件需考虑的预留预埋　　　　　　　　　　　　表 3-6-1

部位	项目
墙体	内装连接需要的埋件； 预留厨房排烟管出口风帽、厨房止回风口； 卫生间止回风口； 空调交换机管道孔、空气净化机管道孔； 预留给水管、同层排水横支管、同层排水坐便器的孔洞等
楼板	预留内装连接需要的埋件； 楼板应根据设计需求和定位预留排水管出口； 预制楼板底部预埋热水器吊挂螺栓装置、预制楼板底部预理中央空调主机吊挂； 螺栓装置等情况需要考虑预埋加固点

3.6.1.5　内装深化设计

内装系统考虑抗震安全，且应采取有效措施防止地震发生时内装部品倒塌。如设置隔震垫，采取有效的固定措施、吊挂措施等。内装系统应考虑防火要求，选用耐火性能符合要求的内装部品。厨房的顶棚、墙面、地面均应采用 A 级装修材料。内装系统应采用环保的部品及材料，并保证施工环境绿色及安全。内装部品应满足低有害物质释放的要求，部品选型时优选采用无胶原材、无胶制造工艺、无胶装配工艺的无胶部品。施工现场应少加工、少粉尘、少噪声、少垃圾。居住建筑内装设计应考虑美观，紧密结合居住建筑室内空间设计，合理搭配颜色、材料质感，营造美观舒适的室内环境。

3.6.2　部品与技术集成

3.6.2.1　装配式集成化部品

1）装配式墙面与隔墙

（1）架空层

墙面可采用架空方式，用螺栓或龙骨等形成空腔，满足墙面管线分离和调平要求。墙面架空空间可设置开关线盒，铺设强电线、弱电线等，应在满足需求的基础上尽量少占用室内空间。管线管道垂直穿行于轻钢龙骨隔墙，电气管线平行敷设于轻钢龙骨隔墙（图 3-6-2）。

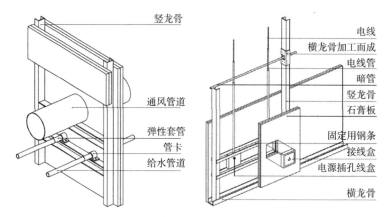

图 3-6-2　轻钢龙骨墙管线敷设示意图

（2）检修口

在管线设备集中的部位设置检修口，方便设备管线检查和修理。

（3）材料

隔墙的主要形式有龙骨类和条板类。应根据项目的隔声、防火、抗震等性能要求以及管线、设备设施安装的需要明确隔墙厚度和构造方式。对于龙骨类隔墙，应明确各种龙骨的材质、规格型号，龙骨布置应满足墙体强度的要求，门窗洞口、墙体转角连接处等部位应加设龙骨进行加强处理。对于条板类隔墙，60mm 及以下厚度的条板不得单独用作隔墙使用。当条板隔墙需吊挂重物和设备时，不得单点固定，并在设计时应考虑采取加固措施，两点的固定点间距应大于 300mm。

（4）内保温

如果采用内保温工艺，可以充分利用贴面墙架空空间。一般常用的轻钢龙骨隔墙具有重量轻、强度较高、耐火性好、通用性强且安装简易的特性，有适应防震、防尘、隔声、吸声、恒温等功效，同时还具有工期短、施工简便、不易变形等优点。

（5）隔墙性能

隔墙的宽度尺寸宜为 1M 的整数倍，厚度尺寸宜为分模数 M/10 的整数倍。分户墙厚度的优先尺寸宜为 200mm，内隔墙厚度的优先尺寸宜为 100mm。墙面的厚度尺寸应考虑标准化要求和构造需求，如免架空调平需求、收纳管线需求、设备集成需求等。墙面和隔墙应与结构系统有可靠连接，应具备防火、防水、耐冲击等性能要求。应在吊挂空调等设备或画框等装饰品的部位设置加强板或采取其他可靠的加固措施。墙面和隔墙应采取相应的构造措施满足不同功能房间的隔声要求，墙板接缝处应进行密封处理。墙面和隔墙所用的墙板饰面应符合不同室内空间要求的功能及效果表达，墙面和隔墙宜采用饰面与基层一体化的解决方案。一体化墙板将满足功能与效果的饰面与基板进行集成，可快速组合安装，提高效率。装配式隔墙应符合抗震、防火、防水、防潮、隔声、保温等国家现行相关标准的规定，并应满足生产、运输和安装的要求。楼电梯间隔墙和分户隔墙应采用复合空腔墙板，采取相应的构造措施满足不同功能房间的隔声要求，墙板接缝处应进行密封处理。

2）装配式吊顶

（1）架空层

吊顶可集成的有电气管线、给水排水管、排烟管、新风空调管线等，可根据需求设置全屋吊顶或局部吊顶。吊顶的高度应在满足设备与管线正常安装和使用的同时，保证功能空间室内净高的最大化（图3-6-3）。

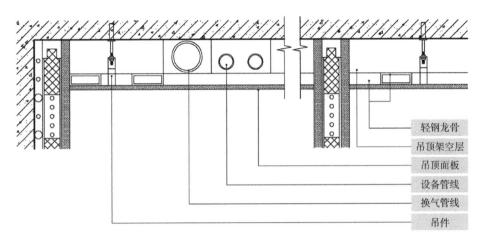

图 3-6-3　装配式吊顶节点示意图

（2）检修口

吊顶宜采用集成吊顶，并在适当位置设置检修口，方便管道检查和修理。

（3）材料

按照龙骨材料的不同，常用的吊顶可分为轻钢龙骨、铝合金与木龙骨吊顶等。轻钢龙骨防火、防潮、防霉，强度高，不易变形，大面积平顶时施工速度快，缺点是无法做出较复杂的造型。木龙骨骨架易受潮变形，导致面板开裂，另外也不防火、防蛀，但是易切割，好加工，适用于比较复杂的造型或者小面积吊顶。吊顶面板宜采用石膏板、矿棉板、木质人造板、纤维增强硅酸钙板、纤维增强水泥板等符合环保、消防要求的板材。

3）装配式楼地面

（1）架空层

根据不同建筑的特点和需求，装配式楼地面架空层的设置可通层设置或局部设置。通层设置设备管线架空层，即整个平面内设置架空层，设备管线全部同层布置，有利于建筑平面布局的整体改造（厨卫均可移位），其缺点是建筑层高较高。局部设置设备管线架空层，是通过厨卫局部降板来实现管线的同层布置，其优点是节省层高，但厨卫房间要相对固定，不能移位，不利于平面布局的整体改造。架空层可以用来敷设排水和供暖等管线，因此架空层高度应根据集成的管线种类、管径尺寸、敷设路径、设置坡度等因素确定。完成面的高度除与架空空腔高度和楼地面的支撑层、饰面层厚度有关外，还取决于是否集成了地暖以及所集成的地暖产品的规格种类（图 3-6-4）。

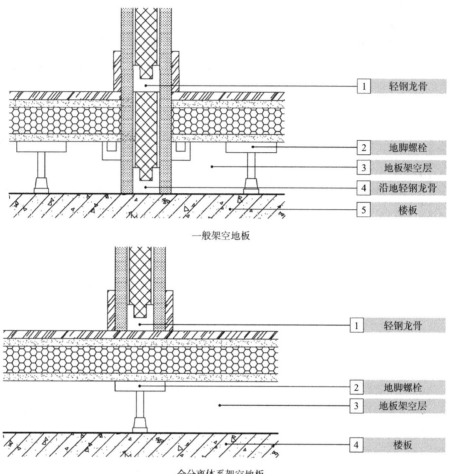

一般架空地板

全分离体系架空地板
图 3-6-4 装配式楼地面节点示意图

（2）检修口

楼地面应和设备与管线进行协同设计，并在需要的地方预留设置检修口以方便管道检修，如安装分水器的地板处。

（3）材料

架空地面做法需要基础地面更加平整，树脂螺栓利用专用胶、固定夹固定地面承重层，饰面层直接覆盖装饰。架空地面应满足承载力的要求，并应满足耐磨性、抗污染、易清洁、耐腐蚀、防火、防静电等性能要求，厨房、卫生间等房间的楼地面材料和构造还应满足防水、防滑的性能要求。

3.6.2.2 装配式模块化部品

1）整体卫浴

（1）一体化设计

整体卫浴应与建筑平面设计紧密结合，在方案设计阶段进行产品选型，确定产品的型号和尺寸。卫生间功能复杂，涉及大量的管线设备，在施工中应该优先保证整体卫浴的标准化空间。整体卫浴宜采用干湿分离的布置方式，设计应遵循人体工程学的要求，内部设备布局合理，并进行标准化、系列化和精细化设计，且满足适老化的需求。整体卫浴的尺寸选型应与建筑空间尺寸协调，内部净尺寸宜为整体模数 100mm 的整数倍。整体卫浴的尺寸选型和预留安装空间应在建筑设计阶段与厂家共同协商确定。

（2）性能设计

整体卫浴应与居住建筑套型设计紧密结合，在套型设计阶段进行产品选型，确定产品的型号和尺寸。整体卫浴应保证防水性能，宜采用干式防水底盘。防水底盘的固定安装不应破坏结构防水层，防水底盘与壁板、壁板与壁板之间应有可靠连接，并保证水密性。

整体卫浴宜采用同层排水方式，当采用结构局部降板方式实现同层排水时，应结合排水方案及检修要求等因素确定降板区域；降板高度应根据防水盘厚度、卫生器具布置方案、管道尺寸及敷设路径等因素确定。整体卫浴防水底盘的固定安装不应破坏结构防水层；防水底盘与壁板、壁板与壁板之间的连接构造应满足防渗漏和防潮的要求。整体卫浴的同层给水排水、通风和电气等管道管线连接应在设计时预留的空间内安装完成，在给水排水、电气等系统预留的接口连接处设置检修口；其地面应满足防滑要求。整体卫浴内不应安装燃气热水器。

2）集成厨房

（1）集成设计

集成厨房一体化设计的出发点是考虑家电维修更新的便利性和管线接口的匹配性。相对于传统住宅项目，集成厨房的一体化设计避免了嵌入式家电灵活性不足的问题，大幅度减小了管线设施所占空间和对主体结构的破坏。采用一体化设计，根据厨电产品的位置，要求水、电、燃气接口与管线协调统一，包括位置、间距、管径（截面积）、坡度等内容。集成厨房墙板、顶板、地板宜采用模块化形式，实现快速组合安装，如需设置橱柜、电器等设备时，在架空墙面须预留加固板。集成厨房应合理设置洗涤池、灶具、操作台、排油烟机等设施，在与给水排水、电气等系统预留的接口连接处设置检修口。一体化设计还有一个重要的环节是预留，即预留主要厨电产品和设施的位置与接口，预留发展和增加产品的空间。

（2）性能设计

厨房是居住建筑中管线集中、容易出问题的部分之一，需要进行重点设计。在套型设计时应对集成厨房进行产品选型，在施工中应优先保证集成厨房的标准化空间。厨房非承重围护隔墙宜选用工业化生产的成品隔板，现场组装。成品隔断墙板的承载力应满足厨房设备固定的荷载要求，当安装吊柜和厨房电器的墙体为非承重墙体时，其吊装部位应采取加强措施，满足安全要求。厨房应采用防滑耐磨、低吸水率、耐污染和易清洁的地面材料。集成厨房门窗位置、尺寸和开启方式不应妨碍厨房橱柜、设备设施的安装和使用。

3）系统收纳

系统收纳通常设置在入户门厅、起居室（厅）、卧室、厨房、卫生间和阳台等功能空间部位。系统收纳的外部尺寸应结合建筑使用要求合理设计，收纳空间长度及宽度净尺寸宜为分模数 M/2 的整数倍。

3.7 可持续化设计

3.7.1 建筑长寿化

3.7.1.1 建筑长期优良价值

建筑长寿化是指在提高建筑支撑体的物理耐久性、使建筑的寿命得以延伸的同时，通过建筑支撑体和建筑填充体的分离来提升建筑性能，提高建筑全寿命期内的综合价值。建筑体系是实现建筑长寿化的基础，SI 体系在提高了建筑支撑体的物理耐久性使使用寿命得以延长的同时，既降低了维护管理费用，也控制了资源的消耗。装配式建筑的内装系统可以通过采用架空地板、架空墙体、轻质隔墙、架空吊顶等集成化技术，实现内装与主体结构的墙、顶、地面进行分离（图 3-7-1）。

装配式建筑管线分离设计通过前期设计阶段对主体结构体系整体考虑，可有效提高后期施工效率，合理控制成本，保证施工质量，方便今后检查、更新和增加新设备。管线分离是实现建筑产业现代化的可持续发展目标和新型建筑工业化生产的关键技术发展方向。装配式建筑提倡将设备管线与主体结构分离，不把设备管线埋设在支撑体的墙、板柱内。这样可以实现在不破坏主体结构，甚至不需入户的情况下对设备管线进行保养、维修更换。装配式建筑设备管线的设置应遵循以下设计原则：①分类集中设置；②位置隐藏设置；③设备接口充分性设置。装配式建筑可采用的分离式管线集成技术包括：给水系统、排水系统、电气系统、通风系统、供暖系统等。给水排水管道宜敷设在墙体、吊顶或楼地面的架空层或空腔中，并考虑隔声减噪和防结露等措施。供暖、空调和新风等管道宜敷设在吊顶等架空层内。电气管线宜敷设在墙体、吊顶或楼地面的架空层内或空腔内等部位。

建筑长寿化要关注建筑内的设备管线，内装系统和设备管线不仅应具有耐久性的特点，还要易于维修和更换。随着社会的进步和使用者需求的不断变化，内装更新、设备扩容、管线改造等工作会不断出现在整个建筑全寿命期内。因此，延长建筑的使用寿命，就需要着力解决内装系统和设备管线系统中应对未来变化的适应性问题（图 3-7-2）。

3.7.1.2 建筑全寿命期适应性

随着社会发展，人们生活水平不断提高，对居住品质和宜居性的要求也越来越高。以住宅建筑为例，居住者对居住空间的使用要求变得更加多元化，注重家庭寿命周期适应性的住宅设计是未来方向。家庭寿命周期设计应考虑到居住家庭

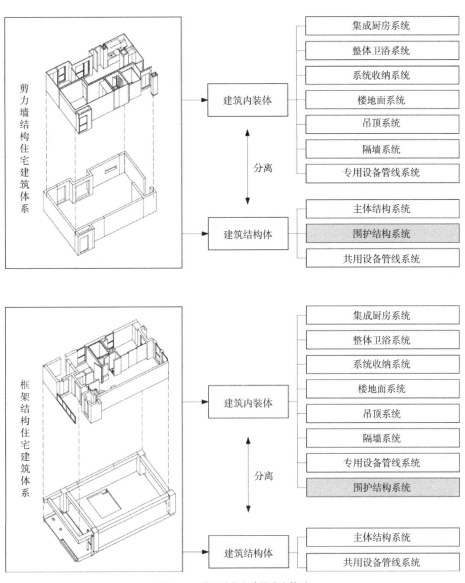

图 3-7-1 装配式住宅建筑分离体系

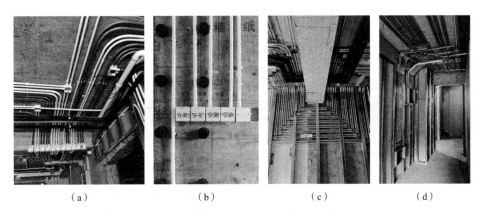

（a）　　　　（b）　　　　（c）　　　　（d）

图 3-7-2　管线分离施工实景图（山东鲁能领秀城公园世家和浙江宝业新桥风情项目）

在五个阶段的不同特征，满足居住者对使用空间改造和功能布局变动可持续居住的要求。套型设计应尽可能地适应家庭生活不同阶段的不同居住需求，充分考虑不同家庭结构及居住人口的情况，在同一套型内实现多种套型变换，最终实现可持久居住的适应性住宅套型空间（表 3-7-1）。

可持续发展与建设是装配式住宅设计与建造的发展方向，应立足于住宅建筑全寿命期。从功能空间角度讲，由于厨房、卫生间有竖向管线及诸多设备，卫生间楼板做局部降板等设计，应首先确定厨、卫等用水空间的位置，然后卧室、起居室可灵活分隔形成适合二人世界、三口之家、适老之家等不同的套型方案。以此满足住宅全寿命周期不同的要求（图 3-7-3）。

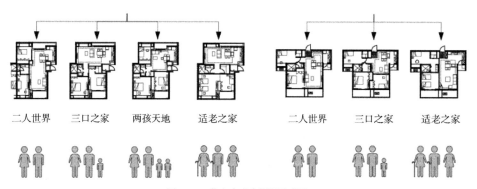

图 3-7-3 住宅全寿命周期示意图

<table>
<tr><td colspan="7" align="center">家庭生命周期　　　　　　　　　　　　表 3-7-1</td></tr>
<tr><td></td><td>开始事件</td><td>终止事件</td><td colspan="2">家庭结构</td><td>主人年龄</td><td>住宅年限</td></tr>
<tr><td>Ⅰ家庭形成期</td><td>结婚</td><td>孩子的出生</td><td colspan="2">年轻夫妇</td><td>25 ~ 27 岁</td><td>1 ~ 3 年</td></tr>
<tr><td rowspan="2">Ⅱ家庭扩展期</td><td rowspan="2">孩子的出生</td><td rowspan="2">孩子的养育</td><td rowspan="4">中年夫妇 + 孩子
（或与一方父母同住）</td><td>婴幼儿期
（子 0 ~ 6 岁）</td><td>28 ~ 34 岁</td><td>6 年</td></tr>
<tr><td>学龄期
（子 6 ~ 12 岁）</td><td>35 ~ 40 岁</td><td>6 年</td></tr>
<tr><td rowspan="2">Ⅲ家庭稳定期</td><td rowspan="2">孩子的养育</td><td rowspan="2">孩子的独立</td><td>青春期
（子 12 ~ 18 岁）</td><td>41 ~ 46 岁</td><td>6 年</td></tr>
<tr><td>独立期
（子 18 ~ 24 岁）</td><td>47 ~ 52 岁</td><td>6 年</td></tr>
<tr><td>Ⅳ家庭变更期</td><td>孩子的独立</td><td>配偶一方去世</td><td colspan="2">家庭缩减人口型：老年夫妇
家庭增加人口型：老年夫妇 + 年轻夫妇</td><td>53 ~ 74 岁</td><td>6 ~ 15 年</td></tr>
</table>

注：1　特殊家庭情况不在列表范围内，如单身家庭、丁克家庭、离异家庭、家族式同住家庭等。
　　2　作者自绘，表格综合参考了：赵冠谦 .2000 年的住宅 [M]. 北京：中国建筑工业出版社，1991. 以及笔者所在研究室资料。

适应家庭生命周期的住宅设计，应在住宅主体结构不变的前提下，满足不同居住者对住宅的布局方式、功能分室与各室面积大小的需求和生活方式的变化，适应未来空间的改造和功能布局。

3.7.1.3　建筑全寿命期空间灵活可变性

采用大空间结构体系，可提高内部空间的灵活性与可变性，方便今后改造。空间宜采用可实现空间灵活分割的轻质隔墙体系，满足多样化需求。灵活性与适应性主要体现在空间的自由可变和管线设备的可维修更换层面，表现为可进行灵活设计的套型平面、设备的自由选择、轻质隔墙与家具、设备管线易维护更新等（图 3-7-4）。

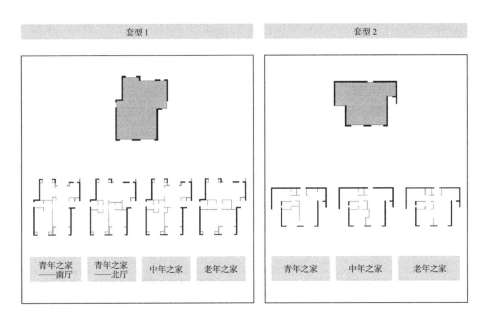

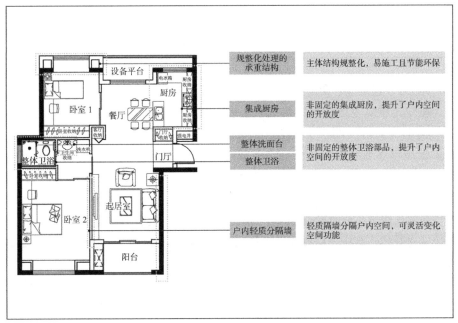

图 3-7-4　空间灵活可变（上海绿地清漪园住宅项目）

3.7.2　建筑性能化

3.7.2.1　建筑综合性能

建筑物需要满足多种性能。这些性能主要包括结构系统的安全性、外围护系统的安全性和防水性、内装修系统的日常安全性和室内空间的舒适性，以及设备管线系统的长期维护管理和更新的性能。我们将这些建筑物所必须具备的性能称之为要求性能，通过选择适当的构法来实现。

建筑物要求性能的三大目标是：第一，保护生命财产的安全；第二，维持日常使用的舒适性；第三，长期有效地使用。第一与第二要求的日常使用的安全性、舒适性，与危机状况下的安全性应分别考虑。日常使用的安全性指的是建筑物在正常荷载下的安全性以及日常使用中的安全性。日常使用的舒适性则包含防水性、隔热性和隔声性等。危机状况下的安全性指的是受到地震、暴风、积雪、火灾等危害时建筑物的安全性（表3-7-2）。

<table>
<tr><td colspan="2">建筑的主要性能要求　　　　　　　　　　　　　　　　　　　表 3-7- 2</td></tr>
<tr><td>性能</td><td>内容</td></tr>
<tr><td>日常安全性</td><td>防止物品的掉落或倾倒，确保日常可以安全地使用</td></tr>
<tr><td>防水性能</td><td>不漏水，尤其在暴风雨的时候不漏水</td></tr>
<tr><td>隔热性能</td><td>不传热</td></tr>
<tr><td>隔声性能</td><td>不漏声，不受外部噪声的干扰</td></tr>
<tr><td>抗震性能</td><td>发生地震时不倒、不坏</td></tr>
<tr><td>抗风性能</td><td>在强风时候不倒、不坏</td></tr>
<tr><td>耐火性能</td><td>火灾时火情不蔓延，确保人员的逃难时间</td></tr>
<tr><td>耐久性能</td><td>能够长期使用，有利于建筑物的维护保养</td></tr>
</table>

3.7.2.2　建筑全寿命期耐久性

装配式建筑主体结构的耐久性主要是通过提高主体结构开放度和增加主体结构本身的耐用性来实现的。装配式建筑可以在全寿命期的设计、施工、维护管理等环节采取提高混凝土强度等级、增加混凝土保护层厚度等措施以提高其耐久性。倡导提高主体结构的耐久性能，其耐久年限以要求达到100年为前提（图3-7-5）。

装配式建筑在全面提高建筑外围护性能的同时，尤其应注重围护结构耐久性与抗老化技术，其中更需要注重选择耐久性高的部件部品。《装配式混凝土建筑技术标准》GB/T 51231—2016和《装配式钢结构建筑技术标准》GB/T 51232—2016中要求，设计需要合理确定外围护系统的设计使用年限，其中住宅建筑的外围护系统的设计使用年限应与主体结构相协调。外围护系统的实际使用年限是确定外围护系统性能要求、构造、连接关系的依据。为满足使用要求，外围护系统应定期维护，接缝胶、涂装层、保温材料应根据材料特性，并且明确使用年限，

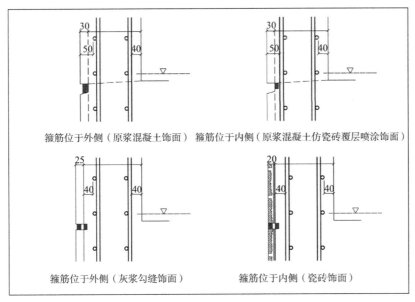

箍筋位于外侧（原浆混凝土饰面）　箍筋位于内侧（原浆混凝土仿瓷砖覆层喷涂饰面）

箍筋位于外侧（灰浆勾缝饰面）　　箍筋位于内侧（瓷砖饰面）

（a）保护层厚度示例

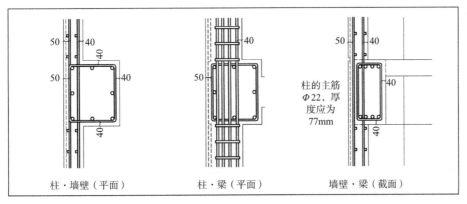

柱·墙壁（平面）　　　柱·梁（平面）　　　墙壁·梁（截面）

柱的主筋Φ22，厚度应为77mm

（b）保护层和配筋厚度示例

图 3-7-5　主体构件保护层措施

注明维护要求（图 3-7-6）。

以结构主体确定建筑耐久年限，在一定程度上建筑耐久性等同于结构耐久性。对于装配式建筑而言，耐久性能在结构系统、外围护系统、设备与管线系统、内装系统四个方面均有体现，不再局限于对结构主体的判断。

3.7.2.3　建筑全寿命期维修维护性

装配式建筑设计应符合可持续性建设理念，以建筑的规划设计、集成建造、使用维护及其更新改造等建筑全寿命期为基础，满足居住的建筑更新性和长期优良品质化要求。装配式建筑设计应统筹管理运维建筑产品整体技术解决方案，落实工业化装修方式的装配式装修部品体系，通过设计协同和维护性能等集成技术，提升建筑的整体品质。

装配式住宅建筑的部品连接与设计可根据部品使用年限和权属的不同进行分

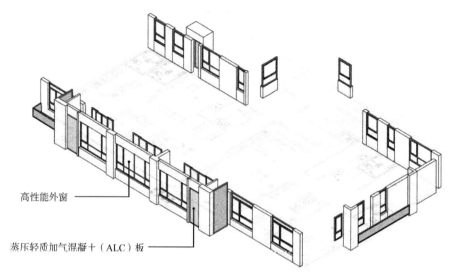

高性能外窗

蒸压轻质加气混凝土（ALC）板

（a）山东济南鲁能领秀城住宅项目：ALC 板

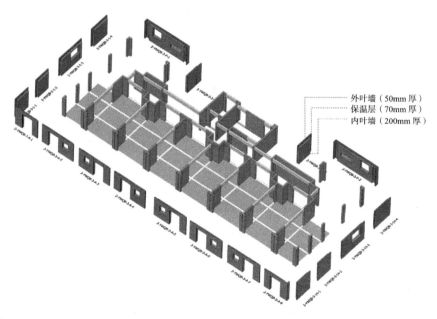

外叶墙（50mm 厚）
保温层（70mm 厚）
内叶墙（200mm 厚）

（b）北京郭公庄一期公共租赁住房项目：三明治复合墙体，由外叶墙（50mm 厚）、保温层（70mm 厚）和内叶墙（200mm 厚）组成

图 3-7-6　耐久性围护结构

类，并应遵循以下原则：第一，应以使用年限较短部品的维修和更换不破坏使用年限较长的部品为原则；第二，应以住户专用部品的维修与更换不影响共用部品为原则；第三，应以住户专用部品的维修和更换不影响其他住户为原则。当前，我国大量的住宅设计和施工忽略内装部品的后期维护和检修更换问题，因此，设计应考虑不同材料、设备、设施具有不同的使用年限，内装部品应考虑使用维护和维修改造。

4　装配式建筑的精益生产建造

4.1 装配式建筑与精益生产方法

4.1.1 建筑生产与精益生产

建筑生产包括了建筑项目从策划、设计到施工的整个过程。装配式建筑使得建筑物的生产建造方式发生了巨大的变化，产生这些变化的重要原因是围绕建设活动各个方面的工业化发展。在装配式建造的前提下，事先在工厂批量制造的部件部品得到了广泛的应用，现场湿作业的环节将越来越少，部件部品的制造商将越来越多，其组织规模逐步扩大，对劳动力的需求逐步减少，反之对机械生产和自动化智能制造的依赖性逐步增强。同时，随着人民对建筑品质要求的日益提升，建筑的整体性能目标也随之逐步提升，必然要求全产业链各个工种、各个工序的工作达到必要标准。建筑行业亟须装配式建筑的工业化建造方式来改变目前现状，相较于传统的生产方式，工业化的生产方式有着明显的优势（表4-1-1）。

传统生产方式与建筑工业化生产方式的对比表　　　　　　　表 4-1-1

比较项目	传统生产方式	建筑工业化生产方式
劳动生产率	半手工作业，劳动生产率低	采用部件部品工厂化、现场施工机械化、组织管理科学化的建造模式，劳动生产率较高
资源与能源的消耗	耗地、耗水、耗能、耗材	整体用料省，消耗资源量少，使用不对环境造成破坏、不破坏土地或少破坏土地的材料，有利于减少资源与能源的浪费
建筑环境污染	建筑垃圾排量大，因建筑活动造成的污染较严重	提高建筑垃圾的回收效率，减少建筑垃圾的排放量，有利于实现环境保护与可持续发展
施工人员	目前建筑施工人员中大部分是农村剩余劳动力的转移，专业水平较低、教育程度较低、工作时间过长，不利于整体素质的提高	一方面，能极大程度地减少施工过程的人数；另一方面，对施工人员的高要求有利于提高建筑施工人员的整体素质
建筑寿命	我国建筑寿命普遍较短，不利于满足用户的需求	引入全寿命周期的理念，能延长建筑的寿命，符合循环经济的理念
建筑工程质量与安全	建筑工程数量质量较低，建筑安全事故时有发生	实现了现代科学技术的管理，在建造过程应用现代管理思想和方法，能提高建筑工程质量，提升建筑施工的安全性

提及精益生产，很容易想到丰田和松下等工业制造类企业，日本装配式低层工业化住宅也是精益生产与制造的代表。在装配式建筑方面，不论是装配式建筑设计、部品生产、装配建造和信息化应用，还是项目管理与全产业链联动等，日本作为最早提出住宅产业化与工业化住宅概念的国家，通过立法来确保建筑生产的标准化、批量化、多样化，推进建筑产业的集约化与信息化发展；以提高建筑品质、提升建造质量、缩短工期为前提，将精益生产的概念融入装配式建筑的每个环节之中，包括建筑自动化加工、生产检测智能机器人，通过精益计算流程进

行操作等，对住宅主体外围护结构采用工业化集成和装配，使得精益生产的精髓融会贯通，消除对任何原材料与人力等资源的浪费。今后，精益建造将推动装配式建筑的高质量可持续发展，实现建筑业全产业链工业化。构建装配式建筑精益建造体系应成为推进建筑产业现代化与新型建筑工业化的重点方向。

目前，我国建筑企业将施工过程看成一系列单独施工行为的结合，很少从整体上设计施工流程，特别是各施工环节之间的衔接与配合。即使是建筑工业化开展得比较好的一些建筑企业，也不具备在设计、制造、物流和装配等全产业链实现建筑工业化的能力，大多只是偏重于自身具有优势的某些环节开展建筑工业化。推行精益建造，是要将整个建造过程中的设计、制造、物流和装配等环节有机结合起来，在保证质量、工期等目标实现的同时提高企业收益，实现建筑业全产业链工业化。

当前，精益建造是国际先进的建筑工业化模式，能有效破解建筑行业生产方式粗放与效率低下等问题，对于推动我国建筑产业现代化发展具有重要借鉴意义。精益建造将精益生产的理论和方法应用到建筑过程之中。从理念上看，精益建造是追求建筑工业化过程的精益化，用精益管理模式实现设计精益化、制造标准化、物流准时化、装配快速化、管理信息化、过程绿色化等全产业链的精益化；从表现形式上看，精益建造是将建造所需的各种部件部品等按照工业产品生产的方式，在生产线上加工制造，最后按照订单要求装配完成。这是精益管理模式与建筑工业化深度融合的产物。

精益化生产，将精益思想融合于部件部品的工厂化生产中，对生产制造全过程进行科学、系统的管理，彻底消除生产过程中的浪费和不确定性，提供高品质部件部品，在最大限度地满足顾客需求的同时，实现生产企业利润的最大化。精益生产理论更贴近建筑工业化的生产方式，将会进一步促进契合于产业化的新工艺、新材料和新装备的发展，全面革新生产系统的设计、装备和工艺技术。

精益化施工建造，在标准化的设计和定型化的建筑中投入部件部品的生产、运输、装配，运用机械化、自动化的生产方式来完成，从而达到减轻工人劳动强度、有效缩短工期的目的，进一步提升建造的质量安全和效益，促进建筑工业化的发展。因此，必须将设计、制造、施工等建造全过程中的各个环节通过统一的、科学的组织管理加以综合协调，以项目利益相关者的满意为标志，达到提高投资者效益的目的。同时，随着建筑业科技含量的提高，繁重体力劳动将逐步减少，复杂的技能型操作工序将大幅增加，对项目管理人员和操作工人的技术能力也提出了更高的要求。

信息化与精益化管理是当今世界的潮流，各行各业都在应用，建筑业也不例外。BIM集成化信息技术的应用就是要实现工程项目各个阶段、不同专业之间的信息集成和共享，有助于提升建筑业的生产与管理水平。信息化不仅应用于管理和规划设计等信息处理型环节，更要应用于部件部品制造和施工等物质生产型环节，借助于信息技术手段，用整体综合集成的方法把工程建设的全过程组织起来，使得设计、采购、施工、机械设备和劳动力实现资源配置的优化组合。

以装配式建筑推进建筑业的工业化进程，以先进的工业化技术改造传统建筑业，实现生产方式从传统手工为主向工业化的跨越，也必然离不开先进的管理模式。管理方式与生产方式是相伴而生的，生产方式决定管理方式，同时管理方式又是生产方式充分发挥效率的重要保证和效果"放大器"。装配式建筑建造需要整合全产业链资源，形成贯穿策划、设计、生产、施工和运维全过程有机融合的管理模式，以实现集成建造。

装配式建筑通过采用工业化制造的生产方式来替代传统的现场湿作业，不仅降低了人力成本，强化了资源的合理配置，也有效提高了生产效率。工业化的生产模式弥补了目前现场粗放式生产方式的弊端，提高了部件部品的质量，为提高建筑品质奠定了坚实的基础。同时，工厂化生产也为建筑部件部品逐步走向商品流通领域，迈向社会化大生产提供了可能性。可以说，融合了精益制造思想的工厂化生产将有效推动建筑产业现代化的实现。装配式建筑强调全过程、全专业的一体化建造思想，因此，在部件部品的生产阶段应加强与前端设计和后端施工的协同工作，统筹考虑设计阶段及施工阶段的相关影响。

精益生产是衍生自丰田生产方式的一种管理哲理，是一种以"追求零库存和快速应对市场变化"为主要特点的新型工业化生产理念，是应对 20 世纪资源价格持续上涨和市场需求趋于多样化的大环境变化而产生的一种生产制造模式。经过实践和延伸，现已作为一种普遍的管理理念在各行业得到了应用（图 4-1-1）。

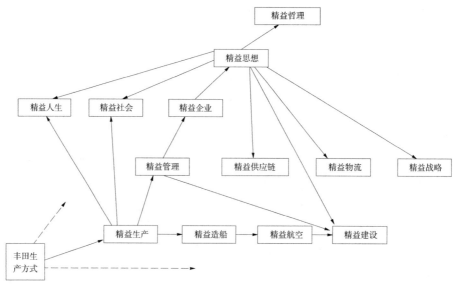

图 4-1-1　精益思想演化与应用趋势

当前，精益思想与技术已经在日本、英国、美国、芬兰、丹麦、新加坡、韩国、澳大利亚、巴西、智利、秘鲁等国工业化建筑中得到广泛实践与推广。很多实施精益建造的建筑企业已经取得了显著的效益，如建造时间缩短、工程变更和索赔减少及项目成本下降等。目前精益思想在我国建筑行业的运用研究非常少，还停留在学术研究层面，没有得到实践应用及检验。

4.1.1.1 装配式建筑与精益生产

与传统的大量生产系统相比，精益制造消耗最少的人力、空间、资金和时间，并制造最少缺陷的产品，以准确地满足客户需求。从字面意思来看，"精"体现在质量上，追求尽善尽美、精益求精，"益"体现在成本上，只有成本低于行业平均成本的企业才能获得收益。因此，精益思想不是单纯追求成本最低、企业眼中的质量最优，而是追求用户和企业都满意的质量、成本与质量的最佳配置、产品性能价格的最优比。

精益制造方式涵盖的范围比较广泛，是一个完整的体系，包括经营哲学和理念、管理理论和管理方法，还需有社会环境和企业环境的支持。一方面是经营者的经营思想、经营哲学和经营理念，另一方面又充分重视生产一线的流程和作业的优化、人员调度、作业控制（图 4-1-2）。

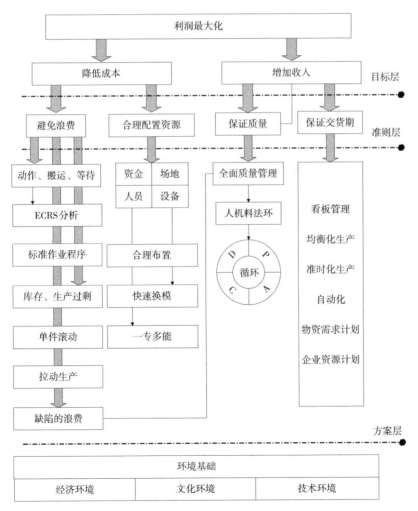

图 4-1-2　精益制造体系结构图

4.1.1.2 精益生产的目标

精益生产与其他的生产制造模式不同,其追求的目标不是"尽可能好一些",而是"零缺陷",即最低的成本、最好的质量、无废品、零库存与产品的多样化。精益制造是采用灵活的生产组织形式,根据市场需求的变化,及时、快速地调整生产,依靠严密细致的管理,力图通过彻底排除浪费、防止过量生产来实现企业利润目标的生产制造方式。因此,精益制造的基本目标是要在一个企业里,同时获得极高的生产效率、极佳的产品质量和很大的生产柔性。精益制造基本目标进一步可分解为"零库存、高柔性(多品种)、零缺陷"三个子目标。

第一,零库存。实施零库存战略优势在于:首先,降低流动资金占用和库存管理费用;其次,可以使企业经营过程中的隐形问题浮出水面,通过不断解决这些问题促进企业生产管理效率的提高;最后,零库存的实施往往会促进企业审查管理效率的提高。

第二,高柔性(多品种)。高柔性是指企业的生产组织形式灵活多变,能适应市场需求多样化的要求,及时组织多品种生产,以提高企业的竞争力。

第三,零缺陷。精益制造的目标是消除各种引起不合格品的原因,在加工过程中,每一工序都要求达到最好水平,追求零缺陷。强调"第一次就做对",建立零缺陷质量控制体系。

4.1.2 精益生产方法与实施

4.1.2.1 精益生产的工具与方法

通过近年对精益制造理论和实施案例的研究,相关学者总结出了精益制造体系中运用成熟的方法体系,其中包括准时生产、自动化、单元生产、快速换模、现场管理、可视化管理、标准化作业(表4-1-2)。

精益制造方法体系内涵

表 4-1- 2

序号	方法体系名称	内涵
1	准时生产	准时生产的基本思想是在市场、资金和资源有限的环境下,在顾客需要的时间供应顾客所需要的产品,也就是追求一种无库存或库存达到最小的生产系统。准时生产的基本原则是在准确的时间内生产正确数量的产品,也即即时生产(just in time,JIT)
2	自动化	自动化是一个企业能否真正做到精益制造的标志。自动化的目的在于提高产品质量
3	单元生产方式与多能工	单元式生产方式是指由一个或者少数几个作业人员承担和完成生产单元内所有工作的生产方式,也有学者将其称为"细胞生产方式"。多能工是指掌握多种技能、能够操作多种机器设备的技术工人,与单元生产方式密切联系
4	快速换模	快速换模是将产品转换时间、生产启动时间或调整时间等尽可能减少的一种过程改进方法。这种方法可显著地缩短机器安装、设定、换模所需的时间,从而缩短交货时间,提高生产效率

序号	方法体系名称	内涵
5	现场管理	现场管理是指用科学的标准和方法对生产现场各生产要素,包括人(工人和管理人员)、机(设备、工具、工位器具)、料(原材料)、法(加工、检测方法)、环(环境)等,进行合理、有效计划、组织、协调、控制,使其处于良好的结合状态,以达到优质、高效、低耗、均衡、安全、文明生产的目的
6	可视化管理	可视化管理是利用形象直观而又色彩适宜的各种视觉感知信息来组织生产现场活动,以达到提高劳动生产效率的一种管理手段。可视化管理的工具包括看板、信号灯、运转指示灯、进度灯、操作流程图、反面教材、提醒板、区域线、告示板和生产管理板等
7	标准化作业	标准化作业就是以科学技术、规章制度和实践经验为依据,以安全、质量效益为目标,对作业过程进行改善,从而形成一种优化的操作过程,逐步达到安全、准确、高效、省力的作业效果

4.1.2.2 精益生产的组织与实施

装配式建筑中涉及的建筑部件部品种类较多,每个部件部品的生产制造企业的组织结构、所处的市场环境、技术水平也千差万别,而精益生产的正确实施需要对企业的精益状态进行评估,然后给出具体的实施建议,确保精益生产措施的有效。很难在这里阐述清楚每种部件部品的精益生产过程及要点,或适用于所有部件部品的精益生产过程及要点,因此,本小节根据装配式建筑的设计、建造等环节对建筑部件部品的基本要求,并结合精益制造的基本思想、基本目标、主要工具和方法,给出装配式建筑部件部品的生产制造过程中实施精益制造的一般步骤和各阶段的主要工作内容。

1)准备阶段

实施精益制造的准备阶段,企业根据精益制造的实施方案对相应人员进行培训、现状评估、目标确定等准备工作,以为后续开展的精益制造做好人员、组织等准备工作,确保通过精益相关工具的使用,达到预期的目标(表4-1-3)。

精益制造准备阶段   表 4-1-3

序号	准备工作	预期目标	简要描述
1	精益培训、理念调整	全员统一意识、理念	培训对象应上至总经理、副总经理,下至作业员、搬运员。 培训内容应包括 IE(industrial engineering/ 工业工程)、5S(seiri、seiton、seiso、seiketsu、shituke/ 整理、整顿、清扫、清洁、素养)、QCC(quality control circles/ 品管圈)、事物处理系统、全面生产维护、全面质量管理等。对企业管理层进行精益意识的培训,主要包括精益起源、增值和浪费、精益的主要工具和方法、精益对企业的帮助、管理层在精益推行中的任务以及精益如何在企业中推行
2	运营现状评估	通过运营现状进行评估,以发现改善的机会	运营现状评估可分为生产现场评估、生产管理评估、事务性流程评估

序号	准备工作	预期目标	简要描述
3	确定目标及目标管理	制定企业战略和目标；建立完善的目标评价体系	企业战略和相应目标确定时，应结合企业所在的市场环境，制定出相应的企业战略和相应的目标（质量目标、能源消耗目标、原辅料消耗目标、生产效率目标等）。可与世界一流企业对标，从而明确差距，确定本企业的发展战略，并借鉴一流企业的成功方法或其他改进措施。 企业确定发展战略和相应目标后，还应建立完善的目标评价体系，定期组织相关方对关键指标进行评价，分析关键目标的完成情况。对于未按预期完成的目标，应组织人员对其原因进行分析，制定相应改进措施
4	关键绩效指标衡量	构建绩效考核体系	企业在精益推行的过程中，应协调好短期利益与长期利益之间的矛盾，构建准确反映精益改善效果的绩效考核体系。 对于精益关键绩效指标（key performance indicator, KPI）的定义，可从质量、成本、交期、安全、士气（quality, cost, delivery, safty, morale）这几个方面来衡量
5	精益人力资源	培养高素质的人才队伍	企业的经营能力依赖于组织体系的活动，而这种活力来自于员工的努力，只有不断提高员工素质，并为他们提供良好的工作环境和富于挑战性的工作，才能充分发挥他们各自的能力。经营上的成功同样依赖于高素质的基础人才和管理人才。它要求员工不仅掌握操作技能，还要具备分析问题和解决问题的能力，从而使生产过程中的问题得到及时的发现和解决。因此，精益生产应重视对职工的培训，以挖掘他们的潜力
6	企业架构准备	建立精益推行组织架构	组织架构应包括生产管理部门、制造部门、生产技术部门、品质部门等相关部门的主管

2）试点阶段

在全面实施精益制造之前，企业可选取某个产品、某个工序开展精益制造的试点，对准备阶段制订的实施方案进行预演，验证各子系统之间配合是否顺畅，是否可以达到预期效果，以便对方案、人员、组织进行调整、修正。精益制造试点工作可按照以下内容展开：

精益试点的选取可以从易入手并且见效快的项目开始，如5S、目视化等。试点过程中应尽可能地运用精益生产的方法和工具。其中5S是精益改善的基础，通过保持现场良好的环境，提高生产的效率和产品质量。在5S的活动下，使现场走向有序化，减少一些比较显著的浪费现象。

试点一般建议周期为3～6个月（可按产品的生产周期或产量核算确定），当精益生产方案试点取得初步成果时，可选择一条生产线进行示范改善。

试点过程中精益推行小组应及时对试点过程进行评估、总结，组织小组成员讨论实施的效果和过程，小组应多运用头脑风暴的方法，集思广益，加强组员之间的沟通，确保合作顺畅。

3）全面推广阶段

试点取得成效，取得信任和认可后，可进一步在整个企业进行全面推进。全面推进工作的开展建立在对企业全部价值流分析的基础上。通过价值流分析和设计，将企业各部门的资源进行整合，达到全员参与、协同作业、共同改进的效果。

全面推广阶段，根据全员参与的持续改进原则，对企业范围内所有层级的员工进行培训，员工培训达到100%。并且同时建立员工合理化建议系统，充分发动员工积极地参与到企业改善的活动中来，不断培养员工结构化解决问题的能力。

建立完善的质量管理体系，其应涵盖质量策划、过程控制、监督检验、质量评价、质量改进等核心流程，形成 PDCA（plan, do, check, action / 计划、执行、检查、处理）闭环管理。通过对生产制造过程进行系统的策划、预防、控制和改进，不断提升质量保障能力，实现工艺过程控制精准稳定、质量管理精益卓越，确保质量特性持续满足产品设计要求。按照分工管理的原则，实现企业生产管理部门、质量管理部门和生产车间三个层次的质量管理目标。

4.2 装配式建筑的部件部品精益化生产

4.2.1 预制混凝土构件生产

预制混凝土构件的工业化生产不能等同于工厂中生产，应充分结合工业化生产理念、生产设备和信息化管理手段，明确自身发展战略和相应目标，将设计、生产、施工等各个阶段串联，充分考虑其相互影响及各自需求，在生产阶段有效提高生产效率和成品质量，从而实现真正意义上的精益制造。

近年来，随着射频识别 RFID（radio frequency identification）、BIM、互联网、物联网和云计算等信息化技术的不断发展，装配式建筑部件部品在其生产阶段，通常采用上述技术作为辅助手段，与生产企业的企业资源管理（ERP）、生产制造和运输安装管理（MES）等有机结合，打通设计、生产、施工各个相关环节，实现对构件生产过程中质量、进度与成本的控制与管理，对于优化库存、降低成本、实现精益制造意义重大。

4.2.1.1 生产准备

预制构件生产企业应充分结合自身产能、技术水平等相应的配套管理体系和质量监督体系，制造最优产品。

现代工业制造生产线采用工作流转作业方式，充分融合了系统化、智能化、自动化的理念与技术，生产全过程中各工作环节协调性好，生产线自动化程度高，人员投入小，人为因素引起的误差少，加工效率高（图4-2-1）。

国内预制混凝土构件生产企业很多也借鉴了现代工业制造生产流水线的做法，但国内目前构件标准化程度低，构件形状及外伸钢筋相对复杂，也导致了流水线无法全面运转，自动化系统无法真正得以实现，这也是在设计前端提倡标准化的重要原因之一。很多标准化的构件也逐步实现了自动化、智能化的流水线作业，为实现精益制造思想奠定了坚实的基础。

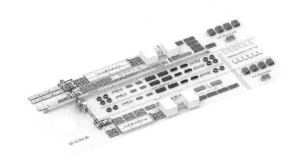

图 4-2-1　预制混凝土构件生产线效果图

预制混凝土构件的计划管理是降低成本、提升效率和质量的关键要素，在生产准备阶段应完成相应的排产计划、进度控制、堆场计划、物资计划等计划管理工作。为切实保障预制混凝土构件的生产质量和生产效率，有效规避生产过程中的风险和意外，在工厂正式启动生产流程之前，应从人员、物资、设备、工艺以及场地等方面开展相应的准备工作以满足预制混凝土构件工业化生产所应具备的前提条件。

1）人员

预制构件生产企业应根据成本目标、效率目标以及质量目标进行人员的组织架构策划，并对生产参与人员进行生产技术、质量意识、安全意识以及责任意识的相关培训。

预制混凝土构件生产制作之前，应根据工作量及生产水平合理安排作业人员，所有作业人员在正式上岗之前均应进行各工序操作程序、质量控制要点、过程检验标准、生产安全等内容的岗前技能培训。为保证全体生产人员明确岗位目标、培养岗位责任心，宜进行产品质量、成本及进度重要性相关的教育。

除一线生产人员外，技术人员及相关负责人应统筹考虑构件制作的需求计划及工厂仓存量，制定相应的生产及送货计划。同时，相关负责人也应熟悉加工图纸，明确预制意图，学习了解预制混凝土构件生产的关键技术。

生产准备阶段，建设单位应组织设计、生产、施工单位进行技术交底；必要时生产单位也需要和设计、施工单位相互协调，编制相关构件加工详图。

2）物资

在正式开展预制混凝土构件的生产活动之前，应根据预制构件的各项性能指标合理选用原材料。原生产单位应做好原材料的进货验收工作，进货验收工作除了查验相关质量证明文件外，尚需根据情况检查外观质量、尺寸或重量偏差，对一些关键的性能指标还应进行抽样试验。

通常预制混凝土构件生产用的原材料包括混凝土用原材料、钢筋原材料、预制构件预先埋置的各类配件，以及集成在预制部件中的各类部品等。

3）设备

生产企业应具备生产预制混凝土构件所需的必要生产设备，其钢筋加工、预应力施工、混凝土生产、浇筑、养护、吊运等各系统的生产能力应相匹配。

随着近年来装配式建筑技术的不断发展，越来越多的自控系统、智能化设备应用到生产线中，有效提高了生产线的自动化程度，提高了生产效率，保证了构件质量，降低了生产成本（图4-2-2）。

图4-2-2 预制混凝土构件生产线

目前，台模清理、放线、组装模具、钢筋布置、混凝土浇筑成型及养护、构件脱模存放等均可通过生产线实现（图4-2-3 ～图4-2-6）。

图4-2-3 台模清理　　　　　　　　　图4-2-4 放线支模

图 4-2-5　混凝土浇筑　　　　　　图 4-2-6　预制混凝土构件入箱养护

生产单位的检测、试验、张拉、计量等设备及仪器仪表在检定合格后方可投入使用，使用时应确保其在检定有效期之内。

4）工艺

为保证预制混凝土构件的产品质量控制，各类构件生产前应建立相适应的生产工艺流程，配套研发相应的模板及工装机具等，编制相应的生产方案。生产方案宜包括生产计划及生产工艺、模具方案及计划、技术质量控制措施、成品存放、运输和保护、构件试验等内容。

模具的精度是保证预制构件制作质量的关键。在模具设计加工过程中，应严格控制预制混凝土构件模具的质量和精度，包括尺寸偏差、焊接工艺、模具边楞的打磨等。模具管理应由专人负责，并应建立健全模具设计、制作、改制、验收、使用和保管制度。

预制混凝土构件的生产应建立首件验收制度。当生产过程中需要采用新工艺时，生产单位应制定专项生产方案，必要时进行样品试制，经检验合格后方可实施。

5）场地

为保证预制混凝土构件工厂化生产活动的高效进行，生产车间的尺寸应充分考虑预制构件尺寸、模具尺寸、起吊设备升限等因素。同时，在生产准备阶段也应对场地的平整度、布置予以合理规划。

在满足基本生产需求的基础上，应大力倡导绿色环保的工厂理念。同时，为真正实现"零浪费"，在生产准备阶段应对场地进行合理规划。在大量、集中供应的情况下，应提前策划中转储存场地、甩挂运输等，以保证后续施工周期，保证均衡生产。

4.2.1.2　生产流程

预制混凝土构件的生产流程包括模具组装、钢筋绑扎及埋件安装固定、混凝土成型、混凝土养护、构件脱模起吊、质量检验、构件标识以及存储和运输等环节（图 4-2-7）。

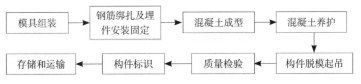

图 4-2-7　预制混凝土构件的生产流程

1）模具组装

模具一般由模数化、高精度的固定底模和根据构件特征要求设计的侧模板组成，多为组合式台式钢模具。在预制构件生产前，应对模具进行预拼装检查验收，验收合格后方可投入使用。

在模板组装就位时，要保证模板截面的尺寸、标高等符合要求。对新制、改制或生产数量超过一定数量的模具，在生产前应按照要求进行尺寸偏差检验，合格后方可投入使用。模具的部件之间应连接牢固，且应满足预制构件预留孔洞、插筋和预埋件的安装定位要求。模具安装就位并验收合格后，应在模具表面涂抹脱模剂，保证构件脱模的顺利进行（图 4-2-8、图 4-2-9）。

图 4-2-8　模具组装　　　　图 4-2-9　涂抹脱模剂

2）钢筋及埋件安装固定

钢筋工程包含钢筋加工、绑扎连接以及钢筋骨架入模，埋件的安装固定是指模具摆放完成后在其框架内按照图纸埋设固定相应的预埋件（图 4-2-10）。

图 4-2-10　钢筋绑扎

预制混凝土构件宜采用成型钢筋。随着建筑工业化的推进，各种钢筋自动化成型设备也得到了广泛的应用，如数控钢筋焊接网片生产设备、数控桁架钢筋生产设备等，采用机械加工的成型钢筋不仅有利于节省材料、方便生产施工，还可以有效提高预制构件生产质量和生产效率。

在预制构件生产环节中，对用于连接的钢筋及钢筋连接器的安装质量应给予高度重视。例如在安装灌浆套筒时，应采用橡胶环、螺杆等固定件，避免混凝土浇筑、振捣时灌浆套筒和连接钢筋移位。

装配式建筑预制混凝土构件中的预埋件规格、数量较多，所有预埋件均应固定牢靠。固定预埋件前，应检查预埋件型号、材料用量、规格尺寸、预埋件平整度、预埋件焊接质量等。在后续的混凝土浇筑及振捣过程中，应采取相应措施确保预埋件不能发生位移（图 4-2-11）。

图 4-2-11　预埋件的安装固定

3）混凝土成型

应根据混凝土成型工艺和浇筑方法顺序的不同制定相应的生产操作规程。同时，也应根据混凝土的品种、工作性能和预制构件的规格形状等因素，选择合适的振捣设备，制定合理的振捣成型操作规程。

在正式开始混凝土浇筑之前，应检查模板支撑的稳定性以及模板接缝的密合情况。模板和隐蔽工程项目应分别进行检查和验收。在混凝土浇筑的过程中，应最大限度地保证混凝土的密实度。同时，应明确浇筑混凝土强度等级、方量，合理规划浇筑时间，最大限度地避免浪费。

随着建筑工业化的蓬勃发展，预制构件生产线的混凝土输料系统等自动化生产设备的应用也为装配式建筑的精益制造提供了强有力的支撑（图 4-2-12）。

图 4-2-12　混凝土输料系统

在混凝土成型的工艺流程中，还应进行混凝土结合面的粗糙处理。

4）混凝土养护

预制混凝土构件浇筑混凝土完毕后应进行养护，常规的养护方式分为自然养护、自然养护加养护剂以及加热养护（图4-2-13）。

图 4-2-13　混凝土养护

在生产加工过程中，应综合考虑预制构件混凝土的原材料、配合比、浇筑部分和浇筑温度等具体情况，制定合理的生产技术方案，进而采取有效的养护措施。

在条件允许的情况下，预制混凝土构件推荐采用低温养护。当采用加热养护时，应按照养护制度的规定，进行温控，完成升温、恒温、降温的温度控制措施，避免预制构件出现温差裂缝。对于夹芯保温外墙板的养护，还应考虑保温材料的热变形特点，合理控制养护温度。

预制构件脱模后可继续养护，养护可采用水养、洒水、覆盖和喷涂养护剂等一种或几种相结合的方式。

5）构件脱模起吊

构件脱模起吊时除承受构件自重外，尚需克服模具和构件之间的吸附力。预制混凝土构件脱模起吊前，应先进行同条件试块试验，当预制构件的混凝土强度满足计算要求时，方可进行脱模。脱模顺序应按支模顺序相反进行，应先脱非承重模板后脱承重模板，先脱帮模再脱侧模和端模、最后脱底模。当预制构件采用多吊点起吊时，应保证各个吊点受力均匀，且吊装角度应满足国家现行规范的相关要求。

6）质量检验

预制混凝土构件的出厂质量检验应按照国家现行标准的相关要求进行，质量检验主要包含构件外观质量和尺寸偏差、混凝土强度、预埋件、插筋、预留孔洞规格、位置及数量等内容，检验完成后应填具表单。以预制混凝土夹芯保温外墙板的出厂质量检验表为例（表4-2-1）。

预制混凝土夹芯保温外墙板出厂质量检验表　　　　　　　　　　　　表 4-2-1

预制混凝土构件出厂合格证		资料编号	
工程及使用部位		合格证编号	
构件名称		型号规格		供应数量	

制造厂家			企业等级证		
标准图号或设计图纸号			混凝土设计强度等级		
混凝土浇筑日期		至	构件出厂日期		
性能检验评定结果	混凝土抗压强度			主筋		
	试验编号	达到设计强度（%）	试验编号	力学性能	工艺性能
	外观		面层装饰材料		
	质量状况	规格尺寸	试验编号	试验结论	
	保温材料		保温拉结件		
	试验编号	试验结论	试验编号	试验结论	
	钢筋连接套筒		结构性能		
	试验编号	试验结论	试验编号	试验结论	
备注			结论		
供应单位技术负责人		填表人	供应单位名称（盖章）		
填表日期					

7）构件标识

经检验合格的预制混凝土构件方可认定为合格品，应在其上醒目位置设置明显的表面标识。标识宜包括工程名称、预制构件编号、制作日期、合格状态、生产单位和监理签章等信息。

标识位置要便于检查，可采用手写、喷涂、印戳的方式，也可事先打印卡片预埋或粘贴在构件表面。随着信息管理技术的不断发展和完善，现阶段很多预制构件生产单位应用预埋芯片或贴二维码的方式来标识预制构件产品信息（图4-2-14）。

图 4-2-14 预制混凝土构件的表面标识

8）存储和运输

预制混凝土构件的存储和运输应制定相应方案，其主要内容包括运输时间、存储场地、运输路线、存放架固定要求、存储支垫及成品保护措施等。对于超高、超宽、形状特殊的大型构件的运输和存储应有专门的质量安全保证措施。

当采用信息化管理系统基于 RFID 技术进行预制构件存储和运输管理时，可以充分结合水平构件立体存储技术，提高库区场地的存储效率和运输效率，降低成本（图 4-2-15）。

图 4-2-15　预制混凝土构件的立体存储

在存储和运输的信息化管理过程中，每个构件生产厂可以按照预制构件类型划分库区，每个库区根据楼号、楼层以及施工流水段再划分为多个库位，每个库位通过绑定 RFID 卡实现身份数字化。转运人员便可基于此，通过关联预制混凝土构件和库位的 RFID 信息来实现预制构件的精准入库、快速发货以及存储和运输全过程的数字化管理，有效避免了预制构件成品存储和运输过程中易发生的找不到、拿错构件等现象，极大地提高了周转效率，有效控制库存。同时，通过对预制构件存储和运输的信息化管理，也可以实现厂内车辆运输调度的有效管理，实现运输队、运输车、构件中转场的有效管理。

4.2.1.3　质量管理

如前文所述，精益制造的质量管理应涵盖质量策划、过程控制、监督检验、质量评价、质量改进等核心流程，应形成 PDCA 闭环管理。在预制混凝土构件整个生产过程中，应充分发挥质量管理对于预制构件实现精益制造的保驾护航作用。

预制构件质量控制包括原材料质量检验、配件质量检验、钢筋加工质量控制、生产过程质量控制以及产品质量检验等环节。通过上述质量控制方法，可以针对钢筋质量、隐蔽工程质量、产品质量以及综合数据等进行有效把控。例如隐检质量管理，质检员在混凝土浇筑前对每一块构件中的钢筋和预埋件进行隐蔽检查验收，通过手机 APP 进行拍照，关联构件 RFID 信息，然后上传到信息管理系统平台，系统便可自动生成隐蔽工程检查记录表（图 4-2-16）。

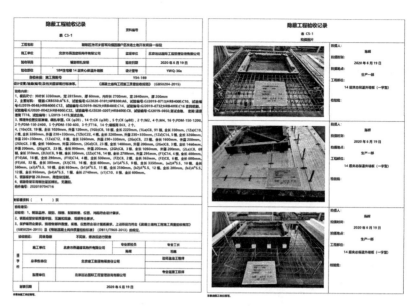

图 4-2-16　隐蔽工程验收记录表

　　精益制造的质量管理贯穿于整个生产制造过程之中。表 4-2-2 中所示为每一项生产流程中的具体质量控制措施。

预制混凝土构件生产过程质量控制表　　　　　　　　　　　　表 4-2-2

序号	生产流程	质量控制措施
1	模具设计加工	新制、改制或生产数量超过一定数量的模具，在生产前应按照要求进行尺寸偏差检验
2	原材料检验	进厂检验、加工检验
3	钢筋埋件安装固定	隐蔽工程检验
4	混凝土成型	操作过程控制
5	混凝土养护	操作过程控制
6	构件脱模起吊	同条件试块强度试验
7	表面处理	外观质量检验
8	质量检验	成品质量检验
9	构件标识保护	标识检查
10	存储和运输	按照存储和运输方案，保证存储和运输期间不发生破损

　　除表中所述的质量控制措施外，在预制混凝土构件生产加工的过程中，关于质量管理尚应注意如下内容。

　　1）隐蔽工程质量管理

　　在预制混凝土构件的生产加工阶段中所涉及的隐蔽工程质量管理主要集中于混凝土浇筑之前的相关质量检验（表 4-2-3）。

预制混凝土构件生产阶段隐蔽工程质量验收清单　　　　　表 4-2-3

序号	验收项目	具体内容
1	钢筋性能	牌号、规格、数量、位置、间距等
2	纵向受力钢筋的连接	连接方式、接头位置、接头质量、接头面积百分率、搭接长度等
3	箍筋、横向钢筋	箍筋弯钩的弯折角度及平直段长度
4	预埋件、吊环、插筋	规格、数量、位置及固定情况等
5	灌浆套筒	型号、数量、位置及灌浆孔、出浆孔、排气孔的位置
6	预留孔洞	规格、数量、位置等
7	钢筋埋件的安装固定	数量、位置等
8	混凝土保护层	保护层厚度
9	预制夹芯保温墙板	保温层的位置、厚度、拉结件的规格、数量、位置等
10	其他	门窗框、预埋管线、线盒的规格、数量、位置及固定措施

2）成品质量管理

生产单位应具备保证产品质量要求的生产工艺设施、试验检测条件等，建立完善的质量管理体系和制度，并建立质量可追溯的信息化管理系统。

预制混凝土构件的成品保护分为两个阶段：一是施工安装前的运输、存储和吊装等各个环节对预制构件的保护；二是预制构件施工安装后对构件饰面等的保护。本节为预制混凝土构件的生产环节，因此侧重于论述施工安装前的成品保护。

预制混凝土构件在工厂内的运输、存储过程中应做好成品保护。为有效保护预制混凝土成品构件，运输时应根据工程具体情况设置临时或永久的固定措施，避免在装卸车时发生倾覆，也可以在刚性搁置点处设置柔性垫片，对外墙门窗框和带外装饰材料的表面采用塑料贴膜，对预埋孔洞采取防止堵塞的临时封堵等防护措施（图 4-2-17）。

图 4-2-17　预制混凝土构件的成品保护措施

预制混凝土构件应按照有关标准规定或合同要求检验合格之后进行交付出厂，并应同时提供产品质量证明文件。产品质量证明文件应包括出厂合格证、混凝土抗压强度等设计要求的各项性能试验报告、主筋试验报告、结构性能检验报告、根据合同要求应提供的其他质量证明文件等。

3）常见质量缺陷

表 4-2-4 所列为预制混凝土构件在生产加工过程中常见的质量缺陷，为切实提高预制混凝土构件的产品质量，真正实现装配式建筑的精益制造，在生产过程中应对以下问题加强控制。

预制混凝土构件生产加工常见质量缺陷 表 4-2-4

序号	质量缺陷
1	预制混凝土构件外观尺寸及外观质量问题
2	预制构件混凝土强度不足
3	混凝土保护层厚度不足
4	混凝土内部钢筋裸露在外
5	混凝土表面至内部存在贯穿裂纹
6	混凝土构件粗糙面深度不满足要求
7	外伸钢筋、灌浆套筒、预埋件等位置偏差
8	运输及吊装过程中板面经常发生龟裂甚至断裂
9	预制板板面翘曲

4.2.2 钢构件生产

钢结构作为一种全装配式的结构，所有结构构件都是在工厂完成加工生产的。目前我国从事钢结构的企业超过 1 万家，年产能 5 万吨以上的企业有几十家。钢构件的生产主要以热轧型钢、钢板等作为基本元件，通过下料、加工、组装和焊接、螺栓或铆钉连接等方式，按一定的规律连接成基本构件，之后在施工阶段再将这些基本构件连接成为整体结构。目前国内也在从设计前端探寻建立合适的通用模数，使得尺寸协调，适当限制构件类型及尺寸，相信随着钢构件的标准化程度不断提高，以及信息化技术手段的应用，钢构件生产也将进一步实现生产的机械自动化，进一步提高生产效率，减少原材料的损耗，降低生产成本。

4.2.2.1 生产准备

钢构件生产企业应充分结合自身产能、技术水平等配套相应的管理体系和质量监督体系，进而通过实现精益制造来生产出最优性价比的产品，获取最佳的经济效益。钢构件的生产线工艺设备水平高，全过程操作自动化程度高，人员投入小，人为因素引起的误差少，加工效率高，通过合理应用可充分实现系统化、智能化、自动。生产全过程中各工作环节协调性好、配合度高，可将钢工业化生产的优势充分发挥，为实现精益制造思想奠定了坚实的基础。

为切实保障钢构件的生产质量，从真正意义上实现装配式建筑的"精益制造"，在工厂正式启动生产流程之前，应从人员、物资、设备以及工艺等方面开展相应的准备工作，以满足钢构件工业化生产所应具备的前提条件。

1）人员

钢构件生产企业应根据成本目标、效率目标以及质量目标进行人员的组织架构策划，并对生产参与人员进行生产技术、质量意识、安全意识以及责任意识的相关培训。

钢构件生产主要涉及钳工、电焊工、气割工、起重工、油漆工等工种，所有生产人员在正式操作之前均应进行相应的培训和考核，其中焊接是钢构件生产中非常主要的环节，焊工必须考试合格并取得合格证书，且持证焊工必须在其考试合格项目及其认可范围内施焊。

钢结构设计施工图的深度尚不能满足钢构件的制作，还需要具有钢结构专项设计资质的加工制作单位进行钢结构制作详图的设计。制作详图设计人员应与施工图设计人员沟通，深刻理解设计意图；同时详图设计人员还应了解生产工艺、施工安装各环节的技术要求，如公差协调、加工余量、焊接控制等因素；最终将各方面的信息准确反映在详图设计中，使得设计、制作、安装各个环节有机融合在一起。

2）物资

钢构件制作的原材料主要是钢材以及加工过程所需要的焊接材料、涂装材料等，所用材料应符合设计文件和国家现行有关标准的规定，且应具有质量合格证明文件，进厂检验合格后方可使用。

进厂的物资应根据工程的具体要求及材料质量的具体情况进行复验，必要时可依现行国家标准进行探伤，经复验鉴定合格的材料方准正式入库，并做出复验标记，不合格材料应及时清除现场，避免误用。此阶段可应用装配式建筑的信息化管理，在入库前应核对原材料的（电子）标识，入库后按本单位的标识方法进行标记。

3）设备

完整的钢结构产品，需要通过将基本元件使用机械设备和成熟的工艺方法，进行各种操作处理，以达到规定产品预定要求的目标。现代化的钢构件制造厂一般应具有剪、冲、切、折、割、钻、铆、焊、喷、压、滚、弯、卷、刨、铣、磨、锯、涂、抛、热处理、无损检测等加工能力的设备，并辅以各种专用胎具、模具、夹具、吊具等工艺装备，对所涉及的钢构件，几乎所有形状和尺寸都能毫无困难地按设计达到要求，而且制造也逐渐趋于高精度、高水平。以焊接工艺手段为例，目前就有多种方法和使用的设备，如电渣焊、半自动埋弧焊、自动埋弧焊、氩弧焊、重力焊、等离子焊、气焊、激光焊等。随着技术的不断发展，越来越多的自控系统、智能化设备也大量应用到生产线中，有效加大了生产线的自动化程度，提高生产效率，保证构件质量，降低生产成本（图4-2-18）。

4）工艺

在钢构件正式生产加工之前，应完成工艺性能试验和材料的采购计划，进行相应的工艺和材料性能的评定试验并形成完善的工艺文件，同时应按工艺规程做好各道工序的工艺准备工作。

图 4-2-18　钢构件生产线

　　为切实保证装配式钢构件的产品质量，在其生产流程正式启动前需要组织必要的工艺试验，如焊接工艺评定等。新工艺、新材料的工艺试验更是指导钢构件生产的重要依据。

　　工艺文件应由有经验的工艺人员编制，例如切割工艺内容应包括放样号料、切割方法、技术要求、允许偏差以及检验方法等。完善的工艺文件能够高效地解决加工难题，避免出现低级错误，同时也能够提供自检和总检的允许偏差。

4.2.2.2　生产流程

　　装配式钢结构构件的主要生产流程包括施工详图设计、零部件加工、组装、焊接、预拼装、除锈和涂装、包装和运输（图 4-2-19）。

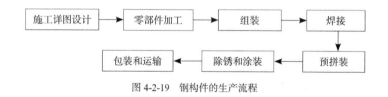

图 4-2-19　钢构件的生产流程

　　1）施工详图设计

　　装配式钢结构的工程图纸类似于传统钢结构，由钢结构设计图和钢构件施工详图两部分构成。其中，钢结构设计图由设计单位绘制完成，而钢构件施工详图则是由钢构件生产厂家以设计图为依据编制完成，直接作为钢构件生产加工和施工安装的依据（图 4-2-20）。

　　装配式钢构件施工详图设计除符合结构设计施工图外，还要满足其他相关技术文件的要求，主要包括钢结构制作和安装工艺技术要求，以及钢筋混凝土工程、幕墙工程、机电工程等与钢结构施工交叉施工的技术要求。

　　装配式钢结构施工详图审批主要由原设计单位确认，其目的是验证施工详图与结构设计施工图的符合性。

　　2）零部件加工

　　装配式钢结构钢构件的零部件加工环节共包含表 4-2-5 中所示的六个方面。

图 4-2-20 装配式钢结构的工程图纸

装配式钢结构钢构件的零部件加工环节　　　　　　　　表 4-2-5

序号	加工环节	简述
1	放样、号料和切割	放样是指依照施工详图的要求，把构件的形状和尺寸按一定的比例画在放样台上。号料则是把已经展开的零件的真实形状及尺寸，通过样板、样箱、样条或草图画在钢板或型材上的工艺过程。目前，放样工作很多情况下通过电脑三维设计软件以及工厂中的相关机械设备来代替传统的人工。 钢材切割下料有多种方法，具体采用哪一种应根据切割对象、切割设备能力、切割精度、切割表面质量要求以及经济性等因素综合考虑。现阶段，大型钢构件生产企业多采用数控切割下料以保证切割精度和变形控制，也可将电脑控制、精密机械转动以及等离子弧切割等技术有效融合，进而实现更高效率、高精度、高可靠性的切割作业（图 4-2-21）
2	矫正和成型	钢构件可采用机械、火焰加热或火焰加热+机械的方法进行矫正，矫正和成型的温度测量可采用观察钢板的颜色与标准色卡比对来确定加热温度，重要工序可采用红外测温仪来精确测控。矫正分为热矫正和冷矫正，成型加工亦可分为热加工和冷加工。 用于矫正和成型的自动化设备有 H 型钢矫正机（图 4-2-22）、三轴弯管机和液压机等，自动矫正的夹具和模具一般为常规尺寸，构件截面过大、矫正量过大或过小时，可由火焰热成型方法加工。 矫正和成型的尺寸精度在整体满足相关标准的基础上，应根据具体情况检测局部内部或表面过烧（热加工）、裂纹（冷加工）、局部过大减薄量和局部椭圆（钢管类）等缺陷，如无法避免时，应调整加工工艺或方法
3	边缘加工	为保证产品质量，吊车梁翼缘板、支座支承面、焊接坡口、尺寸要求严格的加劲板、隔板、腹板和有孔眼的节点板以及有配合要求和设计要求的部位尚应进行边缘加工。 边缘加工可采用气割和机械加工方法，对边缘有特殊要求时宜采用精密切割。当对零件外形尺寸有较高要求或对其边缘有特殊要求时，可采用机械刨边或铣边对零件边缘进行机械加工
4	制孔	孔加工在钢构件的生产加工中占有一定的比重，尤其是高强度螺栓的采用，使孔加工不仅在数量上而且在精度要求上都有了很大的提高。 钢结构构件制孔优先采用钻孔，当证明某些材料质量、厚度和孔径，冲孔后不会引起脆性时允许采用冲孔。钢结构加工要求精度较高时、同类孔较多、板叠层数较多时，也可采用钻模制孔或预钻较小孔径、在组装时扩孔的方法

序号	加工环节	简述
5	摩擦面处理	对于高强度螺栓连接，连接板接触摩擦面的处理是影响连接承载力的重要因素。为保证构件的高强螺栓摩擦面在储存、运输过程中仍能达到设计要求的抗滑移系数，工厂在构件涂装前应对高强螺栓摩擦面进行保护，防止涂装时被油漆污染，造成摩擦面抗滑移系数降低。 摩擦面的加工宜采用带有棱角的矿砂或配一定比例钢丝头的钢丸进行喷砂或抛丸方法加工，经处理的摩擦面应采取防油污和防损伤的保护措施。摩擦面试件加工要求应符合现行国家标准的有关规定
6	管、球加工	球节点连接普遍应用于大跨空间网架结构中，其中用得最多的节点一般有螺栓球和焊接空心球两种。圆钢管和矩形钢管多用于大跨度桁架结构中，其连接节点大部分为直接相贯焊接节点

图 4-2-21　钢材切割

（a）普通 H 型钢矫正机　　　　　　　（b）H 型钢卧式双边矫正机

图 4-2-22　H 型钢矫正机

3）组装

钢构件生产加工中的组装环节与前端零部件加工、后端焊接环节的质量密切相关。只有通过高质量的组装，方可把加工完成的半成品和零件按图纸规定的运输单元装配成所需的完整部件部品，是实现精益制造的重中之重。在组装的过程中，应对重要、特殊的批量构件实行首件检验、交验制度，且组装过程中的具体技术应符合国家现行标准的相关要求。

目前，国内很多钢构件生产加工企业引进了用于组装的自动化设备，将组装、焊接有效融合，共同作为钢构件生产线中的一个环节，有效替代了传统的人工操作。

4）焊接

在装配式钢结构的生产过程中，焊接环节直接影响着钢构件的产品质量及后续的安装环节能否顺利进行。在正式焊接操作之前，应针对人员、材料和技术进行准备工作。

在焊接过程中，应注意焊接环境和温度的控制。在加工过程中，通常通过调整焊接顺序和进行焊后处理来保证裂缝和变形，裂纹和变形应满足国家现行相关标准的规定。

随着科学技术的不断发展，大量用于焊接的自动化机械设备、焊接机器人等逐步替代了传统的人工操作，有效提高了焊接质量，提升了生产效率（图4-2-23）。

（a）普通 H 型钢埋弧焊机　　　　　　（b）短柱牛腿焊接机器人

图 4-2-23　用于焊接的机械设备

目前，国内大型钢构件生产企业针对 H 型钢、箱型柱、方管等引进了智能化、自动化程度高的焊接生产线，提升了钢构件焊接质量及焊接效率（图4-2-24）。

（a）H 型钢智能焊接生产线　　　　　　（b）方管智能焊接生产线

图 4-2-24　焊接的机械设备

在焊接完成后，为保证焊接质量，应进行焊缝内部质量检测（无损检测）、焊缝外观质量检测和焊缝尺寸偏差检测。

5）预拼装

为保证施工安装顺利进行的同时提高工程质量，在出厂前应对各分段进行预拼装，钢构件预拼装可采用实体预拼装或数字模拟预拼装。

6）除锈和涂装

在钢构件生产、储运、安装过程中，钢材表面易产生氧化铁皮、铁锈和污染物，如不清除则会影响涂料的附着力和涂层的使用寿命。因此，应进行钢构件的表面处理。

在表面处理之后，还应根据项目所处的环境、设计要求等对钢构件进行防腐和防火涂装。钢结构防腐涂装应根据不同工程对防腐要求的不同，编制相应的油漆作业技术指导书。

7）包装和运输

为充分实现装配式建筑的精益制造理念，在生产过程中应充分发挥装配式建筑一体化建造优势，应合理利用信息化手段根据工程地理位置、构件规格尺寸及重量选择合适的运输方式和运输路线。

同时，应选择合适的包装方式，防止构件变形，避免涂层损伤。包装设计必须满足强度、刚度及尺寸要求，能保证经受多次搬运和装卸并能安全可靠地抵达目的地。

4.2.2.3 质量管理

钢构件制造的质量管理应涵盖质量策划、过程控制、监督检验、质量评价、质量改进等核心流程，应形成 PDCA 闭环管理。在钢构件整个生产过程中，应充分发挥质量管理对于实现精益制造的保驾护航作用。

1）隐蔽工程质量管理

在进行装配式钢结构的钢构件生产环节隐蔽工程检查时，主要关注的检查项目如表 4-2-6 所示。

钢构件生产加工隐蔽工程质量验收清单 表 4-2-6

序号	验收项目	具体要求
1	材料使用申报及检验	钢构件生产所用材料及部品的尺寸、品种、规格、型号、数量等符合设计及相关规范要求
2	预埋件、螺栓安装	预埋件和螺栓安装的位置、数量、尺寸、间距符合设计及相关规范要求
3	紧固件连接	紧固件安装的尺寸、数量、位置、间距符合设计要求
4	除锈检测	钢构件经过除锈处理后，表面没有焊渣、焊疤、灰尘、油污、水或毛刺等
5	防锈漆及面漆喷涂检测	钢构件经过防锈漆及面漆喷涂作业后，表面没有误涂、漏涂、脱皮、返锈，无明显皱皮、流坠、针眼以及气泡等不良效果
6	焊缝检测	焊接材料品种、规格符合设计要求，焊缝尺寸、焊缝外观质量符合相关规范和设计要求
7	高强螺栓连接摩擦面抗滑移系数检测	高强螺栓连接的摩擦面应进行摩擦面处理，且处理后的摩擦面的抗滑移系数应符合规范要求

2）成品质量管理

钢构件制作完成后，检查部门应对成品进行检查验收，其外形、几何尺寸以及安装的允许偏差应符合现行国家标准的相关要求。

钢构件出厂前应进行包装，保障部件部品在运输及存储过程中不破损不变形；对超高、超宽、形状特殊的大型构件的运输和存储应制定专门的方案；选用的运输车辆应满足部件部品的尺寸重量等要求，装卸时应采取保证车体平衡的措施，且应采取防止构件移动、倾倒、变形等的固定措施，运输时应采取防止部件部品损坏的措施等。

钢构件存储时，存储场地应平整、坚实，按部件部品的保管技术要求采用相应的防雨、防潮、防暴晒、防污染和排水等措施；构件支垫应坚实，垫块在构件下的位置宜与脱模、吊装时的起吊位置一致；重叠存储构件时，每层构件间的垫块应上下对齐，堆垛层数应根据构件、垫块的承载力确定，并应根据需要采取防止堆垛倾覆的措施。

3）常见质量缺陷

表 4-2-7 所列为钢构件在生产加工过程中常见的质量缺陷，为切实提高钢构件的产品质量，真正实现装配式建筑的精益制造，在生产过程中应对以下问题加强控制。

钢构件生产加工常见质量缺陷

表 4-2-7

序号	质量缺陷
1	切割边未加工或达不到规范要求
2	放样、号料尺寸超过允许偏差
3	高强螺栓连接缺陷：螺栓连接孔径和间距偏差大，高强螺栓连接摩擦面抗滑移系数达不到设计要求，高强螺栓终拧后连接板存在缝隙，用高强螺栓替代安装螺栓等
4	焊缝连接缺陷：焊缝成形不良、弧坑、裂纹、焊瘤、未熔合、未焊透、咬肉、夹渣、气孔、母材擦伤等
5	成品钢构件严重变形，给精确安装带来困难
6	涂层返锈，局部锈蚀

4.2.3 部品生产

应用到装配式建筑中的部品种类较多，部品的生产工艺各式各样，并且每个企业的技术水平也千差万别。本节以整体卫浴间、蒸压加气混凝土板为例介绍部品的生产工艺流程。这两类产品生产制造均由配套的成套设备生产线加工完成，具有较高的工业化水平，在装配式建筑中得到广泛应用，并取得了很好的应用效果。

4.2.3.1 整体卫浴间

随着装配式内装技术的研究深入，特别是功能一体化整体部品的应用，整体卫浴间种类逐渐丰富了起来，其中以 SMC 材质类型的产品起步较早，应用时间最长，应用最为广泛。这一类整体卫浴间利用 SMC 热固性的材料特性，采用模压工艺一体成型，加工出整体卫浴间的底盘、壁板、顶盖。整体卫浴部品生产工艺流程如图 4-2-25 所示。

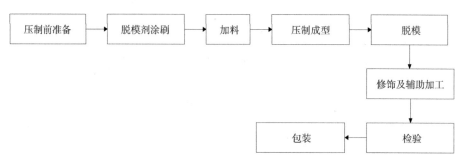

图 4-2-25　整体卫浴间构件生产工艺流程

1）压制前准备

压制前准备工作包括 SMC 片材质量检查和压机准备。

SMC 片材的质量对成型工艺过程及制品的质量有很大的影响。生产前操作人员对领用的 SMC 片材的型号和质量应进行核对、检查。

压机准备包括压机设备检查及模具型号核对。首先根据生产任务单核对模具型号是否一致，并确认模具状况为正常工作状态。其次按照设备操作规程，调整压机相关参数（压力、运行速度），确保压机正常运行，设备调试过程中严格执行首件检验制度，检验合格后方可进行批量生产。

生产前，如有技术条件，可对模压的 SMC 料进行预先加热，以改善 SMC 片材的工艺性能，降低构件的收缩率，确保生产质量。

2）脱模剂涂刷

在上下模具的表面涂刷脱模剂。脱模剂涂刷应均匀、无遗漏。常用的外脱模剂有石蜡、机油、硬脂酸盐、硅酯、有机硅，常用的内脱模剂有单硬脂酸甘油酯。

3）加料

生产时，根据部品尺寸、体积确定加料量、加料面积。

加料面积的大小直接影响制品的密实程度、料的流动距离和制品的表面质量，一般加料面积为 40% ~ 80%。加料面积过小易造成构件强度降低、波纹、缺料等缺陷；加料面积过大易造成制品裂纹。

同时由于加料位置与方式直接影响构件的外观、强度与方向性，因此在生产时应严格按照工艺要求将 SMC 片材放置在规定的位置。

4）压制成型

当物料进入模腔后，压机快速下行。当上、下模吻合时，缓慢施加所需成型压力，经过一定的固化时间后，加压成型结束。压制成型过程中需合理地控制各种工艺参数，压制成型的关键参数有成型温度、成型压力、固化时间、压力制度、温度制度。

5）检验

生产过程中，生产人员应按照质量管理要求，对构件进行自检，发现问题及时停机，分析产生问题的原因，避免出现批量不合格产品。故障排除后自检合格并由质检员确认后，方可继续生产。生产过程中生产线配套的质检人员对构件进行抽检，确保生产质量。

检验分为构件质量检验和构件装配检验。其详细检验项目如下。

（1）构件质量检验项目包括产品外观检验和尺寸检验。构件的外观不应有缺料、气孔、翘曲变形、起泡、颜色不均等缺陷，尺寸检验包含构件轮廓尺寸、预留孔洞尺寸、平整度、垂直度等。

（2）装配检验包括壁板与底盘装配、壁板与顶板装配、壁板与壁板、地漏装配配合检验。

4.2.3.2 蒸压加气混凝土板部品

蒸压加气混凝土板可作为装配式建筑的外围护墙板、内隔墙板等，具有轻质、隔热保温性能优异等特点。蒸压加气混凝土板生产工艺流程如图 4-2-26 所示。

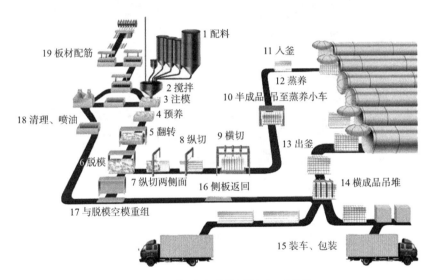

图 4-2-26 蒸压加气混凝土板生产工艺流程

1）原料种类

蒸压加气混凝土板生产原材料主要包括水泥、生石灰、粉煤灰、砂、铝粉、石膏等。

2）原料加工与储存

原材料加工和储存工序是配料的准备工序，是使原材料符合工艺要求的加工及完成配料前的均化、陈化过程，直接影响整个生产过程能否顺利进行和产品质量能否达标的基本工艺环节。

生产加气混凝土条板前首先需要将硅质材料砂子、粉煤灰等进行磨细，根据原材料要求和工艺特点，采取干磨成粉或加水湿磨制浆的方式，以及与一部分石灰混磨。

采用干磨后的砂、粉煤灰、矿渣等原料，在生产之前应提前贮存在对应的料仓中，存储过程中注意保持原料的干燥。

3）原料计量及配料

水泥、石灰、水、外加剂等原料计量过程采用在线电子称重的方式，按照生产配方要求称取相应的原材料。

4）钢筋加工及网笼组装

钢筋经过钢筋除锈、调直、切断、焊接、涂料制备、涂料浸渍和烘干形成钢筋网。然后按照工艺要求的尺寸和对应位置组合后将钢筋网装入模具中（图4-2-27）。

图 4-2-27　钢筋网在模具中组装工序

5）混合制备浆料及浇筑入模

各原材料依照规定顺序投入到混合罐中，经混合搅拌制成浆料。制浆工序推荐采用自动控制系统，实现投料自动计量、自动投料，避免人为操作的不确定性，从而确保产品质量。

浆料浇筑必要时可通过蒸汽加温或保温。

配制好的浆料注入浇筑车中，浇筑车移动到模具上方，将浆料浇筑入模具中。

6）静停、切割

浇筑结束后，料将经发气、稠化、初凝等一系列物料化学变化形成坯体，坯体在一定温度条件下继续进行硬化过程，以达到切割所需的强度要求。此过程称为静停。

坯体经过发泡静停达到切割要求后，模具转移至切割区，由翻转机分离模具并将坯体翻转90°放到蒸养小车上，然后经过切割工序进行坯体的分割和外形加工，使之达到外观尺寸要求，切割工作可以机械化进行也可人工操作，这道工序直接决定蒸压加气混凝土板外观质量以及产品性能。

坯体进入切割时，都必须经过一定距离的输送，吊运时采取较多的方法，也是容易造成坯体损伤的工艺过程，其损伤主要有坯体断裂、缺棱掉角及其他缺陷。

7）蒸压养护

将刚切割好的坯体送入蒸压釜中，关闭釜门（图4-2-28）。为了使蒸汽易渗入坯体、强化养护条件，通蒸汽前先抽真空，真空度约为 $800 \times 10^5 Pa$。然后缓缓送入蒸汽并升压，其过程关键控制参数包括蒸汽压和温度，蒸汽压一般控制在 $8.0 \times 10^5 \sim 10 \times 10^5 Pa$，相应的蒸汽温度控制在 $175 \sim 205℃$。

图 4-2-28　蒸压釜设备

为了使水热反应有足够的时间，需要维持一定的恒压养护，一般需要 12h。恒压养护结束后逐渐降压，逐渐排出蒸汽恢复常压，打开釜门，拖出成品，拆除模具。

8）检验及贮存

出釜后，按照规格、种类进行码放。工厂质检人员按照《蒸压加气混凝土板》GB/T 15762 中的要求对其质量进行检验，检验项目包括尺寸偏差、外观质量、立方体抗压强度、干密度。

4.3　装配式建筑的精益化施工建造

精益化施工是推进建筑生产工业化的有效方式。装配式建筑工程施工中产生了一系列先进的预制构件专用设备及施工机具，包括起重与安装设备、安全防护设备、工具化模板支撑体系等，所有配套产生的新工艺、新材料和新装备，必定将完善装配式建筑安装成套技术、安全防护技术、施工质量检验技术，推动建筑产业化发展。

本节以精益化施工为主线，介绍了施工总体筹划中的施工组织设计和施工准备要点，分析了施工管理过程中的质量、安全、进度管理等相关措施，列举了主体结构施工、装饰与装修施工中的常用做法。在施工技术中，未涉及机电设备施工部分。

4.3.1 施工组织筹划

装配化施工是将各类部件部品组装成建筑整体的过程，是一个系统集成的过程，系统化的思维是核心；装配化施工强调技术引领的作用，遵循方案先行的原则，在贯彻国家的技术政策、技术标准的基础上，动态地组织各项技术工作，使施工生产始终在按设计文件规定的技术要求下进行，使施工进度、质量与成本达到协调统一，并在保证安全、优质、低耗、高效的目标下完成施工任务。

在装配式建筑工程的质量、成本、进度等目标明确后，施工单位应认真学习装配式建筑的设计文件，正确理解设计文件所规定的性能和质量目标，结合装配式建筑部件部品的生产、施工条件以及周边施工环境做好施工组织策划，制定施工总体目标，编制施工组织设计，做好施工准备工作。

4.3.1.1 施工组织设计

施工组织设计是以施工项目为对象编制的，用以指导施工的技术、经济和管理的综合性文件。施工组织设计是指导装配式建筑工程施工的纲领性文件，应重点围绕整个项目的规划和施工总体目标进行编制，集中各管理系统的意见。装配式建筑施工组织设计的编制原则和编制程序如表 4-3-1 和图 4-3-1 所示。

施工组织设计编制原则   表 4-3-1

序号	编制原则
1	符合装配式建筑施工合同或招标文件中有关装配式建筑工程进度、质量、安全、环境保护、造价等方面的要求
2	结合装配式建筑使用的技术和工艺，以系统集成、专业协同作为基本思想指导，满足装配式建筑所用部件部品和施工机具设备的特点
3	坚持科学的施工程序和合理的施工顺序，采用流水施工和网络计划等方法，科学配置资源，合理布置现场，采取季节性施工措施，实现装配式建筑工程的均衡施工，达到合理的经济技术指标
4	积极采用技术和管理措施，贯穿集约化施工和绿色施工理念
5	与先进的质量、环境和职业健康安全三个管理体系进行充分、有效的结合

施工组织设计按编制范围的不同可以分为施工组织总设计、单位工程施工组织设计、分部分项工程及专项施工方案，从宏观到微观，自上而下，逐步细化，形成系统性的施工指导综合性文件。装配式建筑施工组织设计应充分考虑装配式建筑部件部品工厂化生产和装配式安装的特点，尤其是重要的部件部品（如装配式混凝土结构中的预制混凝土构件）的生产环节对施工的影响进行编制，一般包括编制依据、工程概况、施工部署、进度计划、施工总平面布置、施工方案、质量管理、安全文明施工管理等内容（表 4-3-2）。

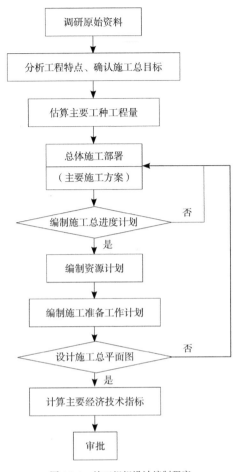

图 4-3-1　施工组织设计编制程序

装配式建筑施工组织设计内容参考一览表　　　　　　表 4-3-2

序号	项目	内容
1	编制依据	工程建设有关的法律、法规和文件,国家现行有关标准和技术经济指标,工程所在地区行政主管部门的批准文件,建设单位对施工的要求,工程施工合同或招标投标文件,工程设计文件,施工现场及周围环境情况,与工程有关的资源供应情况,施工企业的生产能力、机具设备状况、技术水平等
2	工程概况	工程项目的基本建设情况(项目建筑面积、单体建筑数量、建筑概况等);装配式混凝土建筑的专项内容,如主体结构系统、外围护系统、整体卫浴等大型部品以及装配率等
3	施工部署	基本的施工顺序、流程及部署思路,重要部件部品施工专项部署概况,工程重难点分析以及应对措施等
4	进度计划	总施工进度计划;以单位工程为划分对象,提出各主要工序流程的时间安排;同时针对装配式建筑特点提出重要部件部品在深化、生产等各环节的时间节点要求
5	施工总平面布置	合理依据各个阶段部署总平面布置,例如桩基围护、地下室阶段、地上结构阶段、地上装饰装修阶段、室外总体阶段等,尤其需要突出在地下与地上结构阶段大型部件部品的运输通道与路线、堆场设置等要求

序号	项目	内容
6	施工方案	工程主要分部分项工程施工方案,包括工序流程及主要施工要求等;明确质量管理目标,尤其针对装配式施工各环节的质量管理要求和安全要求
7	质量管理	明确工程质量管理目标,分项列举工程主要分部分项质量管理要求及质量管控要点,尤其针对大型部件部品施工各环节的质量管理要求
8	安全文明施工管理	明确工程安全文明施工管理目标,其次分项列举工程主要分部分项安全管理要求及安全管控要点,尤其针对大型部件部品施工各环节的安全管理要求

施工组织设计应由项目负责人主持编制,可根据需要分阶段编制和审批。施工组织总设计应由总承包单位技术负责人审批;单位工程施工组织设计应由施工单位技术负责人或技术负责人授权的技术人员审批;施工方案应由项目技术负责人审批;重点、难点分部(分项)工程和专项工程施工方案,如大型部件部品的专项施工方案,应由施工单位技术部门组织相关专家评审,施工单位技术负责人批准。由专业承包单位施工的分部(分项)工程或专项工程的施工方案,应由专业承包单位技术负责人或技术负责人授权的技术人员审批;有总承包单位时,应由总承包单位项目技术负责人核准备案。项目施工前,应进行施工组织设计逐级交底。

施工组织设计是指导装配式建筑工程施工的规范性、重要性文件,经批准后必须严格执行,施工组织设计可进行动态管理,在项目施工过程对施工组织设计的执行情况进行检查、分析并适时调整。项目施工过程中若工程设计有重大修改,有关法律、法规、规范和标准实施、修订和废止,主要施工方法有重大调整,主要施工资源配置有重大调整,施工环境有重大改变时,施工组织设计应及时进行修改或补充,经修改或补充的施工组织设计应重新审批后实施,并在工程竣工验收后归档。

4.3.1.2 施工准备

施工准备工作对整个装配式建筑工程施工阶段的质量控制起着举足轻重的作用,对于识别和控制施工过程中影响工程质量、安全的因素具有重要意义。施工方在本阶段要提高预见性,制定必要的规划,施工前的准备主要围绕组织要素中的人员、设备及机具、材料、工艺和影响施工有序开展的环境因素展开。

1)人员准备

装配式建筑具有其特有的技术性与专业性特点,采用以往传统建筑业的粗放式管理必定会出现质量问题与安全隐患,因此施工单位应根据装配施工的特点设立相匹配的项目部组织机构和人员,并对相关管理人员、作业人员进行培训和技术、安全、质量交底,明确工艺操作要点、工序以及施工操作过程中的安全要素,使得该部分人员熟悉相关工艺流程,形成质量安全意识。

对于一些缺乏装配式施工经验的施工单位而言,开工前选择工程典型单元进行试装配是一个非常有效的培训手段,可以达到磨合施工工艺、把控质量、领会安全控制要点的目的。目前我国相关标准规定,在装配式混凝土结构施工前应选择有代表性的单元或部分进行试制作、试安装；要求在实体工程施工前，选择标准户型，针对标准户型中的预制构件进行试生产，并将生产构件用于样板间；在样板间施工过程中，每道工序均应按照既定的吊装方案进行安装，管理人员和操作人员均应规范管理、规范操作；试安装过程中积累的经验，可在将来应用于实体工程施工中。

2）施工设备及机具准备

装配式建筑的实施对象大部分是预制的部件部品，合理的施工设备及机具的选择，大而言之关系到施工过程中的安全质量，小而言之关系到安装操作的效率、安装后的效果。欧洲、日本及美国等建筑工业化程度较高的国家，在预制部件部品之外拥有非常全面的工装工具体系，针对不同类型的部件部品设计了可周转、可调节的工装系统，从而使装配式建筑的施工变得便捷与安全，值得我们学习与借鉴。

大型部件部品，如预制混凝土构件、钢构件、整体部品，其吊装是施工重点环节，在很大程度上影响到施工的效率、安全、成本等。在设计阶段应考虑到施工现场的吊装能力，避免出现少数过重的部件部品导致吊装设备选型造成的浪费；若出现过重的部件部品，施工单位应在部件部品生产前反馈给设计单位进行适当修改。施工单位应根据部件部品形状、尺寸、重量和作业半径等要求选择吊具和起重设备，所采用的吊具和起重设备及其施工操作，应符合国家现行有关标准及产品应用技术手册的规定。自制、改造、修复和新购置的吊具，应按国家现行相关标准的有关规定进行设计验算或试验检验，并经认定合格后方可投入使用。

3）材料准备

装配式建筑工程施工中预制部件部品的安装体系、支撑体系、结构系统的模板体系及构件连接灌浆材料、脚手架等应在工程施工前预先购置或租赁。虽然装配式建筑工程施工过程中，施工人员的技术水平和技术设备对其可以起到一定作用，但是，物料方面也可以对产品质量产生直接影响。

在装配式混凝土结构中，目前我国多采用了钢筋套筒灌浆连接技术，钢筋套筒和灌浆料的质量至关重要。在我国相关标准规范中也明确提出应采用相匹配的套筒和灌浆料，并应进行型式检验。

外挂墙板之间的缝隙封堵材料对于建筑的防水和立面效果非常关键，一般采用密封胶进行封堵。各类外挂墙板材料不同，对密封胶的适应性要求也不同，选择与挂板材料不相容的密封胶可能导致立面污染，选择耐久性能欠佳的密封胶可能导致漏水现象，因此材料准备时应根据设计文件指定的性能指标选择合适的材料。

4）工艺准备

装配式建筑正式施工前，应针对大型或复杂部件部品的施工安装以及相关分部分项工程中的重点环节，梳理施工工序及施工工艺要求，如针对预制混凝土构件，应包括预制构件的运输（含车辆型号及数量、运输路线、发货安排、现场装卸方法）、构件存储、安装与连接施工（含测量方法、吊装顺序和方法、构件安装方法、节点施工方法、防水施工方法、后浇混凝土施工方法、全过程的成品保护及修补措施）等。

结合人员的准备对技术人员、现场作业人员进行质量安全技术交底也是促使相关人员掌握相关施工工艺的必要环节。技术交底可分为施工组织设计交底、专项施工方案技术交底、"四新"技术交底、设计变更技术交底、分项工程施工技术交底（表 4-3-3）。

技术交底分类及内容   表 4-3-3

序号	分类	内容
1	施工组织设计交底	重点和大型工程施工组织设计交底，一般是由施工企业的技术负责人把主要设计要求、施工措施以及重要事项对项目主要管理人员进行交底。其他工程施工组织设计交底应由项目总工进行。 施工组织设计交底，是使项目主要管理人员对建筑概况、工程重难点、施工目标、施工部署、施工方法与措施等方面有一个全面的了解，以便于在施工过程的管理及工作安排中做到目标明确、有的放矢
2	专项施工方案技术交底	专项施工方案交底应由项目专业技术负责人负责，根据专项施工方案对专业工程师进行交底。 专项施工方案交底，主要向专业工程师交代分部分项工程流水组织、施工顺序、施工方法与措施，是承上启下的一种指导性交底
3	"四新"技术交底	"四新"技术交底应由项目技术负责人组织有关专业人员编制，并对专业工程师进行交底
4	设计变更技术交底	设计变更技术交底应由项目技术部门根据变更要求，并结合具体施工步骤、措施及注意事项等对专业工程师进行交底
5	分项工程施工技术交底	分项工程施工技术交底应由专业工程师对专业施工班组（或专业分包）进行交底。是将图纸与方案转变为实物的操作性交底，是上述各项交底的细化

5）环境因素

影响装配式建筑工程质量的环境因素非常多，如工程管理环境、工程技术环境、劳动环境和施工现场环境等。就环境因素对装配式建筑而言，工程质量的影响存在着复杂而多变的特点，如装配式建筑中预制部件部品，尤其是大型的预制混凝土构件、钢构件以及一些大型部品等，要求施工现场的物料堆放具备一定的条件；自然环境中温度、湿度、暴雨、大风、严寒、酷暑都直接影响装配式建筑工程质量的施工进度和质量。所以应针对装配式建筑工程的施工特点，结合施工场所的实际以及气候特点，制定有针对性的施工准备措施。

装配式建筑预制部件部品的现场堆放对施工临时设施的要求是环境因素中非常重要的一方面。施工临时设施是指为适应工程施工需要而在现场修建的临时建筑物和构筑物。临时设施大部分要在工程施工完毕后拆除，因此，应在满足施工需要的前提下尽量压缩其规模。

4.3.2 施工管理

装配式建筑在减轻工人劳动强度、提高建筑质量方面，较传统建筑有一定的优势。部件部品的生产、运输、起重机及现场操作人员的布置，都对施工现场的管理提出了更高的要求。为此，施工单位应建立健全可靠的施工管理制度，配备相应的管理人员，认真贯彻落实各项管理制度、法规和相关标准。本部分通过质量管理、安全管理、进度管理三方面内容，阐述装配式建筑施工过程中的管理要点，充分发挥装配式建筑优势。

4.3.2.1 质量管理

相较传统建筑工程而言，装配式建筑采用精益制造的部件部品，为提高装配施工的质量精度提供了可能性。为了最终实现装配式建筑整体质量的提升，这就需要施工单位建立相应的质量管理体系、施工质量控制和检验制度。施工单位的质量管理体系应覆盖施工全过程，包括原材料的采购、验收和存储，以及施工过程中的质量检查。此外，在施工单位自行检查合格的基础上，应由工程质量验收责任方组织，工程建设相关单位参加的对分部分项工程及其隐蔽工程的验收也为装配式建筑的质量保障起到了促进作用。

1）原材料和部件部品进场时的质量管理

原材料和部件部品的质量直接影响着工程的安全和质量，所以在装配式建筑工程施工质量控制程序中，第一个环节即是原材料和部件部品的进场检验。装配式建筑施工用的主要材料、半成品、成品、部件部品、器具和设备均应按检验批进行进场验收，还要对其进行合理堆放和适当养护，以免因自然因素或人为因素影响而受损。如预制混凝土构件的进场验收包括检查质量证明文件、外观质量、预留预埋、尺寸偏差等，必要时还需要进行结构性能检验；对于预制构件表面预贴饰面砖、石材等装饰面及装配式混凝土饰面的外观质量，为保证与建筑师的设计效果一致，可采取与样板比对的方法。当设计或合同提出其他专门要求时，应按要求进行其他项目验收。部件部品安装前必须确认是验收合格的构件，没有经过进场验收的构件或验收不合格的构件严禁在工程中应用。

2）施工过程中的质量管理

施工过程中的质量管理是保证装配式建筑质量的关键内容，施工过程的各个环节要严格控制，每道工序均应及时进行检查，确认符合要求后方可进行下道工序的施工。目前施工企业实行的"过程三检制"是一种有效的企业内部控制方法，"过程三检制"指自检、互检和交接检三种检查方式。对检查中发现的质量问题，应按规定程序及时处理。

技术要求高、施工难度大的工序或环节应对操作人员、材料、设备、施工工艺等方面进行重点管控。主体结构部件的连接是保证结构安全可靠的重要因素，是装配式建筑施工中的重要内容，必须严格按照要求进行质量控制。目前我国装配式混凝土结构中采用的钢筋套筒灌浆连接技术直接影响到结构的安全性，且钢筋定位精度、施工工艺要求高，应进行严格的质量控制。

3）隐蔽工程的质量管理

在施工过程中，往往会出现某些工序的工作成果被后一道工序的工作所掩盖、正常情况下无法复查的情况，称之为隐蔽工程。如浇筑混凝土会掩盖钢筋工程，造成无法通过观测的手段进行钢筋牌号、规格、数量、位置、间距等的检验。隐蔽工程在隐蔽之后若发生质量问题，将会造成返工等不必要的损失，因此要求隐蔽工程应在隐蔽之前进行验收，做好隐蔽工程验收记录，验收合格后方可继续施工。

4）验收

装配式建筑施工应按现行国家标准的有关规定进行单位工程、分部工程、分项工程和检验批的划分和质量验收。装配式混凝土结构工程主要依据《混凝土结构工程施工质量验收规范》GB 50204、《装配式混凝土建筑技术标准》GB/T 51231进行质量验收；钢结构工程主要依据《钢结构工程施工质量验收标准》GB 50205进行质量验收；装配式建筑中的装饰装修、机电安装等分部分项工程应按照国家现行有关标准进行质量验收。

4.3.2.2 安全管理

安全管理是为装配式建筑实现安全生产开展的管理活动，首先要确保在施工过程中不会出现重大安全事故，包括管线事故、伤亡事故等，保障施工人员在施工生产中的健康与安全。由于装配式建筑建造时的机械设备、施工技术等方面有别于传统建筑，装配式建筑施工的安全管理具有复杂性。施工单位应组建合理的安全生产管理监督机构并制订各项规章制度配合安全管理工作的实施，保证施工现场的安全。

装配式建筑的施工主要围绕预制的部件部品展开，尤其是主体结构工程中各类构件重量大，吊装作业贯穿施工全过程，潜在危险源的辨识需要针对装配施工的特点进行（表4-3-4）。

<table>
<tr><td colspan="2" align="center">装配式建筑施工主要危险源</td><td></td><td>表 4-3-4</td></tr>
<tr><td>活动</td><td>危险源</td><td>可能导致的事故</td><td>备注</td></tr>
<tr><td rowspan="4">车辆运输</td><td>大型部件部品在运输车上固定不牢靠</td><td rowspan="3">交通安全</td><td rowspan="3">运输管理控制</td></tr>
<tr><td>道路转弯半径小</td></tr>
<tr><td>道路不平，造成车辆颠簸</td></tr>
<tr><td>未经核算，直接将场内运输通道设置在地下室顶板上</td><td>结构坍塌</td><td>运输管理控制
协调设计核算</td></tr>
<tr><td rowspan="4">材料堆放</td><td>现场大型部件部品多，堆放不稳</td><td rowspan="3">坍塌、物体打击</td><td rowspan="3">现场管理控制</td></tr>
<tr><td>存放场地稳定性不足</td></tr>
<tr><td>存放架的承载能力、刚度、稳定性不足</td></tr>
<tr><td>重型构件直接堆放在地下室顶板上</td><td>结构坍塌</td></tr>
<tr><td rowspan="5">吊装</td><td>吊装机械故障，吊索具的质量缺陷</td><td rowspan="4">物体打击</td><td>现场管理控制</td></tr>
<tr><td>吊装施工作业程序不合理</td><td>现场管理控制</td></tr>
<tr><td>吊点位置不合理</td><td>前期协调设计</td></tr>
<tr><td>预埋吊件承载能力不足</td><td>前期协调设计</td></tr>
<tr><td>塔吊附着设计不到位</td><td>坍塌、物体打击</td><td>前期协调设计</td></tr>
</table>

活动	危险源	可能导致的事故	备注
临边防护	构件无预埋件，在不破坏结构情况下无法安装临边防护设施	高处坠落	前期协调设计
	为方便构件吊装，安装时，临边防护措施缺失	高处坠落	现场管理控制
	高处无防护措施，材料、机具掉落	物体打击	现场管理控制
高处作业	现场脚手架少，高处作业无安全带挂点	高处坠落	现场管理控制 前期协调设计

针对表中的主要危险源，设计人员应当了解施工操作的工艺流程，做好相关安全设施连接用的预留预埋；施工单位应结合施工方案详细分析可能存在的潜在危险源，做好防护措施，并落实在施工方案中，制定相关人员操作的安全作业指导文件，并加强安全教育。

装配式建筑的安全管理还包括施工现场消防安全管理、施工现场临时用电安全管理、施工现场机械安全管理等，应根据施工安全目标，建立安全检查制度，确定安全检查人员，明确施工现场安全检查内容。易燃易爆危险品的采购、运输、搬运、贮存、发放和使用应采取相应的安全管理措施。

4.3.2.3 进度管理

装配式建筑往往涉及工厂制造与现场装配、传统作业与装配作业、各分部分项工程之间的协调，复杂程度更大。施工单位应科学组织、严格管理，使得资源配置满足现场需求，合理划分流水段，尽可能做到流水作业，提高施工效率，缩短施工工期。施工总体工期与工程的前期筹划、构件的制作、构件吊装及连接等工序所需要的工期是密不可分的（图 4-3-2）。这就需要施工管理者、设计人员和构件供应商三者之间密切配合，相互确认，才能充分发挥装配式建筑在工期上的优势。

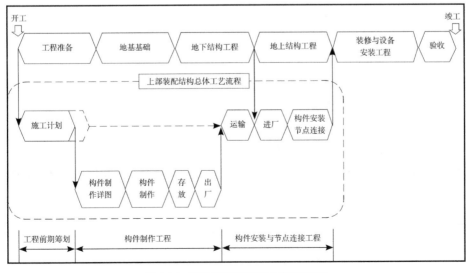

图 4-3-2　装配式建筑施工的总体工艺流程

1）工程前期筹划

工程前期筹划针对主体结构构件生产、装配施工进行总体规划，其内容主要包括构件的生产计划编制、构件的制作详图、水电管线与辅助设施制图、构件的吊装及节点连接计划以及三方确认，对于装配式混凝土结构还应考虑模板的设计与计划。

2）构件制作进度的协调

构件的供货将直接影响到施工安装进度，应综合考虑构件厂的生产方式、生产能力和厂内存储规模，就近选择构件生产厂家；合理规划从厂家到施工现场的运输路线，评估路况，同时综合考虑现场临时堆放场地的大小及构件吊装施工的进度等因素，合理安排运输时间节点；尚需考虑到构件运至现场出现质量缺陷的可能性，建立应急预案，确保能够及时更换相同构件，这也需要前期设计时尽量提高构件的标准化程度。

3）构件吊装工期

装配式建筑施工中吊装作业量急剧增加，围绕吊装作业进度安排在很大程度上决定了整个建筑的施工进度，应合理制定构件的吊装计划。现场的备料及堆场的设计需保证吊装作业不会出现停滞，按照吊装顺序合理堆放构件，确保吊装效率最大化；吊装时确保运输车辆不在场地内拥堵，影响卸车作业时间，保证构件就近吊装，缩短吊装时间。为保证吊装作业进度正常，应根据构件质量、数量以及力矩等数据合理选择吊装机械，对吊装机械的型号、数量、平面布置进行提前策划，并根据现场布置图、施工流水、施工工期等规划吊装机械型号、数量、进场时间，确保构件安装流水作业，不会产生堆积、窝工现象。

4.3.3　施工技术

装配式建筑施工就是按照设计既定的系统集成方案将各类部件部品在施工现场装配为整体建筑的过程，装配化施工以工业化生产方式为基础，采用工厂制造的部件部品，现场大量使用干作业施工的工法。这个过程涵盖了地基基础及主体结构、装饰装修、机电安装等各个方面，本节主要介绍主体结构和装饰装修环节的部分施工技术。

4.3.3.1　建筑主体结构

我国现阶段装配式建筑的主体结构主要包括装配式混凝土结构、钢结构、木结构三大类型，装配式混凝土结构和钢结构应用最为广泛（表4-3-5）。装配式混凝土结构构件的部分或全部在工厂生产成型，施工现场将这些构件通过可靠的连接方式装配成整体，与现浇施工方法有较大的差异性，主要体现在大量的绑扎钢筋、浇筑混凝土等工作转移至工厂，也使得现场模板、脚手架的用量大幅度减少。钢结构技术天然符合装配式施工的特点，构件从工厂运输至现场后，通过螺栓连接、焊接等方式组装成最终的结构，本身不包括湿作业，施工速度快，现场人员少，对环境影响小，是一种工业化程度极高的结构形式。

结构类型		结构体系简介	主要施工环节
装配式混凝土结构	框架结构	由预制混凝土柱、叠合梁预制部分通过现浇的节点连接为整体，楼盖可采用叠合楼盖、双 T 板、空心板等，也可将节点或节点周边的部分构件预制，现场通过构件之间的连接形成整体结构，相比于节点现浇的做法，其构件形式多为空间型，制作、运输和施工的要求均较高，益处在于其解决了现场节点部位钢筋交叉、施工难度大的问题	现场存储与运输，构件吊装就位，构件临时支撑，构件连接（钢筋连接、后浇混凝土），接缝建筑处理
	剪力墙结构	由预制的剪力墙墙板，通过可靠的钢筋连接技术（如钢筋套筒灌浆连接、浆锚连接、机械连接、搭接等）与后浇混凝土连接为整体。楼盖一般采用叠合楼盖。也有将剪力墙墙板内部预设空心部分，在现场进行空心部分浇筑，形成叠合式的剪力墙，钢筋一般采用搭接连接	
	框架—剪力墙结构	剪力墙部分一般现浇，框架部分采用预制技术	
钢结构	钢框架结构	以钢梁和钢柱或钢管混凝土柱刚接形成的框架结构，楼盖可采用钢筋桁架楼承板组合楼板、压型钢板组合楼盖、预制混凝土叠合板、空心板等	现场存储与运输，构件吊装就位，构件连接（焊接、紧固件连接），涂装接缝建筑处理（楼盖部分采用预制混凝土构件时同装配式混凝土结构）
	钢框架—支撑结构	由钢框架和钢支撑构件组成，能够共同承担竖向、水平作用的结构，钢支撑分中心支撑、偏心支撑和屈曲约束支撑等	
	钢框架—延性墙板结构	由钢框架和延性墙板构件构成，能共同承受竖向和水平作用的结构，延性墙板包括带加劲肋的钢板剪力墙、带竖缝混凝土剪力墙等	

注：结构体系简介指我国目前常用做法的简单描述。

1）现场存储和运输

建筑师在设计初期进行总平面设计时，除常规设计外，还应考虑到构件存放及场内运输的需求，应与施工单位共同根据装配化建造的特点布置施工总平面图，应对构件存放区、场内临时道路进行规划，以满足高效吊装的需求。

场内运输道路的宽度、坡度、地基、转弯半径应满足起重设备、构件运输的要求。

预制构件存放场地宜选择在塔吊的一侧，布置在塔吊工作半径范围之内，避免隔楼吊装作业；构件存放场地应平整坚实，且有足够的地基承载力，并应有排水措施；预制构件存储场区应进行封闭管理，做明显标识及安全警示。

预制构件进场后，应按品种、规格、吊装顺序分别设置堆垛，预埋吊件位置应避免遮挡，易于起吊；竖向构件宜采用专用存放架进行存放，专用存放架应根据需要设置安全操作平台。

2）预制混凝土构件吊装

预制混凝土构件吊装（图 4-3-3）前应做好以下准备工作。

（1）确认周边环境、天气满足吊装施工的要求，遇有雨、雪、雾或 5 级大风时不能进行吊装施工作业。

（2）核查准备吊装的构件编号与安装位置匹配，构件及预埋件符合安装要求且无破损及污染，对关键的连接部位应重点核查，如灌浆套筒是否堵塞等。

（3）确认设备及吊具处于安全操作状态，吊具包括吊绳、吊装梁、锁具等。

（4）检查构件安装前的准备工作是否完善，安装用的材料是否准备到位。包括安装位置清理干净，结合面处理符合要求，钢筋连接位置、长度、垂直度、表面清洁情况等，测量放线完成情况，相关安装用的配件、材料准备到位。

（5）试起吊，检查吊装梁的吊点位置中心线与构件重心线是否重合，保证吊运过程构件平稳。

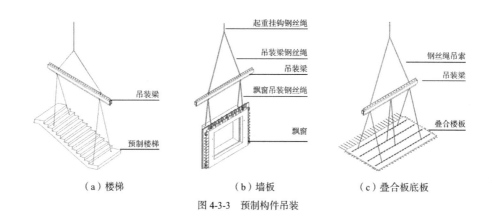

（a）楼梯   （b）墙板   （c）叠合板底板

图 4-3-3 预制构件吊装

预制构件吊运应采用慢起、稳升、缓放的操作方式；起吊应依次逐级增加速度，不应越档操作；构件吊装校正，可采用起吊、就位、初步校正、精细调整的作业方式；预制构件吊装时，应系好缆风绳控制构件转动；吊装至操作面，由底部定位装置及人工辅助引导至安装位置，保证底部稳定水平，使预留钢筋插入至灌浆套筒内，安装临时支撑，检查安装位置、垂直度、水平度，并调节支撑紧固（图 4-3-4）。

（a）吊装就位   （b）安装临时支撑   （c）位置调整

图 4-3-4 预制构件安装就位

3）临时固定措施

构件吊装就位后应及时采取临时固定措施，临时固定措施应具有足够的强度、刚度和整体稳固性。预制墙板、预制柱等竖向构件可采用设置临时支撑的方式；叠合板预制底板一般采用由定型独立支柱和水平横梁组成的临时支撑系统（图4-3-5）。

（a）预制墙板　　　　　（b）预制柱　　　　　（c）叠合板预制底板

图 4-3-5　临时规定措施

4）预制混凝土构件连接

装配整体式混凝土结构构件连接包括构件中的钢筋连接及构件与构件之间的后浇混凝土连接。

钢筋连接技术可采用钢筋套筒灌浆连接技术、浆锚连接技术、钢筋间接搭接连接技术、机械连接等。钢筋连接技术是保证装配式混凝土结构可靠传力的关键。我国目前多采用钢筋套筒灌浆连接技术，该技术已经在美国、日本等国家应用多年，证明是可以保证钢筋有效传力的一项技术，为保证钢筋套筒灌浆连接技术能够达到既定的性能目标，施工前应制定相关施工方案，保证灌浆的饱满度（图4-3-6）。

（a）检查清洁　　（b）材料计量　　（c）浆料搅拌　　（d）流动度检验

（e）封模灌浆　　（f）出浆确认、封堵　　（g）拍照记录　　（h）过程记录

图 4-3-6　灌浆套筒灌浆连接

装配整体式混凝土结构为实现结构的整体性，一般在构件和构件之间设置后浇混凝土段将相邻的两个构件连接为一个整体。在深化设计阶段，施工单位应制定后浇段施工模板与支撑的相关方案，需要在预制构件中预埋预留时，应及时协调深化设计单位（图4-3-7）。

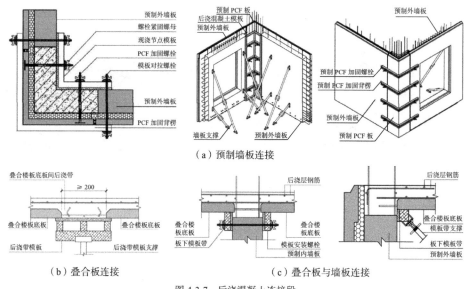

（a）预制墙板连接

（b）叠合板连接　　　　　（c）叠合板与墙板连接

图 4-3-7　后浇混凝土连接段

5）接缝防水处理

夹芯保温预制剪力墙墙板及外挂墙板外立面接缝部位应进行防水处理（图 4-3-8、图 4-3-9）。

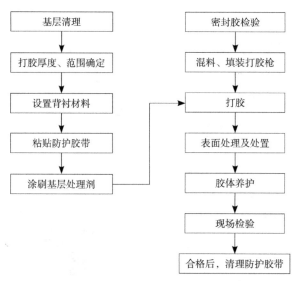

图 4-3-8　预制外墙板接缝处防水处理工艺流程

6）钢结构焊接

目前钢结构现场施工中仍然有一定的焊接工作，焊缝质量易受材料、操作、环境等影响，尤其是现场焊接不能采用自动化作业，全部为人工操作，且多为高空作业，很容易出现各种质量缺陷从而影响施工质量，对结构安全造成不利影响，因此施工过程中必须严格按照各规范、规程的规定执行，以保证施工质量。

（a）清扫施工面　　　（b）确认接缝宽度　　　（c）确认打胶厚度　　　（d）填入背衬材料

（e）粘贴防护胶带　　　（f）搅拌混胶　　　（g）涂刷底涂　　　（h）填充密封胶

（i）修饰接缝　　　　（j）清理防护胶带

图 4-3-9　预制外墙板接缝处防水处理工艺流程

　　在低温环境中焊接，大气温度低于 0℃时，应将焊接部位各方向 2 倍于厚度且不小于 100mm 范围内的母材预热到 20℃以上方可施焊，并在焊接全过程中保持这一温度。具体的预热温度和方法根据构件焊接节点类型、构造、板厚、拘束度、钢材的碳当量、强度级别、冲击韧度等级、施焊方法、焊接材料熔敷金属扩散氢含量等级等确定。在构件焊接完后还应采取适当可靠的保温、缓冷措施，如覆盖石棉布，防止急冷出现脆硬组织。此外，还应考虑焊工的保暖，以免低温影响其操作技能的正常发挥。刮风天气，焊条电弧焊超过 8m/s、气体保护及自动保护焊超过 2m/s 时，应在作业区设置挡风装置或采取其他防风措施；雨雪天、潮湿环境中焊接，作业区的相对湿度不得大于 90%；雨雪天气焊接应设防雨、雪棚，并应有相应的去湿措施；焊件表面潮湿时，应采用电加热器、火焰加热器等加热去湿措施。

　　高层民用建筑钢结构构件接头的焊接工作，应在一个流水段的一节柱范围内，全部构件的安装、校正、固定、预留焊缝收缩量（也考虑温度变化的影响）和弹性压缩量均已完成并经质量检查部门检查合格后方能开始，因焊接后再发现大的偏差将无法纠正。构件接头的焊接顺序，在平面上应从中间向四周并对称扩展焊接，使整个建筑物外形尺寸得到良好的控制，焊缝产生的残余应力也较小。柱与柱接头和梁与柱接头的焊接以互相协调为好，一般可以先焊一节柱的顶层梁，再从下往上焊各层梁与柱的接头，柱与柱的接头可以先焊也可以最后焊。焊接顺序编完后，应绘出焊接顺序图，列出焊接顺序表，表中注明构件接头采用哪种焊接工艺，标明使用的焊条、焊丝、焊剂的型号、规格、焊接电流。在焊接工作完成后，记入焊工代号，对于监督和管理焊接工作有指导作用。构件接头的焊接顺序按照参加焊接工作的焊工人数进行分配后，应在规定时间内完成焊接，如不能按时完成，就会打乱焊接顺序。而且，焊工不得自行调换焊接顺序，更不允许改变焊接顺序。

7）钢结构紧固件连接

紧固件连接包括螺栓、铆钉和销钉等连接，其中螺栓连接可分为普通螺栓连接和高强度螺栓连接。普通螺栓连接中使用较多的是粗制螺栓（C级螺栓）连接，一般用于不直接承受动力荷载的次要构件和不承受动力荷载的可拆卸结构的连接和临时固定用的连接中。高强度螺栓的长度是按外露2～3扣螺纹的标准确定，螺栓露出太少或陷入螺母都有可能对螺栓螺纹与螺母螺纹连接的强度有不利影响，外露过长不但不经济，而且在高强度螺栓施拧时会带来困难。统计出各种长度的高强度螺栓后，要进行归类合并，以5mm或10mm为级差，种类应越少越好。高强螺栓连接在连接前应对连接副实物和摩擦面进行检验和复验，合格后才能进入安装施工。

4.3.3.2 建筑内装

按照建筑工程质量验收的划分原则，建筑工程可分为分部工程（含子分部工程）、分项工程（表4-3-6、表4-3-7）。

建筑装饰装修工程的分部工程、分项工程划分 表4-3-6

分部工程	子分部工程	分项工程
建筑装饰装修	建筑地面	基层铺设，整体面层铺设，板块面层铺设，木、竹面层铺设
	抹灰	一般抹灰，保温层薄抹灰，装饰抹灰，清水砌体勾缝
	外墙防水	外墙砂浆防水，涂膜防水，透气膜防水
	门窗	木门窗安装，金属门窗安装，塑料门窗安装，特种门窗安装，门窗玻璃安装
	吊顶	整体面层吊顶，板块面层吊顶，格栅吊顶
	轻质隔墙	板材隔墙，骨架隔墙，活动隔墙，玻璃隔断
	饰面板	石板安装，陶瓷板安装，木板安装，金属板安装，塑料板安装
	饰面砖	外墙饰面砖粘贴，内墙饰面砖粘贴
	幕墙	玻璃幕墙安装，金属幕墙安装，石材幕墙安装，人造板材幕墙安装
	涂饰	水性涂料涂饰，溶剂型涂料涂饰，美术涂饰
	裱糊与软包	裱糊，软包
	细部	橱柜制作与安装，窗帘盒和窗台板制作与安装，门窗套制作与安装，护栏和扶手制作与安装，花饰制作与安装

常见装饰装修部品或做法 表4-3-7

序号	项目	部品或做法
1	装饰装修	建筑地面——板块面层、木或竹面层铺设及其架空地面的铺设
		轻质隔墙——板材隔墙、骨架隔墙、活动隔墙、玻璃隔断
		饰面板——石板、陶瓷板、木板、金属板、塑料板安装

序号	项目	部品或做法
1	装饰装修	吊顶——整体面层吊顶、板块面层吊顶、格栅吊顶
		幕墙——玻璃幕墙、金属幕墙、石材幕墙、人造板材幕墙安装
		门窗——木门窗、金属门窗、塑料门窗、特种门窗、门窗玻璃安装
2	做法	抹灰——装饰抹灰
		涂饰——水性涂料涂饰、溶剂型涂料涂饰、美术涂饰
3	装配式部品	系统收纳安装
		整体卫生间安装
		集成厨房安装

1）建筑地面——木板面层铺设

建筑地面装饰装修中，通常采用木板面层（表 4-3-8）。

木板面层铺设 表 4-3-8

序号	项目	施工做法
1	铺设垫木、椽木、格栅	主次搁栅的间距应根据地板的长宽模数确定，并注意地板的端头必须搭在搁栅上，表面应平整，搁栅接口处的夹木长度必须大于 300mm，宽度不小于 1/2 搁栅宽
		木搁栅固定时，不得损坏基层和预埋管线。木搁栅应垫实钉牢，其间距不大于 300mm，与墙之间应留出 20mm 的缝隙，表面应平直
		在地垄墙上捆绑椽木，并在椽木及搁栅两端划出各搁栅中线，先对准中线摆两边搁栅，然后依次摆正中间搁栅
		当顶部不平整时，其两端应用防腐垫木垫实钉牢为防止搁栅移动
		搁栅固定好后，在搁栅上按剪刀撑间距弹线，按线将剪刀撑或横撑钉于搁栅之间，同一行剪刀撑应对齐，上口应低于搁栅上表面 10～20mm
		检查搁栅是否垫平、垫实、捆绑牢固，人踩搁栅时不应有响声，严禁用木楔或用多层薄木片垫平
		当设计有通风槽设置要求时，按设计设置
		按设计要求铺防潮隔热隔声材料，隔热隔声材料必须晒干，并加以拍实、找平，即可铺设面层
		如对地板有弹性要求，应在搁栅底部垫橡皮垫板，且胶粘牢固，防止振脱
		如对地板有防虫要求，应在地板安装前放置专用防虫剂或樟木块、喷洒防白蚁药水
2	长条地板面层铺设	铺设的方向应按"顺光、顺主要行走方向"的原则确定
		在铺设木板面层时，木板端头接缝应在搁栅上，并应间隔错开，板与板之间应紧密
		地板面层铺设时，面板与墙之间应留 8～12mm 缝隙

当木板面层下方需要敷设管线时，可采用架空地板做法，架空层高度应满足管线排布的需求，管线集中连接处应设置检修口或采用便于拆装的构造（表 4-3-9）。

<table>
<tr><td colspan="3" align="center">架空地板施工要点</td><td align="right">表 4-3-9</td></tr>
</table>

序号	安装要点
1	架空地板所有的支座柱和横梁应保持整体性，宜采用不锈蚀或防锈处理支座柱和横梁等金属零部件，并与基层连接牢固；支架抄平后高度应符合设计要求
2	架空地面面材包括标准地板、异形地板和地板附件（即支架和横梁组件）。架空地板应平整、坚实
3	架空地板安装时，应设置纵横基准线，并沿基准线向两侧安装。当架空地板不符合模数时，根据实际尺寸在工厂加工完成，并做封边处理，配装相应的可调支撑和横梁，不得有局部膨胀变形情况
4	架空地板金属支架应支承在现浇水泥混凝土基层上，宜采用粘接固定。衬板与横梁接触搁置处宜采用螺丝固定，应达到四角平整、严密的要求，宜设置减振构造。保温层与衬板宜采用粘接固定，地暖层与衬板宜用螺丝固定。螺丝固定时不得损伤破坏管线，不应穿透衬板层
5	架空地板在门口处或预留洞口处应符合设置构造要求，预留孔洞宜在工厂完成，避免现场切割，四周侧边应用耐磨硬质板材封闭或用镀锌钢板包裹，胶条封边应符合耐磨要求

2）轻质隔墙——加气混凝土条板隔墙

（1）施工工艺（图 4-3-10）。

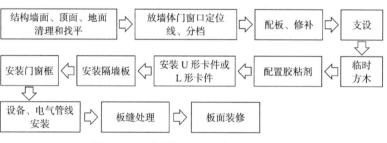

图 4-3-10　加气混凝土条板隔墙施工工艺流程

（2）施工工序（表 4-3-10）。

<table>
<tr><td colspan="3" align="center">加气混凝土条板隔墙施工工序</td><td align="right">表 4-3-10</td></tr>
</table>

序号	施工做法	
1	清理隔墙板与顶面、地面、墙面的结合部位，凸出墙地面的浮浆、混凝土块等必须剔除并扫净，结合部位应找平	
2	在地面、墙面及顶面根据图纸放墙体门窗口定位线、分档	
3	配板、修补	条板隔墙一般都采取垂直方向安装
4	墙板与结构连接的方式为柔性连接：应按设计要求，在两块条板顶端拼缝处设 U 形或 L 形钢板卡，与主体结构连接	
5	板的宽度与隔墙的长度不相适应时，应将部分板预先拼接加宽（或锯窄）成合适的宽度，放置到有阴角处	
6	安装前要进行选板，有缺棱掉角的，应用与板材混凝土材性相近的材料进行修补	
7	架立靠放墙板的临时方木	上方木直接压墙定位线顶在上部结构底面，下方木可离楼地面约 100mm 左右，上下方木之间每隔 1.5m 左右立竖向支撑方木，并用木楔将下方木与支撑方木之间楔紧

序号		施工做法
8	配置胶粘剂	条板与条板拼缝、条板顶端与主体结构粘结采用胶粘剂。胶粘剂要随配随用，并应在30min内用完
9		板与结构间、板与板缝间的拼接，要满抹粘结砂浆或胶粘剂，拼接时要以挤出砂浆或胶粘剂为宜，缝宽不得大于5mm。挤出的砂浆或胶粘剂应及时清理干净
10		板与板之间在板缝钉入钢插板，在转角墙、T形墙条板连接处，沿高度每隔700～800mm钉入钢销或铁件
11		墙板固定后，在板下填塞水泥砂浆或细石混凝土
12		每块墙板安装后，应用靠尺检查墙面垂直和平整情况，如发现偏差加大，及时调整

（3）施工过程（图4-3-11）。

（a）   （b）

（c）   （d）   （e）   （f）

（g）   （h）

图4-3-11　轻质隔墙施工过程示意图

3）轻质隔墙——轻钢龙骨隔墙

（1）施工工艺（图4-3-12）。

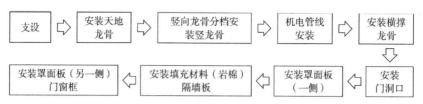

图 4-3-12　轻钢龙骨隔墙施工工艺流程

（2）施工工序（表 4-3-11）。

轻钢龙骨隔墙施工工序　　　　　　　　表 4-3-11

序号		施工做法
1		在地面上弹出水平线并将线引向侧墙和顶面，并确定门洞位置，结合罩面板的长、宽分档，以确定竖向龙骨、横撑及附加龙骨的位置，以控制隔断龙骨安装的位置、龙骨的平直度和固定点
2		天地龙骨与建筑顶、地连接，及竖龙骨与墙、柱连接均可采用射钉，选用 M5×35mm 的射钉将龙骨与混凝土基体固定，砖砌墙、柱体应采用金属胀铆螺栓。射钉或电钻打孔间距宜为 600～900mm，最大不应超过 1000mm。 轻钢龙骨与建筑基体表面接触处，应在龙骨接触面的两边各粘贴一根通长的橡胶密封条。或根据设计要求采用密封胶或防火封堵材料
3	安装竖龙骨	罩面板材较宽者，应在其中间加设一根竖龙骨，竖龙骨中距最大不应超过 600mm。 隔断墙的罩面层重量较大时（如贴瓷砖），竖龙骨中距应以不大于 400mm 为宜。 隔断墙体的高度较大时，其竖龙骨布置也应加密。墙体超过 6m 高时，可采取架设钢架加固等方式
		由隔断墙的一端开始排列竖龙骨，有门窗者要从门窗洞口开始分别向两侧排列。当最后一根竖龙骨距离沿墙（柱）龙骨的尺寸大于设计规定时，必须增设一根竖龙骨
		门窗洞口处的竖龙骨安装应依照设计要求，采用双根并用或是扣盒子加强龙骨。如果门的尺度大且门扇较重时，应在门框外的上下左右增设斜撑
4	安装通贯龙骨	通贯横撑龙骨的设置：低于 3m 的隔断墙安装 1 道；3～5m 高度的隔断墙安装 2～3 道
		对通贯龙骨横穿各条竖龙骨进行贯通冲孔，需接长时应使用配套的连接件
		在竖龙骨开口面安装卡托或支撑卡与通贯横撑龙骨连接锁紧，根据需要在竖龙骨背面可加设角托与通贯龙骨固定
		采用支撑卡系列的龙骨时，应先将支撑卡安装于竖龙骨开口面，卡距为 400～600mm，距龙骨两端的距离为 20～25mm
5	安装横撑龙骨	隔墙骨架高度超过 3m 时，或罩面板的水平方向板端（接缝）未落在沿顶沿地龙骨上时，应设横向龙骨
		选用 U 形横龙骨或 C 形竖龙骨作横向布置，利用卡托、支撑卡（竖龙骨开口面）及角托（竖龙骨背面）与竖向龙骨连接固定
6	门窗等洞口制作	沿地龙骨在门洞位置断开
		在门、窗洞口两侧竖向边框 150mm 处增设加强竖龙骨
		门、窗洞口上楹用横龙骨制作，开口向上。上楹与沿顶龙骨之间插入两根竖龙骨，其间距不大于其他竖龙骨间距，隔墙正反面封板时分别将两面板错开固定于这两根竖龙骨上。用同样方法制作窗口下楹和设备管、风管等部位的加强制作

序号		施工做法
6	门窗等洞口制作	门框制作应符合设计要求，一般轻型门扇（35kg 以下）的门框可采取竖龙骨对扣中间加木方的方法制作；重型门根据门重量的不同，采取架设钢支架加强的方法，注意避免龙骨、罩面板与钢支架刚性连接
7	机电管线安装	按照设计要求，隔墙中设置有电源开关插座、配电箱等小型或轻型设备时，其末端应预装水平龙骨及加固固定构件。消防栓、挂墙卫生洁具必须由机电安装单位另行安装独立钢支架，严禁将其直接安装在轻钢龙骨隔墙上
		机电施工单位按照图纸施工墙体暗装管线和线盒，机电施工单位必须采用开孔器对龙骨进行开孔，严禁随意施工破坏已经施工完毕的龙骨。并且按照装饰龙骨安装的要求把各种管线和线盒加固固定好
		机电安装完后应用铅锤或靠尺校正竖龙骨垂直度和龙骨中心距

4）吊顶——石膏板吊顶

（1）施工工序（图 4-3-13）。

图 4-3-13　石膏板吊顶施工工序

（2）施工工艺（表 4-3-12）。

石膏板吊顶施工工序　　　　　　　　　　　　表 4-3-12

序号		施工做法
1		用水准仪在房间内每个墙（柱）角上抄出水平点，距地面一般为 500mm 弹出水准线，按吊顶平面图，在混凝土顶板弹出主龙骨的位置
2	固定吊挂杆件	采用膨胀螺栓固定吊挂杆件
		龙骨在遇到断面较大的机电设备或通风管道时，应加设吊挂杆件，即在风管或设备两侧用吊杆（吊索）固定角铁或者槽钢等刚性材料作为横担，跨过梁或者风管设备。再将龙骨吊杆（吊索）用螺栓固定在横担上，形成跨越结构。吊杆（吊索）距主龙骨端部距离不得超过 300mm，吊顶灯具、风口及检修口等应设附加次龙骨及吊杆（吊索）
3	安装边龙骨	边龙骨的安装应按设计要求弹线，沿墙（柱）上的水平龙骨线把 L 形镀锌轻钢条用自攻螺丝固定；如为混凝土墙（柱），可用射钉固定，射钉间距应不大于吊顶次龙骨的间距
4	安装主龙骨	主龙骨安装间距 ≤ 1200mm
		跨度大于 15m 以上的吊顶，应在主龙骨上每隔 15m 加一道大龙骨，并垂直主龙骨焊接牢固。如有大的造型顶棚，造型部分应用角钢或扁钢焊接成框架，并应与楼板连接牢固
		吊顶如设检修走道，应另设附加吊挂系统
5	安装次龙骨	次龙骨应紧贴主龙骨安装。次龙骨间距 300～600mm。用 T 形镀锌铁片连接件把次龙骨固定在主龙骨上时，次龙骨的两端应搭接在 L 形边龙骨的水平翼缘上。次龙骨不得搭接。在通风、水电等洞口周围应设附加龙骨，附加龙骨的连接用拉铆钉铆固

序号		施工做法
6	纸面石膏板安装	饰面板应在自由状态下固定，防止出现弯棱、凸鼓的现象；还应在棚顶四周封闭的情况下安装固定，防止板面受潮变形
		纸面石膏板的长边（即包封边）应沿纵向次龙骨铺设
		自攻螺丝与纸面石膏板边的距离：用面纸包封的板边以 10 ～ 15mm 为宜，切割的板边以 15 ～ 20mm 为宜
		固定次龙骨的间距以 300mm 为宜
		钉距以 150 ～ 170mm 为宜，自攻螺丝应与板面垂直，已弯曲、变形的螺丝应剔除，并在相隔 50mm 的部位另安螺丝
		安装双层石膏板时，面层板与基层板的接缝应错开，不得在一根龙骨上
		石膏板的接缝及收口应做板缝处理
		纸面石膏板与龙骨固定，应从一块板的中间向板的四边进行固定，不得多点同时作业
		螺丝钉头宜略埋入板面，但不得损坏纸面，钉眼应作防锈处理并用石膏腻子抹平

5）整体卫生间安装

（1）现场装配式整体卫生间安装工序及安装要点（图 4-3-14，表 4-3-13）。

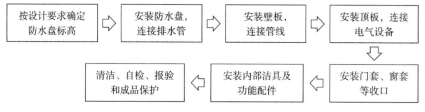

图 4-3-14　现场装配饰整体卫生间安装工序

现场装配式整体卫生间安装要点　　　　　　　　　　表 4-3-13

序号	安装要点
1	防水盘的安装：底盘的高度及水平位置应调整到位，底盘应完全落实、水平稳固、无异响现象；当采用异层排水方式时，地漏孔、排污孔等应与楼面预留孔对正
2	排水管的安装：预留排水管的位置和标高应准确，排水应通畅；排水管与预留管道的连接部位应做密封处理
3	壁板的安装：应按设计要求预先在壁板上开好各管道接头的安装孔；壁板拼接处应表面平整、缝隙均匀；安装过程中应避免壁板表面变形和损伤
4	给水管的安装：当给水管接头采用热熔连接时，应保证所熔接的接头质量；给水管道安装完成后，应进行打压试验，并应合格
5	顶板安装应保证顶板与顶板、顶板与壁板间平整、缝隙均匀

（2）整体吊装式整体卫生间安装要点（表 4-3-14）。

整体吊装式整体卫生间安装要点		表 4-3-14
序号	安装要点	
1	将工厂组装完成的整体卫生间，经检验合格后，做好包装保护，由工厂运至施工现场，利用垂直和平移工具将其移动到安装位置就位	
2	拆掉整体卫生间门口包装材料，进入卫生间内部检验有无损伤，通过调平螺栓调整好整体卫生间的水平度、垂直度和标高	
3	完成整体卫生间与给水、排水、供暖预留点位、电路预留点位连接和相关试验	
4	拆掉整体卫生间外围包装保护材料，由相关单位进行整体卫生间外围合墙体的施工	
5	安装门套、窗套等收口	
6	清洁、自检、报检和成品保护	
7	整体吊装式整体卫生间应利用专用机具移动，放置时应采取保护措施。整体吊装式整体卫生间应在水平度、垂直度和标高调校合格后进行	

4.4 装配式建筑的精益化管理

新型建造管理模式是在建筑工程建造过程中，以工程总承包为实施载体，以信息化为技术手段，以工业化为生产方式，组成建筑的部分或全部部件部品工厂预制、现场装配成建筑产品的新型工程建设组织模式。

装配式建筑具有非常显著的系统性特征，其全产业链以建筑实现的流程为主线，主要包括项目策划、设计、制造、施工以及运营维护五个环节，参与方主要为建设单位、设计单位、生产企业、施工企业、物业管理企业五个主体。我国装配式建筑倡导以标准化的部件部品为根本，以模块化方法统领建筑集成，强调"建筑、结构、机电与装修全专业协同"，以及"设计、生产、施工全过程协调"的新型一体化建造模式。装配式建筑的建造理念与传统粗放的建造方式相对应，是建筑行业建造方式的重大变革，可以有效地将装配式建筑的全产业链深度融合，提高工程建造和管理的质量和效率，也是建筑业走向高质量发展的有效途径。

装配式建筑不能简单地等同于传统生产方式加上装配化施工，若要真正实现装配式建筑一体化建造，基本途径就是工业化建造。目前所倡导的新型建筑工业化应满足标准化设计、工厂化生产、装配化施工、一体化装修、信息化管理和智能化应用的要求。如若照搬传统建筑建造的设计、施工和管理模式进行装配式建筑建造，则会使得工业化的本质流于形式，丧失自身优势。在科技飞速发展的时代背景下，一体化建造的发展创新必然应与信息技术相结合。信息技术是装配式建筑的一大特征，也是实现一体化建造方式的重要工具和手段。装配式建筑通过借助信息化管理与应用手段以及工程总承包模式，将全专业、全过程进行系统性整合，全面提高了工程建造的整体质量、效率和效益。装配式建筑建造可形象地概括为"一体两翼"。其中，"两翼"指的就是信息化管理与应用和工程总承包建造模式（图 4-4-1）。

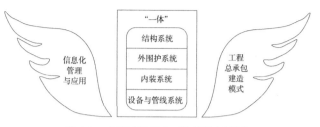

图 4-4-1 装配式建筑 "一体两翼" 示意图

4.4.1 信息化管理与应用

信息化管理与应用是装配式建筑 "一体两翼" 概念中 "两翼" 之一，也是实现装配式建筑一体化建造模式的强大助力。建筑信息模型技术（building information modeling，以下简称 "BIM"），由欧美发达国家提出并推行，是几十年来建筑实践的结果，也是建筑信息化技术的集中体现（图 4-4-2）。BIM 技术实施的意义超越了建筑学学科的传统范畴，尤其是对于装配式建筑而言，其在工程管理、社会协作等层面具有深远的影响。现阶段，BIM 的应用不仅是一种技术实现问题，更是一种上升到行业发展战略层面的管理问题。

图 4-4-2 建筑信息模型（BIM）技术

2017 年 5 月，住房和城乡建设部发布了《建筑信息模型施工应用标准》，明确提出了推进 BIM 应用的发展目标，即 "到 2020 年末，建筑行业甲级勘察、设计单位以及特级、一级房屋建筑工程施工企业应掌握并实现 BIM 与企业管理系统和其他信息技术的一体化集成应用。到 2020 年末，集成应用 BIM 的项目比率应达到 90%"。BIM 是全产业链集成化的重要工具，其理念是要实现工程项目各个阶段、不同专业之间的信息集成和共享。从建筑行业转型升级的长远发展角度来看，装配式建筑一体化建造的实现，离不开基于 BIM 的一体化集成应用技术，只有通过 BIM 技术与信息化管理的深度集成，方能实现真正意义上的建筑信息化与产业化。

装配式建筑的核心是集成，BIM 技术则是有效集成的手段。通过合理运用 BIM 技术，可将策划、设计、生产、施工、运维等全过程以及建筑、结构、机电与装修等全专业有机融合，高效服务于建筑全寿命周期。基于 BIM 的信息化技术具有精细化设计能力和贯穿建筑全寿命周期的项目管理等特性，完全契合装配式建筑的一体化建造理念。设计人员应用 BIM 技术完成装配式建筑设计工作并形成三维模型，建筑设计、深化设计、构件生产、构件运输、现场施工、运营维护等环节中的信息通过该三维模型有效传递并不断深化调整，最终通过形成精细化三维模型来实现信息的获取、录入和存储，进而搭建完成一个可为项目各方使用和共享的信息资源管理平台。因此，基于 BIM 的信息化技术的应用，可以有效解决装配式建筑全寿命周期的关键技术问题，有效融合建筑工程全产业链，实现装配式建筑全过程、全专业一体化建造的精细和高效管理。

4.4.1.1 设计阶段

装配式建筑的方案设计应统筹考虑建筑功能、外观、构件生产、施工等方面的内容。在传统的工程设计中，不同专业的设计人员之间开展工作相对独立，在设计阶段更是很少考虑到后续施工、运维等环节的相关需求。装配式建筑是建筑工业化与信息化的产物，传统的设计方法已无法满足时代的需求。在装配式建筑的设计阶段，必须颠覆传统建筑工程的设计思维，应采用基于 BIM 的信息化技术前置，考虑到预制构件后续生产、运输、施工等环节中的工艺及设备需求，以全专业、全过程一体化的思维模式来进行装配式建筑设计。

应用基于 BIM 技术的信息化管理平台（以下简称"BIM 平台"），可通过建立统一的三维可视化数据模型来进行各专业的协同设计和出图管理。BIM 技术能够真正实现各专业之间数据的无缝对接，所有的设计人员都在同一个 BIM 模型上进行设计工作，所有信息均可实现实时交互并以可视化的模型直观呈现效果。BIM 技术也可以支持不同阶段、不同参与方共同对模型进行深化调整与协调，有效提高设计质量和设计效率。

应用基于 BIM 技术的装配式建筑的设计阶段，主要分为方案策划、初步设计、施工图设计和深化设计四个阶段。

1）方案策划

装配式建筑的设计必须摒弃传统的设计理念，方案策划便是装配式建筑设计阶段的第一步。装配式建筑的核心是集成，落脚点为标准化的部件部品，设计过程中应采用模数协调和模块组合的设计方法，遵循少规格、多组合的基本原则，尽量在减少所选用的标准化部件部品种类的基础上来实现装配式建筑的正向设计。

在方案策划过程中，应充分发挥 BIM 技术的优势，统筹考虑建筑主体结构、外围护、内装设备与管线等部件部品之间的尺寸协调。模数协调及模块与模块的组合应充分考虑主体结构受力合理、生产运输方便以及尽可能减少部件部品种类等因素，还应根据工程的功能需求、当地的构件厂生产条件和运输条件以及经济成本等进行综合可行性分析。同时，也可利用 BIM 技术的便捷性、直观性和可操作性开展方案比选等工作，协助高效地确定最优建筑方案。

标准化的部件部品和标准化模块是开展装配式建筑设计的基础和关键，也是建筑工业化的最小基本单元。应用 BIM 技术可以充分结合装配式建筑部件部品的尺寸、材料、特性以及生产工艺等，建立模块化的预制部件部品库（图4-4-3），也可基于模数协调准则建立标准化的模块库，甚至是标准化户型库，实现精细化设计。在不同的建筑项目设计中，设计人员仅需要从BIM的模型库中选取所需的部件部品、模块，甚至直接选取相应户型进行组合，即可建立最终整体的BIM模型。同时，也可根据不同项目的需要对模型库进行不断的完善与扩充。

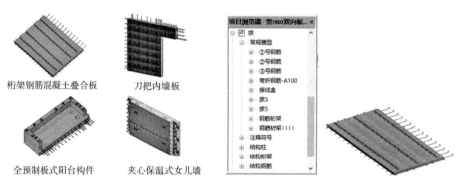

桁架钢筋混凝土叠合板　　　刀把内墙板

全预制板式阳台构件　　　夹心保温式女儿墙

图 4-4-3　BIM 预制混凝土构件库示意图

基于BIM技术所完成的正向设计，在方案策划阶段应优先采用模型库内的标准化部件部品或标准模块等基本单元。这些基本单元不仅能够满足标准化、系列化、通用化的要求，同时这些参数化基本单元的信息还可用于指导生产和加工。通过建立符合后续生产、加工要求的模型库，并在库内选取基本单元的设计模式，实际上是将后续设计、生产、施工等环节的需求前置考虑，打通了前端设计与后端生产、施工环节，设计周期短、精度高。因此，基于BIM技术的方案策划模型的建立为装配式建筑的一体化建造提供了关键支撑，除了满足方案策划阶段的需求外，也可直接作为下一阶段BIM模型的设计基础。

2）初步设计

装配式建筑的初步设计是在方案策划的基础上进一步深化各专业的设计内容。在此阶段，BIM平台可以直接对接各个专业的传统设计软件完成精细化设计，并可实现全专业的协同设计。

初步设计阶段，应采用BIM平台对方案策划阶段所建立的BIM三维模型进一步深化，统一采用BIM平台对接各专业设计软件的设计结果，确定部件部品的尺寸和规格。采用此方式所实现的各专业协同设计，便于直接统计与控制部件部品或标准化模块的种类，有效提高重复利用率，进而提高装配式建筑的工业化程度。

3）施工图设计

在装配式建筑的施工图设计阶段，应在初步设计的基础上，通过BIM平台集成各专业的设计成果，由各专业协同调整设计方案。在此阶段，主要完成细化预制构件及其连接、各专业间的碰撞协调、预制率统计及施工图设计等（图4-4-4）。应用BIM模型可以自动生成结构模板图、预制构件配筋图、平面布置图、部件部品组装图以及连接节点详图等。

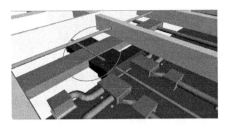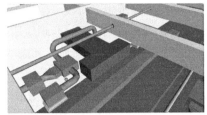

图 4-4-4　应用 BIM 技术进行碰撞检查

4）深化设计

深化设计是对接装配式建筑设计阶段和生产阶段的重点环节，深化设计的质量直接影响着装配式建筑后续生产、施工阶段的工程质量和工作效率，其重要性不容忽视。在深化设计阶段，应接力施工图设计 BIM 模型，进一步对标准化部件部品 BIM 模型几何造型需求、连接需求、生产工艺需求和施工安装需求等进行参数详细调整，同时进一步通过 BIM 平台的碰撞检查功能对所有部件部品进行碰撞检查及避让处理。

对于预制混凝土构件，应在 BIM 模型上补充吊装、安装等辅助预埋件的建模，并进行相应的短暂工况设计验算，同时还应通过 BIM 平台获取各专业提资条件，完成机电、精装修等预留条件对应的预留洞口设计等（图 4-4-5）。

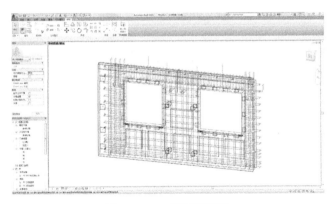

图 4-4-5　BIM 深化设计模型

应用 BIM 技术所建立完成的装配式深化设计建筑模型，应能够达到满足生产要求的精细程度，能够完成详细的装配率统计、部件部品的采购清单与物料清单、预制构件的构造图和节点详图，并应自动生成各类预制构件加工详图等，可用于直接指导工厂精益生产加工。通过 BIM 技术及 BIM 平台的合理化应用，可以很好地将建筑、结构、机电和内装修等各专业的信息高效集成，前置考虑部件部品在生产运输、施工安装等各环节预留预埋等综合要求，实现装配式建筑一体化、精细化的设计目标。

4.4.1.2 生产阶段

工业化精益制造的生产方式是装配式建筑不同于传统生产方式的主要特点之一。在装配式建筑生产阶段，应采用 BIM 平台来针对工厂的生产加工过程进行流程化的管理与控制。通过合理应用 BIM 平台，可以实现库存控制、生产过程物料控制、进度控制、质量管控和成本管控，有效促进工厂的精细化管理。同时，通过标准化、流水线式部件部品的生产作业，可以增加部件部品的标准化程度，大大提高生产效率，还可减少人力带来的操作失误，在改善工人工作环境的同时节省人力和物力。可以说，BIM 技术是装配式建筑实现精益制造的重要抓手。

1）对接生产方

BIM 平台在装配式建筑生产阶段可直观高效地对接生产方。其主要的工作模式首先是直接接收 BIM 设计数据，包括构件类型和数量，每个构件的基础信息和各类深化详图，包括构件的组成信息，如构件的钢筋信息、混凝土信息、模具信息和预埋件信息等。然后该平台将生产加工任务按需下发到指定的加工设备的操作台或者 PLC（可编程逻辑控制器）中，并能根据设备的实际生产情况对管理平台进行反馈统计。

相比于传统二维的纸质图纸，基于 BIM 技术的信息化模型具有更加完整、直观的信息系统，可以将前端设计人员的思想完全无误地传达给生产方。同时，由于设计阶段所完成的 BIM 模型由其实际设计信息构成，生产方可直接提取各个部件部品的参数，确定其尺寸、材质、数量等。同时，生产者也可以根据上述信息制定相应的生产流程和生产工艺，还可应用 BIM 技术对信息进行快速复核，并与设计人员反馈沟通，便于设计和生产环节实现信息双向流动，提高生产效率、节约生产成本。

生产方在直接获取 BIM 信息化模型中的部件部品信息之后，BIM 平台可针对工厂生产数据进行相应的分析管理，并与生产线或各种生产设备直接进行对接，实现设计加工生产一体化，无需构件信息的重复录入，避免人为操作失误。

当综合考虑部件部品的设计信息以及自身生产要求后，生产方也可以选择建立标准化 BIM 部件部品模型库或补充完善前端设计的模型库，在生产过程中对类似部件部品只需调整模具尺寸即可进行生产。

BIM 平台将生产加工任务按需下发到指定的加工设备的操作台或者 PLC（可编程逻辑控制器）之后，根据设备的实际生产情况对管理平台进行反馈统计。通过这种模式，将生产领料信息通过生产加工任务和具体项目及操作班组关联起来，从而提升精细化管理，节约工厂成本。

2）项目管理和工厂管理

装配式建筑在生产阶段的信息化管理，需要集成信息化、BIM、物联网和大数据技术，针对工厂全生产流程和装配式项目全寿命周期进行管理，打通装配式项目的设计、生产运输、施工等多个阶段，加强管理的可视化和精细化，从而减少项目风险，降低构件成本，优化库存，提高工厂生产效率和应变能力，优化工厂管控流程，提高产品质量。

BIM 平台在装配式建筑的生产阶段主要以装配式项目管理和工厂管理为两条主线，搭建形成了项目管理和工厂管理协同及内控管理体系。

装配式建筑在生产阶段的 BIM 平台，主要针对工厂的生产加工过程进行流程化管理，通过该平台可以有效实现库存控制、生产过程物料控制、进度控制、质量管控和成本管控等。同时，应用 BIM 平台也可综合考虑装配式建筑项目设计和深化、生产和运输、装配施工、运行维护等全寿命周期，以及项目合同、进度、质量、安全、成本和风险等进行规范化管理原则，对项目进行流程优化和固化，提升项目管理的成熟度。

3）质量追溯系统

BIM 平台可借助构件编码体系和物联网技术，实现构件可追溯性质量管控。

在装配式建筑的生产阶段，通过建立装配式建筑部件部品的编码体系将部件部品编码与 BIM 模型及构件数据库相关联，便可在部件部品的生产过程中通过二维码或 RFID 电子标签对其全寿命周期进行管理，尤其针对隐蔽工程检验、成品检验、入库、装车、卸车、安装等核心环节进行跟踪记录和管控，从而实现构件全寿命周期追溯性质量管理（图 4-4-6）。

图 4-4-6　预制混凝土构件二维码

通过物联网技术，也可把系统中虚拟数字化的构件信息与现实工作构件建立联系，通过各个工艺、工序扫码记录相关信息，实现全过程信息自动记录，从而实现质量可追溯。

4）物资信息化管理

装配式建筑的生产阶段中，还可以通过信息化手段来实现物资的信息化管理。装配式建筑加工工厂的物资信息化管理并非源于生产加工环节，而是以设计人员导入构件生产数据为起点。在整个物资信息化管理过程中，通过信息化管理平台可以自动汇总生成部件部品 BOM 清单。根据所生成的 BOM 清单计算出物资需求计划，结合当前库存和部件部品的月生产计划编制相应的材料请购单，采购订单从请购单中选择材料进行采购，根据采购订单入库。

采购材料入库后便进入物资的出入库管理。物资的出入库管理包括物资的入库、出库、退供、退库、盘点、调拨等业务。各类不同物资的出入库处理流程和核算方式有所差别,不应按照统一流程处理。同时,将物资出入库业务和仓库的库房库位信息进行集成,将不同类型的物资和不同的仓库关联,包括原材料仓库、地材仓库、周转材料仓库、半成品仓库等。物资便可按项目、用途出库,系统便能够实时对库存数据进行统计分析,以此来实现工厂物资的信息化管理。

5)运输管理

在生产阶段,信息化管理平台可以综合考虑部件部品的尺寸信息、运输道路、运输吨位、限制高度、路况等因素,统筹规划部件部品的运输路径以及进出场工地的路线等。同时,该系统也将对运输车辆进行编码并安装卫星定位跟踪系统,在生产阶段对车辆的运输位置与轨迹进行跟踪、记录与管理。

标准化部件部品的运输是连接生产阶段与施工阶段的重要环节。因此,在生产阶段除要应用 BIM 平台进行工厂内部的运输管理外,尚应做好场地布置设计以及运输车辆出厂与出入场的路线规划,以确保施工环节的顺利开展。

4.4.1.3 施工阶段

相比于传统现浇结构,装配式建筑的施工阶段增加了部件部品运输、吊装、安装的相关流程,减少了现场湿作业的工作数量。对于装配式建筑而言,施工安装是其项目进程中极其重要的阶段,直接影响着项目整体的工程质量、工程成本和时间进度。

在装配式建筑的施工阶段,应综合运用 BIM 平台、部件部品的数据模型以及施工现场的智慧工地等相关信息化技术,实现装配式建筑施工过程中堆场优化、吊装模拟和管理、部件部品可视化预拼装及安装流程模拟、进度协同和管控等信息化管控手段,实现装配式建筑施工阶段的信息化管理模式。同时,在制定具体的施工组织方案时,施工单位技术人员可以将本项目计划的施工进度、人员安排等信息输入 BIM 平台,由平台软件根据所录信息进行施工模拟。此时,BIM 技术可以实现不同施工组织方案仿真模拟,施工单位便可依据模拟结果选取最优施工组织方案。随着工程项目的推进,施工单位还可应用信息化管理手段生成多媒体施工视频材料、安装进度计划表、安装质量检验报告、预制构件安装验收报告、安装进度表等文件,以供后期验收和维护使用。

除施工阶段自身的信息化管理之外,在施工过程中也可应用施工深化设计的方式梳理并实际检验 BIM 模型的准确性。BIM 技术工程师结合自身专业经验或与施工技术人员配合,对建筑信息模型的施工合理性、可行性进行甄别,并进行相应调整优化,对优化后的模型实施冲突检测。当施工人员或施工人员委托 BIM 技术工程师将施工操作规范、施工工艺等融入施工作业模型之后,将会进一步完善该项目的 BIM 模型,使得模型所对应的施工图能够切实满足施工作业的相关需求。

1)堆场优化

在装配式建筑施工阶段,可采用 BIM 平台按照部件部品的吊装计划和装配顺序、结合 BIM 模型中确定的位置信息对项目现场的堆场进行相关优化。通过项目施工现场的堆场优化，能够明确不同部件部品的存储区域、存储位置和存储顺序，有效避免二次搬运。同时，在部件部品或材料存放时，借助 BIM 平台可以实现构配件的点对点存储，切实提高施工建造效率。

在进行部件部品的堆场优化时，应结合 BIM 技术建立现场场地的三维布置模拟，并以现场存储区和吊装操作仿真模拟部件部品的堆场和吊装，合理利用现场堆场空间，进而实现部件部品堆场布置的合理、高效和优化（图 4-4-7）。

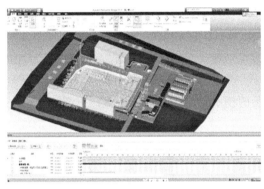

图 4-4-7　施工场地布置

2）吊装模拟和管理

部件部品在施工现场的吊装是装配式建筑不同于传统施工的显著特征，也是施工环节中的关键步骤之一。在吊装过程中，可以充分利用 BIM 平台进行吊装模拟和管理。首先，可以通过 BIM 模型直接读取每个部件部品的吊装参数，结合施工现场的塔吊进行评估和优化，再结合施工现场工作面和空间、堆场布置、塔吊的起重能力和作业安全等因素，进行相应的吊装模拟、动态优化塔吊方案（图 4-4-8）。

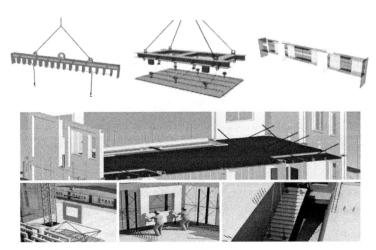

图 4-4-8　吊装模拟

同时，通过 BIM 平台将本环节与堆场优化环节相结合，通过塔吊的布置及起吊半径、起吊能力等来校核装配式建筑各个部位部件部品吊装的方案，以此再对塔吊布置与堆场进行相应优化。

3）可视化预拼装及安装流程模拟

装配化施工是装配式建筑最本质的特点之一，在其施工阶段中体现为拼装的安装模式。

对于复杂的装配式建筑而言，应采用 BIM 的可视化和虚拟仿真技术，针对核心构件或者全部构件进行可视化预拼装，并应针对构件装配方案进行合理性验证和优化。

同时，也可采用 BIM 和 VR 技术模拟现场的安装流程。目前，这种三维可视化的安装流程模拟还应用于现场产业工人的培训以及装配技术交底。相比于传统二维图纸单一抽象的表达模式，三维模拟与二维详图相结合可以直观、高效、精准地表达装配式建筑施工安装的技术要点。

4）进度协同和管控

在施工过程中，借助 BIM 平台技术，施工单位通过将施工过程中产生的相关信息实时输入平台即可全面监控工程现场的情况。在现场施工时，应用 BIM 技术可进行施工监督，并可实时指导现场施工。同时，通过 BIM 技术也可以对比分析现场实际施工进度与原计划进度，及时安排人员调配和各类物资运输存储。

基于 BIM 4D 技术可实现装配式建筑施工的精确计划、跟踪和控制，还可以动态规划、分配各种施工资源和场地，结合部件部品的生产管理和物联网监测，实时跟踪工程项目的实际进度并与计划进度相比较，及时分析偏差对工期的影响程度以及产生的原因，与工厂生产等上下游相关方形成联动机制，采取有效措施，实现对项目进度的精确控制，从而确保项目按时竣工。

5）质量监管

装配式建筑预制构件的现场装配施工质量至关重要。因此，应充分发挥 BIM 技术的核心优势，通过对装配施工过程的核心环节安装物联网传感器，实现对施工质量的实时动态监测。同时，还可以借助 BIM 技术将预制构件的 BIM 模型数据与其施工装配结构进行比对检验，或者也可直接将质量相关的要求和标准输入 BIM 模型之中，让质量问题能在各个层面上实现高效监管与沟通。其中，施工过程的核心环节包括混凝土浇筑、灌浆流程的监测和记录等。

4.4.2　工程总承包管理模式

工程总承包管理模式是指受建设单位委托，按照合同约定对工程建设项目的设计、采购、施工、试运行等实行全过程或若干阶段的承包，对所承包工程的质量、安全、费用和进度进行负责。

装配式建筑是一项系统工程，整个工程建设过程中的各个环节需要更高效的协调与配合，因此，更加需要科学合理的管理模式与之匹配，方能实现装配式建筑的一体化建造并充分发挥其优势。工程总承包模式的核心理念便是一体化集成管理，与装配式建筑的一体化建造相契合。现阶段，工程总承包模式是与装配式建筑相匹配的最佳选择，是推进装配式建筑实现全专业一体化、全过程一体化的重要途径，可以打通产业链壁垒，高效解决技术与管理脱节的问题。

采用工程总承包模式，建设单位无需再直接协调设计单位、生产单位、施工单位等，有效避免了因协调管理的工作量大、各个环节相互脱节等引起的反复变更、成本增加以及设计无法发挥主导作用等问题。在工程总承包模式下，建设单位只需要对接总承包商，总承包商负责项目设计、加工采供、施工等全过程的协调与管理，在合同允许范围内也可将部分工作分包，各方责任明确。同时，由于总承包商对全过程、全专业集成化统一管理，便可充分整合全产业链资源并优化配置，使得管理工作更具整体性和系统性，大大提升管理质量和管理效率（图 4-4-9）。

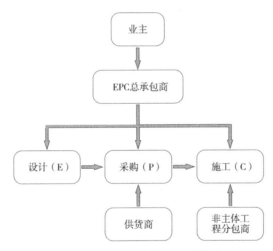

图 4-4-9　工程总承包模式组织结构图

在优势方面，第一，工程总承包模式能够充分发挥设计在整个工程建设过程中的主导作用，与装配式建筑所强调的建筑师负责制的理念完全契合。设计环节的主导作用也有利于项目建设过程中整体方案的不断优化与调整，能够将设计、生产和施工等环节进行统筹规划，以实现全过程优化。第二，采用工程总承包模式，有利于设计、采购、生产、施工等各个环节的合理高效衔接，有效连接前期设计、生产与现场施工，进而克服各个环节的相互制约与相互脱节所引起的矛盾，助力实现装配式建筑的一体化建造，高效推进项目进度，合理控制工程质量和成本。第三，采用工程总承包模式也可以优化配置全产业链的资源，有效整合上下游，避免因传统切块分割施工模式所带来的零散化管理问题，进而有效控制建设成本。第四，在工程总承包模式下，建设工程的质量责任主体明确，合理避免了追究工程质量责任和确定工程质量责任承担人时所引起的纠纷。

当装配式建筑采用工程总承包模式进行全过程信息化管理时，实际上是信息化技术、BIM 技术，以及装配式建筑全过程、全专业一体化管理的相互融合和综合应用。BIM 一体化信息管理平台是基本工具，工程总承包是管理模式的核心理念，基于此来实现对建筑设计、生产、施工、运维等全过程的一体化管理，以 BIM 模型为数据载体来实现工程总承包管理各环节的信息互通，进而实现装配式建筑的一体化建造。

当采用工程总承包模式对装配式建筑建造进行全过程管理时，主要关注设计管理、生产管理以及施工管理三个主要环节。

4.4.2.1　设计管理

设计阶段是装配式建筑工程全生命周期的核心环节，也是整个工程总承包模式的基础和关键。装配式建筑设计质量直接决定着整个工程的建造效率、工程质量以及经济成本等。在装配式建筑的设计阶段中，应充分发挥工程总承包模式的优势，高效协同设计、生产、施工等各个环节，以及建筑、结构、机电与装修等各个专业进行设计管理，实现对设计流程、设计质量及工程成本等的管理与控制，为后续生产、施工等环节的开展和整体工程质量的把控奠定良好基础。

工程总承包模式强调设计的主导作用。不同于传统的管理方式，工程总承包模式将项目的设计工作贯穿于装配式建筑从设计阶段直至竣工运行，因此工程总承包模式对于设计阶段的管理绝不可仅限于设计环节，还应协同考虑生产、施工等环节的相关要求，强调在装配式建筑建造全过程中充分发挥设计的主导作用。

相比于传统的工程管理，工程总承包模式下的设计管理在设计阶段即综合分析生产制造、装配施工的流程和质量控制要点，如生产施工过程中的支撑、吊装等重点环节，以实现在设计之初便尽可能规避后期可能出现的质量及工程安全问题。在采用工程总承包模式进行设计管理时，各专业设计人员共同应用 BIM 平台，将各自专业的信息协同汇总至 BIM 模型以供总承包商统一审核及管理。同时，在设计阶段，工程总承包商应组织生产、施工人员进行协同设计，以减少后续深化设计环节的设计变更。

在采用工程总承包模式进行设计管理时，首先，设计师基于 BIM 平台开展建筑协同设计，并形成 BIM 数据模型，生产厂及施工单位接收模型数据分别进行相应分析。然后，生产厂家、施工单位分别根据部件部品生产和施工的具体技术要求和相关工艺流程分析模型之后，将优化设计与可施工性反馈给设计，设计据此进一步调整优化方案，并更新模型（图 4-4-10）。

装配式建筑的设计阶段主要包含方案设计、初步设计、施工图设计和深化设计四部分内容。在最初的方案设计环节中，精装设计单位应介入参与户型细节的规划并提出初步的内装方案；在初步设计阶段，除应各专业协同优化部件部品种类和设备专业的管线预留预埋外，尚应进行专项的经济性评估；施工图设计中，应在初步设计的基础上进一步细化节点大样的构造工艺、部件部品的设计参数、防水防火性能的要求等；在深化设计阶段，应在施工图设计的基础上进一步综合考虑后续生产、施工安装环节的相关需求，优化、细化设计。

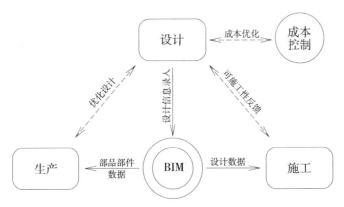

图 4-4-10　工程总承包管理模式设计管理流程

4.4.2.2　生产管理

对于装配式建筑而言，部件部品的生产是关系到整个工程效率和工程质量的关键环节，也是连接设计和施工的重要环节。在工程总承包模式下，生产管理过程中总承包商首先应确认生产部件部品所需的原材料及构配件质量满足国家现行标准的相关要求，且所有原材料应经检验合格后方可使用。当预制构件成型后，也应对其外观质量及尺寸偏差进行相应检验，对于关键的工艺流程及特殊的构配件应重点关注，并开展相应的技术讨论。在生产加工过程中，总承包商可充分采用 BIM、物联网等信息化技术手段实现管理，并应安排设计人员驻厂指导生产、安排施工人员驻厂进行质量和进度监督等。

在工程总承包模式下，生产环节既是承接设计环节和施工环节的纽带，也应基于信息化协同管理系统对设计、施工环节提出相应要求。

在技术策划阶段，设计方应根据生产厂家生产线及生产工艺的具体情况来选用适宜尺寸、形状的部件部品；在方案设计阶段，生产厂家应提前介入并基于便于生产加工的原则配合进行部件部品的选择和设计；初步设计时，生产厂家应及时提供工厂生产模台尺寸、吊车吊重等生产加工的相关资料，便于设计者在选用部件部品时综合参考；进入施工图设计阶段之后，生产厂家应配合各专业优化完成部件部品设计、节点设计等。

在采用工程总承包模式进行生产管理时，施工单位应派专人对部件部品的生产过程、生产进度等进行监督检查。在部件部品进场之前，施工人员应对其型号、数量等信息进行确认。施工过程中，生产厂家应派技术人员协助施工单位进行装配安装，并及时解决安装过程中所出现的技术问题。同时，监理单位也应安排专人前往生产厂家进行驻厂监造，还应对预制构件进行隐蔽验收。

4.4.2.3　施工管理

施工阶段是整个装配式建筑建造过程工程管理的重点与难点，也是工程总承包模式发挥作用最显著的环节。

装配式建筑施工安装过程机械化程度高、施工工艺复杂，应用工程总承包模式采用基于 BIM 技术的施工模拟可以有效组织施工现场的人员、材料和设备合理化穿插施工，提前解决设计和生产加工缺陷。当采用工程总承包模式时，应基于BIM技术结合设计阶段所确定的模型方案进行施工规划。在具体的施工规划过程中，通过施工模拟与仿真确定构件的安装流程与安装工序等，以保证项目后续环节的顺利开展与顺利交工。施工规划与施工模拟可以及时发现设计、生产与施工阶段的冲突和问题，提前针对可能出现的风险点进行分析与预防，为后续工程建造的开展奠定坚实基础。同时，根据施工规划与模拟的结果可以相对精确地对原材料、构配件的采购与供应进行需求分析，合理规划工程进度、节省工程成本。

同时，工程总承包模式强调在施工阶段应安排设计人员驻场解决安装过程中所遇到的技术问题，安排构件生产方的技术人员驻场协助现场施工安装等，建造全过程的相互协调配合。在工程总承包模式下的施工阶段管理，能够实现全专业、全过程一体化协同管理，以此有效提高施工效率，降低工程成本，保证工程质量。

对于装配式建筑的施工环节而言，主要的难点问题集中于部件部品的吊装和安装。吊装过程中，对机械设备的位置、高度以及固定连接的质量均具有较高要求，应进行全面的安全规划与分析。现场安装过程中，对于预埋件和连接节点的处理精度也有非常高的要求，在施工管理过程中同样应给予充分重视并采取相应措施保证施工进度及工程质量。此外，装配式建筑预制构件自重大、体积大，因而在运输、存储、安装等施工过程中均有诸多不便。因此，针对这类构件，更应充分发挥工程总承包模式的特点对整体施工进度与生产、运输进度相配合，推动工程有序推进，进而优化成本控制。

在装配式建筑的施工过程中，应充分结合工程总承包模式建立质量管理机制，对施工质量进行严格的控制与管理。例如，在工程总承包模式下，部件部品出厂应进行质检管理，主要检查其质量与现场施工状态的匹配程度；当工厂生产的部件部品运输进场时，应对其进行结构性能、外观质量缺陷、尺寸偏差等相关进场检验，主要关注其质量是否符合国家现行标准的相关要求；在现场施工安装时，重点关注构件的安装工艺、节点的施工方案、测量校对以及构件吊装管理等，应加强对连接节点的质量控制；施工安装完成之后，重点检查施工质量，及时发现与解决质量问题。

工程总承包模式与装配式建筑一体化建造的相互融合，保证了项目各参与方之间的有机协调与配合，在项目施工过程中出现各类问题时，总承包商均可以根据具体的施工情况及时提供最优解决方案，充分发挥出工程总承包模式与装配式建筑各自的技术优势。

基于工程总承包模式，在装配式建筑的施工环节中，工程总承包商通常会将施工任务进一步分包给多个施工分包商来承担。因此，相比于设计和生产环节，在施工阶段中工程总承包商主要是通过对施工分包商的管理来实现对整个工程的施工管理。为充分发挥工程总承包模式下工程总承包商的管理作用，在施工阶段中总承包商必须重点关注对施工过程中关键环节的有效管控以及整个施工阶段的协调与把控。施工管理过程中，总承包商的重点管理内容主要包括施工组织设计、施工平面布置、施工进度管理以及总承包单位的内外部协调等。

1）施工组织设计

工程总承包模式下的装配式混凝土建筑施工应以"方案先行"为基本原则。在施工准备阶段，应结合工程特点组织进行施工组织设计，并编制相应的施工专项方案。该施工组织设计中应包含编制依据、施工部署、进度计划、施工方案（其中包含总体施工流程、部件部品的运输流程、标准层施工流程等）、施工质量管理等具体的工作部署，并应充分考虑施工现场浇筑工作与预制构件安装工作的交叉作业，给出二者穿插作业的具体流程及界面划分原则。

2）施工平面布置

当采用工程总承包模式对装配式建筑进行施工管理时，应充分发挥工程总承包模式的优势，充分协调施工现场的人员、材料以及设备来合理布置施工平面。对于大型机械设备，应充分考虑起重机的吊装能力、现场预制构件的最大重量、塔臂的覆盖范围以及施工工序、构件存储运输等各方面综合因素；对于部件部品的堆场布置，应重点考虑起重机的布置位置与吊运半径，同时也应综合考虑施工安装流程与次序、堆载位置的承载力、堆载重量等因素；对于施工现场的临时道路，应充分结合施工现场的具体情况，如附近的建筑物、高压电线、地下管线、现场部件部品的存储位置和运输车辆等。

3）施工进度管理

对于工程总承包模式下的工程总承包商而言，应从设计、生产、施工等各环节统筹考虑，从根本上提高装配式建筑的建造效率，方能切实保障施工阶段的工程进度。首先，设计阶段的出图时间和设计质量直接影响着生产环节及施工环节的整体进度。因此，总承包商应协同生产厂家和施工的相关技术人员共同参与设计环节，并在必要时召开相关的进度协调会议。同时，当项目总进度计划确定之后，生产厂家应及时排出部件部品生产采购计划以及吊装、运输计划，现场的施工人员也应与生产厂家随时沟通联系，跟进部件部品的生产情况。在预制部件部品进场之前，应充分结合现场的运输存储情况及时确定行车路线及每批次部件部品的具体进场时间及进场次序。在现场施工安装阶段，应统筹安排多作业面且有序的施工作业，提高施工效率，控制施工进度。

4）总承包单位外部协调

工程总承包模式下，总承包单位直接对接建设单位与设计方、生产方和施工方，在整个工程建设过程中发挥着总指挥的重要作用。不同于设计和生产阶段总承包单位仅需直接与设计方和生产方对接，在施工阶段，通常情况下总承包商需要对接其他施工分包商，开展相应的协调和管理工作。

在对接其他分包商时，总承包单位应积极主动提供相关的服务与支持，并应统筹协调、合理分配现场各项资源和机械设备，同时也应合理规划施工顺序，确保关键施工线路得以保障。施工管理过程中，总承包单位应起到总体负责协调的作用，尤其是当不同专业、不同工序之间出现矛盾时，总承包单位应总体把控优先级，确保总体施工流程和进度。

当装配式建筑工程采用工程总承包模式时，正式开工之前，总承包单位应协助建设方办理各项审批手续、落实现场的施工条件等。在施工过程中，总承包单位应与政府、行业监管部门共同协商确定过程分段验收方案。在项目正式交付之前，应由总承包单位预先进行竣工预验收，之后由建设单位组织参建各方及政府、行业监管部门进行竣工验收。

在工程总承包模式下的装配式建筑建设过程中，总承包单位与政府及行业监管部门、建设单位、监理单位等是监督与被监督的关系，只有加强各方协作配合与管理、强化信息交流手段，方能高效实现装配式建筑的高质量建造。

5 装配式建筑技术系列标准

5.1 《装配式混凝土建筑技术标准》GB/T 51231—2016

5.1.1 编制概况

5.1.1.1 编制背景与实施时间

本标准的发布日期：2017-01-10；实施日期：2017-06-01。

《装配式混凝土建筑技术标准》GB/T 51231—2016是总结我国装配式混凝土建筑和建筑产业现代化实践经验和研究成果，借鉴国际先进经验制定的我国第一部全过程、全专业的装配式混凝土建筑技术标准，对促进传统建造方式向现代工业化建造方式转变具有重要的引导和规范作用。

本标准内容注重先进性和前瞻性，章节架构以完善装配式混凝土建筑的全面顶层设计创新引领为核心，突出装配式混凝土建筑的完整建筑产品体系集成建筑特点，着眼于完整建筑产品的预制部品部件的工业化生产、安装和管理方式等，解决实现装配式建造方式创新发展的基本问题。

本标准创新性地构建了装配式混凝土建筑是一个系统集成过程的概念，是以工业化建造方式为基础，实现结构系统、外围护系统、设备与管线系统、内装系统等四大系统一体化，以及策划、设计、生产与施工一体化的过程。标准编制的技术方向如下。

第一是"全建筑"的方向。标准编制突出装配式建筑应保证一个完整建筑产品的长久品质，提倡全装修，内装系统应与结构系统、外围护系统、设备与管线系统进行一体化设计建造，采用工业化生产的集成化部品，倡导进行装配式装修。

第二是"全寿命"的方向。标准编制突出装配式建筑应全面提升品质，减少建筑后期维修、维护费用，延长建筑使用寿命，应满足建筑全生命期的使用维护要求。装配式建筑提倡主体结构与设备管线分离的方式。

第三是"全协同"的方向。标准编制突出装配式建筑全专业的一体化协同，充分发挥建筑专业的龙头作用，解决了以往规范中仅强调结构单专业，专业间的衔接较差，重结构、轻建筑、轻机电设计等问题。

第四是"全环节"的方向。标准编制突出装配式建筑的全过程，即设计、生产、施工、验收等各个环节协同，并采用系统集成的方法统筹设计、生产运输、施工安装，实现全过程的协同。装配式建筑按照模数协调，模块化、标准化设计，统一接口，按照少规格、多组合的原则，实现部品部件的系列化和多样化。

第五是"全过程"的方向。标准强调了装配式建筑应有技术策划阶段，在项目前期对技术选型、技术经济可行性和可建造性进行评估，并科学合理地确定建造目标与技术实施方案，强调装配式建筑采用建筑信息化模型（BIM）技术，实现全专业与全过程的信息化管理。

5.1.1.2 标准基本构成与技术要点

本标准主要技术内容由总则、术语和符号、基本规定、建筑集成设计、结构系统设计、外围护系统设计、设备与管线系统设计、内装系统设计、生产运输、施工安装、质量验收等共11章组成。

前三个章节概括介绍装配式混凝土建筑基本设计建造原则；第4章通过建筑集成设计系统地介绍了装配式混凝土建筑的全过程集成；第5～第8章将装配式混凝土建筑相关的设计建造问题按照结构、外围护、设备及管线、内装及部品四大系统进行详细说明；第9～第11章则对装配式混凝土建筑的生产建造环节的基本要求和规定进行了具体阐述。

5.1.2 标准的技术内容与要求

1 总则

条文 1.0.1 为规范我国装配式混凝土建筑的建设，按照适用、经济、安全、绿色、美观的要求，全面提高装配式混凝土建筑的环境效益、社会效益和经济效益，制定本标准。

条文 1.0.2 本标准适用于抗震设防烈度为8度及8度以下地区装配式混凝土建筑的设计、生产运输、施工安装和质量验收。

条文 1.0.3 装配式混凝土建筑应遵循建筑全寿命期的可持续性原则，并应标准化设计、工厂化生产、装配化施工、一体化装修、信息化管理和智能化应用。

条文 1.0.4 装配式混凝土建筑应将结构系统、外围护系统、设备与管线系统、内装系统集成，实现建筑功能完整、性能优良。

条文 1.0.5 装配式混凝土建筑的设计、生产运输、施工安装、质量验收除应执行本标准外，尚应符合国家现行有关标准的规定。

2 术语和符号

2.1 术语

条文 2.1.1 装配式建筑 assembled building

结构系统、外围护系统、设备与管线系统、内装系统的主要部分采用预制部品部件集成的建筑。

条文 2.1.2 装配式混凝土建筑 assembled building with concrete structure

建筑的结构系统由混凝土部件（预制构件）构成的装配式建筑。

条文 2.1.3 建筑系统集成 integration of building systems

以装配化建造方式为基础，统筹策划、设计、生产和施工等，实现建筑结构系统、外围护系统、设备与管线系统、内装系统一体化的过程。

条文 2.1.4 集成设计 integrated design

建筑结构系统、外围护系统、设备与管线系统、内装系统一体化的设计。

条文 2.1.5 协同设计 collaborative design

装配式建筑设计中通过建筑、结构、设备、装修等专业相互配合，并运用信息化技术手段满足建筑设计、生产运输、施工安装等要求的一体化设计。

条文 2.1.6 结构系统 structure system

由结构构件通过可靠的连接方式装配而成，以承受或传递荷载作用的整体。

条文 2.1.7 外围护系统 envelope system

由建筑外墙、屋面、外门窗及其他部品部件等组合而成，用于分隔建筑室内外环境的部品部件的整体。

条文 2.1.8 设备与管线系统 facility and pipeline system

由给水排水、供暖通风空调、电气和智能化、燃气等设备与管线组合而成，满足建筑使用功能的整体。

条文 2.1.9 内装系统 interior decoration system

由楼地面、墙面、轻质隔墙、吊顶、内门窗、厨房和卫生间等组合而成，满足建筑空间使用要求的整体。

条文 2.1.10 部件 component

在工厂或现场预先生产制作完成，构成建筑结构系统的结构构件及其他构件的统称。

条文 2.1.11 部品 part

由工厂生产，构成外围护系统、设备与管线系统、内装系统的建筑单一产品或复合产品组装而成的功能单元的统称。

条文 2.1.12 全装修 decorated

所有功能空间的固定面装修和设备设施全部安装完成，达到建筑使用功能和建筑性能的状态。

条文 2.1.13 装配式装修 assembled decoration

采用干式工法，将工厂生产的内装部品在现场进行组合安装的装修方式。

条文 2.1.14 干式工法 non-wet construction

采用干作业施工的建造方法。

条文 2.1.15 模块 module

建筑中相对独立，具有特定功能，能够通用互换的单元。

条文 2.1.16 标准化接口 standardized interface

具有统一的尺寸规格与参数，并满足公差配合及模数协调的接口。

条文 2.1.17 集成式厨房 integrated kitchen

由工厂生产的楼地面、吊顶、墙面、橱柜和厨房设备及管线等集成并主要采用干式工法装配而成的厨房。

条文 2.1.18 集成式卫生间 integrated bathroom

由工厂生产的楼地面、墙面（板）、吊顶和洁具设备及管线等集成并主要采用干式工法装配而成的卫生间。

条文 2.1.19 整体收纳 system cabinet

由工厂生产、现场装配、满足储藏需求的模块化部品。

条文 2.1.20 装配式隔墙、吊顶和楼地面 assembled partition wall, ceiling and floor

由工厂生产的，具有隔声、防火、防潮等性能，且满足空间功能和美学要求的部品集成，并主要采用干式工法装配而成的隔墙、吊顶和楼地面。

条文 2.1.21 管线分离 pipe & wire detached from structure system

将设备与管线设置在结构系统之外的方式。

条文 2.1.22 同层排水 same-floor drainage

在建筑排水系统中，器具排水管及排水支管不穿越本层结构楼板到下层空间、与卫生器具同层敷设并接入排水立管的排水方式。

条文 2.1.23 预制混凝土构件 precast concrete component

在工厂或现场预先生产制作的混凝土构件，简称预制构件。

条文 2.1.24 装配式混凝土结构 precast concrete structure

由预制混凝土构件通过可靠的连接方式装配而成的混凝土结构。

条文 2.1.25 装配整体式混凝土结构 monolithic precast concrete structure

由预制混凝土构件通过可靠的连接方式进行连接并与现场后浇混凝土、水泥基灌浆料形成整体的装配式混凝土结构，简称装配整体式结构。

条文 2.1.26 多层装配式墙板结构 multi-story precast concrete wall panel structure

全部或部分墙体采用预制墙板构建成的多层装配式混凝土结构。

条文 2.1.27 混凝土叠合受弯构件 concrete composite flexural component

预制混凝土梁、板顶部在现场后浇混凝土而形成的整体受弯构件，简称叠合梁、叠合板。

条文 2.1.28 预制外挂墙板 precast concrete facade panel

安装在主体结构上，起围护、装饰作用的非承重预制混凝土外墙板，简称外挂墙板。

条文 2.1.29 钢筋套筒灌浆连接 grout sleeve splicing of rebars

在金属套筒中插入单根带肋钢筋并注入灌浆料拌合物，通过拌合物硬化形成整体并实现传力的钢筋对接连接方式。

条文 2.1.30 钢筋浆锚搭接连接 rebar lapping in grout-filled hole

在预制混凝土构件中预留孔道，在孔道中插入需搭接的钢筋，并灌注水泥基灌浆料而实现的钢筋搭接连接方式。

条文 2.1.31 水平锚环灌浆连接 connection between precast panel by post-cast area and horizontal anchor loop

同一楼层预制墙板拼接处设置后浇段，预制墙板侧边甩出钢筋锚环并在后浇段内相互交叠而实现的预制墙板竖缝连接方式。

2.2 符号

条文略。

3 基本规定

条文 3.0.1 装配式混凝土建筑应采用系统集成的方法统筹设计、生产运输、施工安装，实现全过程的协同。

【技术要点】

装配式混凝土建筑是以完整的建筑产品为对象。建筑师的责任不仅仅是建什么样的建筑，还要知道怎么建造，选择什么样标准的部品部件，是否经济、合理等问题。所以建筑师应通过系统集成的方法，实现设计、生产运输、施工安装和使用维护全过程的一体化建设。这要求建筑师承担更多的职责，以便更好地协调各阶段、各专业的需求。对建筑师具有建筑产业化思维及装配式建筑建造技术系统性、全面性的掌握提出了更高的要求。

在具体实施层面上，首先要了解装配式建筑建造流程与传统建造流程有较大区别。装配式混凝土建筑的设计要先进行技术策划，对采用什么技术、采用部品部件种类、采用何种建造方式等进行策划，然后再开展设计工作。在方案设计至施工图设计的全过程中，需要将部品部件标准、建造阶段的配套技术、建造工艺工法等都纳入设计中，并要求参与各方都要有"协同"意识。施工图成果要满足工厂生产要求，并考虑后期使用、维护、更新的方便。

与现浇混凝土建筑的建设流程相比，装配式混凝土建筑的建设流程更全面、更精细、更综合，增加了技术策划、工厂生产、一体化装修、维护更新等过程，强调了建筑设计和工厂生产的协同、内装修和工厂生产的协同、主体施工和内装修施工的协同。装配式混凝土建筑建设参考流程详见图 5-1-1。

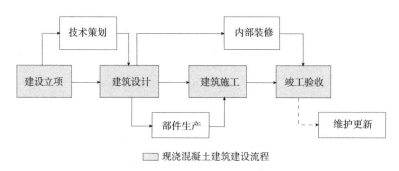

图 5-1-1 装配式混凝土建筑建造全过程参考流程

条文 3.0.2 装配式混凝土建筑设计应按照通用化、模数化、标准化的要求，以少规格、多组合的原则，实现建筑及部品部件的系列化和多样化。

【技术要点】

本条是对标准化设计的基本要求。要保证装配式混凝土建筑的技术可行性和经济合理性，采用标准化的设计方法，减少部品部件的规格和接口种类是关键点。从装配式建筑设计的技术策划阶段开始到部品部件深化设计阶段的全过程，建筑师要有"建筑是由部品部件组合而成"的设计观念，结合建筑的功能要求进行标准化设计，选用尺寸符合模数的结构部件和内装部品，在优化合并同类部品部件的同时进行多样化的组合，以实现装配式混凝土建筑不同使用功能和审美的需求。

建筑师首先应对装配式建筑部品部件的类型与内容有充分的了解，方能更好、更合理地进行标准化设计工作。部件是指在工厂或现场预先生产制作完成，构成建筑结构系统的结构构件及其他构件的统称。部品是指由工厂生产，构成外围护系统、设备与管线系统、内装系统的建筑单一产品或复合产品组装而成的功能单元的统称。装配式混凝土建筑常用部品部件类型见表5-1-1。

装配式混凝土建筑常用部品部件类型　　　　　　　表 5-1-1

项目	系统分类	部品部件主要内容
装配式建筑常用部品部件	结构系统	梁、柱、外墙板、楼板、楼梯、阳台、空调机搁板等部件
	外围护系统	非承重外墙、部品、装饰构件、门窗等
	设备与管线系统	给水、排水、燃气、暖通与空调、电气部品、消防、电梯、新能源、智能化等
	内装系统	装配式地面、墙面、吊顶系统，轻质隔墙，整体式卫生间、集成厨房、系统收纳等部品

条文 3.0.3 部品部件的工厂化生产应建立完善的生产质量管理体系，设置产品标识，提高生产精度，保障产品质量。

【技术要点】

本条是对工厂化生产的基本要求。工厂化生产的特征是稳定的质量标准、高效率的生产与组织、连续化的生产模式，生产环节应实现机械化、自动化、智能化。

生产企业应遵守国家及地方有关部门对硬件设施、人员配置、质量管理体系和质量检测手段等的规定。预制构件制作前，应做好相关的准备工作。经初验和终验均合格的部品部件为合格品，可根据工程情况，采用预埋芯片或二维码等方法，标识预制构件产品信息。标识宜包括工程名称、预制构件编号、制作日期、合格状态、生产单位和监理签章等信息。

对建筑设计而言就是要求采用标准化设计，优先选用标准部品部件，遵守连接与接口的标准化原则。

条文 3.0.4 装配式混凝土建筑应综合协调建筑、结构、设备和内装等专业，制定相互协同的施工组织方案，并应采用装配式施工，保证工程质量，提高劳动效率。

【技术要点】

本条是对装配化施工的基本要求。装配化施工是把通过工业化方法在工厂制造的工业化部品部件，在工程现场通过机械化、信息化等工程技术手段按不同要求进行组合和安装，建成特定建筑产品的一种建造方式。这种方式对部品部件生产的配套体系和装配率均有较高要求，必须在前期就要与各专业进行协同，共同制定合理的施工组织方案，实现装配化施工，在设计、生产、施工一体化的原则下尽量采用干法施工。

条文 3.0.5 装配式混凝土建筑应实现全装修，内装系统应与结构系统、外围护系统、设备与管线系统一体化设计建造。

【技术要点】

本条是对一体化装修的基本要求，强调装配式混凝土建筑的结构与外围护、设备与管线、内装等四大系统一体化，各系统互为条件，互相制约，实现高完成度的各系统集成设计。

在进行结构系统、外围护系统、设备与管线系统、内装系统的施工及安装时，需在前期设计时精准定位，条件不允许时则考虑部件中预埋，必须通过最大限度的配合实现最优方案。

条文 3.0.6 装配式混凝土建筑宜采用建筑信息模型（BIM）技术，实现全专业、全过程的信息化管理。

【技术要点】

本条是对信息化管理的基本要求。建造过程信息化，即需要在设计建造过程中引入信息化手段，采用 BIM 技术，进行设计、施工、生产、运营与项目管理全产业链信息互通互联。

设计阶段利用 BIM 数字化技术提高协同度及完成度，通过 BIM 协同手段协调各专业间设计，并指导出图。在基于 BIM 可视化的基础上，对局部构件的拼装、节点处理进行预施工，模拟构件防水、各要素之间的碰撞检查、现场拼接、管线预埋等现场问题，最终确定预制装配图纸。

生产制造环节利用 BIM 模型构建开放数据接口，集成生产过程中各类数据信息，使模型数据在生产过程中得到有效传递。然后基于 BIM 的施工数据信息，有计划地编排运输批次，模拟构件的现场堆放、运输。

条文 3.0.7 装配式混凝土建筑宜采用智能化技术，提升建筑使用的安全、便利、舒适和环保等性能。

【技术要点】

本条是对智能化技术应用的基本要求。装配式建筑的智能化技术应用应贯穿建筑全寿命周期的各个环节。在设计初始，应以实用和适度的原则选择智能化配置。包含数字设计、云端采购、智能工厂、智慧工地、产品集成展示及运维等。

条文 3.0.8 装配式混凝土建筑应进行技术策划，对技术选型、技术经济可行性和可建造性进行评估，并应科学合理地确定建造目标与技术实施方案。

【技术要点】

在装配式建筑设计中，技术选型是否合理是决定装配式建筑建造效率、成本、性能和质量的重要因素。设计时需充分结合相关技术标准和规范，参考不同的设计组合进行部品部件的优化设计。设计人员还应充分了解不同技术选型的特点，并结合施工现场的情况，因地制宜地选择高质量的部品部件，达到保证施工效率、节省施工措施、质量满足需要、有效降低成本等目的（图 5-1-2）。

条文 3.0.9 装配式混凝土建筑应满足适用性能、环境性能、经济性能、安全性能、耐久性能等要求，并应采用绿色建材和性能优良的部品部件。

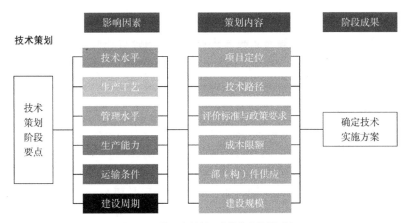

图 5-1-2 装配式混凝土建筑技术策划要点

【技术要点】

装配式混凝土建筑与传统建筑一样，必须执行国家的建设方针，必须符合政策、法规的要求及国家相关地方标准的规定，并强调其性能要求以提高建筑质量和品质。设计建造过程均应遵循绿色建筑全寿命期的理念，结合地域特点和地方优势，优先采用节能环保的技术、工艺、材料和设备，实现节约资源、保护环境和减少污染的目标，为人们提供健康舒适的居住环境。体现以人为本、可持续发展和节能、节地、节材、节水、环境保护的指导思想。

4 建筑集成设计

4.1 一般规定

条文 4.1.1 装配式混凝土建筑应模数协调，采用模块组合的标准化设计，将结构系统、外围护系统、设备与管线系统和内装系统进行集成。

【技术要点】

装配式混凝土建筑要做到以建筑功能为核心，以结构布置为基础，以工业化的外围护、设备与管线、内装等系统的部品部件为支撑，综合考虑各方面因素并通过标准化设计，实现系统集成。

标准化设计的基础是模数协调，模数协调是建筑部品部件实现通用性和互换性的基础方法，规格化部品部件的生产可稳定质量、降低成本。通用化部品部件的互换功能，可促进市场的竞争和部件生产水平的提高。

任何功能空间都可以通过模块化的方式进行设计，把一个标准模块分解成多个小的、独立的、相互作用的分模块，对不同模块设定不同的功能，以便于更好地处理复杂、大型的功能问题。模块应具有"接口、功能、逻辑、状态"等属性。其中接口、功能与状态反映模块的外部属性，逻辑反映模块的内部属性。模块应可组合、可分解、可更换。

平面设计应采用基本模数、扩大模数、分模数的方法，实现建筑主体、建筑内装和内装部品等相互间的尺寸协调，应在模数化的基础上以基本单元或基本户型为模块。

条文 4.1.2 装配式混凝土建筑应按照集成设计原则，将建筑、结构、给水排水、暖通空调、电气、智能化和燃气等专业之间进行协同设计。

【技术要点】

建筑师从技术策划阶段开始，应组织各相关单位、相关专业人员对项目进行一体化设计，针对结构、设备与管线、外围护、内装等四大系统及其部品部件的标准化、通用性，基于建筑的完整性进行系统集成设计及建造。

系统集成设计的关键是做好协同工作，并结合实际需要找到协同的实施路径和办法。协同分为两个层级：第一层级是管理协同；第二层级是技术协同。协同的关键是参与各方都要有协同意识，在各个阶段都要与合作方实现信息的互联互通，确保落实到工程上所有信息的正确性和唯一性。各参与方通过一定的组织方式建立协同关系，互提条件、互相配合，通过协同最大限度地达成建设各阶段任务的最优效果。

条文 4.1.3 装配式混凝土建筑设计宜建立信息化协同平台，采用标准化的功能模块、部品部件等信息库，统一编码、统一规则，全专业共享数据信息，实现建设全过程的管理和控制。

【技术要点】

运用 BIM 技术，通过协同设计建立统一的设计标准，并对项目中所有标准化的模块、部品部件建立信息库。从项目技术策划阶段开始，贯穿设计、生产、施工、运营维护各个环节，保证建筑信息在全过程的有效衔接。

条文 4.1.4 装配式混凝土建筑应满足建筑全寿命期的使用维护要求，宜采用管线分离的方式。

【技术要点】

管线分离是指建筑中将设备与管线设置在结构系统之外的方式。装配式混凝土建筑鼓励采用设备管线与结构系统分离的技术，提高结构系统的安全性、耐久性；室内空间具有灵活性、可更新性，同时兼备长寿命的可持续发展优势。装配式建筑宜采用 SI 建筑体系。

条文 4.1.5 装配式混凝土建筑应满足国家现行标准有关防火、防水、保温、隔热及隔声等要求。

【技术要点】

装配式混凝土建筑的建造方式不同于现浇混凝土建筑，但涉及的建筑物性能，如防火、保温、隔热、防水、隔声等，其设计要求均与现浇混凝土建筑等同。外墙采用保温材料进行外保温、内保温、夹心保温时，其保温材料的选用和防火构造措施的防火性能、耐久性能都要严格执行国家规范中相关条文的规定，在接缝、门窗洞口等处应加强防水。

4.2 模数协调

条文 4.2.1 装配式混凝土建筑设计应符合现行国家标准《建筑模数协调标准》GB/T 50002 的有关规定。

条文 4.2.2 装配式混凝土建筑的开间与柱距、进深与跨度、门窗洞口宽度等宜采用水平扩大模数数列 2nM、3nM（n 为自然数）。

【技术要点】

装配式混凝土建筑的平面设计通常采用梁、柱、墙等结构部件的中心线定位法，在结构部件水平尺寸为模数尺寸的同时获得模数化的室内空间，实现结构主体各结构预制构件（开间、进深、层高等）与内装空间的协调。

在实际工程设计中，根据墙体厚度，结合装配式混凝土建筑的特点，建议采用 2M+3M（或 1M、2M、3M）灵活组合的模数网格，以满足建筑平面功能布局的灵活性及模数网格的协调。建筑师应注意的是承重墙体和外围护墙体的类型及其厚度是不同的，在墙体材料选择的多样性基础上应保证墙体部件围合后的空间符合模数空间的要求。

条文 4.2.3 装配式混凝土建筑的层高和门窗洞口高度等宜采用竖向扩大模数数列 nM。

【技术要点】

装配式混凝土建筑的层高设计应按照建筑模数协调的要求，采用基本模数或扩大模数 nM 的设计方法实现结构构件、建筑部品之间的模数协调。门窗洞口尺寸可参照现行国家标准《建筑门窗洞口尺寸系列》GB/T 5824，考虑常用尺寸范围。

条文 4.2.4 梁、柱、墙等部件的截面尺寸宜采用竖向扩大模数数列 nM。

【技术要点】

装配式混凝土柱截面尺寸通常根据结构计算确定，在满足结构计算的前提下，梁、柱截面宜采用 1M 的倍数与 M/2 的组合确定，如柱子为 300、350、400 等，梁为 200、250、300 等，便于尺寸协调。

条文 4.2.5 构造节点和部件的接口尺寸宜采用分模数数列 nM/2、nM/5、nM/10。

【技术要点】

构造节点是装配式建筑的关键技术，通过构造节点的连接和组合，使所有的部件和部品组合成为一个整体。接口尺寸实现连接节点的标准化，提高部品部件的通用化和互换性。

条文 4.2.6 装配式混凝土建筑的开间、进深、层高、洞口等优先尺寸应根据建筑类型、使用功能、部品部件生产与装配要求等确定。

装配式混凝土建筑平面设计中的开间与进深尺寸应采用统一模数尺寸系列，尽可能优选出利于组合的尺寸规格。在这个过程中，还要结合建筑类型、使用功能、需求以及部品部件的生产、装配要求确定。

优先尺寸是从基本模数、导出模数和模数数列中事先挑选出来的模数尺寸。它与地区的经济水平和制造能力密切相关。优先尺寸越多，则设计的灵活性越大，部件的可选择性越强，但制造成本、安装成本和更换成本也会增加；优先尺寸越少，则部件的标准化程度越高，但实际应用受到的限制越多，部件的可选择性越低。

外墙厚度优先尺寸的选定应基于结构系统与外围护系统的协调。隔墙优先尺寸的选择应考虑材料、构造和后装部品的需要。层高和室内净高的优先尺寸选定应与内装系统协调确定。

条文 4.2.7 装配式混凝土建筑的定位宜采用中心定位法与界面定位法相结合的方法。对于部件的水平定位宜采用中心定位法，部件的竖向定位和部品的定位宜采用界面定位法。

【技术要点】

部品部件定位主要依据部件基准面（线）、安装基准面（线）的所在位置决定，基准面（线）的位置确定可采用中心线定位法、界面定位法或以上两种方法的混合。

对于框架结构体系，宜采用中心线定位法。框架结构柱子间设置的分户墙和分室隔墙，一般宜采用中心线定位法；当隔墙的一侧或内侧要求模数空间时宜采用界面定位法。

住宅建筑集成式厨房和集成式卫生间的内装部品（厨具橱柜、洁具、固定家具等）、公共建筑的集成式隔断空间、模块化吊顶空间等，宜采用界面定位方式；其他空间的部品可采用中心线定位来控制。

门窗、阳台栏杆、百叶等外围护部品，应采用模数化的工业产品，并与门窗洞口、预埋节点等的模数规则相协调，宜采用界面定位方式。

条文 4.2.8 部品部件尺寸及安装位置的公差协调应根据生产装配要求、主体结构层间变形、密封材料变形能力、材料干缩、温差变形、施工误差等确定。

【技术要点】

公差是由部件或分部件制作、定位、安装中不可避免的误差引起的。为使各类部品部件能够顺利安装，需要通过公差配合进行。公差配合主要是通过对相邻部品部件各自的制作尺寸偏差、安装尺寸偏差与接口的性能要求等进行综合判断，过程中还应结合部品部件与接口的功能、部位、材料、温度、加工等因素共同进行。

在设计中应把公差的允许值考虑进去，并处理在合理的范围中，以保证在安装接缝、加工制作、放线定位中的误差处于可允许的范围内，满足接口的功能、质量和美观要求。

4.3 标准化设计

条文 4.3.1 装配式混凝土建筑宜采用模块及模块组合的设计方法，应遵循少规格、多组合的原则。

【技术要点】

建筑师在进行装配式混凝土建筑设计时，应结合建筑的功能要求，采用模块及组合模块的设计手法。模块应在模数协调的基础上完成，模块的建立将优化合并同类部品部件，为工厂化生产和装配化施工创造条件。同时模块进行多样化的组合，创造出丰富的平面形式和建筑形态，满足设计的多样性和适应性要求，以实现装配式混凝土建筑不同使用功能和审美的需求。

"少规格、多组合"是装配式混凝土建筑设计的重要原则，减少部品部件的规格种类及提高部品部件生产模板的重复使用率，利于生产制造与施工安装，从而降低造价。

条文 4.3.2 公共建筑应采用楼电梯、公共卫生间、公共管井、基本单元等模块进行组合设计。

【技术要点】

公共建筑应根据其功能划分、使用要求等采用模块化组合设计。将楼电梯、卫生间、管井、基本单元等作为模块，采用"标准模块"+"可变模块"+"核心筒模块"的方式进行组合。模块设计应具有迭代性、相互联动性，能够实现平面组合的多样化，满足功能和使用的需求。

条文 4.3.3 住宅建筑应采用楼电梯、公共管井、集成式厨房、集成式卫生间等模块进行组合设计。

【技术要点】

住宅建筑应从可建造性出发，以住宅平面与空间的标准化为基础，将楼栋单元、套型和部品模块等作为基本模块，确立各层级模块的标准化、系列化的尺寸体系。

楼栋单元模块是将楼电梯、公共管井与套型模块等进行合理组合。同一种套型尽可能重复使用，不同套型则尽量在内装系统上实现标准化。

套型模块由若干个不同功能空间模块或部品模块构成，通过模块组合可满足多样性与可变性的居住需求。

部品模块主要有整体厨房、整体卫浴和整体收纳等。

条文 4.3.4 装配式混凝土建筑的部品部件应采用标准化接口。

【技术要点】

装配式混凝土建筑应针对不同建筑类型和部品部件的特点，结合建筑功能需求，对部品部件以及结构、外围护、内装和设备管线的接口进行标准化，使设计、生产、施工、验收全部纳入尺寸协调的范畴。关联模块间应具备一定的逻辑及衍生关系，并预留统一的接口。

条文 4.3.5 装配式混凝土建筑平面设计应符合下列规定：

1 应采用大开间大进深、空间灵活可变的布置方式；
2 平面布置应规则，承重构件布置应上下对齐贯通，外墙洞口宜规整有序；
3 设备与管线宜集中设置，并应进行管线综合设计。

【技术要点】

建筑师在进行装配式建筑的设计时需要有整体设计的思维。平面设计不仅应考虑建筑各功能空间的使用尺寸，还应考虑建筑全寿命期的空间适应性，让建筑空间适应使用者在不同时期的不同需要，大空间结构形式有助于实现这一目标。设计要尽量按一个结构空间来设计公共建筑单元空间或住宅的套型空间，并注意部品部件的定位尺寸既应满足平面功能需要又符合模数协调的原则。

室内大空间可根据使用功能需要，采用轻质隔墙进行灵活的空间划分。隔墙内还可布置设备管线，方便检修和改造更新，满足建筑的可持续发展。

平面设计应规则，承重构件布置应上下对齐贯通，外墙洞口宜规整有序，这将有利于结构的安全性，符合建筑抗震设计规范的要求。可以减少部品部件的类型，有利于经济的合理性。不规则的平面会增加部品部件的规格数量及生产安装的难度，不利于降低成本及提高效率。在装配式混凝土建筑设计中，要从结构和经济性角度优化设计方案，尽量减少平面的凸凹变化，避免不必要的不规则和不均匀布局。

平面设计时宜将设备与管线集中设置在公共空间，并进行管线集成化设计，方便运行管理与维护更新。

条文 4.3.6 装配式混凝土建筑立面设计应符合下列规定：

1 外墙、阳台板、空调板、外窗、遮阳设施及装饰等部品部件宜进行标准化设计；

2 装配式混凝土建筑宜通过建筑体量、材质肌理、色彩等变化，形成丰富多样的立面效果；

3 预制混凝土外墙的装饰面层宜采用清水混凝土、装饰混凝土、免抹灰涂料和反打面砖等耐久性强的建筑材料。

【技术要点】

装配式混凝土建筑的立面设计，应充分利用标准化部品部件进行集成与统一。立面设计应考虑总体和局部的关系，通过立面设计优化，运用模数协调的原则，采用集成技术，减少部品部件的种类，并进行多样化组合，达到立面个性化、多样化设计效果及节约造价的目的。

利用立面构件的光影效果，改善体型的单调感。可以充分利用阳台、空调板、空调百叶等不同功能部品部件及组合方式形成丰富的光影关系，用"光"实现建筑之美；利用不同色彩和质感的变化实现建筑立面的多样化设计。实现立面部品部件的标准化和类型的最少化。

预制混凝土外墙的装饰面层可选择彩色混凝土、清水混凝土、露骨料混凝土、图案装饰混凝土、耐候性涂料、反打面砖等耐久性强的建筑材料。不同的质感和色彩可满足立面效果设计的多样化要求。

预制混凝土外墙的装饰面层材料示意见图 5-1-3。

条文 4.3.7 装配式混凝土建筑应根据建筑功能、主体结构、设备管线及装修等要求，确定合理的层高及净高尺寸。

【技术要点】

影响装配式混凝土建筑层高、净高的主要因素有功能需求、主体结构形式、设备管线布置方式以及室内装修等。

装配式混凝土建筑的楼板根据结构选型、开间尺寸、楼板装配形式的不同，其厚度也会不同。传统建筑楼板较薄，虽然节约了成本，但梁多，影响空间的开放性，隔声等物理性能差，影响舒适性和可持续使用。因此，装配式建筑应少梁、厚板。相较于传统现浇楼板，装配式混凝土建筑楼板厚度通常增加不小

图 5-1-3　预制混凝土外墙装饰面层材料示意图

于 20mm；吊顶的高度主要取决于机电管线与梁占用的空间高度；采用同层排水以及架空地面对室内净高也有影响，故需适当增加层高。

建筑师应与结构专业、机电专业及室内装修等进行协同设计，配合确定梁的高度及楼板的厚度，合理布置吊顶内的机电管线，避免交叉，尽量减小空间占用。通过协同设计确定建筑层高及室内净高，使之满足建筑功能空间的使用要求。

4.4　集成设计

条文 4.4.1　装配式混凝土建筑的结构系统、外围护系统、设备与管线系统和内装系统均应进行集成设计，提高集成度、施工精度和效率。

【技术要点】

装配式建筑的关键在于集成，只有将结构、外围护、设备与管线和内装四大体系进行集成设计，才能体现装配式建筑建造的优势，实现提高质量、提升效率、减少人工、减少浪费的目的。从具体的工程设计层面来看，建筑师应了解不同阶段所对应的集成设计的主要工作内容。

方案阶段前期，各专业即应密切配合，对预制构配件制作的可能性、经济性、标准化设计以及安装要求等作出策划。

方案阶段，根据技术策划要点做好平面、立面及剖面设计。平面设计在保证使用功能基础上，通过模数协调，围绕提高模板使用率和提高体系集成度进行设计。立面设计要考虑墙板的组合设计，依据装配式建造的特点实现立面的个性化和多样化。通过协同实现建筑设计的模数化、标准化、系列化和功能合理，实现预制构件及部品的"少规格、多组合"。

初步设计阶段，结合各专业的工作进一步优化和深化。确定建筑的外立面方案及装饰材料，结合立面方案调整墙板组合，在预制墙板上考虑预留预埋的技术方案。结合机电设计和内装设计对基本单元标准化、预制构件标准化等方面进行优化设计。

施工图阶段，按照初步设计确定的技术路线进行深化设计，各专业与建筑部品、装修部品、构件厂等上下游厂商加强配合，做好部品部件的深化设计，包括预制构件尺寸控制图、预留预埋和连接节点设计；尤其是做好节点的防水、防火、隔声设计和系统集成设计。协助结构专业做好预制构件加工图的设计，确保预制构件实现设计意图。

条文 4.4.2 各系统设计应统筹考虑材料性能、加工工艺、运输限制、吊装能力等要求。

【技术要点】

建筑师在对装配式混凝土建筑进行整体策划时，应统筹考虑规划设计、部品部件生产、施工建造和运营维护。确定建筑各部位部品部件的规格、类型的同时，应综合考虑用地周边是否具备完善的构件、部品运输交通条件。

条文 4.4.3 结构系统的集成设计应符合下列规定：

1 宜采用功能复合度高的部件进行集成设计，优化部件规格；

2 应满足部件加工、运输、堆放、安装的尺寸和重量要求。

【技术要点】

给出结构系统集成设计的基本要求。

在装配式混凝土建筑的结构设计中，应注重概念设计和结构分析模型的建立。尽可能提高构件的标准化程度。还应从塔吊的吊装能力，运输限制，预制构件的生产可行性、生产效率、运输效率，现场安装的安全性、便利性、施工效率等多方面对构件进行优化设计。

条文 4.4.4 外围护系统的集成设计应符合下列规定：

1 应对外墙板、幕墙、外门窗、阳台板、空调板及遮阳部件等进行集成设计；

2 应采用提高建筑性能的构造连接措施；

3 宜采用单元式装配外墙系统。

【技术要点】

给出外围护系统集成设计的基本要求。外围护系统是由外墙板（剪力墙、外挂墙板、幕墙等）、门窗部品、阳台板、空调室外机搁板、遮阳部件、装饰构件等及其他部品部件等组合而成。设计时应重点关注外墙板与主体结构的连接、外墙板之间的连接、外墙板与内外装饰装修的连接，等等。应采用标准化、系列化设计方法，做到基本单元、连接构造、构件、配件及设备管线的标准化与系列化。

宜采用单元化、一体化的装配式外墙系统，例如具有装饰、保温、防水、采光等功能的集成式单元墙体。

条文 4.4.5 设备与管线系统的集成设计应符合下列规定：

1 给水排水、暖通空调、电气智能化、燃气等设备与管线应综合设计；

2 宜选用模块化产品，接口应标准化，并应预留扩展条件。

【技术要点】

给出设备与管线系统集成设计的基本要求。装配式建筑设备与管线系统是指给水排水、供暖通风空调、电气和智能化、燃气等设备与管线的组合，各专业设计协同和管线综合设计是装配式混凝土建筑设计的重要内容，其管线综合设计应符合各专业之间、各种设备及管线间安装施工的精细化设计及系统性布线的要求。管线宜集中布置，避免交叉。

管线综合设计时，还应注重部品通用性和互换性的要求，对设置在预制部件上的给水排水管线、采暖与空调、电气管线及各种接口进行预留。接口均应为标准化产品，方便后期更换维修。

条文 4.4.6 内装系统的集成设计应符合下列规定：

1　内装设计应与建筑设计、设备与管线设计同步进行；

2　宜采用装配式楼地面、墙面、吊顶等部品系统；

3　住宅建筑宜采用集成式厨房、集成式卫生间及整体收纳等部品系统。

【技术要点】

给出内装系统集成设计的基本要求。

在建筑设计方案阶段应同时开始内装修设计，强化与建筑设计（包括建筑、结构、设备、电气等专业）的相互衔接，建筑室内水、暖、电、气等设备与设施的设计宜定型定位，避免后期装修造成的结构破坏和浪费。

内装系统的设计应遵循建筑、装修、部品一体化的设计原则，内装系统主要包括楼地面、隔墙、吊顶、收纳、厨房、卫生间、内门窗等，内装系统应与设备和管线系统等进行集成设计。

条文 4.4.7 接口及构造设计应符合下列规定：

1　结构系统部件、内装部品部件和设备管线之间的连接方式应满足安全性和耐久性要求；

2　结构系统与外围护系统宜采用干式工法连接，其接缝宽度应满足结构变形和温度变形的要求；

3　部品部件的构造连接应安全可靠，接口及构造设计应满足施工安装与使用维护的要求；

4　应确定适宜的制作公差和安装公差设计值；

5　设备管线接口应避开预制构件受力较大部位和节点连接区域。

【技术要点】

装配式混凝土建筑由四大系统组成，其关键技术在于集成。各系统之间的接口是设计和安装时需要重点关注的部位。接口应做到位置固定、连接合理、易于更换、坚固耐用及使用可靠，保障建筑物安全。设计时还应对各系统之间接口的公差统筹考虑。

结构系统与外围护系统连接时应对其接缝宽度的设置进行综合考虑。

内装部品、设备及管线宜采用通用标准接口，便于检修更换，且不影响结构系统的安全性。

预制构件受力较大处和预制构件连接处是结构部件的薄弱部位，设备管线接口的预留位置应避开上述区域，以免削弱其力学强度，影响结构安全性。

5　结构系统设计

条文略。

【技术要点】

本章结合近年来的科研成果和工程实践经验，规定了装配式混凝土建筑结构设计的具体要求。

由于建筑师并不直接参与结构系统设计的具体工作，本章内容具有很强的专业性，建筑师们理解起来有一定的难度。为使建筑师能够对装配式混凝土建筑中的结构体系设计有基本的了解，本章的技术要点编制了与建筑设计相关的部分内容并予以综合说明。

（1）适用高度

本章主要涉及结构类型包括装配整体式框架结构、装配式整体式框架—现浇剪力墙结构、装配式整体式框架—现浇核心筒结构、装配整体式剪力墙结构、装配整体式部分框支剪力墙结构等，各类结构的最大适用高度见表5-1-2。

装配整体式混凝土结构房屋的最大适用高度（m）　　　　　表 5-1-2

结构类型	抗震设防烈度			
	6 度	7 度	8 度（0.20g）	8 度（0.30g）
装配整体式框架结构	60	50	40	30
装配整体式框架—现浇剪力墙结构	130	120	100	80
装配整体式框架—现浇核心筒结构	150	130	100	90
装配整体式剪力墙结构	130（120）	110（100）	90（80）	70（60）
装配整体式部分框支剪力墙结构	110（100）	90（80）	70（60）	40（30）

注：1　房屋高度指室外地面到主要屋面的高度，不包括局部突出屋顶的部分；
　　2　部分框支剪力墙结构指地面以上有部分框支剪力墙的剪力墙结构，不包括仅个别框支墙的情况。
　　3　摘自：住房和城乡建设部.装配式混凝土结构技术规程：JGJ 1—2014[S].北京：中国建筑工业出版社，2014.

（2）平面规则性

装配式建筑的平面形状、体型及其构件的布置应符合《装配式混凝土结构技术规程》JGJ 1—2014 中 6.1.5 的相关规定：

1　平面形状宜简单、规则、对称，质量、刚度分布宜均匀；不应采用严重不规则的平面布置；

2　平面长度不宜过长（图6.1.5），长宽比（L/B）宜按表6.1.5采用；

3　平面突出部分的长度 l 不宜过大，宽度 b 不宜过小（图6.1.5），l/B_{max}、l/b 宜按表6.1.5采用；

4　平面不宜采用角部重叠或细腰形平面布置。

平面尺寸及突出部位尺寸的比值限值　　　　　表 6.1.5

抗震设防烈度	L/B	l/B_{max}	l/b
6、7 度	≤ 6.0	≤ 0.35	≤ 2.0
8 度	≤ 5.0	≤ 0.30	≤ 1.5

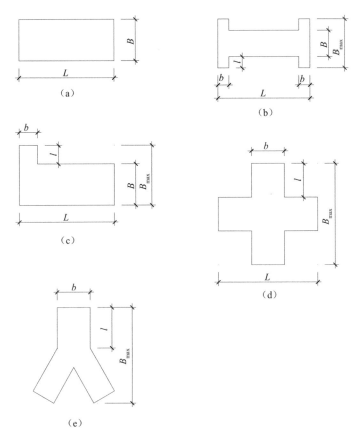

图 6.1.5　建筑平面示例

　　装配式建筑的平面形状及竖向构件布置要求，应严于现浇混凝土结构的建筑。平面设计的规则性有利于结构的安全性，符合建筑抗震设计规范的要求。特别不规则的平面设计在地震作用下内力分布较复杂，不适宜采用装配式结构。规则的平面可以减少预制楼板与构件的类型，有利于经济的合理性。不规则的平面会增加预制构件的规格数量及生产安装的难度，且会出现各种非标准的构件，不利于降低成本及提高效率。为实现相同的抗震设防目标，形体不规则的建筑要比形体规则的建筑耗费更多的结构材料。不规则程度越高，对结构材料的消耗量越大，性能要求越高，不利于节材。

　　在建筑设计中要从结构和经济性角度优化设计方案，尽量减少平面的凹凸变化，避免不必要的不规则和不均匀布局。

　　（3）协同设计

　　框架结构中梁与柱应尽量居中布置，框架梁在高度、截面形状、预留洞口和埋件等的选择与设计中，可结合围护与分隔墙体、设备管线与吊挂、装修吊顶等的布置，与围护系统、设备系统、内装系统进行协调与集成。

　　剪力墙结构的墙肢和连梁布置应连续、均匀，可结合门窗洞口、设备管线、装修等的布置，与围护系统、设备系统、内装系统进行协调与集成。

（4）预制承重夹芯外墙板

预制承重夹芯外墙的保温层处于结构构件内部，保温层与两侧的墙体及结构受力体系之间不存在空隙或空腔，共同作为建筑外墙使用，其耐火极限应符合现行国家标准《建筑设计防火规范》GB 50016—2014对建筑外墙的防火要求。应尽量采用燃烧性能为A级的保温材料；当采用燃烧性能为B_1、B_2级的保温材料时，必须要采用严格的构造措施进行保护，保温层外侧保护墙体应采用不燃材料且厚度不应小于50mm。预制承重夹芯外墙板示意详见图5-1-4。

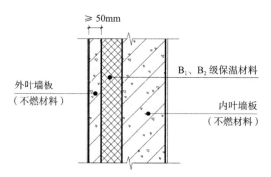

图 5-1-4　预制承重夹芯外墙板示意图

预制承重夹芯外墙的接缝及门窗洞口等防水薄弱部位宜采用结构自防水以及材料防水和构造防水相结合的做法。嵌缝材料应在延伸率、耐久性、耐热性、抗冻性、粘结性、抗裂性等方面满足接缝部位的防水要求。

构造防水采取合适的构造形式阻断水的通路，以达到防水的目的。可在预制外墙板接缝外口处设置适当的线性构造，也可形成截断毛细管通路的空腔，利用排水构造将渗入接缝的雨水排出墙外，防止雨水向室内渗漏。

材料防水靠防水材料阻断水的通路，以达到防水和增加抗渗漏能力的目的。防水密封材料的性能，对于保证建筑的正常使用、防止外墙接缝出现渗漏现象起到重要的作用。选用的防水材料及填缝材料均应为合格产品。

预制承重夹芯外墙板水平缝、竖缝构造示意详见图5-1-5、图5-1-6。

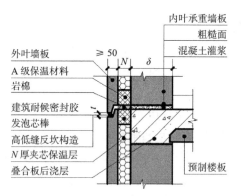

图 5-1-5　预制承重夹芯外墙板水平缝构造示意图

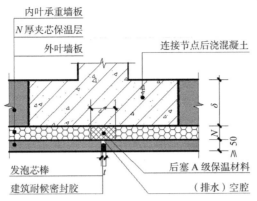

图 5-1-6 预制承重夹芯外墙板竖缝构造示意图

内叶承重墙板
N 厚夹芯保温层
外叶墙板
连接节点后浇混凝土
发泡芯棒
建筑耐候密封胶
后塞 A 级保温材料
（排水）空腔

预制承重夹芯外墙的外门窗宜采用企口或预埋件等方法固定，外门窗可采用预装法或后装法设计。

这两种安装方法在不同的气候区域存在施工工法的差异，应根据项目所在区域的实际条件，按照地方标准的规定，结合实际情况合理设计。

采用预装法时，外门窗框应在工厂与预制外墙整体成型；其生产模板的统一性及精度决定了门窗洞口尺寸偏差很小，便于控制，可保证外墙板安装的整体质量，减少门窗的现场安装工序。能够更好地保证门窗洞口与框之间的密闭性，避免形成热桥。这种方式更适用于南方地区。

北方地区气候寒冷，冬夏温差大，外门窗的温度变形大，预装法可能会造成接缝开裂漏水，因此建议采用后装法，预制外墙板上应预埋连接件及连接构造。

6　外围护系统设计

6.1　一般规定

条文 6.1.1　装配式混凝土建筑应合理确定外围护系统的设计使用年限，住宅建筑的外围护系统的设计使用年限应与主体结构相协调。

【技术要点】

装配式混凝土建筑外围护系统的设计使用年限是确定外围护系统性能要求、材料、构造以及与其他系统连接的关键，所以在设计时应明确。在装配式混凝土住宅建筑中外围护系统的基层板、骨架系统、连接配件的设计使用年限应与建筑物主体结构一致；为满足设计使用年限的要求，外围护系统应定期维护，接缝胶、涂装层、保温材料应根据材料特性明确使用年限，并应在设计时注明维护要求。

条文 6.1.2　外围护系统的立面设计应综合装配式混凝土建筑的构成条件、装饰颜色与材料质感等设计要求。

【技术要点】

装配式混凝土建筑外立面的设计应在对建筑物的类别、使用功能、空间特点、立面造型，建筑主体结构系统的形式，建筑综合成本指标，拟选用的外围护系统的材料种类、部品类型和样式的充分分析后，依据上述要素选择适宜的色彩与饰面材料，进行有针对性、个性化的设计。

条文 6.1.3　外围护系统的设计应符合模数化、标准化的要求，并满足建筑立面效果、制作工艺、运输及施工安装的条件。

【技术要点】

外围护系统中外墙部品、屋面部品的尺寸设计应符合现行国家标准《建筑模数协调标准》GB/T 50002 的规定。模数尺寸需考虑生产、运输及施工环节的各种影响因素，满足各专业、各环节之间的协同要求。采用标准化的系列部品能够减少部品的规格与种类，提高其重复使用率，但须考虑大规格外围护部品的几何尺寸与起吊重量对产品运输、安装施工造成的影响。

条文 6.1.4　外围护系统设计应包括下列内容：

1　外围护系统的性能要求；

2　外墙板及屋面板的模数协调要求；

3　屋面结构支承构造节点；

4　外墙板连接、接缝及外门窗洞口等构造节点；

5　阳台、空调板、装饰件等连接构造节点。

【技术要点】

除外围护系统常规的安全、功能、耐久及结构等性能要求外，与常规建筑的典型要求相比，装配式混凝土建筑外围护系统需要综合考虑的因素更多，设计深度更深。在装配式混凝土建筑外围护系统设计时应对各部位的构造节点，包括结构支撑节点、接缝构造节点、连接构造节点等需要，结合结构安全、生产效率和施工的易建性进行重点设计。

条文 6.1.5　外围护系统应根据装配式混凝土建筑所在地区的气候条件、使用功能等综合确定抗风性能、抗震性能、耐撞击性能、防火性能、水密性能、气密性能、隔声性能、热工性能和耐久性能要求，屋面系统尚应满足结构性能要求。

【技术要点】

装配式混凝土建筑外围护系统性能设计时，应根据不同材料特性、施工工艺和节点构造特点明确具体的性能要求。所有的性能要求分为：

（1）抗风、抗震、耐撞击、防火等安全性能要求，是关系到人身安全的关键性能指标；

（2）水密、气密、隔声、热工等功能性要求，是作为外围护系统应该满足建筑使用功能的基本要求；

（3）耐久性能要求，直接影响到外围护系统使用寿命和维护保养时限；

（4）除此之外，屋面系统还涉及结构性能，包括屋盖结构的承载力等。

条文 6.1.6　外墙系统应根据不同的建筑类型及结构形式选择适宜的系统类型；外墙系统中外墙板可采用内嵌式、外挂式、嵌挂结合等形式，并宜分层悬挂或承托。外墙系统可选用预制外墙、现场组装骨架外墙、建筑幕墙等类型。

【技术要点】

外墙系统可以按照结构构造、施工工艺或材料特点分别进行分类。从建筑生产的角度上来看，可以在不同的层级按照特定的方法对外墙进行分类。一级分类以外墙系统在施工现场有无骨架组装进行分类，二级分类再按照结构形式进行区分。建筑幕墙以建筑师熟悉的面板材料进行细分。

外墙系统可按照表 5-1-3 所示的分类选用。

外墙系统主要类型　　　　　　　　　　表 5-1-3

预制外墙	整间板体系	预制混凝土外墙板	普通型	预制混凝土夹芯保温外挂墙板
			轻质型	蒸压加气混凝土板
		拼装大板		在工厂完成支承骨架的加工与组装、面板布置、保温层设置等
	条板体系	预制整体条板	混凝土类	普通型	硅酸盐水泥混凝土板
				硫铝酸盐水泥混凝土板
			轻质型	蒸压加气混凝土板
				轻集料混凝土板
			复合类	阻燃木塑外墙板
				石塑外墙板
		复合夹芯条板		面板＋保温夹芯层
现场组装骨架外墙				金属骨架组合外墙体系
				木骨架组合外墙体系
建筑幕墙				玻璃幕墙
				金属板幕墙
				石材幕墙
				人造板材幕墙

条文 6.1.7　外墙系统中外挂墙板应符合本标准第 5.9 节的规定，其他类型的外墙板应符合下列规定：

1　当主体结构承受 50 年重现期风荷载或多遇地震作用时，外墙板不得因层间位移而发生塑性变形、板面开裂、零件脱落等损坏；

2　在罕遇地震作用下，外墙板不得掉落。

【技术要点】

装配式混凝土建筑的外围护系统属于非结构构件，外墙系统不承担建筑的结构系统、固定设备、长期储物等永久荷载。承重结构构件均属于结构系统，其相关要求参见本标准的"5　结构系统设计"。

以预制混凝土夹心保温外挂墙板为代表的预制混凝土外挂墙板，是非结构预制混凝土墙板构件，属于装配式混凝土建筑外围护系统的重要组成部分。但由于预制混凝土外挂墙板的自重较大，构造设计要求通常由结构工程师负责，所以外墙挂板的相关要求，执行本标准第5.9节的相关规定。

条文6.1.8 外墙板与主体结构的连接应符合下列规定：

1 连接节点在保证主体结构整体受力的前提下，应牢固可靠、受力明确、传力简捷、构造合理。

2 连接节点应具有足够的承载力。承载能力极限状态下，连接节点不应发生破坏；当单个连接节点失效时，外墙板不应掉落。

3 连接部位应采用柔性连接方式，连接节点应具有适应主体结构变形的能力。

4 节点设计应便于工厂加工、现场安装就位和调整。

5 连接件的耐久性应满足使用年限要求。

条文6.1.9 外墙板接缝应符合下列规定：

1 接缝处应根据当地气候条件合理选用构造防水、材料防水相结合的防排水设计；

2 接缝宽度及接缝材料应根据外墙板材料、立面分格、结构层间位移、温度变形等因素综合确定；所选用的接缝材料及构造应满足防水、防渗、抗裂、耐久等要求；接缝材料应与外墙板具有相容性；外墙板在正常使用下，接缝处的弹性密封材料不应破坏；

3 接缝处以及与主体结构的连接处应设置防止形成热桥的构造措施。

【技术要点】

装配式混凝土建筑外墙板接缝的处理以及连接节点的构造设计是影响外墙物理性能设计的关键。预制外墙板的各类接缝设计应构造合理、施工方便、坚固耐久，并应结合本地材料、制作及施工条件进行综合考虑。

预制外墙板的接缝及连接节点处，应保持墙体保温性能的连续性。有保温或隔热要求的装配式混凝土建筑外墙，应采取防止形成热桥的构造措施。

板缝的嵌缝材料应在延伸率、耐久性、耐热性、抗冻性、粘结性、抗裂性等方面满足接缝部位的气密、水密、隔声、热工等功能性要求。

6.2 预制外墙

条文6.2.1 预制外墙用材料应符合下列规定：

1 预制混凝土外墙板用材料应符合现行行业标准《装配式混凝土结构技术规程》JGJ 1的规定；

2 拼装大板用材料包括龙骨、基板、面板、保温材料、密封材料、连接固定材料等，各类材料应符合国家现行相关标准的规定；

3 整体预制条板和复合夹芯条板应符合国家现行相关标准的规定。

【技术要点】

目前我国装配式混凝土建筑实际工程中常选用的外围护系统部品是预制混凝土外挂墙板，其所用的材料在现行行业标准《装配式混凝土结构技术规程》JGJ 1中有明确的规定。

预制外墙的种类众多，用到的材料也根据不同的实际工程需要有不同的要求，考虑到无法统一，条文中统一规定为符合国家现行相关标准的规定。但在具体的工程项目中应具体、明确。

条文 6.2.2 露明的金属支撑件及外墙板内侧与主体结构的调整间隙，应采用燃烧性能等级为 A 级的材料进行封堵，封堵构造的耐火极限不得低于墙体的耐火极限，封堵材料在耐火极限内不得开裂、脱落。

【技术要点】

装配式建筑的防火设计应符合《建筑设计防火规范》GB 50016—2014（2018年版）的规定。对于装配式混凝土建筑，露明的金属支撑件应设置构造措施，避免在遇火或高温下导致支撑件失效，进而导致外墙板掉落；外墙板内侧与梁、柱及楼板间的调整间隙应设置构造措施，防止火灾蔓延。通常做法是用岩棉进行封堵。

条文 6.2.3 防火性能应按非承重外墙的要求执行，当夹芯保温材料的燃烧性能等级为 B_1 或 B_2 级时，内、外叶墙板应采用不燃材料且厚度均不应小于 50mm。

【技术要点】

本条主要是针对夹芯保温构造形式的相关规定。

以预制混凝土夹芯保温外挂墙板为例。保温层处于两侧的内、外叶墙板之间，不存在空隙或空腔。此类墙体的耐火极限应符合《建筑设计防火规范》GB 50016—2014 的第 3.2 节和第 5.1 节对建筑外墙的防火要求。建筑的保温系统中应尽量采用燃烧性能为 A 级的保温材料，A 级材料属于不燃材料；当采用燃烧性能为 B_1、B_2 级的保温材料时，必须要采用严格的构造措施进行保护，保温层外侧保护墙体应采用不燃材料，且厚度不应小于 50mm，示意详见图 5-1-7。

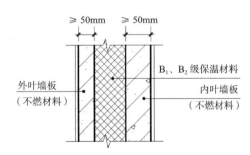

图 5-1-7　预制混凝土夹芯保温外挂墙板示意图

条文 6.2.4 块材饰面应采用耐久性好、不易污染的材料；当采用面砖时，应采用反打工艺在工厂内完成，面砖应选择背面设有粘结后防止脱落措施的材料。

【技术要点】

预制外墙的块状饰面通常选用面砖或小规格石材板，饰面应在生产工厂采用反打工艺预制完成，不应采用后贴面砖、后挂石材的工艺和方法。

构件生产过程中的面砖反打工艺可见图 5-1-8 所示。

图 5-1-8　预制外墙生产过程中的面砖反打工艺

这种工艺的优点是表面平整、附着牢固、整体装配，大大提高了施工效率。在模具中铺设面砖前应根据排砖图的要求进行配砖和加工；选择面砖时，饰面砖应采用背面带有燕尾槽或粘接性能可靠的产品，这样可以大大增强混凝土与瓷砖的结合强度；立面分格在设计时宜结合材料标准尺寸进行协调统一。

条文 6.2.5　预制外墙接缝应符合下列规定：

1　接缝位置宜与建筑立面分格相对应；

2　竖缝宜采用平口或槽口构造，水平缝宜采用企口构造；

3　当板缝空腔需设置导水管排水时，板缝内侧应增设密封构造；

4　宜避免接缝跨越防火分区；当接缝跨越防火分区时，接缝室内侧应采用耐火材料封堵。

【技术要点】

预制外墙中水平、竖向的拼缝对装配式混凝土建筑的外立面会有较大的影响，因此装配式混凝土建筑进行方案设计时，建筑的立面分格宜结合门窗洞口、阳台、空调板及装饰构件等按设计要求进行划分。应与构件组合的接缝相协调，做到建筑效果和结构合理性的统一。对于板缝的处理，可参见图 5-1-9 展示的立面效果。

图 5-1-9　预制外墙接缝的立面效果示例

预制外墙板板缝应采用构造防水为主、材料防水为辅的做法。

对于预制外墙，常用的接缝防水做法为：

（1）采取合适的构造形式阻断水的通路，以达到防水的目的。可在预制外墙板接缝外口处设置适当的线性构造，也可形成截断毛细管通路的空腔，利用排水构造将渗入接缝的雨水排出墙外，防止雨水向室内渗漏。

（2）外墙板十字缝部位每隔2～3层应设置排水管引水处理，板缝内侧应增设气密条密封构造。当垂直缝下方为门窗等其他构件时，应在其上部设置引水外流排水管。

跨越防火分区的接缝是防火安全的薄弱环节，应在跨越防火分区的接缝室内侧填塞耐火材料，以提高外围护系统的防火性能。

以预制混凝土夹心保温外挂墙板为例，其水平缝、垂直缝构造示意详见图5-1-10。

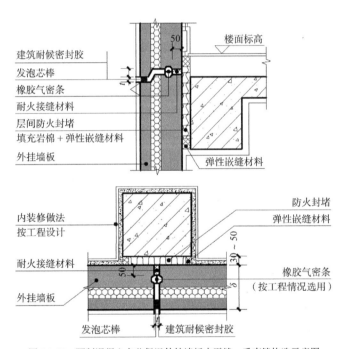

图 5-1-10　预制混凝土夹芯保温外挂墙板水平缝、垂直缝构造示意图

条文 6.2.6　蒸压加气混凝土外墙板的性能、连接构造、板缝构造、内外面层做法等要求应符合现行行业标准《蒸压加气混凝土建筑应用技术规程》JGJ/T 17 的相关规定，并符合下列规定：

1　可采用拼装大板、横条板、竖条板的构造形式；

2　当外围护系统需同时满足保温、隔热要求时，板厚应满足保温或隔热要求的较大值；

3　可根据技术条件选择钩头螺栓法、滑动螺栓法、内置锚法、摇摆型工法等安装方式；

4　外墙室外侧板面及有防潮要求的外墙室内侧板面应用专用防水界面剂进行封闭处理。

【技术要点】

蒸压加气混凝土外墙板是一种集保温、隔热、隔声、防火、结构于一体的绿色建材，可根据保温和受力设计要求确定板材的厚度。外墙板应采用强度等级不低于A3.5的配筋板材，强度等级应符合设计要求。

板型选择：蒸压加气混凝土板材墙体按照建筑结构构造特点可选用横板、竖板、拼装大板三种布置形式。建筑设计应遵循模数协调的原则，进行标准化、规格化设计，基本单元模块的高度与宽度尽可能按照板材的常用规格尺寸组合设计，避免出现非模数及非标准的特殊规格板材以节省造价。

板厚选择：建筑的外墙节能设计应满足国家节能规范的要求。可采用蒸压加气混凝土板外敷保温材料的复合墙体，也可为单独的蒸压加气混凝土板外墙。板材厚度可根据经济性的原则和节能的要求以及外墙的保温形式按照热工计算的结果选定。推荐常规板厚如下：

（1）对于夏热冬暖地区和夏热冬冷地区，宜采用150～200mm厚外墙板，满足外墙结构、保温、隔热要求；

（2）对于寒冷地区，根据不同体形系数，宜采用250～275mm厚外墙板；

（3）对于严寒地区，宜采用300～350mm厚外墙板；

安装方式：蒸压加气混凝土外墙板的安装方式存在多种情况，应根据具体情况选用。

（1）钩头螺栓法：多用于外墙横装和竖装，节点强度大，应用普遍。施工方便、造价低，缺点是损伤板材，连接节点不属于真正意义上的柔性节点，属于半刚性连接节点，应用于多层建筑外墙是可行的。

（2）内置锚法：用于结构外墙，墙体整体性较好。适用于高层建筑外墙。

（3）NDR（原ADR）摇摆工法：用于结构外墙，节点强度高、变形能力强、抗震性好。适用于高层建筑外墙。

防水处理：蒸压加气混凝土外墙板是一种带孔隙的碱性材料，吸水后强度降低，外表面防水涂膜是维持结构正常特性的保障，防水封闭是保证加气混凝土板耐久性（防渗漏、防冻融）的关键技术措施，其阻止水分由抹灰层向墙身渗透。通常情况下，室外侧板面宜采用性能匹配的柔性涂料饰面。

6.3　现场组装骨架外墙

条文 6.3.1　骨架应具有足够的承载能力、刚度和稳定性，并应与主体结构有可靠连接；骨架应进行整体及连接节点验算。

【技术要点】

骨架是现场组装骨架外墙中承载并传递荷载作用的主要材料，与主体结构有可靠、正确的连接，才能保证外墙围护系统正常、安全地工作。骨架整体验算及连接节点是保证现场组装骨架外墙安全性的重点环节。

条文 6.3.2　墙内敷设电气线路时，应对其进行穿管保护。

条文 6.3.3 现场组装骨架外墙宜根据基层墙板特点及形式进行墙面整体防水。

【技术要点】

现场组装骨架外墙的骨架均在现场完成安装，且横竖龙骨的数量众多，与相应的面板材料的交接接缝也非常多，采用常规的板缝防水做法一旦施工过程中出现瑕疵，会导致外墙系统的水密性达不到设计要求，所以建议根据基层墙板特点及形式进行墙面整体防水，满足建筑使用要求。

条文 6.3.4 金属骨架组合外墙应符合下列规定：

1 金属骨架应设置有效的防腐蚀措施；

2 骨架外部、中部和内部可分别设置防护层、隔离层、保温隔汽层和内饰层，并根据使用条件设置防水透气材料、空气间层、反射材料、结构蒙皮材料和隔汽材料等。

【技术要点】

金属骨架组合外墙是以厚度为 0.8 ~ 1.5mm 的镀锌轻钢龙骨为骨架，由外面层、填充层和内饰层所组成的复合墙体。一般是在现场安装密肋布置的龙骨后再安装各构造层次，也有在工厂预制成条板或大板后在现场整体装配。

根据不同的气候条件，常在骨架不同的位置设置功能膜材料，如防水膜、防水透汽膜、反射膜、隔汽膜等，寒冷或严寒地区为减少热桥效应和避免发生冷凝，还应采取隔离措施，如选用断桥龙骨，在特定部位绝缘隔离等。

条文 6.3.5 木骨架组合外墙应符合下列规定：

1 材料种类、连接构造、板缝构造、内外面层做法等要求应符合现行国家标准《木骨架组合墙体技术规范》GB/T 50361 的相关规定；

2 木骨架组合外墙与主体结构之间应采用金属连接件进行连接；

3 内侧墙面材料宜采用普通型、耐火型或防潮型纸面石膏板，外侧墙面材料宜采用防潮型纸面石膏板或水泥纤维板材等材料；

4 保温隔热材料宜采用岩棉或玻璃棉等；

5 隔声吸声材料宜采用岩棉、玻璃棉或石膏板材等；

6 填充材料的燃烧性能等级应为 A 级。

【技术要点】

木骨架组合外墙经常受自然环境中不利因素的影响，因此与主体结构之间的连接应有足够的耐久性和可靠性，所采用的连接件和紧固件应符合国家现行标准及符合设计要求，并应进行防腐处理。

木骨架组合外墙的内侧墙面材料一般采用 12mm 厚的耐火石膏板，主要满足防火要求，并作为墙体的内饰面。外饰面可以选择不同材料和体系，如抹灰饰面、砌砖饰面、面砖饰面、挂板饰面（水泥纤维挂板、聚乙烯挂板或木质挂板等）。

木骨架内填保温棉可起结构支撑和保温隔热的作用。岩棉、玻璃棉具有导热系数小、自重轻、防火性能好、吸声系数高等特点，适用于木骨架外墙的保温隔热及隔声，使外墙达到国家现行标准规定的保温、隔热、隔声和防火要求。

6.4　建筑幕墙

条文 6.4.1　装配式混凝土建筑应根据建筑物的使用要求、建筑造型，合理选择幕墙形式，宜采用单元式幕墙系统。

条文 6.4.2　幕墙应根据面板材料的不同，选择相应的幕墙结构、配套材料和构造方式等。

条文 6.4.3　幕墙与主体结构的连接设计应符合下列规定：

1　应具有适应主体结构层间变形的能力；

2　主体结构中连接幕墙的预埋件、锚固件应能承受幕墙传递的荷载和作用，连接件与主体结构的锚固承载力设计值应大于连接件本身的承载力设计值。

条文 6.4.4　玻璃幕墙的设计应符合现行行业标准《玻璃幕墙工程技术规范》JGJ 102 的相关规定。

条文 6.4.5　金属与石材幕墙的设计应符合现行行业标准《金属与石材幕墙工程技术规范》JGJ 133 的相关规定。

条文 6.4.6　人造板材幕墙的设计应符合现行行业标准《人造板材幕墙工程技术规范》JGJ 336 的相关规定。

【技术要点】

建筑幕墙凭借其自重轻、装配化程度高、施工速度快等特点，被广泛用于装配式混凝土建筑中；按照幕墙面板材料分为玻璃幕墙、石材幕墙、金属板幕墙、人造板材幕墙等，按照幕墙面板支承形式分为框支承幕墙、肋支承幕墙、点支承幕墙等，在设计时应按照装配式混凝土建筑的使用要求、立面造型等因素选择幕墙形式。为了提高幕墙工程施工质量，节约在施工现场有限的安装操作区域，推荐选用单元式幕墙系统。

建筑幕墙应能适应楼层在 X 轴、Y 轴、Z 轴三个维度中同时产生两个或三个维度的反复位移时，幕墙保持其自身及与主体结构连接部位不发生损坏及功能障碍。连接件与主体结构的锚固极限承载力应大于连接件本身的全塑型承载力，这要求当幕墙承受的荷载和作用的组合效应在偶然情况下发生大于抗力设计值时，须保证连接件与主体结构之间的锚固（不被拔出），确保在材料界面交接部位不发生破坏。

对于建筑幕墙应执行的技术标准，应按现行行业标准《玻璃幕墙工程技术规范》JGJ 102、《金属与石材幕墙工程技术规范》JGJ 133、《人造板材幕墙工程技术规范》JGJ 336 执行。

6.5　外门窗

条文 6.5.1　外门窗应采用在工厂生产的标准化系列部品，并应采用带有批水板等的外门窗配套系列部品。

【技术要点】

采用在工厂生产的外门窗配套系列部品可以有效避免施工误差，提高安装的精度，保证外围护系统具有良好的气密性能和水密性能要求。而选用带有批水板的外门窗，可以防止雨水渗透流入室内，改善了建筑的性能，提升了建筑的品质。

条文 6.5.2 外门窗应可靠连接，门窗洞口与外门窗框接缝处的气密性能、水密性能和保温性能不应低于外门窗的有关性能。

【技术要点】

外门窗作为热工设计的关键部位，其热传导占整个外墙传热的比例很大，门窗框与墙体洞口之间的缝隙是节能及防渗漏的薄弱环节。门窗与洞口之间的不匹配导致门窗施工质量控制困难，容易造成门窗处漏水。

为了保证建筑节能，要求外窗具有良好的气密性能。门窗洞口与门窗框间的气密性不应低于门窗的气密性。

门窗与墙体在工厂同步完成的预制混凝土外挂墙板，在加工过程中能够更好地保证门窗洞口与框之间的密闭性，可有效避免形成热桥，质量控制有保障，能较好地解决外门窗的渗漏水问题，改善建筑的性能，提升建筑的品质。

条文 6.5.3 预制外墙中外门窗宜采用企口或预埋件等方法固定，外门窗可采用预装法或后装法设计，并满足下列要求：

1 采用预装法时，外门窗框应在工厂与预制外墙整体成型；

2 采用后装法时，预制外墙的门窗洞口应设置预埋件。

【技术要点】

预制外墙板的门窗安装方式，在不同的气候区域存在施工工法的差异，应根据项目所在区域的地方实际条件，按照地方标准的规定，结合实际情况合理设计。

预装法将门窗框直接预装在预制外墙板上，其生产模板的统一性及精度决定了门窗洞口尺寸偏差很小，便于控制，可保证外墙板安装的整体质量，减少门窗的现场安装工序。此方法在加工过程中能够更好地保证门窗洞口与框之间的密闭性，避免形成热桥。这种方式更适用于南方地区。

北方地区气候寒冷，冬夏温差大，外门窗的温度变形大，预装法可能会造成接缝开裂漏水，因此建议采用后装法。

条文 6.5.4 铝合金门窗的设计应符合现行行业标准《铝合金门窗工程技术规范》JGJ 214 的相关规定。

条文 6.5.5 塑料门窗的设计应符合现行行业标准《塑料门窗工程技术规程》JGJ 103 的相关规定。

6.6 屋面

条文 6.6.1 屋面应根据现行国家标准《屋面工程技术规范》GB 50345 中规定的屋面防水等级进行防水设防，并应具有良好的排水功能，宜设置有组织排水系统。

【技术要点】

装配式建筑屋面如果采用预制条板等，会存在构造性通缝，应该采取相对应的构造措施。首先，在防水材料上要求接缝和界面具有良好的粘接和密封性，若未形成有效的防水层，易造成开裂；其次，预制板结构要求防水材料具有更好的适应性，以降低装配式预制板结构防水施工难度，保证防水密封效果。针对女儿墙、阴阳角、出屋面管道、结构拼缝等处进行重点处理。

条文 6.6.2 太阳能系统应与屋面进行一体化设计，电气性能应满足国家现行标准《民用建筑太阳能热水系统应用技术规范》GB 50364、《民用建筑太阳能光伏系统应用技术规范》JGJ 203 的相关规定。

【技术要点】

设置在屋面上的太阳能系统管路和管线应遵循安全美观、规则有序、便于安装和维护的原则，与建筑其他管线统筹设计，做到太阳能系统与建筑一体化。

条文 6.6.3 采光顶与金属屋面的设计应符合现行行业标准《采光顶与金属屋面技术规程》JGJ 255 的相关规定。

7 设备与管线系统设计

7.1 一般规定

条文 7.1.1 装配式混凝土建筑的设备与管线宜与主体结构相分离，应方便维修更换，且不应影响主体结构安全。

【技术要点】

在现浇混凝土建筑的建造中，一般均将设备管线埋在楼板现浇混凝土或墙体中，把使用年限不同的主体结构和管线设备融为一体。由于设备管线本身使用寿命及建筑功能改变等原因，在建筑全寿命期内需要对设备管线进行多次更新，为了不影响建筑的使用寿命及功能，装配式建筑提倡设备管线与主体结构分离的做法。

条文 7.1.2 装配式混凝土建筑的设备与管线宜采用集成化技术，标准化设计，当采用集成化新技术、新产品时应有可靠依据。

【技术要点】

装配式混凝土建筑的建造方式与传统建筑有很大的不同，通过大量使用标准化以及高集成度的部品部件，从而实现高效快速的建造，设备管线作为建筑的重要组成部分应符合装配式建筑的整体要求，宜采用适合装配式建筑需求的集成化新技术、新产品。为确保质量、降低风险，新技术、新产品在工程应用前应开展应用研究，并通过认证等手段确保其安全适用，技术先进。

条文 7.1.3 装配式混凝土建筑的设备与管线应合理选型，准确定位。

【技术要点】

由于多数构件需在工厂内预制，与之发生关系的设备管线条件应精准地反映在设计图中，在结构深化设计以前，可以采用包含 BIM 在内的多种技术手段开展三维管线综合设计，对各专业管线在预制构件上预留的套管、开孔、开槽位置尺寸进行综合及优化，形成标准化方案，并做好精细设计以及准确定位，避免错漏碰缺，避免造成预制构件的损耗。不得在安装完成后的预制构件上剔凿沟槽、打孔开洞。

条文 7.1.4 装配式混凝土建筑的设备和管线设计应与建筑设计同步进行，

预留预埋应满足结构专业相关要求，不得在安装完成后的预制构件上剔凿沟槽、打孔开洞等。穿越楼板管线较多且集中的区域可采用现浇楼板。

【技术要点】

预制构件在出厂时其性能要求均已经过检验，后期的剔凿会影响构件的性能，因此设计过程中设备专业应与建筑和结构专业密切沟通，防止遗漏，以避免后期对预制构件凿剔。另外，预制构件上为管线、设备及其吊挂配件预留的孔洞、沟槽宜选择对构件受力影响最小的部位，并应确保受力钢筋不受破坏。当条件受限无法满足上述要求时，建筑和结构专业应采取相应的处理措施。

条文 7.1.5 装配式混凝土建筑的设备与管线设计宜采用建筑信息模型（BIM）技术，当进行碰撞检查时，应明确被检测模型的精细度、碰撞检测范围及规则。

【技术要点】

BIM 技术的特性主要包括可视化、协调性、模拟性、优化性和可出图性。其可视化纠错能力直观、实用，这使得施工过程中遇到的问题可以提前至设计阶段纠正和处理，这样能节约成本和工期。在 BIM 技术下的设计，各个专业通过相关的三维设计软件协同工作，能够最大程度地提高设计速度。并且建立各个专业间互享的数据平台，实现各个专业的有机合作，达到各个专业间数据的共享和互通。通过 BIM 技术可以协调施工过程中出现的诸如结构与管线碰撞、不同专业间管线与设备碰撞与位置重叠等问题，充分体现出该技术的协调性。同时，BIM 与无线射频技术的结合也可实现设备管线信息的可追溯，进而实现建筑全寿命期的信息化管理。

条文 7.1.6 装配式混凝土建筑的部品与配管连接、配管与主管道连接及部品间连接应采用标准化接口，且应方便安装使用维护。

【技术要点】

为提高工业化水平，同一类型的部品部件与设备管线连接应尽量形成统一的标准化接口，提高部品部件及设备管线的通用性和互换性；不同类型、不同材质的部品部件与设备管线采用适用范围广的接口技术，提高其标准化程度，接口的尺寸精度应满足工业化要求。

条文 7.1.7 装配式混凝土建筑的设备与管线宜在架空层或吊顶内设置。

【技术要点】

按照设备管线与主体结构相分离的原则，设备管线宜设在架空层及吊顶内，架空层及吊顶空间应满足空调及新风、给水排水、强弱电等管道管线的安装要求，在合适位置设置检修口。

条文 7.1.8 公共管线、阀门、检修口、计量仪表、电表箱、配电箱、智能化配线箱等，应统一集中设置在公共区域。

【技术要点】

本条主要是针对住宅建筑，为明晰产权归属，便于日常维护管理，住宅公共功能的建筑设备，如消防设备、仪表、阀门、各种计量表、配电箱、配电柜、接线柜等，应尽量与建筑空间模数相配合，并满足自身功能，其操作面应留有一定的操作空间和维护空间。人孔检修口尺寸宜采用 600mm × 600mm，手孔检修口尺寸不宜小于 150mm × 150mm。

条文 7.1.9 装配式混凝土建筑的设备与管线穿越楼板和墙体时，应采取防水、防火、隔声、密封等措施，防火封堵应符合现行国家标准《建筑设计防火规范》GB 50016 的有关规定。

【技术要点】

设备管线穿越建筑部件时应采取措施不影响建筑部件的性能，如外墙板的水密性、气密性，楼板的防火、防水、隔声等要求。

条文 7.1.10 装配式混凝土建筑的设备与管线的抗震设计应符合现行国家标准《建筑机电工程抗震设计规范》GB 50981 的有关规定。

【技术要点】

机电设备与管线的抗震设计关系到建筑整体安全，发生地震时应保证消防系统、应急通信系统、电力保障系统、燃气供应系统、给水排水系统的损坏在可控范围内，避免出现次生灾害，同时便于震后迅速恢复功能。

7.2 给水排水

条文 7.2.1 装配式混凝土建筑冲厕宜采用非传统水源，水质应符合现行国家标准《城市污水再生利用城市杂用水水质》GB/T 18920 的有关规定。

【技术要点】

装配式建筑是建筑绿色可持续发展的重要途径，因此绿色理念应贯穿于装配式建筑设备管线系统的发展中，因此提倡非传统水源的利用。当市政中水条件不完善时，居住建筑冲厕用水可采用模块化户内中水集成系统，同时应做好防水处理。

条文 7.2.2 装配式混凝土建筑的给水系统设计应符合下列规定：

1 给水系统配水管道与部品的接口形式及位置应便于检修更换，并应采取措施避免结构或温度变形对给水管道接口产生影响；

2 给水分水器与用水器具的管道接口应一对一连接，在架空层或吊顶内敷设时，中间不得有连接配件，分水器设置位置应便于检修，并宜有排水措施；

3 宜采用装配式的管线及其配件连接；

4 敷设在吊顶或楼地面架空层的给水管道应采取防腐蚀、隔声减噪和防结露等措施。

【技术要点】

为便于日后管道维修拆卸，给水系统的给水立管与部品配水管道的接口宜设置便于更换的活接头连接。实际工程中由于未采用活接头，在遇到有拆卸管路要求的检修时，只能采取断管措施，增加了不必要的施工量。

条文 7.2.3 装配式混凝土建筑的排水系统宜采用同层排水技术，同层排水管道敷设在架空层时，宜设积水排出措施。

【技术要点】

同层排水是指器具排水管及排水支管不穿越本层结构楼板到下层空间，在本层敷设并接入排水立管，主要分为沿墙敷设及地面敷设两种方式。同层排水系统大大减少了管道穿越预制楼板的数量，是非常适合装配式建筑的一种排水形式。在地面敷设时由于局部降板区域有积水的风险，需考虑排除架空层积水的措施，同时也应避免排水管道内的气体进入架空层，因此积水的排出宜设置独立的排水系统或采用间接排水方式。

条文 7.2.4 装配式混凝土建筑的太阳能热水系统应与建筑一体化设计。

【技术要点】

装配式建筑核心是主体结构、外围护结构、室内装修、设备管线各系统的一体化集成建造及部品部件标准化，太阳能热水系统的集热储热设施、加压设备、管道等应与建筑本体紧密结合，进行整体协同设计。

条文 7.2.5 装配式混凝土建筑应选用耐腐蚀、使用寿命长、降噪性能好、便于安装及维修的管材、管件，以及连接可靠、密封性能好的管道阀门设备。

【技术要点】

装配式建筑是建筑绿色可持续发展的重要途径，因此绿色理念应贯穿于装配式建筑设备管线系统的发展中，满足建筑的低碳化及人性化需求。所用材料的品种、规格、质量应符合国家现行标准的规定，并应优先选用绿色、环保材料，适用于装配式建筑的新材料、新技术、新工艺、新设备。

7.3 供暖、通风、空调及燃气

条文 7.3.1 装配式混凝土建筑的室内通风设计应符合国家现行标准《民用建筑供暖通风与空气调节设计规范》GB 50736 和《建筑通风效果测试与评价标准》JGJ/T 309 的有关规定。

条文 7.3.2 装配式混凝土建筑应采用适宜的节能技术，维持良好的热舒适性，降低建筑能耗，减少环境污染，并充分利用自然通风。

条文 7.3.3 装配式混凝土建筑的通风、供暖和空调等设备均应选用能效比高的节能型产品，以降低能耗。

【技术要点】

装配式建筑是建筑绿色发展的途径之一，为实现人性化、低碳化的目标，需要采用适合装配式建筑特点的节能技术，各种被动、主动节能措施，清洁能源，高性能设备，模块化部品部件等。

条文 7.3.4 供暖系统宜采用适宜于干式工法施工的低温地板辐射供暖产品。

【技术要点】

低温地板辐射供暖设备可实现管线分离要求，并且与地面系统集成度较高，干法施工方便快捷，环境影响小，适合在装配式建筑中推广应用。

条文 7.3.5 当墙板或楼板上安装供暖与空调设备时，其连接处应采取加强措施。

【技术要点】

当采用散热器供暖系统时，散热器安装应牢固可靠。安装在轻钢龙骨隔墙上时，应采用隐蔽支架固定在结构受力件上；安装在预制复合墙体上时，其挂件应预埋在实体结构上，挂件应满足刚度要求；当采用预留孔洞安装散热器挂件时，预留孔洞的深度应不小于 120mm。

条文 7.3.6 采用集成式卫生间或采用同层排水架空地板时，不宜采用低温地板辐射供暖系统。

【技术要点】

集成式卫浴为集成式定型产品，如果产品没有预制地面辐射系统，就没有条件采用地面辐射供暖方式。可以根据实际条件，采用散热器、远红外等供暖方式。同层排水的架空地板下面有很多给水和排水管道，为了方便检修，不建议采用地板辐射供暖方式。

条文 7.3.7 装配式混凝土建筑的暖通空调、防排烟设备及管线系统应协同设计，并应可靠连接。

【技术要点】

设备管线安装用的预埋件应预埋在实体结构上，应考虑其受力特性，且预埋件应满足锚固要求。管道或设备集中的位置应共用支吊架和预埋件，预埋件锚固深度不宜小于 120mm，具体深度由计算确定。

条文 7.3.8 装配式混凝土建筑的燃气系统设计应符合现行国家标准《城镇燃气设计规范》GB 50028 的有关规定。

7.4 电气和智能化

条文 7.4.1 装配式混凝土建筑的电气和智能化设备与管线的设计，应满足预制构件工厂化生产、施工安装及使用维护的要求。

【技术要点】

电气和智能化设备、管线的设计应充分考虑预制构件的标准化设计，减少预制构件的种类，以适应工厂化生产和施工现场装配安装的要求，提高生产效率。

条文 7.4.2 装配式混凝土建筑的电气和智能化设备与管线设置及安装应符合下列规定：

1 电气和智能化系统的竖向主干线应在公共区域的电气竖井内设置；

2 配电箱、智能化配线箱不宜安装在预制构件上；

3 当大型灯具、桥架、母线、配电设备等安装在预制构件上时，应采用预留预埋件固定；

4 设置在预制构件上的接线盒、连接管等应做预留，出线口和接线盒应准确定位；

5 不应在预制构件受力部位和节点连接区域设置孔洞及接线盒，隔墙两侧的电气和智能化设备不应直接连通设置。

【技术要点】

电气竖向干线的管线宜做集中敷设，满足维修更换的需要，当竖向管道穿越预制构件或设备暗敷于预制构件时，需在预制构件中预留沟、槽、孔洞或套管；电气水平管线宜在架空层或吊顶内敷设，当受条件限制必须暗埋时，宜敷设在现浇层或建筑垫层内，如无现浇层且建筑垫层又不满足管线暗埋要求时，需在预制构件中预留相应的套管和接线盒。在预制构件上进行预留预埋的孔洞、套管、管槽、预埋件时，考虑预制构件的标准化，应尽量统一定位尺寸，减少预制构件的制造种类。

条文 7.4.3 装配式混凝土建筑的防雷设计应符合下列规定：

1 当利用预制剪力墙、预制柱内的部分钢筋作为防雷引下线时，预制构件内作为防雷引下线的钢筋，应在构件接缝处作可靠的电气连接，并在构件接缝处预留施工空间及条件，连接部位应有永久性明显标记；

2 建筑外墙上的金属管道、栏杆、门窗等金属物需要与防雷装置连接时，应与相关预制构件内部的金属件连接成电气通路；

3 设置等电位连接的场所，各构件内的钢筋应作可靠的电气连接，并与等电位连接箱连通。

【技术要点】

应优先利用建筑物现浇混凝土内钢筋作为防雷装置。当无现浇混凝土内钢筋用作防雷引下线时，宜利用预制剪力墙、预制柱内的部分钢筋作为防雷引下线。预制构件内作为防雷引下线的钢筋，应在构件接缝处做可靠的电气连接，并在构件接缝处应预留施工空间及条件。

8 内装修系统设计

8.1 一般规定

条文 8.1.1 装配式混凝土建筑的内装设计应遵循标准化设计和模数协调的原则，宜采用建筑信息模型（BIM）技术与结构系统、外围护系统、设备管线系统进行一体化设计。

【技术要点】

装配式混凝土建筑的内装系统，应与主体结构、外围护、设备与管线等系统进行一体化设计，通过标准化设计与模数协调，共同确认内装各系统以及接口的尺寸、定位、选型、技术参数等。各系统应基于同一个 BIM 模型进行工作，能够更加准确、高效地完成一体化设计。

条文 8.1.2 装配式混凝土建筑的内装设计应满足内装部品的连接、检修更换和设备及管线使用年限的要求，宜采用管线分离。

【技术要点】

管线分离是为了使内装、机电管线之间取得协调，避免内装部品的更换维修对主体结构以及内装修造成破坏。具体措施通常是指建筑中管线优先敷设在楼地面架空层、吊顶、墙体夹层、龙骨之间；也可以结合踢脚线、装饰线脚进行敷设。

条文 8.1.3 装配式混凝土建筑宜采用工业化生产的集成化部品进行装配式装修。

【技术要点】

装配式混凝土建筑的内装修提倡采用成套供应的系统化、集成化部品，如架空地板系统、集成吊顶、集成式卫生间系统、集成式厨房系统、室内门窗、橱柜、整体收纳等。建筑师在进行统筹设计时，应结合建筑类型、功能流线、空间效果等与室内设计师共同对部品部件的选取进行把控。

条文 8.1.4 装配式混凝土建筑的内装部品与室内管线应与预制构件的深化设计紧密配合，预留接口位置应准确到位。

条文 8.1.5 装配式混凝土建筑应在内装设计阶段对部品进行统一编号，在生产、安装阶段按编号实施。

条文 8.1.6 装配式混凝土建筑的内装设计应符合国家现行标准《建筑内部装修设计防火规范》GB 50222、《民用建筑工程室内环境污染控制规范》GB 50325、《民用建筑隔声设计规范》GB 50118 和《住宅室内装饰装修设计规范》JGJ 367 等的相关规定。

8.2 内装部品设计选型

条文 8.2.1 装配式混凝土建筑应在建筑设计阶段对轻质隔墙系统、吊顶系统、楼地面系统、墙面系统、集成式厨房、集成式卫生间、内门窗等进行部品设计选型。

【技术要点】

内装各系统的部品设计选型，与建筑设计中各功能空间的尺度、布局、层高净高、管线布置、门窗选型，以及结构构件的预留预埋、机电管线的排布等技术要素密不可分。从方案设计阶段开始，建筑师就应与室内设计师共同工作，针对内装修所选取的各系统部品部件进行协同设计，共同打造适宜的空间流线，满足使用需求。

条文 8.2.2 内装部品应与室内管线进行集成设计，并应满足干式工法的要求。

【技术要点】

室内管线的敷设通常是通过设置在墙、地面架空层、吊顶或轻质隔墙空腔内来实现管线分离。在这个过程中建筑师需要统筹协调内装部品与设备管线的关键技术节点，确认接口形式、安装位置等。

条文 8.2.3 内装部品应具有通用性和互换性。

【技术要点】

内装部品应具有通用性和互换性，满足装配化施工和后期更新的要求。互换性指年限互换、材料互换、样式互换、安装互换等。实现内装部品互换的主要条件是确定构件与内装部品的尺寸和边界条件。年限互换主要指因为功能和使用要求发生变化，要对空间进行改造利用，或者内装部品已达到使用年限，需要用新的内装部品更换。

条文 8.2.4　轻质隔墙系统设计应符合下列规定：

1　宜结合室内管线的敷设进行构造设计，避免管线安装和维修更换对墙休造成破坏；

2　应满足不同功能房间的隔声要求；

3　应在吊挂空调、画框等部位设置加强板或采取其他可靠加固措施。

【技术要点】

装配式混凝土建筑的平面布局通常采用大开间、大进深的形式，宜采用轻质内隔墙进行使用空间的分隔。轻质隔墙设置空腔，空腔内敷设电气管线、开关、插座、面板等；外墙的室内墙板宜设置空腔。

隔墙上需要固定电器、橱柜、洁具等较重设备或者其他物品时，应采用专用挂物配件等可靠固定措施；不能事先确定悬挂点，可以在龙骨上附加加强背板，再将悬挂件与加强背板进行固定。如果能够确定物品的悬挂位置和挂物要求，也可以在墙体上预留悬挂点，将物体与隔墙进行连接固定（图 5-1-11）。

（a）轻钢龙骨隔墙　　　　　　　　　　（b）轻质条板隔墙

（c）轻钢龙骨及面层　　　　　　　　　（d）隔墙内管线的安装

图 5-1-11　装配式隔墙示意

条文 8.2.5 吊顶系统设计应满足室内净高的需求，并应符合下列规定：

1 宜在预制楼板（梁）内预留吊顶、桥架、管线等安装所需预埋件；

2 应在吊顶内设备管线集中部位设置检修口。

【技术要点】

装配式混凝土建筑采用全吊顶设计时，吊顶内主要设备和管线有风机、空调管道、消防管道、电缆桥架、给水管等。吊顶应采用专用吊件固定在结构楼板（梁）上，吊杆、机电设备和管线等连接件、预埋件应在结构板预制时事先埋设，不宜在楼板（梁）上钻孔、打眼和射钉；吊顶应设有检修口（图5-1-12）。

图 5-1-12　集成吊顶示意

条文 8.2.6 楼地面系统宜选用集成化部品系统，并符合下列规定：

1　楼地面系统的承载力应满足房间使用要求；

2　架空地板系统宜设置减振构造；

3　架空地板系统的架空高度应根据管径尺寸、敷设路径、设置坡度等确定，并应设置检修口。

【技术要点】

集成化的地面符合装配式混凝土建筑的要求。架空地板系统主要是为了实现管线与结构主体的分离；同时架空地板也有良好的隔声性能，可提高室内声环境质量。

架空地板下采用树脂或金属地脚螺栓支撑，架空空间内铺设管线，架空地板的高度主要是根据弯头尺寸、排水管线长度和坡度来计算，一般为250～300mm；如果房间地面内不敷设排水管线，房间内也可以采用局部架空地板构造做法，以降低工程成本，局部架空层沿房间周边设置，空腔内敷设给水、采暖、电力管线等（图5-1-13）。架空地板系统应设置地面检修口，方便管道检查和维修。

条文 8.2.7 墙面系统宜选用具有高差调平作用的部品，并应与室内管线进行集成设计。

条文 8.2.8 集成式厨房设计应符合下列规定：

1　应合理设置洗涤池、灶具、操作台、排油烟机等设施，并预留厨房电气设施的位置和接口；

2　应预留燃气热水器及排烟管道的安装及留孔条件；

图 5-1-13　架空地板示意

　　3　给水排水、燃气管线等应集中设置、合理定位，并在连接处设置检修口。

【技术要点】

　　集成式厨房是指由工厂化生产的地面、顶面、墙面、橱柜和厨房设备及管线等集成并主要采用干式工法装配而成的厨房。集成式厨房采用标准化、模块化的方式设计制造成系列化的厨房模块，通过标准模块的不同组合，适应不同空间大小，达到标准化、系列化、通用化的目标。

　　集成厨房功能模块可分为清洗功能模块、储藏功能模块、烹饪/烘烤功能模块等。厨房内装部品的选择，应考虑到厨房炊事工作的特点，并符合人体工程学的要求及建筑模数化的要求。设备管线应集中设置（图 5-1-14）。

图 5-1-14　集成式厨房的典型布置图

条文 8.2.9　集成式卫生间设计应符合下列规定：

1　宜采用干湿分离的布置方式；

2　应综合考虑洗衣机、排气扇（管）、暖风机等的设置；

3　应在给水排水、电气管线等连接处设置检修口；

4　应做等电位连接。

【技术要点】

集成式卫生间是指由工厂化生产的地面（防水底盘）、墙面（板）、吊面和洁具设备及管线等集成并主要采用干式工法装配而成的卫生间。集成式卫生间充分考虑了卫生间空间的多样组合或分隔,具有洗浴、洗漱、如厕三项基本功能。

集成式卫生间的设置要符合卫生设备的标准和使用面积上的要求,要满足使用者的基本生活需求,应合理优化卫生设备的布置,同时考虑到老年人及儿童的使用,宜增加相应的设施,满足无障碍的使用需求。

集成式卫生间设计宜采用功能分离方式,给水排水、通风和电气等管道管线连接应在设计时预留空间集中布置,并在预留的接口处设置检修口(图5-1-15)。

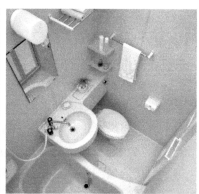

图 5-1-15　集成式卫生间的典型布置图

8.3　接口与连接

条文 8.3.1　装配式混凝土建筑的内装部品、室内设备管线与主体结构的连接应符合下列规定:

1　在设计阶段宜明确主体结构的开洞尺寸及准确定位;

2　宜采用预留预埋的安装方式;当采用其他安装固定方法时,不应影响预制构件的完整性与结构安全。

【技术要点】

装配式混凝土建筑平面设计应充分考虑内装部品、设备管线与主体结构体系之间的关系。提前将主体结构上的开洞部位及尺寸进行准确的定位,并应将各专业、各工种所需的预留孔洞、预埋件等一并完成。现场连接时还可选用膨胀螺栓固接或钉接、粘接等固定法。但应尽量避免在预制构件结构受力处连接。

条文 8.3.2　内装部品接口应做到位置固定,连接合理,拆装方便,使用可靠。

【技术要点】

装配式混凝土建筑的内装部品应具有通用性和互换性。采用标准化接口的内装部品,可有效避免不同内装部品系列接口的非兼容性;在内装部品的设计上,应严格遵守标准化、模数化的相关要求,提高部品之间的兼容性。

条文 8.3.3　轻质隔墙系统的墙板接缝处应进行密封处理;隔墙端部与结构

系统应有可靠连接。

【技术要点】

装配式轻质隔墙为预制集成产品，应与门窗洞口及地面尺寸协调，并便于现场安装。

现阶段实际工程中主要采用的隔墙系统按构造方式不同可分为条板隔墙类、龙骨隔墙等。

条板隔墙与混凝土主体结构及预制构件的安装方法主要有刚性连接（适用于非抗震设防区）、柔性连接（适用于抗震设防区）。条板之间的连接宜采用预埋连接件、专用粘接剂等措施，接缝处应采取抗裂措施。

龙骨隔墙的上、下横龙骨宜采用膨胀螺栓与混凝土构件固定。

条文 8.3.4 门窗部品收口部位宜采用工厂化门窗套。

【技术要点】

外围护系统的门窗部品与墙体连接处是防渗漏的薄弱部位，门窗与墙体的连接宜采用配套连接件进行连接，连接件宜预留，后安装门窗时不应破坏墙体，门窗框材与墙体间的缝隙应填充密实，宜采用相配套的预制门窗套进行收边。

条文 8.3.5 集成式卫生间采用防水底盘时，防水底盘的固定安装不应破坏结构防水层；防水底盘与壁板、壁板与壁板之间应有可靠连接设计，并保证水密性。

【技术要点】

卫生间漏水是常出现的建筑工程质量问题，当集成式卫生间采用防水底盘时，防水底盘是防水的关键部品。防水底盘的安装应避免破坏结构防水层，防水底盘与墙面板连接处的构造应具有防渗漏的功能，做好设备管线接口处理并做好防水措施，采用防水底盘的集成式卫生间的地漏、排水管件和其他配件应与防水底盘成套供应，并提供安装服务和质量保证。

9 生产运输

条文略。

【技术要点】

本章全面规定了装配式混凝土建筑用部件和部品的生产要求，并以预制构件生产流程为主线，对生产过程各个环节的生产技术与质量控制进行了详细规定，包括原材料进厂、模具加工安装、钢筋及预埋件加工安装、混凝土浇筑成型、养护、脱模、成品检验、存放、吊运及成品保护、出厂质量控制等。

部品部件的生产除了生产各环节的质量控制外，技术管理也非常重要，如生产单位应该具备保证产品质量要求的生产工艺设施、试验检测条件、完善的质量管理体系，最好还应该有可追溯的信息化管理系统。在生产之前还应编制生产方案，包括生产计划、生产工艺、模具方案及计划、技术质量控制措施、成品存放运输和保护方案等。

首件验收制度是管控生产质量的一个可行方案，是指在生产第一批构件时，生产单位会同建设单位、设计单位、施工单位、监理单位共同进行验收，找出问题并解决问题，为以后的生产奠定基础。

值得注意的是，越是简单的、规则的预制构件越容易生产，其生产质量也越是容易得到保证，同时生产成本也越低，因此建筑师在进行建筑外立面设计时，非特殊要求，应尽量避免采用造型复杂的预制构件，也需要提前和生产单位沟通工艺的可行性。

随着材料和工艺的不断进步，现在的预制混凝土技术也能够展现各式各样的艺术效果，为建筑师提供了多样化的选择，如仿石材、真石漆、彩色混凝土，等等（图 5-1-16）。

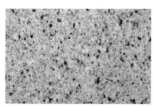 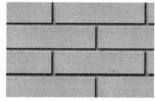 

图 5-1-16　外立面装饰材料示意

10　施工安装

条文略。

【技术要点】

本章对装配式混凝土建筑的主体结构施工、设备管线安装、建筑部品安装以及施工安全与环境保护进行了全方位的要求，其中针对主体结构施工重点介绍了施工准备、构件安装、连接及尺寸偏差要求等方面的内容。

装配式混凝土建筑的施工与传统现浇混凝土差异较大，施工前应该根据建筑、结构、内装、机电一体化，设计、制造、装配一体化的原则，制定符合装配式施工特色的施工组织设计，同时也应体现管理组织方式与装配工法相吻合的特点，以发挥装配技术的优势为原则进行编制。

装配式建筑由于大量使用了工厂化生产的部品部件，因此施工现场的总平面布置应符合装配化建造方式的特点。预制构件运输对运输通道的要求较高，运输通道的转弯半径、道路宽度、道路坡度等因素均会对构件运输组织造成较大的影响；同时装配式建筑对吊运需求大幅度增加，现场塔吊的数量及其布置将直接影响整体施工的进度。

建筑师在设计初期进行总平面规划时，除常规设计外，还应与施工方共同根据装配化建造方式布置施工总平面，宜规划主体装配区、构件堆放区、材料堆放区和运输通道。各个区域宜统筹规划布置，满足高效吊装、安装的要求，通道宜满足构件运输车辆平稳、高效、节能的行驶要求（图 5-1-17）。竖向构件宜采用专用存放架进行存放，专用存放架应根据需要设置安全操作平台。

图 5-1-17　装配式建筑场地布置实例

11　质量验收

条文略。

【技术要点】

本章节规定了隐蔽工程的验收内容、预制构件验收的主控项目和一般项目、安装与连接验收的主控项目和一般项目、部品安装和机电安装的验收要求。装配式混凝土建筑现场施工中涉及的装修、防水、节能及机电设备等内容，应分别按装修、防水、节能及机电设备等分部或分项工程的验收要求执行。

预制构件安装前必须确认是验收合格的构件，没有经过进场验收的构件或验收不合格的构件严禁在工程中应用。对于出现的外观质量严重缺陷、影响结构性能和安装、使用功能的尺寸偏差应作退场处理。如经设计同意可以进行修理使用的，则应制定处理方案并获得监理确认后，由预制构件生产企业按技术处理方案处理，修理后应重新验收。

装配式混凝土建筑的接缝防水施工是非常关键的质量检验内容，是保证装配式外墙防水性能的关键，施工时应按设计要求进行选材和施工，并采取严格的检验、验证措施。建筑师在本阶段应对此项工作重点关注。

5.2　《装配式钢结构建筑技术标准》GB/T 51232—2016

5.2.1　编制概况

5.2.1.1　编制背景与实施时间

本标准的发布日期：2017-01-10；实施日期：2017-06-01。

《装配式钢结构建筑技术标准》GB/T 51232—2016 创新性地构建了装配式钢结构建筑是一个系统集成过程的概念，是以工业化建造方式为基础，实现结构系统、外围护系统、设备与管线系统、内装系统等四大系统集成，以及策划、设计、生产与施工协同的过程。针对装配式钢结构建筑的特点，编制时重点强化和解决了两个问题。

第一是"钢结构建筑不是装配式钢结构建筑"。钢结构的节点采用焊接连接或是螺栓连接，钢结构本身是装配的。但是装配式钢结构建筑是由结构系统、外围护系统、设备管线系统和内装系统组成的，单纯的结构系统装配不能称作装配式建筑。这样强调，是为了扭转目前在装配式钢结构建筑领域存在的重结构、轻建筑、无内装的错误做法。

第二是"装配式钢结构建筑的设计实施过程和传统建筑不一样"。在传统建筑时代，我们依靠各类标准、规范可以完成设计，而装配式建筑的建造，是基于部品部件进行系统集成实现建筑功能并满足用户需求的过程。这是集成的过程。在装配式建筑的集成设计中，要做到以建筑功能为核心，以结构布置为基础，以工业化的围护、内装和设备管线部品为支撑，综合考虑建筑户型、外立面、结构体系、围护、设备管线、构件防护、内装等各方面的协同与集成，实现结构系统、外围护系统、设备管线系统和内装系统的协同。

5.2.1.2　标准基本构成与技术要点

本标准主要技术内容由总则、术语、基本规定、建筑设计、集成设计、生产运输、施工安装、质量验收、使用维护等共9章组成。

前四个章节概括介绍装配式钢结构建筑基本设计建造原则；第4章通过总体建筑设计介绍了装配式钢结构建筑的全过程集成；第5章将装配式钢结构建筑相关的设计建造问题按照四大系统进行详细说明；第6～第9章则对装配式钢结构住宅建筑的生产、运输、安装、验收及运营维护环节的基本要求和规定进行了具体阐述。

5.2.2　标准的技术内容与要求

1　总则

条文 1.0.1　为规范我国装配式钢结构建筑的建设，按照适用、经济、安全、绿色、美观的要求，全面提高装配式钢结构建筑的环境效益、社会效益和经济效益，制定本标准。

条文 1.0.2　本标准适用于抗震设防烈度为6度到9度的装配式钢结构建筑的设计、生产运输、施工安装、质量验收与使用维护。

条文 1.0.3　装配式钢结构建筑应遵循建筑全寿命期的可持续性原则，并应标准化设计、工厂化生产、装配化施工、一体化装修、信息化管理和智能化应用。

条文 1.0.4　装配式钢结构建筑应将结构系统、外围护系统、设备与管线系统、内装系统集成，实现建筑功能完整、性能优良。

条文 1.0.5　装配式钢结构建筑的设计、生产运输、施工安装、质量验收与使用维护，除应执行本标准外，尚应严格执行国家现行有关标准的规定。

2　术语

条文 2.0.1　装配式建筑 assembled building

结构系统、外围护系统、设备与管线系统、内装系统的主要部分采用预制部品部件集成的建筑。

条文 2.0.2　装配式钢结构建筑 assembled building with steel-structure

建筑的结构系统由钢部（构）件构成的装配式建筑。

条文 2.0.3 建筑系统集成 integration of building system

以装配化建造方式为基础，统筹策划、设计、生产和施工等，实现建筑结构系统、外围护系统、设备与管线系统、内装系统一体化的过程。

条文 2.0.4 集成设计 integrated design

建筑结构系统、外围护系统、设备与管线系统、内装系统一体化的设计。

条文 2.0.5 协同设计 collaborative design

装配式建筑设计中通过建筑、结构、设备、装修等专业相互配合，运用信息化技术手段满足建筑设计、生产运输、施工安装等要求的一体化设计。

条文 2.0.6 结构系统 structure system

由结构构件通过可靠的连接方式装配而成，以承受或传递荷载作用的整体。

条文 2.0.7 外围护系统 building envelope system

由建筑外墙、屋面、外门窗及其他部品部件等组合而成，用于分隔建筑室内外环境的部品部件的整体。

条文 2.0.8 设备与管线系统 facility and pipeline system

由给水排水、供暖通风空调、电气和智能化、燃气等设备与管线组合而成，满足建筑使用功能的整体。

条文 2.0.9 内装系统 interior decoration system

由楼地面、墙面、轻质隔墙、吊顶、内门窗、厨房和卫生间等组合而成，满足建筑空间使用要求的整体。

条文 2.0.10 部件 components

在工厂或现场预先生产制作完成，构成建筑结构系统的结构构件及其他构件的统称。

条文 2.0.11 部品 parts

由工厂生产，构成外围护系统、设备与管线系统、内装系统的建筑单一产品或复合产品组装而成的功能单元的统称。

条文 2.0.12 全装修 decorated

所有功能空间的固定面装修和设备设施全部安装完成，达到建筑使用功能和建筑性能的状态。

条文 2.0.13 装配式装修 assembled decoration

采用干式工法，将工厂生产的内装部品在现场进行组合安装的装修方式。

条文 2.0.14 干式工法 non-wet construction

采用干作业施工的建造方法。

条文 2.0.15 模块 module

建筑中相对独立，具有特定功能，能够通用互换的单元。

条文 2.0.16 标准化接口 standardized interface

具有统一的尺寸规格与参数、并满足公差配合及模数协调的接口。

条文 2.0.17 集成式厨房 integrated kitchen

由工厂生产的楼地面、吊顶、墙面、橱柜和厨房设备及管线等集成并主要采用干式工法装配而成的厨房。

条文 2.0.18 集成式卫生间 integrated bathroom

由工厂生产的楼地面、墙面（板）、吊顶和洁具设备及管线等集成并主要采用干式工法装配而成的卫生间。

条文 2.0.19 整体收纳 system cabinets

由工厂生产、现场装配、满足储藏需求的模块化部品。

条文 2.0.20 装配式隔墙、吊顶和楼地面 assembled partition wall, ceiling and floor

由工厂生产的，具有隔声、防火、防潮等性能，且满足空间功能和美学要求的部品集成，并主要采用干式工法装配而成的隔墙、吊顶和楼地面。

条文 2.0.21 管线分离 pipe & wire detached from structure system

将设备与管线设置在结构系统之外的方式。

条文 2.0.22 同层排水 same-floor drainage

在建筑排水系统中，器具排水管及排水支管不穿越本层结构楼板到下层空间、与卫生器具同层敷设并接入排水立管的排水方式。

条文 2.0.23 钢框架结构 steel frame structure

以钢梁和钢柱或钢管混凝土柱以刚接连接，具有抗剪和抗弯能力的结构。

条文 2.0.24 钢框架—支撑结构 steel braced frame structure

由钢框架和钢支撑构件组成，能共同承受竖向、水平作用的结构，钢支撑分中心支撑、偏心支撑和屈曲约束支撑等。

条文 2.0.25 钢框架—延性墙板结构 steel frame structure with refined ductility shear wall

由钢框架和延性墙板构件组成，能共同承受竖向、水平作用的结构，延性墙板有带加劲肋的钢板剪力墙、带竖缝混凝土剪力墙等。

条文 2.0.26 交错桁架结构 staggered truss framing structure

在建筑物横向的每个轴线上，平面桁架各层设置，而在相邻轴线上交错布置的结构。

条文 2.0.27 钢筋桁架楼承板组合楼板 composite slabs with steel bar truss deck

钢筋桁架楼承板上浇筑混凝土形成的组合楼板。

条文 2.0.28 压型钢板组合楼板 composite slabs with profiled steel sheet

压型钢板上浇筑混凝土形成的组合楼板。

条文 2.0.29 门式刚架结构 light-weight building with gabled frames

承重结构采用变截面或等截面实腹刚架的单层房屋结构。

条文 2.0.30 低层冷弯薄壁型钢结构 low-rise cold-formed thin-walled steel buildings

以冷弯薄壁型钢为主要承重构件，不大于 3 层，檐口高度不大于 12m 的低层房屋结构。

3 基本规定

条文 3.0.1 装配式钢结构建筑应采用系统集成的方法统筹设计、生产运输、施工安装和使用维护，实现全过程的协同。

【技术要点】

装配式建筑是以完整的建筑产品为对象，通过系统集成的方法，实现设计、生产运输、施工安装和使用维护全过程的一体化。

首先，"钢结构建筑不是装配式钢结构建筑"。装配式钢结构建筑是由结构系统、外围护系统、设备管线系统和内装系统四个部分组成的，当整体装配式方案分值达到《装配式建筑评价标准》GB/T 51129—2017 规定时，才算是装配式钢结构建筑。

其次，"装配式钢结构建筑的设计实施过程和传统建筑不一样"。装配式钢结构建筑的集成设计，要做到以建筑功能为核心，以结构布置为基础，以工业化的围护、内装和设备管线部品为支撑，综合考虑建筑套型、外立面、结构体系、围护、设备管线、构件防护、内装等各方面的协同与集成，实现结构系统、外围护系统、设备管线系统和内装系统的协同。

条文 3.0.2 装配式钢结构建筑应按照通用化、模数化、标准化的要求，以少规格、多组合的原则，实现建筑及部品部件的系列化和多样化。

【技术要点】

设计标准化是装配式钢结构建筑的技术核心，装配式钢结构是由结构系统、外围护系统、设备与管线系统和内装系统四部分组成，设计的标准化是实现部品部件生产工艺标准化、施工工法标准化的前提，是降低成本，提高生产、安装施工效率，方便维护管理与责任追溯的关键。建筑师应首先对装配式建筑部品的类型与内容有充分的了解，方能更好、更合理地进行标准化设计工作。相对于现浇工艺、砌体工艺，预制构件设计更强调标准化设计，以使构件可进行工厂化生产，并通过构件的通用降低造价，实现建筑的可持续发展。

条文 3.0.3 部品部件的工厂化生产应建立完善的生产质量管理体系，设置产品标识，提高生产精度，保障产品质量。

【技术要点】

装配式钢结构建筑中的钢构件、外围护墙板等部件的生产企业应遵守国家及地方有关部门对硬件设施、人员配置、质量管理体系和质量检测手段等的规定。部品部件制作前，应做好相关的准备工作，并满足相应的部品部件标准的要求。

条文 3.0.4 装配式钢结构建筑应综合协调建筑、结构、设备和内装等专业，制定相互协同的施工组织方案，并应采用装配式施工，保证工程质量，提高劳动效率。

【技术要点】

装配化施工是通过工业方法将工厂制造的部品、构件，在工程现场通过机械化、信息化等工程技术手段按不同要求进行组合和安装，建成特定建筑产品的一种建造方式。装配式钢结构建筑在施工时，其结构、外围护、设备与管线及内装系统相互交叉作业，因此在设计前期就要实现各专业协同，进行一体化设计，通过合理的施工组织方案，实现装配化施工。

条文 3.0.5 装配式钢结构建筑应实现全装修，内装系统应与结构系统、外围护系统、设备与管线系统一体化设计建造。

【技术要点】

本条强调结构主体与建筑装饰装修、机电管线一体化，实现了高完成度的整体式设计及各专业集成化的设计。装配式钢结构建筑必须通过一体化装修形成完善的建筑产品，提升建筑性能。

条文 3.0.6 装配式钢结构建筑宜采用建筑信息模型（BIM）技术，实现全专业、全过程的信息化管理。

【技术要点】

装配式钢结构建筑的建造过程信息化，即需要在设计建造过程中引入信息化手段，采用 BIM 技术，进行设计、施工、生产、运营与项目管理的全产业链整合。

设计阶段利用 BIM 数字化技术提高建筑性能，通过 BIM 协同手段协调各专业间设计，并指导出图。之后在 BIM 可视化的基础上，对钢结构构件的拼装、装配式外墙板的预拼装和节点处理上进行预施工，最终确定装配图纸。

生产制造环节利用 BIM 模型构建开放数据接口，集成生产过程中各类数据信息，使模型数据在生产过程得到有效传递。然后基于 BIM 数据信息，有计划地编排生产及运输批次，使部品部件在现场可用空间内完成堆场工作。

现场装配施工，则直接将现场堆放的部品部件按照 BIM 预施工计划，安排施工人员进行区域拼装，同时利用构件模型中已经预设的生产信息，以及三维定位手段就地将构件组装起来，生产与装配过程合二为一。

条文 3.0.7 装配式钢结构建筑宜采用智能化技术，提升建筑使用的安全、便利、舒适和环保等性能。

【技术要点】

装配式钢结构建筑的智能化设计建造、智能化运营维护应贯穿建筑设计、生产、建造、工期统筹、造价管控、能源管理、安全防卫、运营维护等不同环节的全寿命周期。因此在设计初始，应以实用和适度的原则选择智能化配置，包含数字设计、云端采购、智能工厂、智慧工地、产品集成展示及运维平台。

条文 3.0.8 装配式钢结构建筑应进行技术策划，对技术选型、技术经济可行性和可建造性进行评估，并应科学合理地确定建造目标与技术实施方案。

【技术要点】

和其他技术体系相比，装配式钢结构的技术选型更加重要，是决定装配式钢结构建筑性能和质量的重要因素。因此，在进行设计时，就需要充分结合相关技术标准和规范，参考不同的设计组合进行进一步的构件优化设计，保证所有装配式建筑能够符合行业的标准。各专业设计人员需要充分了解不同技术选型的特点，并结合施工现场的情况，因地制宜地选择部品构件，让装配式建筑可以获得更高的质量。还需要有不同的专业协作来考察建筑物的设计，保证能够对建筑物进行优化。使用高质量的预制构件进行施工，保证施工质量能够满足实际需要，有效降低施工的成本，并且形成最为合理的设计方案。

条文 3.0.9 装配式钢结构建筑应采用绿色建材和性能优良的部品部件，提升建筑整体性能和品质。

【技术要点】

装配式钢结构建筑因建造方式与传统现浇混凝土建筑的建造方式有很大差别，其建造成本也会偏高。高成本生产的产品也应该具有更优良的品质。装配式钢结构建筑在绿色建筑节材评分中有加分项，有利于绿色建筑评价认证。

条文 3.0.10 装配式钢结构建筑防火、防腐应符合国家现行相关标准的规定，满足可靠性、安全性和耐久性的要求。

【技术要点】

钢材的耐火性能是薄弱点，室内金属承重构件的外露部位必须加设防火保护层。钢结构构件应采用包敷不燃烧材料（浇筑混凝土或砌块，采用轻型防火板，内填岩棉、玻璃棉等柔性毡状材料复合保护）或喷涂防火涂料。有特殊需要的建筑可采用特种耐火钢。

4 建筑设计

4.1 建筑设计

条文 4.1.1 装配式钢结构建筑应模数协调，采用模块化、标准化设计，将结构系统、外围护系统、设备与管线系统和内装系统进行集成。

【技术要点】

模数协调是建筑部品部件实现通用性和互换性的前提条件，使规格化、通用化的部件适用于常规的各类建筑，满足各种要求。大量的规格化、定型化部品部件生产可稳定质量，降低成本。通用化部件所具有的互换功能，可促进市场的竞争和部件生产水平的提高。

平面的标准化设计离不开模数的协调，平面设计应在模数化的基础上，以基本单元或基本户型为模块，采用基本模数、扩大模数、分模数的方法实现建筑主体、建筑内装和内装部品等相互间尺寸协调。

钢结构宜采用扩大模数网格，且优选尺寸应为2nM、3nM模数系列。部件定位可采用中心线定位法、界面定位法，或者中心线与界面定位法混合使用的方法。方法的选择应符合部件受力合理、生产简单、优化尺寸和减少部件种类的需要，满足部件的互换、位置可变的要求；应优先保证部件安装空间符合模数，或满足一个及以上部件间净空尺寸符合模数。

平面设计应在模数化的基础上，以公共建筑基本单元为模块进行组合设计。任何功能空间都可以通过模块化的方式进行设计，把一个标准模块分解成多个小的、独立的、相互作用的分模块，对不同模块设定不同的功能，以便更好地处理复杂、大型的功能问题。模块应具有"接口、功能、逻辑、状态"等属性。

其中接口、功能与状态反映模块的外部属性，逻辑反映模块的内部属性。模块应是可组合、可分解和可更换的。

条文 4.1.2 装配式钢结构建筑应按照集成设计原则，将建筑、结构、给水排水、暖通空调、电气、智能化和燃气等专业之间进行协同设计。

【技术要点】

装配式钢结构建筑设计应统筹规划设计、生产运输、施工安装和使用维护，在这个过程中，应对建筑、结构、设备、室内装修等专业进行一体化的设计，各专业协同工作，对结构系统、设备与管线系统、外围护系统、内装系统及其部品部件的标准化、通用性进行完整性体系集成建造。

条文 4.1.3 装配式钢结构建筑设计宜建立信息化协同平台，共享数据信息，实现建设全过程的管理和控制。

【技术要点】

数字化 BIM 技术是以建筑工程项目的各项相关信息数据作为基础，管理三维建筑模型，通过数字信息仿真模拟建筑物所具有的真实信息。BIM 不仅是一个设计工具，还是一种管理手段，是实现建筑业精细化、信息化管理的重要工具。钢结构住宅由于其设计建造特点，更适合应用建筑信息模型技术并最终实现对设计建造的管控、建造品质的提高，应加强该技术的应用。

条文 4.1.4 装配式钢结构建筑应满足建筑全寿命期的使用维护要求，并宜采用管线分离的方式。

【技术要点】

装配式钢结构建筑是 SI 建筑体系的最佳载体。SI 体系由支撑体 S（skeleton）和填充体 I（Infill）两部分组成，其目的是在支撑体和填充体分离的基础上，以内装部品的灵活性和适应性实现在住宅建筑全寿命期（设计—建造—使用—改造）内的最大价值，保证住宅的长久居住品质。管线分离是实现装配式钢结构住宅耐久性的技术之一，支撑体部分强调主体结构的耐久性，填充体部分则强调内装和设备的灵活性和适应性。

4.2 建筑性能

条文 4.2.1 装配式钢结构建筑应符合国家现行标准对建筑适用性能、安全性能、环境性能、经济性能、耐久性能等综合规定。

装配式钢结构建筑在公共建筑中已有很多应用。钢结构体系本身已十分成熟；玻璃幕墙、龙骨干挂体系的实体幕墙也较为成熟。很多既有钢结构的高层办公楼都符合装配式钢结构建筑的标准。目前要大力推广装配式钢结构建筑，首先要权衡确定具体项目的定位，在经济适用条件下积极开展。

条文 4.2.2 装配式钢结构建筑的耐火等级应符合现行国家标准《建筑设计防火规范》GB 50016 的有关规定。

条文 4.2.3 钢构件应根据环境条件、材质、部位、结构性能、使用要求、施工条件和维护管理条件等进行防腐蚀设计，并应符合现行行业标准《建筑钢结构防腐蚀技术规程》JGJ/T 251 的有关规定。

【技术要点】

钢结构在涂装之前应进行表面处理。防腐蚀设计文件应提出表面处理的质量要求，并应对表面除锈等级和表面粗糙度做出明确规定。钢结构在除锈处理前，应清除焊渣、毛刺和飞溅等附着物，对边角进行钝化处理，并应清除基体表面可见的油脂和其他污物。

条文 4.2.4 装配式钢结构建筑应根据功能部位、使用要求等进行隔声设计，在易形成声桥的部位应采用柔性连接或间接连接等措施，并应符合现行国家标准《民用建筑隔声设计规范》GB 50118 的有关规定。

【技术要点】

钢构件在可能形成声桥的部位，应采用隔声材料或重质材料填充或包裹，使相邻空间隔声指标达到设计标准。当组合楼盖的压型钢板置于梁上时，与梁上翼缘间形成的空隙应以膨胀型的防火涂料封堵。门窗固定在钢构件上时，连接件应具有弹性且应在连接处采用柔性材料填缝。外墙与楼板端面间的缝隙应以防火、防水、保温、隔声材料填实。

条文 4.2.5 装配式钢结构建筑的热工性能应符合国家现行标准《民用建筑热工设计规范》GB 50176、《公共建筑节能设计标准》GB 50189、《严寒和寒冷地区居住建筑节能设计标准》JGJ 26、《夏热冬冷地区居住建筑节能设计标准》JGJ 134 和《夏热冬冷地区居住建筑节能设计标准》JGJ 75 的有关规定。

【技术要点】

热阻值低是钢材的一大特性，也是钢结构建筑设计相对于传统建筑设计要特别注意的地方。

钢结构建筑的梁柱导热性高，除采用整体玻璃幕墙系统外，宜采用外保温形式。当外墙采用内嵌式保温复合夹芯板时，仍需要整体或局部外保温阻断梁柱位置的热桥。保温复合夹芯板本身也要保证在内部保温层中不产生结露，否则保温夹芯材料如岩棉遇水后保温性能严重下降，将直接导致墙体保温失效。

条文 4.2.6 装配式钢结构建筑应满足楼盖舒适度的要求，并应按本标准5.2.18 条执行。

【技术要点】

整体式楼板包括普通现浇楼板、压型钢板组合楼板、钢筋桁架楼承板组合楼板等；装配整体式楼板包括钢筋桁架混凝土叠合楼板、预制混凝土叠合楼板；装配式楼板包括预制预应力空心板叠合楼板（SP 板）、预制蒸压加气混凝土楼板等。

无论采用何种楼板，均应该保证楼板的整体牢固性，保证楼板与钢结构的可靠连接。

4.3 模数协调

条文 4.3.1 装配式钢结构建筑设计应符合现行国家标准《建筑模数协调标准》GB/T 50002 的有关规定。

条文 4.3.2 装配式钢结构建筑的开间与柱距、进深与跨度、门窗洞口宽度等宜采用水平扩大模数数列 2nM、3nM（n 为自然数）。

【技术要点】

装配式钢结构建筑的平面设计通常采用梁、柱等结构部件的中心线定位法，在结构部件水平尺寸为模数尺寸的同时获得内部空间，也称模数空间，实现结构主体各结构钢构件（开间、进深、层高等）与内装空间的协调。钢结构平面采用统一柱网、统一构件截面，可优化和减少预制构件种类。

过去我国在平面设计上模数数列多采用 3M（300mm），为适应建筑多样化的需求，增加设计的灵活性，目前模数数列多选择 2M（200mm）、3M（300mm）。

条文 4.3.3 装配式钢结构建筑的层高和门窗洞口高度等宜采用竖向扩大模数数列 nM。

【技术要点】

装配式钢结构建筑的门窗洞口尺寸可参照现行国家标准《建筑门窗洞口尺寸系列》GB/T 5824，考虑常用尺寸范围。

条文 4.3.4 梁、柱、墙、板等部件的截面尺寸宜采用竖向扩大模数数列 nM。

【技术要点】

结构构件截面尺寸通常根据结构计算确定，在满足结构计算的前提下，梁、柱截面宜采用 1M 的倍数与 M/2 组合确定，如柱子为 400、450、500 等，梁高为 300、350、400 等，梁宽度则比较小，便于焊接的尺寸为 150，还可根据需要缩小下翼缘，便于与内装尺寸协调。

条文 4.3.5 构造节点和部品部件的接口尺寸等宜采用分模数数列 nM/2、nM/5、nM/10。

【技术要点】

构造节点是装配式建筑的关键技术，通过构造节点的连接和组合，使所有的构件和部品成为一个整体。节点的模数协调，可以实现连接节点的标准化，提高构件的通用化和互换性。

分模数 1/2M 的数列主要用于建筑的构配件截面尺寸，分模数 1/5M 主要用于建筑构造节点，分模数 1/10M 主要用于建筑的缝隙处。

条文 4.3.6 装配式钢结构建筑的开间、进深、层高、洞口等的优先尺寸应根据建筑类型、使用功能、部品部件生产与装配要求等确定。

【技术要点】

钢结构建筑层高的设计应按照建筑模数协调要求，采用基本模数扩大模数 nM 的设计及方法实现结构构件、建筑部品之间的模数协调，为工业化建筑构件的互换性与通用性创造条件，便于工厂化统一加工。层高和室内净高的优先尺寸间隔为 1M。

门窗洞口选用优先尺寸可以在满足功能要求的前提下，减少门窗类型，降低工厂生产和现场装配的复杂程度，提高效率。利于门窗各部件的互换性，方便管理，减少浪费。同一地区、同一建筑物内，门窗洞口尺寸应优选标准门窗洞口尺寸系列的基本规格，其次选用辅助规格，并减少规格数量，使其相对集中。

条文 4.3.7 部品部件尺寸及安装位置的公差协调应根据生产装配要求、主体结构层间变形、密封材料变形能力、材料干缩、温差变形、施工误差等确定。

【技术要点】

钢结构主体偏柔性的特征要求结构设计要根据项目功能控制层间位移角和最大水平位移，同时外围护系统要具有整体随动性，与主体连接的各部位材料应与结构柔性连接或自身具有弹性。

4.4 标准化设计

条文 4.4.1 装配式钢结构建筑应在模数协调的基础上，采用标准化设计，提高部品部件的通用性。

【技术要点】

标准化设计包括统一柱网跨度、统一钢梁等构件高度、统一钢柱等构件截面尺寸，标准化的构件在批量生产时可提高效率，在批量施工安装时可提高效率和建造品质。

条文 4.4.2 装配式钢结构建筑应采用模块及模块组合的设计方法，遵循少规格、多组合的原则。

【技术要点】

模块化设计适用于公寓、酒店、小型办公等标准房间较多的建筑。标准模块可通过不同形式的组合构建出丰富的建筑造型。建筑师要做的就是通过模数化和模块化的设计为工厂化生产和装配化施工安装创造条件。

条文 4.4.3 公共建筑应采用楼电梯、公共卫生间、公共管井、基本单元等模块进行组合设计。

【技术要点】

在公共建筑中，核心筒标准化的意义不如住宅中显著，各个部位尽量模块化设计的原则是一样的。楼梯的设置除了满足规范的疏散要求外，还应尽可能地按照标准化的模数进行设置，方便后期进行工业化预制与施工。在模块设计中，根据宽度和高度可确定整个楼栋预制楼梯构件的尺寸，楼梯通过预制可以实现标准化，工厂生产，现场吊装，质量可靠。

条文 4.4.4 住宅建筑应采用楼电梯、公共管井、集成式厨房、集成式卫生间等模块进行组合设计。

【技术要点】

在住宅建筑中，核心筒的标准化设计已是常规做法。在钢结构住宅中，核心筒宜结合抗侧力构件独立布置，在柱网中自成一跨。住宅中厨房、卫生间面积适用为宜，没必要根据不同户型面积特意差别化，应尽量把功能区统一为几种模块，厨房可进行中厨、西厨搭配，卫生间可进行干湿分区或三分离、四分离等组合。

条文 4.4.5 装配式钢结构建筑的部品部件应采用标准化接口。

部品部件的连接方式有部品＋部件、部品＋部品、部件＋部件。成熟的部品部件是构建装配式建筑的基本因素。通用的标准化接口是工业化部品部件健康发展的平台和基础。

4.5　建筑平面与空间

条文 4.5.1　装配式钢结构建筑平面与空间的设计应满足结构部件布置、立面基本元素组合及可实施性等要求。

【技术要点】

钢结构适用于工业建筑和大多类型的民用建筑，在大跨度和超高层建筑中更能发挥钢结构的优势。装配式钢结构建筑平面设计应尽量做到标准化、模块化，但考虑到建筑平面功能的不同，应当允许适当的非标设计，并且做好非标设计的部分与标准化模块部分的合理衔接。

条文 4.5.2　装配式钢结构建筑应采用大开间大进深、空间灵活可变的结构布置方式。

【技术要点】

采用大空间的平面布局方式有利于钢结构布置，发挥钢结构的高强度、抗拉等特点。

空间内部可根据使用功能需要，采用轻钢龙骨石膏板、轻质条板等轻质隔墙进行灵活的空间划分，轻钢龙骨石膏板内可布置设备管线，方便检修和改造更新，满足建筑的可持续发展，符合国家工程建设节能减排、绿色环保的大政方针。

条文 4.5.3　装配式钢结构建筑平面设计应符合下列规定：

1　结构柱网布置、抗侧力构件布置、次梁布置应与功能空间布局及门窗洞口协调。

2　平面几何形状宜规则平整，并宜以连续柱跨为基础布置，柱距尺寸应按模数统一。

3　设备管井宜与楼电梯结合，集中设置。

【技术要点】

钢结构建筑平面设计的规则性，有利于结构的安全性，符合建筑抗震设计规范的要求；特别不规则的平面设计在地震作用下内力分布较复杂，且会出现各种非标准的构件，不适宜采用装配式结构。

条文 4.5.4　装配式钢结构建筑立面设计应符合下列规定：

1　外墙、阳台板、空调板、外窗、遮阳设施及装饰等部品部件宜进行标准化设计。

2　宜通过建筑体量、材质肌理、色彩等变化，形成丰富多样的立面效果。

【技术要点】

装配式建筑的立面应带有工业化特色，立面上的元素应由功能产生，不应有过多无用的纯装饰性构件，且应多开发使用工业化加工生产的部品，通过产品的精致和精准来丰富立面效果。

条文 4.5.5　装配式钢结构建筑应根据建筑功能、主体结构、设备管线及装修等要求，确定合理的层高及净高尺寸。

【技术要点】

装配式建筑在方案阶段同时进行技术策划，技术策划可以初步确定楼盖技术层厚度、设备管线系统大致高度，得出考虑装修后的层间净高尺寸，反过来确定经济合理的层高。

5　集成设计

5.1　一般规定

条文 5.1.1　建筑的结构系统、外围护系统、设备与管线系统和内装系统均应进行集成设计，提高集成度、施工精度和效率。

【技术要点】

装配式建筑的关键在于集成，只有将主体结构、围护结构、设备与管线和内装部品等四大体系进行集成设计，才能体现装配式建筑建造的优势，实现提高质量、提升效率、减少人工、减少浪费的目的。从具体的工程设计层面来看，建筑师应了解不同阶段所对应的集成设计的主要工作内容。

方案阶段前期，各专业即应密切配合，制定项目目标、项目定位，对四大系统的可行性、经济性、标准化设计以及安装要求等作出技术策划。

方案阶段，根据技术策划要点做好平面设计、层高确定及四大系统的选型和具体措施。

初步设计阶段，结合内装策划与各专业进一步优化和深化。确定建筑的外围护方案，条板类要进行排板设计，确定门窗洞口合理位置。

施工图阶段，按照初步设计确定的技术路线进行深化设计，各专业与建筑部品、装修部品、构件厂等上下游厂商加强配合，做好部品部件的深化设计，包括预制构件尺寸控制图、预留预埋和连接节点设计；尤其是做好节点的防水、防火、隔声设计和系统集成设计。协助结构专业做好预制构件加工图的设计，确保预制构件实现设计意图。

条文 5.1.2　各系统设计应统筹考虑材料性能、加工工艺、运输限制、吊装能力的要求。

【技术要点】

装配式钢结构建筑应采用系统集成的方法统筹设计、加工、运输和施工安装，实现全过程的协同，确保设计系统满足要求。

条文 5.1.3　装配式钢结构建筑的结构系统应按传力可靠、构造简单、施工方便和确保耐久性的原则进行设计。

【技术要点】

装配式钢结构建筑的结构系统应有合理的传力路径，且构造简单，施工方便，有适宜的承载能力、刚度及耗能能力，应避免因部分结构或构件的破坏而导致整个结构丧失承受重力荷载、风荷载和地震作用的能力。

条文 5.1.4　装配式钢结构建筑的外围护系统宜采用轻质材料,并宜采用干式工法。

【技术要点】

装配式钢结构建筑主要通过板梁柱传力,外围护系统自承重。外围护系统宜选用玻璃幕墙或轻质基层墙搭配装饰幕墙。轻质材料的外围护系统应保证隔声性能满足要求。

条文 5.1.5　装配式钢结构建筑的设备与管线系统应方便检查、维修、更换,维修更换时不应影响结构的安全性。

【技术要点】

装配式钢结构建筑适合应用 SI 体系管线分离技术,设备管线宜脱离结构主体敷设。管线布置相对固定的区域的钢梁可在腹板上合理位置统一留孔,杜绝在钢构件上现场开洞。

条文 5.1.6　装配式钢结构建筑的内装系统应采用装配式装修,并宜选用具有通用性和互换性的内装部品。

【技术要点】

装配式装修工业化程度高,采用干作业施工效率高。选用内装部品不仅精细化程度高,其安装精准度也高。

5.2　结构系统

条文略。

【技术要点】

本节内容专业性较强,钢结构的设计较混凝土结构有较大差别,建筑师对钢结构建筑的工程设计实践相对混凝土结构建筑较少。为使建筑师对钢结构建筑的结构工程设计有一个基本了解,更好地指导实际设计工作,本节对钢结构设计的主要关注点作重点介绍,围绕结构体系、结构材料、结构部件和连接、结构防护几个方面综合说明。

本章主要涉及的钢结构体系类型包括钢框架结构、钢框架—支撑结构、钢框架—延性墙板结构、筒体结构、巨型结构、交错桁架结构、门式刚架结构、低层冷弯薄壁型钢结构等,各类结构的最大适用高度如表 5-2-1。

多高层装配式钢结构适用的最大高度（mm）　　　　　　表 5-2-1

结构体系	6度 （0.05g）	7度		8度		9度 （0.40g）
		（0.10g）	（0.15g）	（0.20g）	（0.30g）	
钢框架结构	110	110	90	90	70	50
钢框架—中心支撑结构	220	220	200	180	150	120
钢框架—偏心支撑结构 钢框架—屈曲约束支撑结构 钢框架—延性墙板结构	240	240	220	200	180	160

结构体系	6 度 （0.05g）	7 度		8 度		9 度 （0.40g）
		（0.10g）	（0.15g）	（0.20g）	（0.30g）	
筒体（框筒、筒中筒、桁架筒、束筒） 结构巨型结构	300	300	280	260	240	180
交错桁架结构	90	60	60	40	40	—

注：1 房屋高度指室外地面到主要屋面板板顶的高度（不包括局部突出屋顶部分）；
　　　超过表内高度的房屋，应进行专门研究和论证，采取有效的加强措施；
　　2 交错桁架结构不得用于 9 度区；
　　3 柱子可采用钢柱或钢管混凝土柱；
　　4 特殊设防类，6、7、8 度时宜按本地区抗震设防烈度提高 1 度后符合本表要求，9 度时应作专门研究。

　　钢结构建筑的平面、竖向布置宜规则，相关的布置原则可参照装配式混凝土建筑章节中关于结构平面布置的规则性要求。出于设计经济性的考虑，本标准给出了多、高层装配式钢结构建筑的高宽比限值，设计中可参考表 5-2-2。

装配式钢结构建筑适用的最大高宽比　　　　　　　　表 5-2-2

6 度	7 度	8 度	9 度
6.5	6.5	6.0	5.5

注：1 计算高宽比的高度从室外地面算起；
　　2 当塔形建筑底部有大底盘时，计算高宽比的高度从大底盘顶部算起。

　　关于结构材料，在一般项目中常用的钢材有碳素结构钢、低合金高强度结构钢，如 Q235、Q355、Q390、Q420 等。对于一些复杂的节点会使用到铸钢构件，如 ZG230-450；对于高层建筑的重要构件或者有动荷载的重要构件会使用到建筑结构用钢，简称 GJ 钢，如 Q390GJ；对于防腐蚀较不利的区域或者需要达到一定建筑效果时会使用到耐候钢，如 Q355NH；对于受力较大且截面或者用钢量有所限制时会使用到建筑结构高强钢，一般指 Q460 以上钢材。

　　（1）钢部件主要形式

　　钢结构部件主要有柱、梁、支撑、墙几类。钢柱的形式一般为工字型、矩形、圆形，也可以采用钢和混凝土的组合截面。民用建筑中，矩柱和圆柱的使用率较高且尽可能采用热轧或者冷成型截面，较焊接截面更方便生产、采购。梁的形式一般为工字型，有需要时可为箱型截面梁，其加工、连接较工字型要求更多。当结构受力或有变形控制需要时，钢结构中需设置钢支撑或者墙板作为抗侧力构件，支撑截面可采用工字型、矩形或圆形，支撑按照其在结构中受力角色的不同可分为中心支撑、偏心支撑、屈曲约束支撑等。墙板的形式更为多样，可采用镶嵌于梁间的钢板剪力墙、钢板组合剪力墙、开缝钢板剪力墙、防屈曲钢板剪力墙等，也可采用贯通的混凝土剪力墙、组合钢板剪力墙等。

　　（2）钢部件连接方式

　　钢结构部件之间的连接方式主要为焊接、螺栓—焊接混合连接、全螺栓连接和铆接。前三者使用较多，目前螺栓—焊接混合连接的综合效益较高，民用建筑中应用最为广泛，装配式钢结构建筑宜推广使用全螺栓连接。

（3）钢结构防护设计

钢结构建筑需要考虑结构的防护，主要包括防腐和防火两类。防腐蚀设计需要根据环境类别，确定合理的防腐蚀方案，一般采用涂层防护，当环境腐蚀等级为Ⅳ类及以上时需使用金属热喷涂。干湿交替区域应加强防腐蚀，应采用有效的包裹隔离措施或者使用耐候钢等更耐腐蚀的钢材。钢结构防火处理可采用喷涂防火涂料、包覆防火板（隔热材料）或者采用外包混凝土等方式，设计中根据防火极限要求，可以通过结构抗火计算或者耐火实验确定防火做法厚度。建筑设计应考虑防火处理对结构部件截面的影响。

5.3 外围护系统

条文 5.3.1　钢结构建筑应合理确定外围护系统的设计使用年限，住宅建筑的外围护系统的设计使用年限应与主体结构相协调。

【技术要点】

装配式钢结构建筑外围护系统的设计使用年限是确定外围护系统性能要求、材料、构造以及与其他系统连接的关键，所以在设计时应明确，并且应明确外围护系统维护、检查的时间周期和相关措施。

住宅建筑中外围护系统的设计使用年限应与主体结构相协调，主要是指住宅建筑中外围护系统的基层板、骨架系统、连接配件等结构构（部）件的设计使用年限应与建筑物主体结构一致；为满足使用要求，外围护系统应定期维护，接缝胶、涂装层、保温材料应根据材料特性明确使用年限，并应注明维护要求。

条文 5.3.2　外围护系统的立面设计应综合装配式钢结构建筑的构成条件、装饰颜色与材料质感等设计要求。

【技术要点】

装配式钢结构建筑的构成条件，主要指建筑物的主体结构类型、建筑使用功能，包括窗墙比、透光面积、立面造型，以及拟选用的外围护系统的材料种类、部品类型和样式等，将其与装饰颜色、材料质感、装饰效果等进行综合考虑。

条文 5.3.3　外围护系统的设计应符合模数协调和标准化要求，并应满足建筑立面效果、制作工艺、运输及施工安装的条件。

【技术要点】

采用统一模数协调设计的外围护系统立面，通过不同的装饰部品组合后，也能实现建筑立面效果的多样性（图 5-2-1）。

条文 5.3.4　外围护系统设计应包括下列内容：

1　外围护系统的性能要求。

2　外墙板及屋面板的模数协调要求。

3　屋面结构支承构造节点。

4　外墙板连接、接缝及外门窗洞口等构造节点。

5　阳台、空调板、装饰件等连接构造节点。

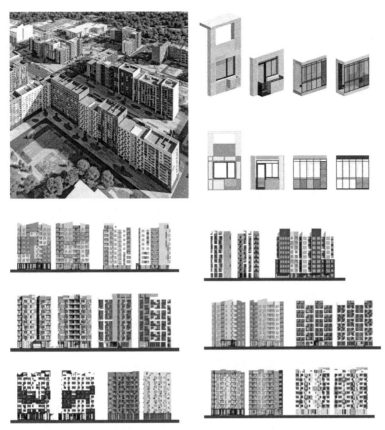

图 5-2-1　统一模数尺寸下的不同立面组合效果

【技术要点】

针对目前我国装配式钢结构建筑中外围护系统的设计指标要求不明确，对外围护系统中部品设计、生产、安装的指导性不强，本条规定了在设计中应包含的主要内容。

（1）外围护系统性能要求，主要为安全性、功能性和耐久性等。

（2）外墙板及屋面板的模数协调包括：尺寸规格、轴线分布、门窗位置和洞口尺寸等，设计应标准化，兼顾其经济性，同时还应考虑外墙板及屋面板的制作工艺、运输及施工安装的可行性。

（3）屋面围护系统与主体结构、屋架与屋面板的支承要求，以及屋面上放置重物的加强措施。

（4）外墙围护系统的连接、接缝及系统中外门窗洞口等部位的构造节点是影响外墙围护系统整体性能的关键点。

（5）空调室外及室内机、遮阳装置、空调板太阳能设施、雨水收集装置及绿化设施等重要附属设施的连接节点。

条文 5.3.5　外围护系统应根据建筑所在地区的气候条件、使用功能等综合确定抗风性能、抗震性能、耐撞击性能、防火性能、水密性能、气密性能、隔声性能、热工性能和耐久性能等要求，屋面系统还应满足结构性能要求。

【技术要点】

外围护系统的材料种类多种多样，施工工艺和节点构造也不尽相同，在集成设计时，外围护系统应根据不同种材料特性、施工工艺和节点构造特点明确具体的性能要求。性能要求主要包括安全性、功能性和耐久性等，同时屋面系统还应增加结构性能要求。

（1）安全性能要求是指关系到人身安全的关键性能指标，对于装配式钢结构建筑外围护体系而言，应符合基本的承载力要求以及防火要求，具体可以分为抗风压性能、抗震性能、耐撞击性能以及防火性能四个方面。

外墙板应采用弹性方法确定承载力与变形，并明确荷载及作用效应组合；在荷载及作用的标准组合作用下，墙板的最大挠度不应大于板跨度的1/200，且不应出现裂缝；荷载及作用取值应按现行国家标准《建筑结构荷载规范》GB 50009执行。

抗震性能应满足现行行业标准《非结构构件抗震设计规范》JGJ 339中的相关规定。在承受50年重现期风荷载或多遇地震作用时，外墙板不得因主体结构的弹性层间变形而发生开裂、起鼓、零件脱落等损坏；当遭受相当于本地区抗震设防烈度的地震作用时，外墙板不应发生掉落。

耐撞击性能应根据外围护系统的构成确定。

防火性能应符合现行国家标准《建筑设计防火规范》GB 50016中的相关规定，试验检测应符合现行国家标准《建筑构件耐火试验方法　第1部分：通用要求》GB/T 9978.1和《建筑构件耐火试验方法　第8部分：非承重垂直分隔构件的特殊要求》GB/T 9978.8的相关规定。

（2）功能性要求是指作为外围护体系应该满足居住使用功能的基本要求。具体包括水密性能、气密性能、隔声性能、热工性能四个方面。

水密性能包括外围护系统中基层板的不透水性，以及基层板、外墙板或屋面板接缝处的止水、排水性能。

气密性能主要为基层板、外墙板或屋面板接缝处的空气渗透性能。

隔声性能应符合现行国家标准《民用建筑隔声设计规范》GB 50118的相关规定。

热工性能应符合国家现行标准《公共建筑节能设计标准》GB 50189、《严寒和寒冷地区居住建筑节能设计标准》JGJ 26、《夏热冬冷地区居住建筑节能设计标准》JGJ 134和《夏热冬暖地区居住建筑节能设计标准》JGJ 75的相关规定。

（3）耐久性要求直接影响到外围护系统使用寿命和维护保养时限。不同的材料对耐久性的性能指标要求也不尽相同。经耐久性试验后，还需对相关力学性能进行复测，以保证使用的稳定性。

（4）结构性能应包括可能承受的风荷载、积水荷载、雪荷载、冰荷载、遮阳装置及照明装置荷载、活荷载及其他荷载，并按现行国家标准《建筑结构荷载规范》GB 50009和《建筑抗震设计规范》GB 50011的规定对承受的各种荷载和作用以垂直于屋面的方向进行组合，并取最不利工况下的组合荷载标准值为结构性能指标。

条文 5.3.6 外围护系统选型应根据不同的建筑类型及结构形式而定；外墙系统与结构系统的连接形式可采用内嵌式、外挂式、嵌挂结合式等，并宜分层悬挂或承托；可选用预制外墙、现场组装骨架外墙、建筑幕墙等类型。

【技术要点】

不同类型的外墙围护系统具有不同的特点，按照外墙围护系统在施工现场有无骨架组装的情况，分为预制外墙类、现场组装骨架外墙类、建筑幕墙类。

预制外墙类外墙围护系统在施工现场无骨架组装工序，根据外墙板的建筑立面特征又细分为：整间板体系、条板体系。现场组装骨架外墙类外墙围护系统在施工现场有骨架组装工序，根据骨架的构造形式和材料特点又细分为：金属骨架组合外墙体系、木骨架组合外墙体系。建筑幕墙类外墙围护系统在施工现场可包含骨架组装工序，也可不包含骨架组装工序，根据主要支承结构形式又细分为：构件式幕墙、点支承幕墙、单元式幕墙。

整间板体系包括预制混凝土外墙板、拼装大板。预制混凝土外墙板按照混凝土的体积密度分为普通型和轻质型。普通型多以预制混凝土夹心保温外挂墙板为主，中间夹有保温层，室外侧表面自带涂装或饰面做法；轻质型多以蒸压加气混凝土板为主。拼装大板中支承骨架的加工与组装、面板布置、保温层设置均在工厂完成生产，施工现场仅需连接、安装即可。

条板体系包括预制整体条板、复合夹芯条板。条板可采用横条板或竖条板的安装方式。预制整体条板按主要材料分为含增强材料的混凝土类和复合类，混凝土类预制整体条板又可按照混凝土的体积密度细分为普通型和轻质型。普通型混凝土类预制外墙板中混凝土多以硅酸盐水泥、普通硅酸盐水泥、硫铝酸盐水泥等生产，轻质型混凝土类预制外墙板多以蒸压加气混凝土板为主，也可采用轻集料混凝土。增强材料可采用金属骨架、钢筋或钢丝（含网片形式）、玻璃纤维、无机矿物纤维、有机合成纤维、纤维素纤维等，蒸压加气混凝土板是由蒸压加气混凝土制成，根据构造要求，内配置经防腐处理的不同数量的钢筋网片；断面构造形式可为实心或空心；可采用平板模具生产，也可采用挤塑成型的加工工艺生产。复合类预制整体条板多以阻燃木塑、石塑等为主要材料，多以采用挤塑成型的加工工艺生产，外墙板内部腔体中可填充保温绝热材料。复合夹芯条板是由面板和保温夹芯层构成。

建筑幕墙类中无论采用构件式幕墙、点支承幕墙或单元式幕墙哪一种，非透明部位一般宜设置外围护基层墙板。

条文 5.3.7 在 50 年重现期的风荷载或多遇地震作用下，外墙板不得因主体结构的弹性层间位移而发生塑性变形、板面开裂、零件脱落等损坏；当主体结构的层间位移角达到 1/100 时，外墙板不得掉落。

【技术要点】

本条主要是针对外挂墙板的构造要求，一般采用固定支座与滑动支座或摇摆支座结合的构造，以满足结构层间变形要求；嵌入式墙体与柱之间宜采用留有变形缝隙的柔性连接构造。

钢结构属于比较柔性的结构，其层间位移角可以达到 1/300，因此要求墙体具备相对于主体结构变形的能力。一般来说，可以分为平动模式和转动模式两种，如图 5-2-2 所示。

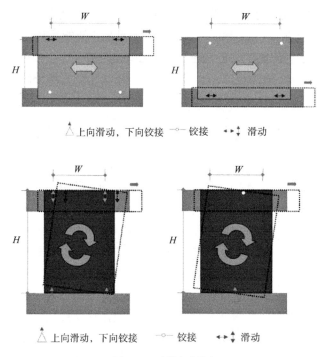

△上向滑动，下向铰接 ─铰接 ↔↕滑动

△上向滑动，下向铰接 ─铰接 ↔↕滑动

图 5-2-2 墙体变形模式

条文 5.3.8 外墙板与主体结构的连接应符合下列规定：

1 连接节点在保证主体结构整体受力的前提下，应牢固可靠、受力明确、传力简捷、构造合理。

2 连接节点应具有足够的承载力。承载能力极限状态下，连接节点不应发生破坏；当单个连接节点失效时，外墙板不应掉落。

3 连接部位应采用柔性连接方式，连接节点应具有适应主体结构变形的能力。

4 节点设计应便于工厂加工、现场安装就位和调整。

5 连接件的耐久性应满足设计使用年限的要求。

【技术要点】

本条规定了外墙板与主体结构连接中应注意的主要问题。

（1）连接节点的设置不应使主体结构产生集中偏心受力，应使外墙板实现静定受力。

（2）承载力极限状态下，连接节点最基本的要求是不发生破坏，这就要求连接节点处的承载力安全系数储备应满足外墙板的使用要求。

（3）外墙板可采用平动或转动的方式与主体结构产生相对变形。外墙板应与周边主体结构可靠连接并能适应主体结构不同方向的层间位移，必要时应做验证性试验。采用柔性连接的方式，以保证外墙板应能适应主体结构的层间位移，连接节点尚需具有一定的延性，避免承载能力极限状态和正常施工极限状态下应力集中或产生过大的约束应力。

（4）宜减少采用现场焊接形式和湿作业连接形式。

（5）连接件除不锈钢及耐候钢外，其他钢材应进行表面热浸镀锌处理、富锌涂料处理或采取其他有效的防腐防锈措施。

条文 5.3.9　外墙板接缝应符合下列规定：

1　接缝处应根据当地气候条件合理选用构造防水、材料防水相结合的防排水措施。

2　接缝宽度及接缝材料应根据外墙板材料、立面分格、结构层间位移、温度变形等综合因素确定；所选用的接缝材料及构造应满足防水、防渗、抗裂、耐久等要求；接缝材料应与外墙板具有相容性；外墙板在正常使用状况下，接缝处的弹性密封材料不应破坏。

3　与主体结构的连接处应设置防止形成热桥的构造措施。

【技术要点】

外墙板接缝是外围护系统设计的重点环节，设计的合理性和适用性直接关系到外围护系统的性能。常见的接缝处理措施如图 5-2-3 所示。

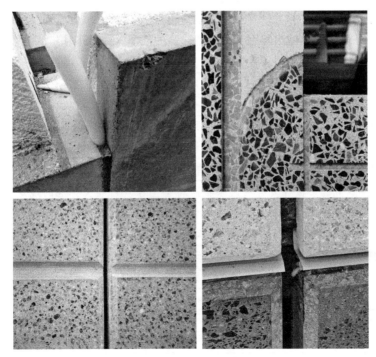

图 5-2-3　接缝防水构造

条文 5.3.10　外围护系统中的外门窗应符合下列规定：

1　应采用在工厂生产的标准化系列部品，并应采用带有批水板的外门窗配套系列部品。

2　外门窗应与墙体可靠连接，门窗洞口与外门窗框接缝处的气密性能、水密性能和保温性能不应低于外门窗的相关性能。

3　预制外墙中的外门窗宜采用企口或预埋件等方法固定，外门窗可采用预装法或后装法施工；采用预装法时，外门窗框应在工厂与预制外墙整体成型；采用后装法时，预制外墙的门窗洞口应设置预埋件。

4　铝合金门窗的设计应符合现行行业标准《铝合金门窗工程技术规范》JGJ 214 的规定。

5　塑料门窗的设计应符合现行行业标准《塑料门窗工程技术规程》JGJ 103 的规定。

【技术要点】

本条规定了外围护系统中门窗的设计要求。

（1）采用在工厂生产的外门窗配套系列部品可以有效避免施工误差，提高安装的精度，保证外围护系统具有良好的气密性能和水密性能。

（2）门窗洞口与外门窗框接缝是节能及防渗漏的薄弱环节，接缝处的气密性能、水密性能和保温性能直接影响外围护系统的性能要求，明确此部位的性能是为了提高外围护系统的功能性指标。

（3）门窗与洞口之间的不匹配导致门窗施工质量控制困难，容易造成门窗处漏水。门窗与墙体在工厂同步完成的预制混凝土外墙，在加工过程中能够更好地保证门窗洞口与框之间的密闭性，避免形成热桥。质量控制有保障，较好地解决了外门窗的渗漏水问题，改善了建筑的性能，提升了建筑的品质。

条文 5.3.11　预制外墙应符合下列规定：

1　预制外墙用材料应符合下列规定：

1）预制混凝土外墙板用材料应符合现行行业标准《装配式混凝土结构技术规程》JGJ 1 的规定；

2）拼装大板用材料包括龙骨、基板、面板、保温材料、密封材料、连接固定材料等，各类材料应符合国家现行有关标准的规定；

3）整体预制条板和复合夹芯条板应符合国家现行相关标准的规定。

2　露明的金属支撑件及外墙板内侧与主体结构的调整间隙，应采用燃烧性能等级为 A 级的材料进行封堵，封堵构造的耐火极限不得低于墙体的耐火极限，封堵材料在耐火极限内不得开裂、脱落。

3　防火性能应按非承重外墙的要求执行，当夹芯保温材料的燃烧性能等级为 B_1 或 B_2 级时，内、外叶墙板应采用不燃材料且厚度均不应小于 50mm。

4　块材饰面应采用耐久性好、不易污染的材料；当采用面砖时，应采用反打工艺在工厂内完成，面砖应选择背面设有粘结后防止脱落措施的材料。

5　预制外墙板接缝应符合下列规定：

1）接缝位置宜与建筑立面分格相对应；

2）竖缝宜采用平口或槽口构造，水平缝宜采用企口构造；

3）当板缝空腔需设置导水管排水时，板缝内侧应增设密封构造；

4）宜避免接缝跨越防火分区；当接缝跨越防火分区时，接缝室内侧应采用耐火材料封堵。

6 蒸压加气混凝土外墙板的性能、连接构造、板缝构造、内外面层做法等应符合现行行业标准《蒸压加气混凝土建筑应用技术规程》JGJ/T 17 的有关规定，并符合下列规定：

1）可采用拼装大板、横条板、竖条板的构造形式；

2）当外围护系统需同时满足保温、隔热要求时，板厚应满足保温或隔热要求的较大值；

3）可根据技术条件选择钩头螺栓法、滑动螺栓法、内置锚法、摇摆型工法等安装方式；

4）外墙室外侧板面及有防潮要求的外墙室内侧板面应用专用防水界面剂进行封闭处理。

【技术要点】

本条规定了预制外墙的设计要求。

第 2 条，露明的金属支撑件及外墙板内侧与梁、柱及楼板间的调整间隙，是防火安全的薄弱环节。露明的金属支撑件应设置构造措施，避免在遇火或高温下导致支撑件失效，进而导致外墙板掉落。外墙板内侧与梁、柱及楼板间的调整间隙，也是蹿火的主要部位，应设置构造措施，防止火灾蔓延。

第 5 条，跨越防火分区的接缝是防火安全的薄弱环节，应在跨越防火分区的接缝室内侧填塞耐火材料，以提高外围护系统的防火性能。

第 6 条，蒸压加气混凝土外墙板是预制外墙中常用的部品。

蒸压加气混凝土外墙板的安装方式存在多种情况，应根据具体情况选用。现阶段，国内工程钩头螺栓法应用普遍，其特点是施工方便、造价低，缺点是损伤板材，连接节点不属于真正意义上的柔性节点，属于半刚性连接节点，应用多层建筑外墙是可行的；对高层建筑外墙宜选用内置锚法、摇摆型工法。

蒸压加气混凝土外墙板是一种带孔隙的碱性材料，吸水后强度降低，外表面防水涂膜是维持结构正常特性的保障，防水封闭是保证加气混凝土板耐久性（防渗漏、防冻融）的关键技术措施。通常情况下，室外侧板面宜采用性能匹配的柔性涂料饰面。

条文 5.3.12 现场组装骨架外墙应符合下列规定：

1 骨架应具有足够的承载能力、刚度和稳定性，并与主体结构可靠连接；骨架应进行整体及连接节点验算。

2 墙内敷设电气线路时，应对其进行穿管保护。

3 宜根据基层墙板特点及形式进行墙面整体防水。

4 金属骨架组合外墙应符合下列规定：

1）金属骨架应设置有效的防腐蚀措施；

2）骨架外部、中部和内部可分别设置防护层、隔离层、保温隔汽层和内饰层，并根据使用条件设置防水透气材料、空气间层、反射材料、结构蒙皮材料和隔汽材料等。

5 木骨架组合墙体应符合下列规定：

1）材料种类、连接构造、板缝构造、内外面层做法等应符合现行国家标准《木骨架组合墙体技术规范》GB/T 50361 的规定；

2）木骨架组合外墙与主体结构之间应采用金属连接件进行连接；

3）内侧墙面材料宜采用普通型、耐火型或防潮型纸面石膏板，外侧墙面材料宜采用防潮型纸面石膏板或水泥纤维板材等材料；

4）保温隔热材料宜采用岩棉或玻璃棉等；

5）隔声吸声材料宜采用岩棉、玻璃棉或石膏板材等；

6）填充材料的燃烧性能等级应为 A 级。

【技术要点】

本条规定了现场组装骨架外墙的设计要求。

第 1 条，骨架是现场组装骨架外墙中承载并传递荷载作用的主要材料，与主体结构有可靠、正确的连接，才能保证墙体正常、安全地工作。骨架整体验算及连接节点是保证现场组装骨架外墙安全性的重点环节。

第 3 条，当设置外墙防水时，应符合现行行业标准《建筑外墙防水工程技术规程》JGJ/T 235 的规定。

第 4 条，以厚度为 0.8 ~ 1.5mm 的镀锌轻钢龙骨为骨架，由外面层、填充层和内面层所组成的复合墙体，是北美、澳洲等地多高层建筑的主流外墙之一。一般是在现场安装密肋布置的龙骨后安装各层次，也有在工厂预制成条板或大板后在现场整体装配的案例。该体系的技术要点如下：

①龙骨与主体结构为弹性连接，以适应结构变形；②外面层经常性选项是：砌筑有拉结措施的烧结砖，砌筑有拉结措施的薄型砌块，钉定向结构刨花板或水泥纤维板后做滑移型挂网抹灰，钉水泥纤维板（可鱼鳞状布置），钉乙烯条板，钉金属面板等；③内面层经常性选项是：钉定向结构刨花板，钉石膏板；④填充层经常性选项是：铝箔玻璃棉毡、岩棉、喷聚苯颗粒、石膏砂浆等；⑤根据不同的气候条件，常在不同的位置设置功能膜材料，如防水膜、防水透汽膜、反射膜、隔汽膜等，寒冷或严寒地区为减少热桥效应和避免发生冷凝，还应采取隔离措施，如选用断桥龙骨，在特定部位绝缘隔离等。

第 5 条，本条规定了木骨架组合外墙的设计要求。

当采用规格材制作木骨架时，由于是通过设计确定木骨架的尺寸，故不限制使用规格材的等级。规格材的含水率不应大于 20%，与现行国家标准《木结构设计规范》GB 50005 规定的规格材含水率一致。

木骨架组合外墙与主体结构之间的连接应有足够的耐久性和可靠性，所采用的连接件和紧固件应符合现行国家标准及设计要求。木骨架组合外墙经常受自然环境不利因素的影响，因此要求连接材料具备防腐功能以保证连接材料的耐久性。

岩棉、玻璃棉具有导热系数小、自重轻、防火性能好等优点，而且石膏板、岩棉和玻璃棉吸声系数高，适用于木骨架外墙的填充材料和覆面材料，使外墙达到国家标准规定的保温、隔热、隔声和防火要求。

条文 5.3.13 建筑幕墙应符合下列规定：

1 应根据建筑物的使用要求、建筑造型，合理选择幕墙形式，宜采用单元式幕墙系统。

2 应根据不同的面板材料，选择相应的幕墙结构、配套材料和构造方式等。

3 应具有适应主体结构层间变形的能力；主体结构中连接幕墙的预埋件、锚固件应能承受幕墙传递的荷载和作用，连接件与主体结构的锚固极限承载力应大于连接件本身的全塑型承载力。

4 玻璃幕墙的设计应符合现行业标准《玻璃幕墙工程技术规范》JGJ 102 的规定。

5 金属与石材幕墙的设计应符合现行行业标准《金属与石材幕墙工程技术规范》JGJ 336 的规定。

6 人造板材幕墙的设计应符合现行行业标准《人造板材幕墙工程技术规范》JGJ 336 的规定。

【技术要点】

建筑幕墙凭借其自重轻、装配化程度高、施工速度快等特点，被广泛用于装配式钢结构建筑中。按照幕墙面板材料分为玻璃幕墙、石材幕墙、金属板幕墙、人造板材幕墙等，按照幕墙面板支承形式分为框支承幕墙、肋支承幕墙、点支承幕墙等，在设计时应按照装配式钢结构建筑的使用要求、立面造型等因素选择幕墙形式。为了提高幕墙工程施工质量、节约在施工现场有限的安装操作区域，推荐选用单元式幕墙系统。

建筑幕墙应能适应楼层在 X 轴、Y 轴、Z 轴三个维度中同时产生两个或三个维度的反复位移时，保持其自身及与主体结构连接部位不发生损坏及功能障碍。连接件与主体结构的锚固极限承载力应大于连接件本身的全塑型承载力，这要求当幕墙承受的荷载和作用的组合效应在偶然情况下发生大于抗力设计值时，须保证连接件与主体结构之间的锚固（不被拔出），确保在材料界面交接部位不发生破坏。

对于建筑幕墙应执行的技术标准，应按现行行业标准《玻璃幕墙工程技术规范》JGJ 102、《金属与石材幕墙工程技术规范》JGJ 133、《人造板材幕墙工程技术规范》JGJ 336 执行。

条文 5.3.14 建筑屋面应符合下列规定：

1 应根据现行国家标准《屋面工程技术规范》GB 50345 中规定的屋面防水等级进行防水设防，并应具有良好的排水功能，宜设置有组织排水系统。

2 太阳能系统应与屋面进行一体化设计，电气性能应满足国家现行标准

《民用建筑太阳能热水系统应用技术规范》GB 50364 和《民用建筑太阳能光伏系统应用技术要求》JGJ 203 的规定。

　　3　采光顶与金属屋面的设计应符合现行行业标准《采光顶与金属屋面技术规程》JGJ 255 的规定。

【技术要点】

　　我国幅员辽阔，太阳能资源丰富，根据各地区气候特点及日照分析结果，有条件的地区可以在装配式建筑设计中充分利用太阳能，设置在屋面上的太阳能系统管路和管线应遵循安全美观、规则有序、便于安装和维护的原则，与建筑其他管线统筹设计，做到太阳能系统与建筑一体化。

5.4　设备与管线系统

条文 5.4.1　装配式钢结构建筑的设备与管线设计应符合下列规定：

　　1　装配式钢结构建筑的设备与管线宜采用集成化技术，标准化设计，当采用集成化新技术、新产品时应有可靠依据。

　　2　各类设备与管线应综合设计，减少平面交叉，合理利用空间。

　　3　设备与管线应合理选型、准确定位。

　　4　设备与管线宜在架空层或吊顶内设置。

　　5　设备与管线安装应满足结构专业相关要求，不应在预制构件安装后凿剔沟槽、开孔、开洞等。

　　6　公共管线、阀门、检修配件、计量仪表、电表箱、配电箱、智能化配线箱等应设置在公共区域。

　　7　设备与管线穿越楼板和墙体时，应采取防水、防火、隔声、密封等措施，防火封堵应符合现行国家标准《建筑设计防火规范》GB 50016 的规定。

　　8　设备与管线的抗震设计应符合现行国家标准《建筑机电工程抗震设计规范》GB 50981 的有关规定。

【技术要点】

　　装配式钢结构建筑通过大量使用标准化以及高集成度的部品部件，从而实现高效快速的建造，设备管线作为建筑重要组成部分应符合装配式建筑的整体要求，应采用适合装配式建筑需求的新技术、新产品，并通过认证等手段确保其安全适用，技术先进。

　　由于钢结构构件需在工厂内预制，与之发生关系的设备管线条件应精准反映在设计图及加工图中，在结构深化设计以前，可以采用包含 BIM 在内的多种技术手段开展三维管线综合设计，对各专业管线在预制构件上预留的套管、开孔、开槽位置尺寸进行综合及优化，形成标准化方案，并做好精细设计以及定位，避免错漏碰缺，降低生产及施工成本，减少现场返工。不得在安装完成后的钢结构构件上剔凿沟槽、打孔开洞。

　　BIM 技术的特性主要包括可视化、协调性、模拟性、优化性和可出图性。其可视化纠错能力直观、实用，这使得施工过程中遇到的问题可以提前至设计阶段纠正和处理，这样能节约成本和工期。在 BIM 技术下的设计，各个专业通过相关的三维设计软件协同工作，能够最大限度地提高设计速度，并且建立各个专业间互享的数据平台，实现各个专业的有机合作，达到各个专业间数据的共享和互通。通过 BIM 技术可以协调施工过程中出现的诸如结构与管线碰撞、不同专业间管线与设备碰撞及位置重叠等问题，充分体现出该技术的协调性。同时，BIM 与无线射频技术的结合也可实现设备管线信息的可追溯，进而实现建筑全寿命期的信息化管理。

设备与管线应方便检查、维修、更换，且在维修更换时不影响主体结构。竖向管线宜集中布置于公共区域的管井中。钢构件上为管线、设备及其吊挂配件预留的孔洞、沟槽宜选择对构件受力影响最小的部位，当条件受限无法满足上述要求时，建筑和结构专业应采取相应的处理措施。设计过程中机电专业应与建筑和结构专业密切沟通，防止遗漏。

设备管道与钢结构构件上的预留孔洞空隙处采用不燃柔性材料填充。

条文 5.4.2 给水排水设计应符合下列规定：

1 冲厕宜采用非传统水源，水质应符合现行国家标准《城市污水再生利用城市杂用水水质》GB/T 18920 的规定。

2 集成式厨房、卫生间应预留相应的给水、热水、排水管道接口，给水系统配水管道接口的形式和位置应便于检修。

3 给水分水器与用水器具的管道应一对一连接，管道中间不得有连接配件；宜采用装配式的管线及其配件连接；给水分水器位置应便于检修。

4 敷设在吊顶或楼地面架空层内的给水排水设备管线应采取防腐蚀、隔声减噪和防结露等措施。

5 当建筑配置太阳能热水系统时，集热器、储水罐等的布置应与主体结构、外围护系统、内装系统相协调，做好预留预埋。

6 排水管道宜采用同层排水技术。

7 应选用耐腐蚀、使用寿命长、降噪性能好、便于安装及更换、连接可靠、密封性能好的管材、管件以及阀门设备。

【技术要点】

装配式建筑是建筑绿色可持续发展的重要途径，因此绿色理念应贯穿于装配式建筑设备管线系统的发展中，因此提倡非传统水源的利用。当市政中水条件不完善时，居住建筑冲厕用水可采用模块化户内中水集成系统，同时应基于钢结构构件的防水防腐要求加强防水处理。

为便于日后管道维修更换，给水系统的给水立管与部品配水管道的接口宜设置内螺纹活接连接。实际工程中由于未采用活接头，在遇到有拆卸管路要求的检修时只能采取断管措施，增加了不必要的施工量。可优先采用集成度较高的设备及管线，减少现场安装工作量，提高工作效率。

装配式建筑核心是主体结构、外围护结构、室内装修、设备管线各系统的一体化集成建造及部品部件标准化，太阳能热水系统的集热储热设施、加压设备、管道等，与建筑本体关系密切，因此应进行各专业的一体化集成设计。

同层排水是指器具排水管及排水支管不穿越本层结构楼板到下层空间，在本层敷设并接入排水立管，主要分为沿墙敷设及地面敷设两种方式。同层排水系统大大减少了管道穿越预制楼板的数量，是非常适合装配式建筑的一种排水形式。在地面敷设时由于局部降板区域有积水的风险，从而影响到钢结构构件，需考虑排除架空层积水的措施，同时也应避免排水管道内的气体进入架空层，因此积水的排出宜设置独立的排水系统或采用间接排水方式。

为满足建筑的低碳化及人性化需求，所用材料的品种、规格、质量应符合国家现行标准的规定，并应优先选用绿色、环保，适用于装配式建筑的新材料、新技术、新工艺、新设备。

条文 5.4.3 建筑供暖、通风、空调及燃气设计应符合下列规定：

1 室内供暖系统采用低温地板辐射供暖时，宜采用干法施工。

2 室内供暖系统采用散热器供暖时，安装散热器的墙板构件应采取加强措施。

3 采用集成式卫生间或采用同层排水架空地板时，不宜采用地板辐射供暖系统。

4 冷热水管道固定于梁柱等钢构件上时，应采用绝热支架。

5 供暖、通风、空气调节及防排烟系统的设备及管道系统宜结合建筑方案整体设计，并预留接口位置；设备基础和构件应连接牢固，并按设备技术文件的要求预留地脚螺栓孔洞。

6 供暖、通风和空气调节设备均应选用节能型产品。

7 燃气系统管线设计应符合现行国家标准《城镇燃气设计规范》GB 50028的规定。

【技术要点】

装配式建筑是建筑绿色发展的途径之一，为实现人性化、低碳化的目标，需要采用适合装配式建筑特点的节能技术，各种被动、主动节能措施，清洁能源，高性能设备，模块化部品部件等。

干式地板辐射供暖系统为集成式快速装配方式，可实现管线分离要求，并且与地面系统集成度较高，干法施工方便快捷，环境影响小，适合在装配式建筑中推广应用。

当采用散热器供暖系统时，散热器安装应牢固可靠，安装在轻钢龙骨隔墙上时，应采用隐蔽支架固定在结构受力件上；安装在预制复合墙体上时，其挂件应预埋在实体结构上，挂件应满足刚度要求；当采用预留孔洞安装散热器挂件时，预留孔洞的深度应不小于120mm。

集成式卫浴为集成式定型产品，如果产品没有预制地面辐射系统，就没有条件采用地面辐射供暖方式。可以根据实际条件，采用散热器、远红外等供暖方式。同层排水的架空地板下面有很多给水和排水管道，为了方便检修，不建议采用地板辐射供暖方式。

设备管线安装用的预埋件应预埋在实体结构上，应考虑其受力特性，且预埋件应满足锚固要求。管道或设备集中的位置应共用支吊架和预埋件，预埋件锚固深度不宜小于 120mm，具体深度由计算确定。

管道和支架之间应采用防止"冷桥"和"热桥"的措施。经过冷热处理的管道应遵循相关规范的要求做好防结露及绝热措施，应遵照现行国家标准《设备及管道绝热设计导则》GB/T 8175、《公共建筑节能设计标准》GB 50189 中的有关规定。

条文 5.4.4 电气和智能化设计应符合下列规定：

1 电气和智能化的设备与管线宜采用管线分离的方式。

2 电气和智能化系统的竖向主干线应在公共区域的电气竖井内设置。

3 当大型灯具、桥架、母线、配电设备等安装在预制构件上时，应采用预留预埋件固定。

4 设置在预制部（构）件上的出线口、接线盒等的孔洞均应准确定位。隔墙两侧的电气和智能化设备不应直接连通设置。

5 防雷引下线和共用接地装置应充分利用钢结构自身作为防雷接地装置。构件连接部位应有永久性明显标记，其预留防雷装置的端头应可靠连接。

6 钢结构基础应作为自然接地体，当接地电阻不满足要求时，应设人工接地体。

7 接地端应与建筑物本身的钢结构金属物连接。

【技术要点】

电气和智能化设备、管线的设计应充分考虑预制构件的标准化设计，减少预制构件的种类，以适应工厂化生产和施工现场装配安装的要求，提高生产效率。电气竖向干线的管线宜做集中敷设，满足维修更换的需要，当竖向管道穿越钢结构构件时，需在钢结构构件中预留沟、槽、孔洞；电气水平管线宜在架空层、吊顶内或内装墙体的夹层空间内敷设。所有需与钢结构做电气连接的部位宜在工厂内预制连接件，施工现场不宜在钢结构主体上直接焊接。

5.5 内装系统

条文 5.5.1 内装部品设计与选型应符合国家现行有关抗震、防火、防水、防潮和隔声等标准的规定，并满足生产、运输和安装等要求。

条文 5.5.2 内装部品的设计与选型应满足绿色环保的要求，室内污染物限制应符合现行国家标准《民用建筑工程室内环境污染控制规范》GB 50325 的有关规定。

【技术要点】

对内装部品做出要求，是使装配式内装修工程在源头上即对质量和污染进行控制，是保证工程质量、保障室内空间舒适度的重要手段。

条文 5.5.3 内装系统设计应满足内装部品的连接、检修更换、物权归属和设备及管线使用年限的要求，内装系统设计宜采用管线分离的方式。

【技术要点】

以往的建筑工程中，将电气管敷设于楼板中、采暖管线敷设于混凝土结构垫层中的做法非常普遍。这些管线的寿命均远远短于主体结构的使用寿命，而更换埋在结构构件中的管线，不但极其困难，还容易对结构造成损害，影响结构安全。所以，在装配式内装修中采用管线分离技术。实际项目表明，采用管线分离技术，管线占用的空间几乎不影响建筑使用，而在功能变化重新装修时，装修工作变得十分便利，使用功能也更容易实现，装修工程的拆改量和工程成本均大幅下降。

条文 5.5.4 梁柱包覆应与防火防腐构造结合，实现防火防腐包覆与内装系统的一体化，并应符合下列规定：

1 内装部品安装不应破坏防火构造。

2 宜采用防腐防火复合涂料。

3 使用膨胀型防火涂料应预留膨胀空间。

4 设备与管线穿越防火保护层时，应按钢构件原耐火极限进行有效封堵。

【技术要点】

内装系统的安装要满足防火构造不被破坏、对防火防腐包覆实现一体化的原则。

条文 5.5.5 隔墙设计应采用装配式部品，并应符合下列规定：

1 可选龙骨类、轻质水泥基板类或轻质复合板类隔墙。

2 龙骨类隔墙宜在空腔内敷设管线及接线盒等。

3 当隔墙上需要固定电器、橱柜、洁具等较重设备或其他物品时，应采取加强措施，其承载力应满足相关要求。

【技术要点】

在隔墙挂物或装饰品是内装修工程中常见的问题。大多数条板类隔墙与普通墙体差不多，基本可以满足钉挂要求。龙骨类装配式隔墙的面板基本上以石膏板、硅酸钙板、纤维水泥板等为主，面板厚度较薄，材料强度低，握钉力不足，或者材料较硬脆，不适合钉挂。因此，隔墙上如何挂物需要发展新的方式。对小型物件，市场常见的双面胶或专门的粘胶就可以满足要求；对于较重的物品，粘胶则不能胜任，因此可采用专用挂物配件如空腔锚栓或专用膨胀螺栓，在面板上进行挂物。

条文 5.5.6 外墙内表面及分户墙表面宜采用满足干式工法施工要求的部品，墙面宜设置空腔层，并应与室内设备管线进行集成设计。

【技术要点】

外墙内表面及分户墙表面可以采用适宜干式工法要求的集成化部品，设置墙面架空层，在架空层内可敷设管道管线，因此，内装设计时其与室内设备与管线要进行一体化的集成设计。

条文 5.5.7 吊顶设计宜采用装配式部品，并应符合下列规定：

1 当采用压型钢板组合楼板或钢筋桁架楼承板组合楼板时，应设置吊顶。

2　当采用开口型压型钢板组合楼板或带肋混凝土楼盖时，宜利用楼板底部肋侧空间进行管线布置，并设置吊顶。

3　厨房、卫生间的吊顶在管线集中部位应设有检修口。

【技术要点】

装配式吊顶可采用明龙骨、暗龙骨或无龙骨吊顶，应根据房间的功能和装饰要求选择装饰面层材料和构造做法，宜选用带饰面的成品材料。

吊顶主龙骨不应被设备管线、风口、灯具、检修口等切断。

条文 5.5.8　装配式楼地面设计宜采用装配式部品，并应符合下列规定：

1　架空地板系统的架空层内宜敷设给水排水和供暖等管道。

2　架空地板高度应根据管线的管径、长度、坡度以及管线交叉情况进行计算，并宜采取减振措施。

3　当楼地面系统架空层内敷设管线时，应设置检修口。

【技术要点】

地面部品从建筑工业化角度出发，其做法宜采用可敷设管线的架空地板系统等集成化部品。架空楼地面内敷设管线时，架空层高度应满足管线排布的需求，管线集中连接处应设置检修口或采用便于拆装的构造。

条文 5.5.9　集成式厨房应符合下列规定：

1　应满足厨房设备设施点位预留的要求。

2　给水排水、燃气管道等应集中设置、合理定位，并应设置管道检修口。

3　宜采用排油烟管道同层直排的方式。

【技术要点】

集成式厨房的空间尺寸应符合国家现行标准《住宅厨房及相关设备基本参数》GB/T 11228、《家用厨房设备》GB/T 18884、行业标准《住宅厨房模数协调标准》JGJ/T262、《工业化住宅尺寸协调标准》JGJ/T 445 的规定。

厨房的洗涤盆、灶具、排油烟机、电器设备、橱柜、吊柜等设施应一次性集成设计到位，橱柜、吊柜宜与装配式墙面进行集成设计。

悬挂在竖向结构构件上的橱柜、吊柜应与主体结构可靠连接，悬挂在轻质隔墙时，应对连接部位的隔墙采取加强措施。

集成式厨房应选用防火、耐水、耐磨、耐腐蚀、易清洁的材料，材料强度应满足要求，地面材料应防滑。

集成式厨房管线应进行综合协同设计，竖向管线应集中设置，横向管线避免交叉。冷热水表、燃气表、净水设备等宜集中布置，且便于查表和检修。

条文 5.5.10　集成式卫生间应符合下列规定：

1　宜采用干湿区分离的布置方式，并应满足设备设施点位预留的要求。

2　应满足同层排水的要求，给水排水、通风和电气等管线的连接均应在设计预留的空间内安装完成，并应设置检修口。

3　当采用防水底盘时，防水底盘与墙板之间应有可靠连接设计。

【技术要点】

集成式卫生间的接口设计应符合以下规定：

（1）重点做好设备管线接口、卫生间边界与相邻部品部件之间的收口；

（2）防水底盘与墙面板连接处的构造应具有防渗漏的功能；

（3）卫生间墙面板和外墙窗洞口的衔接处应进行收口处理并做好防水措施；

（4）卫生间的门框门套应与防水盘、壁板、墙体做好收口和防水措施，卫生间的门宜与集成式卫生间的其他部品成套供应。

集成式卫生间的电源插座宜设置在干区，除卫生间内的设备及其控制器外，其他控制器、开关宜设置在集成式卫生间外。

采用防水底盘的集成式卫生间的地漏、排水管件和其他配件应与防水底盘成套供应，并提供安装服务和质量保证。

条文 5.5.11　住宅建筑宜选用标准化系列化的整体收纳。

【技术要点】

收纳系统应结合建筑功能空间需要进行布置，并按功能要求对收纳物品种类和数量进行设计。

收纳系统的部品应进行标准化、模块化设计，优先采用工厂生产的标准化部品。

条文 5.5.12　装配式钢结构建筑内装系统设计宜采用建筑信息模型（BIM）技术，与结构系统、外围护系统、设备与管线系统进行一体化设计，预留洞口、预埋件、连接件、接口设计应准确到位。

【技术要点】

通过 BIM 技术的管线碰撞检查，可以提前发现设备管线在实际安装时的交叉排布情况，及早进行调整，避免现场出现无法挽救的问题。设备和管线的预留洞口尺寸及位置、插座接口点位以及部品定位应准确，避免现场打孔开凿。

条文 5.5.13　部品接口设计应符合部品与管线之间、部品之间连接的通用性要求，并应符合下列规定：

1　接口应做到位置固定、连接合理、拆装方便及使用可靠。

2　各类接口尺寸应符合公差协调要求。

【技术要点】

装配式建筑内装部品采用体系集成化成套供应、标准化接口，主要是为减少不同部品系列接口的非兼容性。

装配式内装修与建筑结构、设备管线、外围护三个系统之间的接口是内装修设计和施工中需要重点处理的部位。接口部位的连接要牢固。实际工程中，前序施工安装的偏差对内装修工程造成不可忽略的影响，导致内装修系统与其他三个系统之间的连接处理耗时、低效。因此，对于内装修系统接口的公差应进行统筹考虑。内装修设计、部品选择和施工安装时应特别注意，应采用能够容错和纠偏的设计或部品。

条文 5.5.14　装配式钢结构建筑的部品与钢构件的连接与接缝宜采用柔性

设计，其缝隙变形能力应与结构弹性阶段的层间位移角相适应。

【技术要点】

装配式钢结构的主体层间位移角比现浇混凝土结构要大，在结构控制层间位移角的同时，配套的外围护部品、内隔墙等内装部品与结构主体连接时，应采用柔性连接，部品与部品之间的连接也应具有弹性。伸缩缝隙宜采取美化遮盖措施。

6 生产运输

条文略。

【技术要点】

建筑部品部件生产企业应有固定的生产车间和自动化生产线设备，应有专门的生产、技术管理团队和产业工人，应建立技术标准体系及安全、质量、环境管理体系。建筑部品部件应在工厂生产，生产过程及管理宜应用信息管理技术，生产工序宜形成流水作业，既可保证标准化设计和机械化生产，同时可保证产品加工质量稳定。

建筑部品部件生产前，应有经批准的构件深化设计图或产品设计图，设计深度应满足生产、运输和安装等技术要求。深化设计图应全面且准确地体现各类连接节点的螺栓排布、焊缝、节点板规定及工艺构造等相关信息。常规节点使用平面视图表达，复杂节点应进行三维实体放样，并用三维实体表达。

生产过程应做好质量检验控制，凡涉及安全、功能的原材料，应按现行国家标准规定进行复验，见证取样、送样；各工序应按生产工艺要求进行质量控制，实行工序检验；相关专业工种之间应进行交接检验；隐蔽工程在封闭前应进行质量验收。

预制构件运输对运输通道的要求较高，运输通道的转弯半径、道路宽度、道路坡度等因素均会对构件运输组织造成较大的影响。建筑师在设计初期进行总平面规划时，除常规设计外，还应与施工方共同根据装配化建造方式布置施工总平面，宜规划主体装配区、构件堆放区、材料堆放区和运输通道。各个区域宜统筹规划布置，满足高效吊装、安装的要求，通道宜满足构件运输车辆平稳、高效、节能的行驶要求。竖向构件宜采用专用存放架进行存放，专用存放架应根据需要设置安全操作平台。

建筑部品部件的运输尺寸包括外形尺寸和外包装尺寸，运输时长度、宽度、高度和重量不得超过公路、铁路或海运的有关规定。超宽、超高、超长、超重构件的运输，应事先做好路线踏勘，对沿途路面、桥梁、涵洞、公共设施做好防护、加固或避让，并取得相关管理单位的许可。防止构件运输变形是关键，在制定运输方案时应重点考虑防范。

7 施工安装

条文略。

【技术要点】

从事装配式钢结构建筑工程各专业施工的单位应具备相应资质及完善的管

理体系，以规范市场准入制度。装配式钢结构建筑工程施工前应完成施工组织设计、专项施工方案、安全专项方案、环境保护专项方案等技术文件的编制，并按规定审批论证，以规范项目管理，确保安全施工、文明施工。

装配式钢结构建筑的施工应根据其构件部品工厂化生产、现场装配化施工的特点，采用合适的安装工法，并合理安排、协调好各专业工种的交叉作业，提高施工效率。装配式钢结构建筑工程施工期间，使用的机具和工具必须进行定期检验，保证达到使用要求的性能及各项指标。

在项目管理的各个环节应充分利用建筑信息化技术，结合施工方案，进行虚拟建造、施工进度模拟，不仅可以提高施工效率，确保施工质量，而且可为施工单位精确制定人物料计划提供有效支撑，减少资源、物流、仓储等环节的浪费。BIM 技术在装配式钢结构建筑中的应用，有助于实现装配式建筑的建设增值和使用增值。通过 BIM 技术模型综合，将项目风险提前并做好预防措施，减少施工过程中的变更。各个参建方通过协同平台，在数据透明的条件下管理项目，大大缩短了工期，节约了成本。

施工中应满足安全、文明、绿色施工的要求。施工扬尘是最主要的大气污染源之一。施工中应采取降尘措施，降低大气总悬浮颗粒物浓度。施工中的降尘措施包括对易飞扬物质的洒水、覆盖、遮挡，对出入车辆的清洗、封闭，对易产生扬尘施工工艺的降尘措施等。建筑施工废弃物对环境产生较大影响，同时建筑施工废弃物的产出，也意味着资源的浪费。因此减少建筑施工废弃物的产生，是涉及节地、节能、节材和保护环境这一可持续发展的综合性问题。废弃物控制应在材料采购、材料管理、施工管理的全过程实施，应分类收集、集中堆放，尽量回收和再利用。施工噪声是影响周边居民生活的主要因素之一。国家标准《建筑施工场界环境噪声排放标准》GB 12523 是施工噪声排放管理的依据。应采取降低噪声和阻断噪声传播的有效措施，包括采用低噪声设备，运用吸声、消声、隔声、隔振等降噪措施，降低施工机械噪声影响。

8 质量验收

条文略。

【技术要点】

单位工程完成后，施工单位应首先依据验收规范、设计图纸等组织有关人员进行自检，对检查发现的问题进行必要的整改。监理单位应根据本标准和《建设工程监理规范》GB/T 50319 的要求对工程进行竣工预验收。符合规定后由施工单位向建设单位提交工程竣工报告和完整的质量控制资料，申请建设单位组织竣工验收。

工程竣工预验收由总监理工程师组织，各专业监理工程师参加，施工单位由项目经理、项目技术负责人等参加，其他各单位人员可不参加。工程预验收除参加人员与竣工验收不同外，其方法、程序、要求等均应与工程竣工验收相同。竣工预验收的表格格式可参照工程竣工验收的表格格式。

单位工程质量验收也称质量竣工验收，是建筑工程投入使用前的最后一次验收，也是最重要的一次验收。验收合格的条件有以下 5 个方面。

（1）构成单位工程的各分部工程应验收合格。

（2）有关的质量控制资料应完整。

（3）涉及安全、节能、环境保护和主要使用功能的分部工程检验资料应复查合格，这些检验资料与质量控制资料同等重要。资料复查要全面检查其完整性，不得有漏检缺项。此外，复核分部工程验收时要补充见证抽样检验报告，这体现了对安全和主要使用功能等的重视。

（4）对主要使用功能应进行抽查。这是对建筑工程和设备安装工程质量的综合检验，也是用户最为关心的内容，体现了本标准完善手段、过程控制的原则，也将减少工程投入使用后的质量投诉和纠纷。因此，在分项、分部工程验收合格的基础上，竣工验收时再作全面检查。抽查项目在检查资料文件的基础上由参加验收的各方人员商定，并用计量、计数的方法抽样检验，检验结果应符合有关专业验收规范的规定。

（5）观感质量应通过验收。观感质量检查须由参加验收的各方人员共同进行，最后共同协商确定是否通过验收。

9　使用维护

条文略。

【技术要点】

装配式钢结构建筑的设计文件应注明其设计条件、使用性质及使用环境。建筑的设计条件、使用性质及使用环境，是贯穿建筑设计、施工、验收、使用与维护的基本前提，尤其是建筑装饰装修荷载和使用荷载的改变，对建筑结构的安全性有直接影响。

装配式钢结构建筑在使用过程中的二次装修、改造，应严格执行相应规定。室内装饰装修严禁以下活动：未经原设计单位或者具有相应资质等级的设计单位提出设计方案，变动建筑主体和承重结构；将没有防水要求的房间或者阳台改为卫生间、厨房间；拆除连接阳台的砖、混凝土墙体；损坏房屋原有节能设施，降低节能效果；其他影响建筑结构和使用安全的行为。

建筑使用条件、使用性质及使用环境与主体结构设计使用年限内的安全性、适用性和耐久性密切相关，不得擅自改变。如确因实际需要作出改变时，应按有关规定对建筑进行评估。

国内外钢结构建筑的使用经验表明，在正常维护和室内环境下，主体结构在设计使用年限内一般不存在耐久性问题。但是，破坏建筑保温、外围护防水等导致的钢结构结露、渗水受潮，以及改变和损坏防火、防腐保护等，将加剧钢结构的腐蚀。

外围护系统的检查与维护，既是保证围护系统本身和建筑功能的需要，也是防止围护系统破坏引起钢结构腐蚀问题的要求。物业服务企业发现围护系统有渗水现象时，应及时修理，并确保修理后原位置的水密性能符合相关要求。密封材料如密封胶等的耐久性问题，应尤其关注。

5.3 《装配式住宅建筑设计标准》JGJ/T 398—2017

5.3.1 编制概况

5.3.1.1 编制背景与实施时间

本标准的发布日期：2017-10-30；实施日期：2018-06-01。

我国装配式住宅在 20 世纪 70 年代以后开始了量大面广的建设。原建设部于 1979 年颁布实施了行业标准《装配式大板居住建筑结构设计和施工暂行规定》JGJ 1—79，这本标准又于 1991 年 10 月 1 日修订为《装配式大板居住建筑设计和施工规程》。但由于种种原因其结果并不如人意，逐渐放缓了我国装配式住宅的发展步伐。

近年，以国家层面推进建筑产业现代化为导向，各级政府和地区相应出台配套政策，我国沉积了十余年的建筑工业化和装配式住宅进程终于获得了史无前例的推进速度与发展空间。发展装配式住宅既是实施住宅产业现代化、推进新型建筑工业化的重要举措，是实施绿色建筑行动的重要路径，同时对转变住宅发展模式，破解能源资源瓶颈约束，培育节能环保等新型战略性产业，推动资源节约型、环境友好型社会的建设，从根本上促进经济的循环发展和社会的可持续发展具有重要意义。

目前，我国装配式住宅整体水平仍较低，住宅生产建造方式落后，部品之间缺乏接口协调，住宅普遍存在着质量与性能方面的问题。在居住需求量巨大、住宅产业发展迅速、住宅工业化技术和部品明显进步的今天，政府大力推进与企业大胆尝试在制造业中引进住宅工业化、发展新型装配式住宅，已成为人们关注的热点，这也正是大力发展装配式住宅的有利时机。根据住房和城乡建设部相关要求，制定国家行业标准《装配式住宅建筑设计标准》。

本标准立足国情、关乎民生，作为首部面向全国的关于装配式住宅建筑设计的标准，其成果具有先进性和权威性。第一，促进和规范行业健康发展。从建筑设计和施工建造源头引导、促进和规范装配式住宅，将为规范全国装配式住宅的建设、保障其健康发展起到重要作用。第二，明确装配式建筑顶层设计。以集成建造思路界定装配式住宅，构建其通用体系，明确住宅建筑结构体、住宅建筑内装体、设备管线和围护结构四大系统。第三，攻关新型装配式住宅设计建造和产业化技术。以技术引领产业化发展新模式，全面提高住宅建设质量与居住性能。

本标准主要适用于采用装配式混凝土结构、钢结构等工业化体系的建筑结构体与装配式建筑内装体一体化建造的新建、改建和扩建住宅建筑设计。同时，本标准既适用于建筑结构体采用非装配式、建筑内装体采用装配式的新建住宅建筑设计，也适用于建筑内装体采用装配式的改建、扩建住宅建筑设计。

装配式住宅建筑相较于其他类型装配式建筑有其特殊性。第一，不同于公共建筑常用统一柱网，住宅建筑平面由于不同功能空间开间进深要求不同，标准化、规整化设计更难实现。第二，住宅建筑受体型、平面功能的限制，立面设计难于突出特点。在实施标准化原则情况下，立面设计的个性化、多样化成为设计难点。第三，住宅建筑厨房、卫生间功能较为固定，厨房、卫生间及设备管线进行通用化、规格化设计，这对于实施产业化装配式建筑有利。

装配式住宅建筑设计思路和方法与传统住宅建筑也有所不同。传统住宅设计方法大多数是首先确定套型布局，然后以起居室、卧室等主要空间为出发点，确定其开间进深之后，再布置厨房、卫生间等次要空间。但是，装配式住宅建筑设计方法需要更新，要全过程考虑，包括整体策划、技术选型及具体设计。

因此，对于装配式住宅项目，在设计之初就要以产业化思维和系统集成思路，统筹策划、设计、生产、施工和运维等全过程，以及建筑、结构、机电和装修等全专业，实现建筑结构系统、外围护系统、设备与管线系统、内装系统的一体化系统集成。同时，以可持续发展建设为目标，注重通用性设计，落实长寿化技术和适应性技术，同步提高建筑全寿命期内的资产价值和使用价值。

5.3.1.2 标准基本构成与技术要点

本标准主要技术内容：总则、术语、基本规定、建筑设计、建筑结构体与主体部件、建筑内装体与内装部品、围护结构、设备及管线。章节构架上第1~第3章概括介绍本标准编制的原则要求和规定，对装配式住宅相关术语进行界定。第4章建筑设计给出了装配式建筑基本设计思路和方法。第5~第8章分别从装配式住宅建筑结构体、建筑内装体、围护结构、设备及管线四大系统进行详细说明。

5.3.2 标准的技术内容与要求

1 总则

条文 1.0.1 为规范我国装配式住宅的建设，促进住宅产业现代化发展，提高工业化设计与建造技术水平，做到安全适用、技术先进、经济合理、质量优良、节能环保，全面提高装配式住宅建设的环境效益、社会效益和经济效益，制定本标准。

条文 1.0.2 本标准适用于采用装配式建筑结构体与建筑内装体集成化建造的新建、改建、扩建住宅建筑设计。

条文 1.0.3 装配式住宅建筑设计应符合住宅建筑全寿命期的可持续发展原则，满足建筑体系化、设计标准化、生产工厂化、施工装配化、装修部品化和管理信息化等全产业链工业化生产方式的要求。

条文 1.0.4 装配式住宅建筑设计除应符合本标准外，尚应符合国家现行有关标准的规定。

2 术语

条文 2.0.1 装配式住宅 assembled housing

以工业化生产方式的系统性建造体系为基础，建筑结构体与建筑内装体中全部或部分部件部品采用装配方式集成化建造的住宅建筑。

条文 2.0.2 住宅建筑通用体系 housing open system

以工业化生产方式为特征的、由建筑结构体与建筑内装体构成的开放性住宅建筑体系。体系具有系统性、适应性与多样性，部件部品具有通用性和互换性。

条文 2.0.3 住宅建筑结构体 skeleton system

住宅建筑支撑体，包括住宅建筑的承重结构体系及共用管线体系；其承重结构体系由主体部件或其他结构构件构成。

条文 2.0.4 住宅建筑内装体 infill system

住宅建筑填充体，包括住宅建筑的内装部品体系和套内管线体系。

条文 2.0.5 主体部件 skeleton components

在工厂或现场预先制作完成，构成住宅建筑结构体的钢筋混凝土结构、钢结构或其他结构构件。

条文 2.0.6 内装部品 infill components

在工厂生产、现场装配，构成住宅建筑内装体的内装单元模块化部品或集成化部品。

条文 2.0.7 装配式内装 assembled infill

采用干式工法，将工厂生产的标准化内装部品在现场进行组合安装的工业化装修建造方式。

条文 2.0.8 模数协调 modular coordination

以基本模数或扩大模数实现尺寸及安装位置协调的方法和过程。

条文 2.0.9 设计协同 design coordination

装配式住宅的建筑结构体与建筑内装体之间、各专业设计之间、生产建造过程各阶段之间的协同设计工作。

条文 2.0.10 整体厨房 system kitchen

由工厂生产、现场装配的满足炊事活动功能要求的基本单元模块化部品。

条文 2.0.11 整体卫浴 unit bathroom

由工厂生产、现场装配的满足洗浴、盥洗和便溺等功能要求的基本单元模块化部品。

条文 2.0.12 整体收纳 system cabinets

由工厂生产、现场装配的满足不同套内功能空间分类储藏要求的基本单元模块化部品。

条文 2.0.13 装配式隔墙、吊顶和楼地面部品 assembled partition wall, ceiling and floor

由工厂生产的、满足空间和功能要求的隔墙、吊顶和楼地面等集成化部品。

条文 2.0.14 干式工法 non-wet construction

现场采用干作业施工工艺的建造方法。

条文 2.0.15 管线分离 pipe and wire detached from skeleton

建筑结构体中不埋设备及管线，将设备及管线与建筑结构体相分离的方式。

3 基本规定

条文 3.0.1 装配式住宅的安全性能、适用性能、耐久性能、环境性能、经济性能和适老性能等应符合国家现行标准的相关规定。

【技术要点】

发展装配式住宅不仅应关注住宅设计与建造技术，更应该关注当前我国住宅建设所面临的主要问题，结合广大居住者日益提高的居住品质需求，注重住宅建筑的适用性能、安全性能、耐久性能、环境性能、经济性能、适老性能和卫生防疫功能等，提升住宅建设整体品质，推动我国装配式住宅可持续发展。

例如，通过住宅户内空间设计和设备部品设计应用提升户内环境品质和住宅卫生防疫功能；通过关键节点设计，避免钢结构住宅的钢部件在户间、户内空间形成声桥，使相邻空间隔声指标满足需求；同时，面对当前住宅大量建设和我国人口老龄化危机，应建立"将满足老龄化要求作为所有住宅一项基本品质"的观念，把对老年人的关怀和关注纳入常规建筑设计的基本要求中。装配式住宅宜满足适老化要求，并应符合现行国家标准《无障碍设计规范》GB 50763 的规定。

条文 3.0.2 装配式住宅应在建筑方案设计阶段进行整体技术策划，对技术选型、技术经济可行性和可建造性进行评估，科学合理地确定建造目标与技术实施方案。整体技术策划应包括下列内容：

1 概念方案和结构选型的确定；

2 生产部件部品工厂的技术水平和生产能力的评定；

3 部件部品运输的可行性与经济性分析；

4 施工组织设计及技术路线的制定；

5 工程造价及经济性的评估。

【技术要点】

装配式住宅与非装配式住宅的建筑设计在工作方法及内容上有明显不同。技术策划的重点是项目经济合理性的评估，主要包括：

（1）概念方案和结构选型的合理性。装配式住宅的设计方案，首先，满足使用功能的需求，重点是协调建筑形体、内部空间和平面布局等与结构体系选择和构件布置原则等之间的关系；其次，符合标准化设计的易建性和建造效率要求；最后，建筑各系统选型要符合经济性、合理性与协调性要求。

（2）预制构件厂技术水平和生产能力。装配式住宅中预制构件尺寸与重量、连接方式和集成程度等技术配置，需结合预制构件厂的实际情况来确定。

（3）部件运输的可行性与经济性。装配式住宅施工应综合考虑预制构件厂的合理运输半径和交通条件等。

（4）施工组织及技术路线。主要包括施工现场的预制构件临时堆放可行性、构件运输组织方案与吊装方案的确定等。

（5）造价及经济性评估。按照项目的建设需求、用地条件、容积率等，结合构件生产能力、装配水平及装配式结构建筑类型等进行经济性分析，确定项目的技术方案。

条文 3.0.3 装配式住宅建筑设计宜采用住宅建筑通用体系，以集成化建造为目标实现部件部品的通用化、设备及管线的规格化。

【技术要点】

通用体系是将建筑的各种构配件、部品和构造连接技术实行标准化、通用化，使各类建筑所需的构配件和节点构造可互换通用的商品化建筑体系。装配式住宅通用体系具有通用性和开放性，是以具有适应性、多样性的工业化生产为基础的住宅建筑体系，通过大量使用通用部件部品，实现住宅产品批量化生产的集成建造。

条文 3.0.4 装配式住宅建筑应符合建筑结构体和建筑内装体的一体化设计要求，其一体化技术集成应包括下列内容：

1 建筑结构体的系统及技术集成；
2 建筑内装体的系统及技术集成；
3 围护结构的系统及技术集成；
4 设备及管线的系统及技术集成。

【技术要点】

装配式住宅的设计思路和方法关键在于将其作为一个完整的住宅产品，进行系统集成和设计建造。通常采用一体化集成技术，进行建筑、结构、机电设备、室内装修一体化集成设计，不仅应加强各专业之间的配合，还应加强设计阶段的建设、设计、制作、施工各方之间的关系协同，以此达到合理地工业化生产建造及其部件部品通用性要求。

条文 3.0.5 装配式住宅建筑设计宜将建筑结构体与建筑内装体、设备管线分离。

【技术要点】

第一，由于传统住宅户内空间几乎不可变、使用功能适应性差等原因导致二次装修、住宅短寿和资源能源浪费等突出问题。

第二，建筑内装体和设备管线寿命短于结构体，在结构体的一个寿命周期内，内装体、设备及管线会经历多轮检修及更换。而传统住宅设备和管线埋设于结构体内，检修更换时需对结构体进行剔凿，工程量大，产生建筑垃圾并且损伤结构。

装配式住宅通过采用建筑结构体与建筑内装体、设备及管线相分离的方式，解决了住宅建筑的可持续发展核心问题，同时也解决了住宅批量化生产中标准化与多样化需求之间的矛盾。装配式住宅建筑设计倡导改变传统住宅设计建造模式，注重建筑结构体与建筑内装体、设备及管线分离和装配式内装技术集成的应用（图 5-3-1）。

条文 3.0.6 装配式住宅建筑设计应满足标准化与多样化要求，以少规格、多组合的原则进行设计，应包括下列内容：

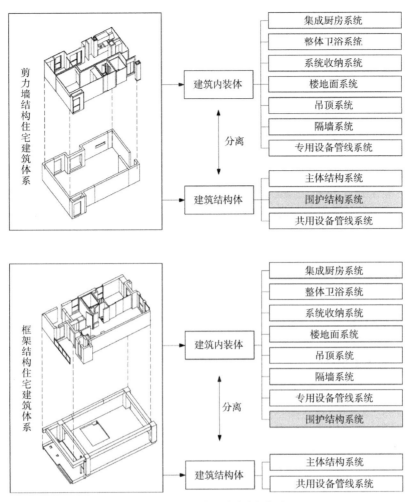

图 5-3-1 装配式住宅建筑分离体系

1 建造集成体系通用化;

2 建筑参数模数化和规格化;

3 套型标准化和系列化;

4 部件部品定型化和通用化。

【技术要点】

具体措施主要包括:

（1）尽量采用相同的建造技术集成体系或不同等级技术要求的系列化集成体系。

（2）装配式住宅建筑设计应遵守标准化、模数化、规格化相关要求，不能为了多样化而影响标准化设计基本原则，派生出非标的空间尺寸和部件部品尺寸。

（3）以套型为基本单元进行设计，套型单元的设计通常采用模块化组合的方式。通过多种模块的不同组合方式实现多样化的结果。

（4）住宅建筑中的门窗、厨卫等部件部品具有通用性，可将其进行定型化和通用化设计。

条文 3.0.7 装配式住宅建筑设计应遵循模数协调原则，并应符合现行国家标准《建筑模数协调标准》GB/T 50002 的有关规定。

【技术要点】

装配式住宅应采用标准化和通用化部件部品，实现建筑结构体、建筑内装体、主体部件和内装部品等相互间的模数协调，并为主体部件和内装部品工厂化生产和装配化施工安装创造条件。

标准化和通用化的基础是模数化，模数协调的目的之一是实现部件部品的通用性与互换性，使规格化、定型化部件部品适用于各类常规住宅建筑，满足各种要求。同时，大批量的规格化、定型化部件部品生产可保证质量，降低成本。通用化部件部品所具有的互换功能，可促进市场的竞争和部件部品生产水平的提高。

具体内容详见本节"4.2 建筑模数协调"。

条文 3.0.8 装配式住宅设计除应满足建筑结构体的耐久性要求，还应满足建筑内装体的可变性和适应性要求。

【技术要点】

传统住宅空间功能基本不可变，内装体更新成本高。从住宅建筑全寿命期的可持续发展理念和装配式住宅建设及其后期运维来看，装配式住宅建筑设计应在保证建筑结构体使用寿命的同时，建筑内装体也要满足居住者家庭全生命周期使用的灵活适应性需求。例如，采用装配式内装及管线分离体系，可以实现套内空间、建筑设备、内装风格的变化及更新，以满足居住者在不同使用时期对居住功能或者喜好的需求。

条文 3.0.9 装配式住宅建筑设计选择结构体系类型及部件部品种类时，应综合考虑使用功能、生产、施工、运输和经济性等因素。

【技术要点】

装配式住宅建筑的设计建造涉及一套完整的产业链体系，不可只考虑单一环节问题。设计应满足使用功能、生产、施工和运输等要求的同时，结合装配式技术的可建造性和经济可行性等因素，合理选择住宅建筑结构体系类型，明确部件部品种类、部位及材料要求。

根据国内外的实践经验，适宜采用预制装配的住宅建筑部位主要有两种：第一是具有规模效应的、统一标准的、易生产的，能够显著提高效率质量和减少人工的部位；第二是技术上难度不大、可实施度高、易于标准化的部位。住宅建筑主体结构适合装配的部位与部件种类，如楼梯、阳台等在装配式住宅中易于做到标准化，内装体也是住宅建筑中比较适宜采用预制装配的部位。

条文 3.0.10 装配式住宅主体部件的设计应满足通用性和安全可靠要求。

条文 3.0.11 装配式住宅内装部品应具有通用性和互换性，满足易维护的要求。

【技术要点】

装配式住宅中相同类型的内装部品在不同套型中应具有通用性，设计应满足部品装配化施工的集成建造要求。装配式住宅内装部品应在满足易维护要求的基础上具有互换性。装配式住宅内装部品互换性指年限互换、材料互换、式样互换、安装互换等，实现部品互换的主要条件是确定部品的尺寸和边界条件。部品的年限互换主要指因为功能和使用要求发生改变，要对空间进行改造利用，或者部分部品已经达到使用年限，需要用新的部品更换。

内装部品与使用者直接接触，长期使用过程中需要满足易维护要求。易维护是指不破坏和影响主体结构和其他部品的情况下，尽量不使用大型工具和专业设备即可进行维护、检修和更换工作。具体设计时要在地面、墙面、吊顶预留检修口，并考虑在检修口周围留有足够的操作空间。

条文 3.0.12 装配式住宅建筑设计应满足部件生产、运输、存放、吊装施工等生产与施工组织设计的要求。

【技术要点】

装配式住宅设计是一个系统性建造过程，与施工建造组织设计密切关联，比如部件生产、运输、存放及吊装施工条件等，要求建筑设计与相关生产环节和工艺等密切配合。

条文 3.0.13 装配式住宅应满足建筑全寿命期要求，应采用节能环保的新技术、新工艺、新材料和新设备。

【技术要点】

可持续发展与建设是装配式住宅设计与建造的发展方向，应立足于住宅建筑全寿命期。从功能空间角度讲，由于厨房、卫生间有竖向管线及诸多设备，卫生间楼板做局部降板等设计，应首先确定厨、卫等用水空间的位置，然后，卧室、起居室可灵活分隔形成适合二人世界、三口之家、适老之家等不同户型方案。以此满足住宅全寿命周期不同的要求（图 5-3-2）。

从建造技术及应用部品角度讲，优化设计统筹建造，应充分考虑当地气候条件和地域特点，优先采用节能环保的新技术、新工艺、新材料和新设备，实现装配式住宅节约资源、保护环境、减少污染，为人们提供健康、安全、舒适的居住环境的目标。

4 建筑设计

4.1 平面与空间

条文 4.1.1 装配式住宅平面与空间设计应采用标准化与多样化相结合的模块化设计方法，并应符合下列规定：

1 套型基本模块应符合标准化与系列化要求；
2 套型基本模块应满足可变性要求；
3 基本模块应具有部件部品的通用性；
4 基本模块应具有组合的灵活性。

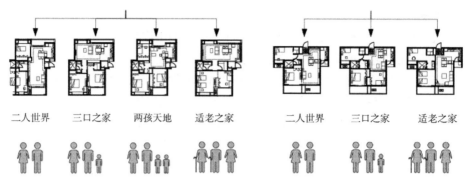

二人世界　　　三口之家　　　两孩天地　　　适老之家　　　　　二人世界　　　三口之家　　　适老之家

图 5-3-2　住宅全寿命周期示意图

【技术要点】

从装配式住宅的可建造性出发，以住宅的平面与空间的标准化为基础，模块化设计方法应将楼栋单元、套型和部品模块等作为基本模块，确立各层级模块的标准化、系列化的尺寸体系。套型模块由若干个不同功能空间模块或部品模块构成，通过模块组合可满足多样性与可变性的居住需求。常用部品模块主要有整体厨房、整体卫浴和整体收纳等。基本模块宜满足下列要求：

（1）基本模块具有结构独立性、结构体系同一性与可组性；

（2）基本模块可互换；

（3）基本模块的设备系统是相对独立的；

（4）标准化和多样化并不对立，二者的有机协调配合能够实现标准化前提下的多样性和个性化。可以用标准化的套型模块结合核心筒模块组合出不同的平面形式和建筑形态，创造出多种平面组合类型；立面设计可以采用不同部品组合和设计手法形成丰富的建筑形式，为满足设计的多样性和适应性要求提供优化的设计方案（图 5-3-3）。

三居套型　　　　　　　　　　适老套型　　　　　　　　　　艺术之家

图 5-3-3　基本模块可变性

条文 4.1.2　装配式住宅建筑设计应符合建筑全寿命期的空间适应性要求。平面宜简单规整，宜采用大空间布置方式。

【技术要点】

面对不同使用者或者同一使用者的不同时期都会产生多样化需求。装配式住宅的平面设计应从住宅的生产建造和家庭全寿命周期使用出发，楼栋单元和套型宜优先采用大空间布置方式，应提高空间的灵活性与可变性，满足住户空间多样化需求。同时，大空间的设计有利于减少预制构件的数量和种类。

现有住宅建筑多为砌体和剪力墙结构，其承重墙体系和重质隔墙系统严重限制了居住空间的尺寸和布局，而大空间布置方式满足了住宅建筑空间的可变性和适应性要求。装配式住宅的平面宜简单规整，钢结构住宅建筑要求套型设计不再以房间开间为设计要素，而是以框架柱网为设计要素，尽量统一轴网和标准层高，为钢梁、钢柱等钢结构部件的标准化提供条件。

另外，室内可采用轻钢龙骨石膏板等轻质隔墙进行灵活的空间划分，轻钢龙骨石膏板隔墙内还可布置设备管线，方便检修和改造更新，满足建筑的可持续发展（图 5-3-4）。

普通结构平面布置　　　　　　大空间结构平面布置

图 5-3-4　普通结构对比大空间结构平面布置

条文 4.1.3　装配式住宅平面设计宜将用水空间集中布置，并应结合功能和管线要求合理确定厨房和卫生间的位置。

条文 4.1.4　装配式住宅设备及管线应集中紧凑布置，宜设置在共用空间部位。

【技术要点】

厨房和卫生间是住宅建筑的核心功能空间，其空间与设施复杂，但使用功能相对固定，需要也适合用标准化与集成化的手段来实现。装配式住宅应满足空间的灵活性与可变性的要求，套内用水空间由于需要设置上下水、通风等竖向管井，因此往往对灵活性与可变性制约较大，要重点考虑厨房和卫生间的标准化，合理确定厨房和卫生间的位置，宜将用水空间相对集中布置，并且不影响其他功能空间。

条文 4.1.5 装配式住宅形体及其部件的布置应规则，并应符合现行国家标准《建筑抗震设计规范》GB 50011 的规定。

【技术要点】

平面设计时应着眼于整个单元平面，做到形态规则性与功能合理性、多样性统筹考虑互相协调。形体规则指的是建筑主体结构规则，不包括悬挑阳台板、空调板、装饰部件等。同时还需综合考虑平面、立面和竖向的规则性对抗震性能及经济合理性的影响。

4.2 建筑模数协调

条文 4.2.1 装配式住宅建筑设计应通过模数协调实现建筑结构体和建筑内装体之间的整体协调。

【技术要点】

建筑模数协调是整体实施工业化生产建造的基础条件，其重点首先是建筑结构体和建筑内装体的协调，并应符合现行国家标准《建筑模数协调标准》GB/T 50002 的规定。

条文 4.2.2 装配式住宅建筑设计应采用基本模数或扩大模数，部件部品的设计、生产和安装等应满足尺寸协调的要求。

条文 4.2.3 装配式住宅建筑设计应在模数协调的基础上优化部件部品尺寸和种类，并应确定各部件部品的位置和边界条件。

【技术要点】

装配式住宅建筑设计的建筑模数协调涉及生产、运输、施工、安装及其运维等以工业化生产建造为主的环节，主体部件和内装部品应符合基本模数或扩大模数的生产建造要求，建筑内装体和各部品之间的模数协调，需要考虑内装体基本尺寸、装修完成面尺寸、安装检修空间等，做到部件部品设计、生产和安装等相互间尺寸协调，并优化构件部品尺寸和种类。

条文 4.2.4 装配式住宅主体部件和内装部品宜采用模数网格定位方法。

条文 4.2.5 装配式住宅的建筑结构体宜采用扩大模数 2nM、3nM 模数数列。

【技术要点】

装配式住宅主体和内装部品建议采用模数网格定位方法，优先选用通用性强、具有系列化尺寸的住宅空间开间、进深和层高等主体部件或建筑结构体尺寸。考虑经济性与多样性，住宅建筑根据经验，开间尺寸多选择 2nM、3nM，进深多选择 nM，高度多选择 nM/2 作为优先尺寸的数列。装配式住宅建筑内装体中的装配式隔墙、整体收纳和管井等单元模块化部品或集成化部品宜采用基本模数，也可插入分模数 M/2 或 M/5 进行调整。

目前，我国为适应建筑设计多样化的需求，增加设计的灵活性，多选择 2M（200mm）、3M（300mm）。多高层钢结构住宅建筑多选择 6M（600mm）。

在住宅设计中，根据国内墙体的实际厚度，结合装配整体式剪力墙住宅建筑的特点，建议采用 2M+3M（或 1M、2M、3M）灵活组合的模数网格，承重墙和外围护墙厚度的优先尺寸系列宜根据 1M 的倍数及其与 M/2 的组合确定，宜为150mm、200mm、250mm、300mm，以满足住宅建筑平面功能布局的灵活性及模数网格的协调。

条文 4.2.6 装配式住宅的建筑内装体宜采用基本模数或分模数，分模数宜为 M/2、M/5。

【技术要点】

建筑内装体与内装部品的基本模数和导出模数的准则，适用于所有的内装部品的设计、生产和施工安装。内装部品在设计初期，就应遵循模数原则，目前建筑上常见的内装部品种类繁多，尺寸复杂。规定基本模式和导出模式后，有利于内装部品在建筑中的应用，并在施工安装、维修更换时，可方便选用与采购。建筑内部使用空间应按照基本模数 1M 进行设计与生产，尺寸小于100mm 的内装部品，应按照分模数的规定执行。

条文 4.2.7 装配式住宅层高和门窗洞口高度宜采用竖向基本模数和竖向扩大模数数列，竖向扩大模数数列宜采用 nM。

【技术要点】

装配式住宅层高和门窗洞口高度宜采用竖向基本模数和竖向扩大模数系列，可参照现行国家标准《建筑门窗洞口尺寸系列》GB/T 5824，考虑住宅建筑的常用尺寸范围。

装配式住宅的层高设计应按照模数协调的要求，采用基本模数或扩大模数 nM 的设计方法，以实现结构部件、建筑部品之间的模数协调。层高和室内净高的优先尺寸间隔为 1M。尺寸越多，则灵活性越大，部件的可选择性越强；尺寸越少，不一定标准化程度越高，但实际应用受到的限制越多，部件的可选择性越低。

条文 4.2.8 厨房空间尺寸应符合国家现行标准《住宅厨房及相关设备基本参数》GB/T 11228 和《住宅厨房模数协调标准》JGJ/T 262 的规定。

【技术要点】

住宅厨房空间设计注意操作流线与采光通风要求，常用布置形式分为单排型、双排型、L 形、U 形、岛式厨房等。厨房空间尺寸及橱柜、设备部品尺寸应与建筑模数相协调，其基本模数为 1M，可插入分模数 M/2、M/5。

条文 4.2.9 卫生间空间尺寸应符合国家现行标准《住宅卫生间功能及尺寸系列》GB/T 11977 和《住宅卫生间模数协调标准》JGJ/T 263 的规定。

【技术要点】

卫生间空间设计建议采用干湿分离设计方式，提高使用效率，同时应考虑适老化要求。卫生间内注意各卫生洁具之间及其与墙体之间的间距。卫生间空间尺寸及洁具部品尺寸应与建筑模数相协调，其基本模数为 1M，可插入分模数 M/2、M/5。

4.3 设计协同

条文 4.3.1 装配式住宅建筑设计应采用设计协同的方法。

【技术要点】

装配式住宅建筑设计的设计协同既应满足建筑、结构、给水排水、暖通、电气以及建筑内装体相协调的整体性要求，也应满足装配式住宅建筑设计与部件部品生产、装配施工、运营维护等各阶段协同工作的系统性要求。

从事装配式住宅建筑设计对建筑师提出更高要求，在设计时虽然不能完成上述两个层面的全部工作，但是要对整体协同设计工作有所了解，包括几大专业的相互制约条件以及建造过程的相关知识。

条文 4.3.2 装配式住宅建筑设计应满足建筑、结构、给水排水、燃气、供暖、通风与空调设施、强弱电和内装等各专业之间设计协同的要求。

【技术要点】

通过专业性设计协同实现集成技术应用，如建筑结构体与建筑内装体的集成技术设计、建筑内装体与设备及管线的集成技术设计、设备及管线与建筑结构体分离的集成技术设计等专业性协同。

条文 4.3.3 装配式住宅应满足建筑设计、部件部品生产运输、装配施工、运营维护等各阶段协同的要求。

【技术要点】

装配式住宅以工业化生产建造方式为原则。做好建筑设计、部件部品生产运输、装配施工、运营维护等产业链各阶段的设计协同，将有利于设计、施工建造的相互衔接，保障生产效率和工程质量。

条文 4.3.4 装配式住宅建筑设计宜采用建筑信息模型技术，并将设计信息与部件部品的生产运输、装配施工和运营维护等环节衔接。

【技术要点】

装配式住宅建议结合建筑信息模型技术进行设计协同工作，贯通设计信息与部件部品的生产运输、装配施工和运营维护等各环节，通过信息化技术设计提高工程建设各阶段各专业之间协同配合的效率、质量和管理水平。装配式住宅可采用建筑物联网技术，统筹部件部品设计、生产施工和运营维护，对部件部品的建筑全寿命期进行质量追溯。

条文 4.3.5 装配式住宅的施工图设计文件应满足部件部品的生产施工和安装要求，在建筑工程文件深度规定基础上增加部件部品设计图。

【技术要点】

原有施工图设计深度不能满足装配式住宅的建造需求，除常规图纸要求外，还宜针对技术难点进行深化设计，包括主体部件和内装部品的施工图和详图部分。各阶段有完整成套的设计文件是装配式建筑顺利实施的关键。设计文件主要包括技术报告、施工设计图、部品部件加工设计图、室内装修设计图等。技术报告内容主要包括：项目采用的结构技术体系、主要连接技术与构造措施、一体化设计方法、主要技术经济指标分析等相关资料。装配式建筑设计流程相对于现浇混凝土建筑增加了构件加工设计环节。构件深化设计图可由建筑设计单位与预制构件加工厂配合设计完成，建筑专业可根据需要提供预制构件的尺寸控制图，设计过程中可采用 BIM 技术，提高预制构件设计完成度与精确度，确保构件深化设计图全面准确地反映预制构件的规格、类型、加工尺寸、连接形式、预埋设备管线种类与定位尺寸。

5 建筑结构体与主体部件

5.1 建筑结构体

条文 5.1.1 建筑结构体的设计使用年限应符合国家现行有关标准的规定。

条文 5.1.2 建筑结构体应满足其安全性、耐久性和经济性要求。

【技术要点】

从住宅的可持续建设发展方向出发，还应提高建筑的耐久性、长久使用价值及经济性。适当提高结构主体耐久性设计，如提高混凝土标号、增加钢筋保护层厚度等。

条文 5.1.3 装配式住宅建筑设计应合理确定建筑结构体的装配率，应符合现行国家标准《装配式建筑评价标准》GB/T 51129 的相关规定。

【技术要点】

对于装配率，不能片面追求数值最大化。在技术方案合理且系统集成度较高的前提下，较高的装配率能带来规模化、集成化的生产和安装，品质与效率同步提升。但是当技术方案不合理且系统集成度不高，甚至管理水平和生产方式达不到预制装配的技术要求时，片面追求装配率反而会造成工程质量隐患，降低效率并增加造价。因此，应合理确定装配率。

条文 5.1.4 装配式混凝土结构住宅建筑设计应确保结构规则性，并应符合现行行业标准《装配式混凝土结构技术规程》JGJ 1 的相关规定。

【技术要点】

装配式住宅平面与空间设计中过多的凹凸和复杂形体变化会造成工业化建造过程中的主体部件生产与安装的难度，也不利于成本控制及质量效率的提升。同时，规整的空间和形体也便于实现建筑大空间设计，也能减小体形系数，提高建筑节能性能，有利于建筑可持续发展。

5.2 主体部件

条文 5.2.1 主体部件及其连接应受力合理、构造简单和施工方便。

【技术要点】

装配式住宅主体部件及连接节点设计应受力合理、构造简单和施工方便，符合工业化生产的要求，宜采用通用性强的标准化预制构件和连接节点。

条文 5.2.2 装配式住宅宜采用在工厂或现场预制完成的主体部件。

【技术要点】

装配式住宅的承重墙、梁、柱、楼板等主要主体部件及楼梯、阳台、空调板等部位可全部或部分采用工厂生产的标准化预制构件。

条文 5.2.3 主体部件设计应与部件生产工艺相结合，优化规格尺寸，并应符合装配化施工的安装调节和公差配合要求。

条文 5.2.4 主体部件设计应满足生产运输、施工条件和施工装备选用的要求。

条文 5.2.5 主体部件应结合管线设施设计要求预留孔洞或预埋套管。

【技术要点】

主体部件在设计阶段不仅需要协同各专业的设备管线设计和安装要求，做好条件预留，而且要从建造全过程的整体性和系统性角度出发，考虑生产、运输、施工条件，及现场装配化施工的安装调节和公差配合要求。

条文 5.2.6 装配式混凝土结构住宅的楼板宜采用叠合楼板，其结构整体性应符合现行行业标准《装配式混凝土结构技术规程》JGJ 1 的相关规定。

条文 5.2.7 钢结构住宅宜优先采用钢—混凝土组合楼板或混凝土叠合楼板，并应符合国家现行标准的相关规定。

【技术要点】

叠合楼板具有效率高、省时省工、节省模板、支撑简便、湿作业少等生产建造特点，装配式住宅应优先采用叠合楼板。建筑构造宜采用管线分离方式的设计使主体结构与管线分离。同时，要保证叠合楼板的防火、防腐、隔声和保温等性能。建筑设计中要重视其连接节点设计与传统楼板节点的不同。

6 建筑内装体与内装部品

6.1 建筑内装体

条文 6.1.1 建筑内装体设计应满足内装部品的连接、检修更换、物权归属和设备及管线使用年限的要求，并应符合下列规定：

1 共用内装部品不宜设置在套内专用空间内；

2 设计使用年限较短的内装部品的检修更换应避免破坏设计使用年限较长的内装部品；

3 套内内装部品的检修更换应不影响共用内装部品和其他内装部品的使用。

【技术要点】

装配式住宅建筑内装体使用频率高，不同材料、设备、设施具有不同的使用年限，应考虑内装部品的后期运维及其物权归属问题，同时应符合使用维护和维修改造要求。

条文 6.1.2 装配式住宅应采用装配式内装建造方法，并应符合下列规定：

1 采用工厂化生产的集成化内装部品；

2 内装部品具有通用性和互换性；

3 内装部品便于施工安装和使用维修。

【技术要点】

装配式住宅内装集成化是指部品体系宜实现以集成化为特征的成套供应及规模生产，实现内装部品、厨卫部品和设备部品等的产业化集成。通用化是指内装部品体系应符合模数化的工艺设计，执行优化参数、公差配合和接口技术等有关规定，以提高其互换性和通用性。

①采用有利于维护更新的配管形式，不把管线埋入结构体；②按优先滞后原则决定内装修的构成顺序；③设置专用的管道间，不在套内配公共竖管；④采

用可拆装的轻质隔墙，不在套内设承重墙；⑤干式工法施工。

条文 6.1.3 装配式住宅建筑设计应合理确定建筑内装体的装配率，装配率应符合现行国家标准《装配式建筑评价标准》GB/T 51129 的相关规定。

条文 6.1.4 建筑内装体的设计宜满足干式工法施工的要求。

【技术要点】

推行装配式内装是发展装配式住宅的主要方向。装配式内装是采用干式工法，将工厂生产的标准化内装部品在现场进行组合安装的工业化装修建造方式。建筑内装体设计宜满足相关施工工法要求。

条文 6.1.5 部品应采用标准化接口，部品接口应符合部品与管线之间、部品之间连接的通用性要求。

【技术要点】

装配式住宅内装部品宜采用体系集成化成套供应、标准化接口，主要是为减少不同部品系列接口的非兼容性。在住宅全寿命周期的使用过程中，通用性可以保证部品部件更换的可行性。

条文 6.1.6 装配式住宅应采用装配式隔墙、吊顶和楼地面等集成化部品。

【技术要点】

隔墙、吊顶和楼地面，是装配式住宅建筑内装体的三大集成化部品。作为内装体实现干法施工工艺的基础，既可满足管线分离的设计要求，也有利于装配式内装生产方式的集成化建造与管理（图 5-3-5）。

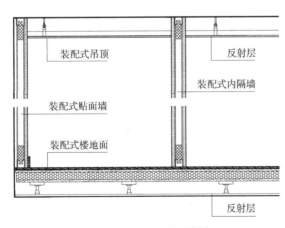

图 5-3-5　集成化部品示意图

条文 6.1.7 装配式住宅宜采用单元模块化的厨房、卫生间和收纳，并应符合下列规定：

1　厨房设计应符合干式工法施工的要求，宜优先选用标准化系列化的整体厨房；

2　卫生间设计应符合干式工法施工和同层排水的要求，宜优先选用设计标准化系列化的整体卫浴；

3 收纳空间设计应遵循模数协调原则，宜优先选用标准化系列化的整体收纳。

【技术要点】

整体厨房、整体卫浴和整体收纳是装配式住宅建筑内装体的三大模块化部品，其制作、加工和现场安装可全部实现装配化。

厨房、卫生间设计的建筑做法和节点应符合干式工法施工要求，建筑面层（人造板材、面砖等）应避免采用湿贴工法，而是采用环保建筑胶直接粘接。或者选用标准化系列化的整体厨卫。收纳空间包括玄关、卧室、厨卫等，整个项目中宜选用标准化系列化整体收纳，例如，收纳柜厚度、高度统一，长度成比例遵循模数协调原则。

条文 6.1.8 内装部品、设备及管线应便于检修更换，且不影响建筑结构体的安全性。

【技术要点】

传统住宅设备管线多埋设于建筑结构体中，检修更换需进行剔凿，损伤结构体。装配式住宅内装部品、设备及管线设计，宜采用分离体系，使用过程中可检修，后期改造更新时不影响建筑结构体的结构安全性，并保证住宅的长期使用价值。

条文 6.1.9 内装部品、材料和施工的住宅室内污染物限值应符合现行国家标准《住宅设计规范》GB 50096 的相关规定。

【技术要点】

装配式住宅室内装修材料及施工应严格按照现行国家标准，采用环保、绿色、健康的材料及其施工工艺。

6.2 隔墙、吊顶和楼地面部品

条文 6.2.1 装配式隔墙、吊顶和楼地面部品设计应符合抗震、防火、防水、防潮、隔声和保温等国家现行相关标准的规定，并满足生产、运输和安装等要求。

【技术要点】

隔墙、吊顶和楼地面的应用材料应满足《建筑内部装修设计防火规范》GB 50222—2017 相关要求，同时应特别注意材料绿色环保性能。室内隔墙可通过内填保温岩棉、提高面层面密度、避免开关插座线盒等位置形成声桥等处理方法提高隔声性能。厨房、卫生间及洗衣机区等用水空间的隔墙、吊顶和楼地面应注意做好防水措施。

条文 6.2.2 装配式隔墙部品应采用轻质内隔墙，并应符合下列规定：

1 隔墙空腔内可敷设管线；

2 隔墙上固定或吊挂物件的部位应满足结构承载力的要求；

3 隔墙施工应符合干式工法施工和装配化安装的要求。

【技术要点】

工法要点：装配式隔墙应预先确定固定点的位置、形式和荷载，应通过调整龙骨间距、增设龙骨横撑和预埋木方等措施为外挂安装提供条件。架空空间用来安装和铺设电气管线、开关及插座使用。同时，外墙采取内保温做法时，可将贴面架空墙体结合内保温工艺，充分利用贴面墙架空空间。

典型特征：装配式住宅采用装配式轻质隔墙，可利用轻质隔墙的空腔敷设管线，既有利于工业化建造施工与管理，也有利于后期空间的灵活改造和使用维护。与传统钢筋混凝土墙体、砌块墙体的水泥找平结合刮腻子等面层做法相比，石膏板材的裂痕率较低、平整度高，粘贴壁纸方便快捷；墙体温度相对较高，冬天室内更加舒适，触感更好；墙体相对传统做法有一定弹性，降低跌倒伤害。

条文 6.2.3 装配式吊顶部品内宜设置可敷设管线的空间，厨房、卫生间的吊顶宜设有检修口。

【技术要点】

工法要点：①采用轻钢龙骨＋板材面层，实现顶棚造型并形成架空空间；②顶棚内架空空间可铺设各类管线、设备（电气管线、换气管道、灯具以及设备等）。

设计过程中应该注意各专业协调及精细化设计，电气管线穿梁、结构墙体时做好预留条件。电气管线敷设在吊顶空间时，应采用专用吊件固定在结构楼板上，在楼板上应预先设置吊杆安装件，不宜在楼板上钻孔、打眼和射钉。

典型特征：住宅室内管线不再埋设于墙体内，将住宅室内管线完全分离于结构墙体外，施工程序明了，铺设位置可见并可以随时更改，施工期间易于管理与操作，使用过程易维修，体现了内装体的可检修、可变性、易更换性。装配式住宅采用装配式吊顶，既有利于工业化建造施工与管理，也有利于后期空间的灵活改造和使用维护（图 5-3-6）。

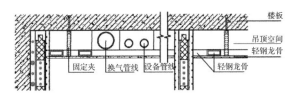

图 5-3-6 装配式吊顶部品做法节点示意图

条文 6.2.4 宜采用可敷设管线的架空地板系统的集成化部品。

【技术要点】

工法要点：地面面层下采用龙骨、树脂或金属地脚螺栓支撑；架空空间内可铺设各类管线（敷设管线种类需依照技术体系而定）；地面设置地面检修口，以方便管道检查；在地板和墙体的交界处留出一定缝隙，保证地板下空气流动，以达到防潮、隔声效果。采用同层排水方式而进行结构降板的区域应采用架空地板系统的集成化部品。架空地板内敷设给水排水管道时，其架空层高度应根据排水管线的长度、坡度进行计算。

典型特征：相对传统地面做法，架空地板有一定弹性，面层硬度较小，对容易跌倒的老人和孩子起到保护作用；与一般的水泥地直铺地板相比，架空地板温度与湿度更适宜，触感较好。

装配式住宅宜采用工厂化生产的架空地板系统的集成化部品，可实现管线与建筑结构体分离，保证管线维修与更换不破坏建筑结构体（图5-3-7）。架空地板系统的集成化部品也有良好性能，可提高室内环境质量。

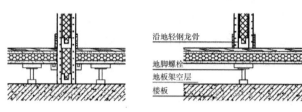

（a）传统施工方法　　　（b）SI住宅体系地面优先施工方法

图5-3-7　架空地板做法节点示意图

6.3　整体厨房、整体卫浴和整体收纳

条文 6.3.1　整体厨房、整体卫浴和整体收纳应采用标准化内装部品，选型和安装应与建筑结构体一体化设计施工。

条文 6.3.2　整体厨房的给水排水、燃气管线等应集中设置、合理定位，并应设置管道检修口。

条文 6.3.3　整体卫浴设计应符合下列规定：

1　套内共用卫浴空间应优先采用干湿分区方式；

2　应优先采用内拼式部品安装；

3　同层排水架空层地面完成面高度不应高于套内地面完成面高度。

条文 6.3.4　整体卫浴的给水排水、通风和电气等管道管线应在其预留空间内安装完成。

条文 6.3.5　整体卫浴应在与给水排水、电气等系统预留的接口连接处设置检修口。

【技术要点】

装配式住宅建筑内装体的单元模块化部品主要包括整体厨房、整体卫浴和整体收纳等。采用标准化设计和模块化部品尺寸，便于工业化生产和管理，既为居住者提供更为多样化的选择，也具有环保节能、质量优、品质高等优点。

工厂化生产的模块化整体厨房、整体卫浴和整体收纳单元部品通过整体集成、整体设计、整体安装，从而集约实施标准化设计工业化建造，其生产安装可避免传统设计与施工方式造成的各种质量隐患，全面提升建设综合效益。整体厨房、整体卫浴和整体收纳设计时，应与部品厂家协调土建预留净尺寸和设备及管线的安装位置和要求，协调预留标准化接口，还要考虑这些模块化部品的后期运维问题。

整体厨房中整体配置厨房用具和厨房电器，工厂加工，施工现场拼装。其特征为：综合设计水、电、气，杜绝了各种安全隐患；符合人体工程学，提高使用舒适度；美观且卫生。

整体卫浴采用专业的防水盘结构，配有检修口，易于检修；工厂加工，整体模压成型，施工现场拼装；施工中噪声低，无建筑垃圾；具有防水性及耐久性；使用中舒适性较好。

整体收纳可分为封闭式、开敞式、步入式收纳空间。宜注重适老化设计，细化分类，根据居住使用功能就近收纳。收纳柜体材料应注意绿色环保及防火性能，收纳可拆卸设计，灵活组装。

7 围护结构

7.1 一般规定

条文 7.1.1 装配式住宅节能设计应符合国家现行建筑节能设计标准对体形系数、窗墙面积比和围护结构热工性能等的相关规定。

【技术要点】

装配式住宅建筑平面尽量规整，降低体形系数有利于建筑节能。外围护结构主要功能为保证建筑内部环境的稳定（温度、湿度、采光、风环境等），结合当地气候特征，可以通过采用导热系数小的外墙材料结合高性能门窗提升建筑热工性能。

条文 7.1.2 装配式住宅围护结构应根据建筑结构体的类型和地域气候特征合理选择装配式围护结构形式。

【技术要点】

围护结构类型的选择包括预制外挂墙板、蒸压加气混凝土板、非承重骨架组合外墙以及其他类型的围护结构。例如，夏季炎热地区应注意遮阳部品和围护结构的结合应用，降低建筑能耗，并丰富立面设计元素。

条文 7.1.3 建筑外围护墙体设计应符合外立面多样化要求。

【技术要点】

装配式住宅立面设计应体现装配式住宅的工厂化生产、装配式施工和外围护结构简洁规整的特征，在标准化设计的基础上，通过不同的组合形式实现立面形式的多样化。

预制外墙设计要充分利用工厂化工艺和装配条件，通过模具浇筑成形。材质组合和清水混凝土等细节处理方式结合外立面部品部件（披水板、活动外遮阳等）的本身特色，可形成多种装饰效果。

条文 7.1.4 建筑外围护墙体应减少部件部品种类，并应满足生产、运输和安装的要求。

【技术要点】

部件部品的通用性是工业化装配式建造方式的基本要求，通过系统化、标准化设计尽量减少部件部品种类，包括建筑外围护墙体和外围护门窗。减少部件部品种类有利于工厂生产成本降低和现场施工效率提高，且有利于墙体连接构造的统一性和可靠性，提高建筑耐久性。

条文 7.1.5 装配式住宅外墙宜合理选用装配式预制钢筋混凝土墙、轻型板材外墙。

条文 7.1.6 装配式住宅外墙材料应满足住宅建筑规定的耐久性能和结构性能的要求。

条文 7.1.7 钢结构住宅的外墙板宜采用复合结构和轻质板材，宜选用下列新型外墙系统：

1 蒸压加气混凝土类材料外墙；
2 轻质混凝土空心类材料外墙；
3 轻钢龙骨复合类材料外墙；
4 水泥基复合类材料外墙。

【技术要点】

装配式住宅建筑外墙宜提高预制装配化程度，可选用、发展和推广下列各类新型外墙系统：蒸压轻质加气混凝土类材料外墙、轻质混凝土空心类材料外墙、轻钢龙骨复合类材料外墙和水泥基复合类材料外墙，并应着重关注提高其耐久性。

7.2 外墙与门窗

条文 7.2.1 钢筋混凝土结构预制外墙及钢结构外墙板的构造设计应综合考虑生产施工条件。接缝及门窗洞口等部位的构造节点应符合国家现行标准的相关规定。

【技术要点】

装配式住宅外墙的设计关键在于连接节点的构造设计。对于预制承重外墙板、外墙挂板、预制复合外墙板、预制装饰外挂板等各类外墙板连接节点的构造设计和悬挑构件、装饰部件连接节点的构造设计，以及门窗连接节点的构造设计应分别满足结构、热工、防水、防火、保温、隔热、隔声及建筑造型设计等要求。

装配式住宅外墙的各类接缝设计应构造合理、施工方便、坚固耐久，并结合本地材料、制作及施工条件进行综合考虑。

条文 7.2.2 供暖地区的装配式住宅外墙应采取防止形成热桥的构造措施。采用外保温的混凝土结构预制外墙与梁、板、柱、墙的连接处，应保持墙体保温材料的连续性。

【技术要点】

对于规模化生产的预制构件，应要求厂家提供主体传热系数的测试数据。应保持墙体保温的连续性，保温材料可选用岩棉、玻璃棉等。预制外墙板与梁、板、柱、墙的结合处，如使用发泡材料填补缝隙，须为不燃材料。

条文 7.2.3 装配式住宅当采用钢筋混凝土结构预制夹心保温外墙时，其穿透保温材料的连接件应有防止形成热桥的措施。

【技术要点】

装配式住宅钢筋混凝土结构预制夹心保温外墙应保证保温层的连续性并避

免热桥。穿透保温层的连接件采用热阻大的材料或阻断热桥的节点设计，或通过适当提高保温层厚度等方法，避免破坏保温层的整体性能。

条文 7.2.4 装配式住宅外墙板的接缝等防水薄弱部位，应采用材料防水、构造防水和结构防水相结合的做法。

【技术要点】

根据目前我国工程实践经验，装配式住宅垂直缝一般选用结构防水与材料防水结合的两道防水构造，水平缝一般选用构造防水与材料防水结合的两道防水构造，经实际验证其防水性能比较可靠。

条文 7.2.5 装配式住宅外墙外饰面宜在工厂加工完成，不宜采用现场后贴面砖或外挂石材的做法。

【技术要点】

装配式住宅外墙外饰面宜在工厂加工完成。传统的外墙外饰面的湿式工法的后贴工艺，其耐久性、施工质量及粘接性能较差，不宜采用。根据国内外工程实践经验，采用工厂预制的面砖、石材等反打工艺能减少工序，其质量及外贴面砖等的粘结性能较好，耐候性好。

条文 7.2.6 装配式住宅外门窗应采用标准化的系列部品。

【技术要点】

装配式住宅外门窗洞口尺寸应符合模数协调标准，在满足功能要求的前提下应选用标准化的系列部品。同一地区、同一建筑物门窗洞口尺寸优先选用《建筑门窗洞口尺寸系列》GB/T 5824 中的基本规格。减少门窗的类型，就是减少预制部品部件的种类，利于降低工厂生产和现场装配的复杂程度，保证质量并提高效率。同时，通过少规格、多组合的原则进行设计也可以保证立面多样化要求。

条文 7.2.7 装配式住宅门窗应与外墙可靠连接，满足抗风压、气密性及水密性要求，并宜采用带有批水板等的集成化门窗配套系列部品。

【技术要点】

装配式住宅建筑门窗宜选用集成化的配套系列的门窗部品及其构造做法，能较好地满足装配式住宅的建筑防水性能要求。

8 设备及管线

8.1 一般规定

条文 8.1.1 装配式住宅的给水排水管道，供暖、通风和空调管道，电气管线，燃气管道等宜采用管线分离方式进行设计。

【技术要点】

由于主体结构使用年限与设备管线的使用年限不同，在建筑全寿命期内，需要对设备管线进行多次更新。采用管线分离体系，提高了工程质量和居住品质，方便使用过程中进行检修、维护、更换，实现了节能环保，保障了建筑的长久使用价值。

条文 8.1.2 设备及管线宜选用装配化集成部品，其接口应标准化，并应满足通用性和互换性的要求。

【技术要点】

给水排水，供暖、通风、空调和电气等管线及各种接口应采用标准化、集成化产品，以便于提高安装效率和后期维护及更换（图5-3-8）。

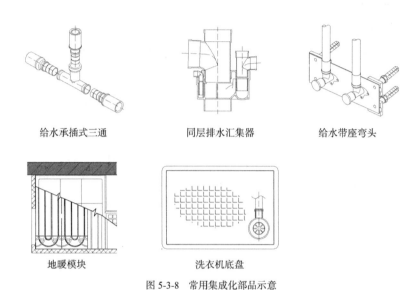

给水承插式三通　　　　同层排水汇集器　　　　给水带座弯头

地暖模块　　　　　　　　洗衣机底盘

图5-3-8　常用集成化部品示意

条文 8.1.3　给水排水，供暖、通风和空调及电气等应进行管线综合设计，在共用部位设置集中管井。竖向管线应相对集中布置，横向管线宜避免交叉。

【技术要点】

给水排水，供暖、通风、空调和电气等系统及管线的设计协同和管线综合设计是装配式住宅建筑设计的重要内容。通过管线综合设计，可协调各专业设备管线合理布局，合理利用空间，提高空间使用率。共用管线应集中布置、避免交叉。横向管线宜设置于吊顶或者架空地面中，设计时还需考虑空间净高。

条文 8.1.4　预制结构部件中管线穿过时，应预留孔洞或预埋套管。

【技术要点】

预制结构构件应避免穿洞。如必须穿洞时，则应预留预埋孔洞或套管，不应在预制结构构件上凿剔沟、槽、孔、洞。

条文 8.1.5　集中管道井的设置及检修口尺寸应满足管道检修更换的空间要求。

【技术要点】

集中管道井应设检修门，管道井的布置应按照规范预留检修、更换设备管线的操作空间，部分隐蔽的阀门、检查口等位置，应设置便于维修的检修口。

8.2　给水排水

条文 8.2.1　装配式住宅套内给水排水管道宜敷设在墙体、吊顶或楼地面的架空层或空腔中，并应采取隔声减噪和防结露等措施。

【技术要点】

装配式住宅的给水排水管线按照管线分离的原则进行设计，可敷设在吊顶内、地面架空层内、内装墙体的空腔内（图5-3-9）。

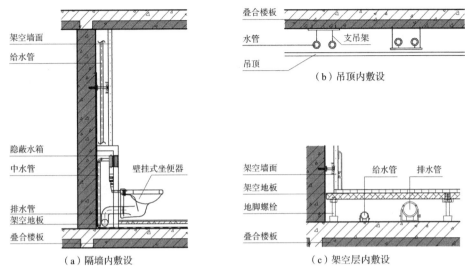

图 5-3-9　排水管道设置示例

条文 8.2.2　装配式住宅宜采用同层排水设计。同层排水设计应符合现行行业标准《建筑同层排水工程技术规程》CJJ 232 的有关规定，并应符合下列规定：

　　1　应满足建筑层高、楼板跨度、设备及管线等设计要求；

　　2　同层排水的卫生间地面应有防渗漏水措施；

　　3　整体卫浴同层排水管道和给水管道应预留外部管道接口位置；

　　4　同层排水设计应满足维护检修的要求。

【技术要点】

卫生间通过局部降板，将水平排水管敷设于局部降板架空层中，与排水立管连接，同时预留检修口。厨房排水横管隐藏于橱柜之中，连接排水立管。

住宅卫生间采用同层排水，可避免上层住户卫生间管道故障检修、卫生间地面渗漏及排水器具楼面排水接管处渗漏对下层住户的影响。国家标准《住宅设计规范》GB 50096—2011 第 8.2.8 条中规定，污废水排水横管宜设置在本层套内。国家标准《建筑给水排水设计规范》GB 50015—2003（2009版）第 4.3.8 条规定，住宅卫生间的卫生器具排水管不宜穿越楼板进入他户。当采用同层排水设计时，应协调厨房和卫生间位置、给水排水管道位置和走向，使其距离公共管井较近，并合理确定降板高度（图5-3-10）。

条文 8.2.3　共用给水排水立管及控制阀门和检修口应设在共用空间管道井内。

条文 8.2.4　给水排水管道穿越预制墙体、楼板和预制梁的部位应预留孔洞或预埋套管。

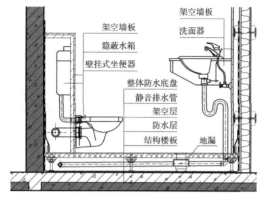
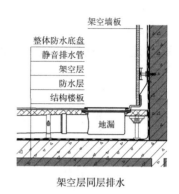

架空层同层排水

图 5-3-10　同层排水示例

【技术要点】

装配式住宅建筑设计中户内排水立管尽量集中设置，并设检修口。共用给水管线设置于公共空间，避免使用、维修及更换时对住户产生影响。设计时通过各专业协同设计，管线穿越预制墙体、楼板、梁等结构体时应做好预留条件，避免后期开洞、剔凿对预制结构部件产生不利影响。

条文 8.2.5　安装太阳能热水系统的装配式住宅应符合建筑一体化设计和部品通用化的要求，并应满足预留预埋的条件。

【技术要点】

太阳能热水系统宜采用一体化的集成部品，除应考虑其管道和设备设计及其运维要求外，同时尚需满足预制构件的施工安装要求。

8.3　供暖、通风和空调

条文 8.3.1　装配式住宅套内供暖、通风和空调及新风等管道宜敷设在吊顶等架空层内。

条文 8.3.2　供暖系统共用管道与控制阀门部件应设置在住宅共用空间内。

【技术要点】

住宅供暖、通风和空调系统使用频率高，需考虑维修、更换的便利性。例如，户内供暖系统采用干式地暖系统可以避免传统湿式地暖当地暖管堵塞后无法维修的问题。共用的供暖管道及阀门设置于公共空间内，方便调试、检查、维修。通风、空调及新风系统宜采用分户式系统，设备、管线敷设在户内吊顶或地面等架空层内。

条文 8.3.3　供暖系统采用地面辐射供暖系统时，宜采用干式工法施工。

【技术要点】

干式地暖的集成化部品常见的有两种模式。一种是装配式地板供暖的集成化部品，是由基板、加热管、龙骨和管线接口等组成的地暖系统。另一种是现场铺装模式，是在传统湿式地暖做法的基础上进行改良，无混凝土垫层施工工序。工厂化生产的装配式干式地暖系统的集成化部品具有施工工期短、楼板负载小、易于维修改造等优点（图 5-3-11）。

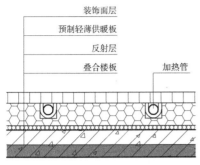

装饰面层
预制轻薄供暖板
反射层
叠合楼板
加热管

热水预制轻薄保温板地暖模块

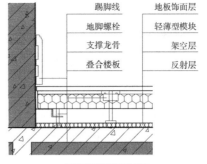

踢脚线   地板饰面层
地脚螺栓 轻薄型模块
支撑龙骨 架空层
叠合楼板 反射层

标准轻薄型地暖模块

图 5-3-11　干式地暖做法节点示意

条文 8.3.4　厨房、卫生间宜设置水平排气系统，其室外排气口应采取避风、防雨、防止污染墙面和对周围空气产生污染等措施。

【技术要点】

目前住宅的居住环境健康安全问题得到重视，住宅卫生防疫功能亟待提高，传统住宅建筑的厨卫排气系统设计大多采用共用竖向管道井的垂直排气方式，破坏户内独立空气环境，影响户内健康安全及卫生防疫功能。同时还存在串味、物权不清和不利于标准化模块化设计建造等许多问题，根据国内外装配式住宅的品质与建造经验，厨卫设置直接对户外的水平式排气系统有利于解决上述问题（图 5-3-12）。对普通建筑合理采用水平排气系统，并要综合考虑对周围环境的影响。对超高层建筑是否采用水平排气系统要评估风压对排风位置的影响。

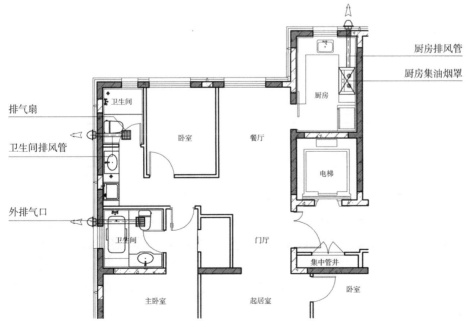

图 5-3-12　厨卫水平排气示意

条文 8.3.5 装配式住宅套内宜设置水平换气的分户新风系统。

条文 8.3.6 装配式住宅的通风和空调等设备应选用能效比高的节能型产品。

【技术要点】

住宅户内应保证良好的空气品质，加强室内环境净化措施，装配式住宅应采用水平换气的分户新风系统，有利于提高居住品质，避免楼上楼下住户之间的影响，提升住宅防疫功能（图 5-3-13）。通风、空调等设备设计时应注重绿色节能要求，尽量选用高效节能的产品。

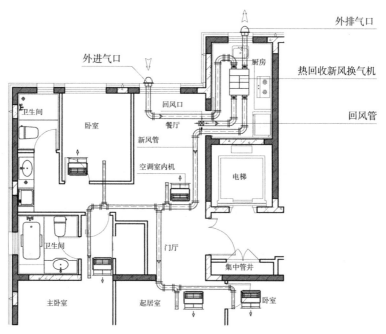

图 5-3-13　水平换气分户式新风示意

8.4　电气

条文 8.4.1 装配式住宅套内电气管线宜敷设在楼板架空层或垫层内、吊顶内和隔墙空腔内等部位。

条文 8.4.2 当装配式住宅电气管线铺设在架空层时，应采取穿管或线槽保护等安全措施。在吊顶、隔墙、楼地面、保温层及装饰面板内不应采用直敷布线。

【技术要点】

装配式住宅建筑设计宜将建筑结构体与建筑内装体、设备管线分离，有利于套内空间变化及二次装修，同时也方便管线检修、更换。电气管线可敷设于楼板架空层、吊顶空间或隔墙空腔内等部位，具体敷设部位需与各专业协同设计确定（图 5.3-14，原标准条文 8.4.1 图示）。敷设电气管线时，应采取穿管或线槽保护等安全措施，避免发生电气事故。

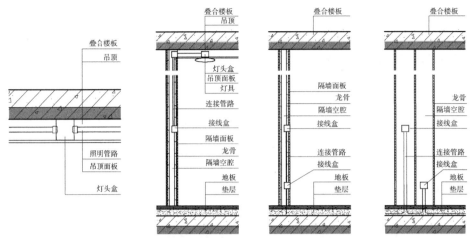

吊顶内灯具接线盒及管路做法　灯具与开关接线盒连接做法　隔墙插座接线盒与垫层管线连接做法

图 5-3-14　电气管线布置示意

条文 8.4.3　电气管线的敷设方式应符合国家现行安全和防火相关标准的规定，与热水、燃气及其他管线的间距应符合安全防护的要求。

【技术要点】

近年来户内由于电气管线老化等原因导致失火的案例屡有发生，户内电气管线的敷设应着重注意防火问题。

条文 8.4.4　装配式住宅的智能化系统和设备设施应符合通用性的要求。

【技术要点】

目前住宅智能化系统和设备设施发展迅速，各种智能化设备多种多样。而作为整个建筑系统下的部件部品应符合通用性要求，有利于降低设计建造成本和后期的维护及更新换代的成本，提高装配式住宅的长寿化性能及长久价值。

条文 8.4.5　电气设备应采用安全节能的产品。公共区域的照明应设置自控系统。电气控制系统和计量管理等应符合现行行业标准《住宅建筑电气设计规范》JGJ 242 的要求。

【技术要点】

电气设备应采用安全可靠、高效节能的电气产品，公共区域的照明系统应符合节能设计控制原则，走廊、楼梯间和门厅等公共部位的照明应设置声控、光控、定时、感应等自控装置。电气控制系统、计量仪表及其控制管理等应符合相关节能设计标准。

5.4 《装配式钢结构住宅建筑技术标准》JGJ/T 469—2019

5.4.1　编制概况

5.4.1.1　编制背景与实施时间

本标准的发布日期：2019-06-18；实施日期：2019-10-01。

《装配式钢结构住宅建筑技术标准》JGJ/T 469—2019 的章节架构以完善装配式住宅建筑的全面顶层设计创新引领为核心，突出装配式钢结构住宅建筑的完整建筑产品体系集成建筑特点，着眼于完整住宅建筑产品的工业化生产、安装和管理方式等，解决我国装配式钢结构住宅建造方式创新发展的基本问题。

本标准与国家标准《装配式钢结构建筑技术标准》GB/T 51232—2016 相协调，并根据钢结构住宅特点，重点围绕三个方面展开。

第一是确定装配式钢结构住宅技术方案。装配式钢结构住宅设计在施工图初始阶段应按照项目定位选配技术方案菜单。技术方案的制定可按照本标准中定义的结构系统、外围护系统、设备与管线系统、内装系统四大系统选择相应的技术措施进行集成设计。

第二是装配式钢结构住宅的户型设计。装配式钢结构住宅项目首先要有适合于钢结构的户型。钢结构住宅应充分考虑到框架结构体系特点，以合理的柱跨为单位，柱网尽量统一，以标准化的模数为基础。

第三是装配式钢结构住宅的构造重点。包括梁柱外露处理，墙体开裂问题，外墙和建筑漏水问题，隔声问题，防腐、防火构造问题等都是钢结构住宅常见和不易处理的问题，在设计中应特别注意。

5.4.1.2 标准基本构成与技术要点

本标准共 10 个章节，主要技术内容有总则、术语、基本规定、集成设计、结构系统设计、外围护系统设计、设备与管线系统设计、内装系统设计、部品部（构）件生产、施工安装与质量验收及使用、维护与管理。

前三个章节概括介绍装配式钢结构住宅建筑基本设计建造原则；第 4 章通过建筑集成设计系统地介绍了装配式钢结构住宅建筑的全过程集成。第 5 ~ 第 8 章将装配式钢结构住宅建筑相关的设计建造问题按照及管线、内装四大系统进行详细说明。第 9 ~ 第 10 章则对装配式钢结构住宅建筑的生产建造及运营维护环节的基本要求和规定进行了具体阐述。

5.4.2 标准的技术内容与要求

1 总则

条文 1.0.1 为贯彻执行国家建筑产业现代化和新型生产建造方式转型发展的技术政策，规范装配式钢结构住宅建筑全寿命期的建筑设计、部品部件生产、施工安装、质量验收、使用维护与管理等，按照安全、适用、经济、绿色、美观的要求，做到技术先进、质量优良、节能环保，全面提高钢结构住宅建筑的环境效益、社会效益和经济效益，制定本标准。

条文 1.0.2 本标准适用于抗震设防烈度为 6 至 9 度、房屋高度不超过100m、主体结构采用钢结构的装配式住宅建筑的设计、生产、施工安装、质量验收、使用维护与管理。

条文 1.0.3 装配式钢结构住宅建筑的设计、生产、施工安装、质量验收、使用维护与管理，除应符合本标准外，尚应符合国家现行有关标准的规定。

2 术语

条文 2.0.1 装配式钢结构住宅 assembled steel housing

以钢结构作为主要的结构系统，相配套的外围护系统、设备管线系统和内装系统的主要部分并采用部品部（构）件集成设计、建造的住宅建筑。

条文 2.0.2 建筑系统集成 integration of building system

以装配化建造方式为基础，统筹策划、设计、生产和施工等，实现住宅建筑的结构系统、外围护系统、设备与管线系统、内装系统一体化的设计生产建造过程。

条文 2.0.3 集成设计 integrated design

建筑的结构系统、外围护系统、设备与管线系统、内装系统一体化的设计方法和过程。

条文 2.0.4 协同设计 coordination design

装配式钢结构住宅建筑设计中通过建筑、结构、设备、装修等专业相互配合，运用信息化技术手段满足建筑设计、生产运输、施工安装等要求的一体化设计方法和过程。

条文 2.0.5 部（构）件 components

在工厂或现场预先生产制作完成，构成建筑结构系统的结构构件及其他构件的统称。

条文 2.0.6 部品 parts

由工厂生产，构成外围护系统、设备与管线系统、内装系统的建筑单一产品或复合产品组装而成的功能单元的统称。

条文 2.0.7 装配式内装 assembled decoration

采用干式工法，将工厂生产的内装部品在现场进行组合安装的室内装修方式。

条文 2.0.8 集成式厨房 integrated kitchen

由工厂生产的楼地面、吊顶、墙面、橱柜和厨房设备及管线等集成并主要采用干式工法装配而成的厨房。

条文 2.0.9 集成式卫浴 integrated bathroom

由工厂生产的楼地面、墙面（板）、吊顶和洁具设备及管线等集成并主要采用干式工法装配而成的卫生间。

条文 2.0.10 整体厨房 integral kitchen

由工厂生产、现场装配的满足炊事活动功能要求的基本单元模块化部品，配置整体橱柜、灶具、排油烟机等设备及管线。

条文 2.0.11 整体卫浴 integral bathroom

由工厂生产、现场装配的满足洗浴、盥洗和便溺等功能要求的基本单元模块化部品，配置卫生洁具、设备及管线，以及墙板、防水底盘、顶板等。

条文 2.0.12 整体收纳 integral cabinets

由工厂生产、现场装配的满足不同套内功能空间分类储藏要求的基本单元模块化部品，配置门扇、五金件和隔板等。

条文 2.0.13 装配式隔墙、吊顶和楼地面 assembled partition wall, ceiling and floor

由工厂生产的具有隔声、防火或防潮等性能且满足空间和功能要求的隔墙、吊顶和楼地面等集成化部品。

条文 2.0.14 管线分离 pipe and wire detached from skeleton

将设备及管线与建筑结构体相分离，不在建筑结构体中预埋设备及管线。

3 基本规定

条文 3.0.1 装配式钢结构住宅建筑应满足安全、适用、耐久、经济和环保等综合性能要求。应将结构系统、外围护系统、设备与管线系统、内装系统采用集成的方法进行一体化设计。

【技术要点】

装配式住宅的关键在于完整性体系集成建造，通常采用一体化集成技术，进行建筑、结构、机电设备、室内装修一体化集成设计，不仅应加强各专业之间的配合，还应加强设计阶段的建设、设计、加工制作、施工各方之间的关系协同。以此达到合理地工业化生产建造及其部件部品通用性要求。

条文 3.0.2 装配式钢结构住宅建筑设计应标准化、部品部（构）件生产应工厂化、部品部（构）件安装应装配化、施工管理应信息化。装配式钢结构住宅建筑应实现全装修，住宅建筑的使用与管理应信息化、智能化。

【技术要点】

装配式钢结构住宅应是一个居住产品，应做到装修、设计、施工一体化。交付使用前，住宅建筑内部墙面、顶面、地面、门窗等部位全部安装、铺贴或粉刷完成，厨房、卫生间设备、部件安装到位，固定家具安装到位。根据《装配式评价标准》，达到全装修要求方可评为装配式钢结构住宅建筑。

条文 3.0.3 装配式钢结构住宅建筑的设计与建造应符合通用化、模数化、标准化的规定，应以少规格、多组合为原则实现建筑部品部（构）件的系列化和住宅建筑居住的多样化。

【技术要点】

装配式钢结构住宅建筑的建造是要通过工厂生产大部分标准化的构部件，实现精准施工、标准化安装，用工业化生产的产品取代手工制品，提高建筑品质。装配式钢结构住宅应采用标准化和通用化部件部品，实现建筑结构体、建筑内装体、主体部件和内装部品等相互间的模数协调，并为主体部件和内装部品工厂化生产和装配化施工安装创造条件。

条文 3.0.4 装配式钢结构住宅建筑设计应综合考虑建筑、结构、设备和内装等专业的协调，设计、建造、使用与维护宜采用建筑信息化模型技术，并宜实现各专业、全过程的信息化管理。

【技术要点】

BIM 技术以建筑工程项目的各项相关信息数据作为基础，管理三维建筑模型，通过数字信息仿真模拟建筑物所具有的真实信息。BIM 不是一个设计工具，而是一种管理手段，是实现建筑业精细化、信息化管理的重要工具。钢结构住宅由于其设计建造特点，更适合于应用 BIM 技术并最终实现对设计建造的管控，提高建造品质。应加强该技术的应用。

条文 3.0.5 装配式钢结构住宅建筑应满足防火、防腐、防水和隔声等建筑整体性能和品质的要求。

【技术要点】

装配式钢结构住宅只不过是因其建造方式不同而有别于传统现浇混凝土结构住宅，但涉及的建筑物性能如防火、保温、隔热、防水、隔声等设计要求均应与现浇建筑等同，都要严格执行规范中相关条文的规定。特别是外围护系统，无论是外挂、内嵌、半外挂半内嵌形式，都要注意保温层、装饰层的选用和采取相应的防火构造措施。

条文 3.0.6 装配式钢结构住宅建筑的外围护系统应根据当地气候条件选用质量可靠、经济适用的材料和部品，并应选用技术成熟的施工工法进行安装。

【技术要点】

装配式钢结构住宅的外围护系统不应选用依靠手工作业的砌筑墙。近年来各类轻质条板类建筑墙体制品或各类组合墙板制品日趋成熟，为提升其技术水平和装配化水平，应尽可能选用这类工厂化产品和技术体系。单元式幕墙、龙骨体系的装饰幕墙都是技术成熟且与钢结构体系相适宜的选择。

条文 3.0.7 装配式钢结构住宅建筑设计宜遵循建筑全寿命期中使用与维护的便利性原则，设备管线与主体结构应分离，管线更换或装修时不应影响结构性能。

【技术要点】

由于主体结构使用年限与设备管线的使用年限不同，在建筑全寿命期内，需要对设备管线进行多次更新。管线分离是实现装配式钢结构住宅耐久性的技术之一，支撑体部分强调主体结构的耐久性，填充体部分则强调内装和设备的灵活性和适应性。

条文 3.0.8 装配式钢结构住宅建筑设计与建造应采用绿色建材和性能优良的部品部（构）件，并应建立部品部（构）件工厂化生产的质量管理体系。

【技术要点】

装配式钢结构建筑与传统现浇混凝土建筑在建造方式上有很大差别，其建造成本也会偏高。高成本生产的产品也应该具有更优良的品质。装配式钢结构住宅建筑在绿色建筑节材评分中有加分项，有利于达到绿建二星标准。

4 集成设计

4.1 一般规定

条文 4.1.1 装配式钢结构住宅建筑设计应符合国家现行标准《住宅建筑规范》GB 50368、《住宅设计规范》GB 50096、《装配式钢结构建筑技术标准》GB/T 51232 和《装配式住宅建筑设计标准》JGJ/T 398 的规定。

条文 4.1.2 建筑设计应结合钢结构体系的特点，并应符合下列规定：

1 住宅建筑空间应具有全寿命期的适应性；

2 非承重部品应具有通用性和可更换性。

【技术要点】

设计应从住宅建筑全寿命周期和家庭全寿命周期的使用维护出发，宜优先采用大空间布置方式，提高居住空间灵活性与可变性。采用管线分离技术，还可满足建筑后期维护、维修等要求（图 5-4-1）。

一卧室　　　　　双卧室　　　　　三卧室　　　　　无障碍 + 护理

图 5-4-1 全寿命周期的空间可变

条文 4.1.3 装配式钢结构住宅建筑设计应符合下列规定：

1 钢结构部（构）件及其连接应采取有效的防火措施，耐火等级应符合国家现行标准《建筑设计防火规范》GB 50016、《建筑钢结构防火技术规范》GB51249 和《高层民用建筑钢结构技术规程》JGJ 99 的规定；

2 钢结构部（构）件及其连接应采取防腐措施，钢部（构）件防腐蚀设计应根据环境条件、使用部位等确定，并应符合现行行业标准《建筑钢结构防腐蚀技术规程》JGJ/T 251 的规定；

3 隔声设计及其措施应根据功能部位、使用要求等确定，隔声性能应符合现行国家标准《民用建筑隔声设计规范》GB 50118 的规定；

4 热工设计、措施和性能应符合现行国家标准《民用建筑热工设计规范》GB 50176 以及建筑所属气候地区的居住建筑节能设计标准的规定；

5 结构舒适度设计及其措施应符合现行行业标准《高层民用建筑钢结构技术规程》JGJ 99 中的规定；

6 外墙板与钢结构部（构）件的连接及接缝处应采取防止空气渗透和水蒸气渗透的构造措施，外门窗及幕墙应满足气密性和水密性的要求。

【技术要点】

钢结构装配式住宅的基本功能还是住宅，应满足的技术性功能与传统住宅并无不同。

条文 4.1.4 外围护系统与主体结构连接或锚固设计及其措施应满足安全性、适用性及耐久性的要求。

【技术要点】

外围护系统与主体钢结构的连接点首先应保障受力可靠，当有变形要求时应能保障变形对主体结构的适应性。连接件与钢结构的焊接应在工厂完成，不应破坏主体结构的防护，连接件的外露部分也应做好相应防护，以保证和主体结构同等的耐久性。

条文 4.1.5 装配式钢结构住宅建筑室内装修设计应符合下列规定：

1 应符合标准化设计、部品工厂化生产和现场装配化施工的原则；

2 设备管线应采用与结构主体分离设置方式和集成技术。

【技术要点】

装配式钢结构住宅建筑是框架结构体系，结构梁、柱是传统现浇剪力墙体系住宅中所没有的。钢结构住宅中也没有承重的墙体，因此梁柱的包裹、管线的敷设都需要内装修系统统筹处理。内装设计应优先采用装配式内装修，具体做法见《装配式内装修技术标准》。

4.2 模数协调

条文 4.2.1 装配式钢结构住宅建筑设计应符合现行国家标准《建筑模数协调标准》GB/T 50002 的规定。

条文 4.2.2 厨房、卫生间设计应符合现行行业标准《住宅厨房模数协调标准》JGJ 262 和《住宅卫生间模数协调标准》JGJ/T 263 的规定。

【技术要点】

不同户型中厨房和卫生间的尺寸、布局设计应尽量统一，实现功能模块化。标准化的功能房间有利于设备和家具的工业化集成。

条文 4.2.3 建筑设计应采用基本模数或扩大模数数列，并应符合下列规定：

1 开间与柱距、进深与跨度、门窗洞口宽度等水平方向宜采用水平扩大模数数列 2nM、3nM，n 为自然数；

2 层高和门窗洞口高度等垂直方向宜采用竖向扩大模数数列 nM；

3 梁、柱等部件的截面尺寸宜采用竖向扩大模数数列 nM；

4 构造节点和部品部（构）件的接口尺寸等宜采用分模数数列 nM/2、nM/5、nM/10。

【技术要点】

装配式钢结构住宅建筑设计应通过模数协调实现结构主体、外围护、内装各系统之间的整体协调。装配式住宅的结构体和内装体应为整体实施工业化生产建造创造基础性条件，建筑模数协调的重点首先是建筑结构体和建筑内装体的协调。同时也包括建筑内装体和各部品之间的模数协调，需要考虑内装体基本尺寸、装修完成面尺寸、安装检修空间等。为了实现建筑结构体和建筑内装体的模数及尺寸协调，应符合现行国家标准《建筑模数协调标准》GB/T 50002 的规定。

装配式钢结构住宅建筑设计的建筑模数协调涉及生产、运输、施工、安装及其运维等以工业化生产建造为主的环节，主体部件和内装部品应符合基本模数或扩大模数的生产建造要求，做到部件部品设计、生产和安装等相互间尺寸协调，并优化构件部品尺寸和种类。

装配式住宅层高和门窗洞口高度宜采用竖向基本模数和竖向扩大模数系列，

可参照现行国家标准《建筑门窗洞口尺寸系列》GB/T 5824，考虑住宅建筑的常用尺寸范围。

4.3 平面、立面与空间

条文 4.3.1 装配式钢结构住宅建筑的套型设计应符合下列规定：

1 应采用大空间结构布置方式；
2 空间布局应考虑结构抗侧力体系的位置。

【技术要点】

不同使用者对于住宅套型功能空间的需求各有不同，而且使用者的需求也会随着时代发展、家庭成员结构变化而产生改变。而传统住宅功能空间在建造完成后就已经确定，基本不可变化。装配式住宅的平面设计应从住宅的生产建造和家庭全寿命周期使用出发，楼栋单元和套型宜优先采用大空间布置方式，应提高空间的灵活性与可变性，满足住户空间多样化需求。同时，大空间的设计有利于减少预制构件的数量和种类，提高生产和施工效率，减少人工，降低造价。

钢结构住宅的结构是框架梁柱的体系，可以提供传统剪力墙体系所不具备的大跨度空间。高层住宅的结构布置需要设置支撑等抗侧力构件，以图 5-4-2 为例，一梯四户单元平面，抗侧力支撑布置在山墙和分户墙位置；户内空间没有柱，全部为轻质隔墙。

图 5-4-2　一梯四户单元平面

条文 4.3.2 装配式钢结构住宅建筑设计应符合下列规定：

1 应采用模块及模块组合的设计方法；
2 基本模块应采用标准化设计，并应提高部品部件的通用性；
3 模块应进行优化组合，并应满足功能需求及结构布置要求。

【技术要点】

从装配式住宅的可建造性出发，以住宅的平面与空间的标准化为基础，模块化设计方法应将楼栋单元、套型和部品模块等作为基本模块，确立各层级模块标准化、系列化的尺寸体系。套型模块由若干个不同功能空间模块或部品模块构成，通过模块组合可满足多样性与可变性的居住需求。

条文 4.3.3 建筑平面设计应符合下列规定：

1 应符合结构布置特点，满足内部空间可变性要求；

2 宜规则平整，宜以连续柱跨为基础布置，柱距尺寸宜按模数统一；

3 住宅楼电梯及设备竖井等区域宜独立集中设置；

4 宜采用集成式或整体厨房、集成式或整体卫浴等基本模块；

5 住宅空间分隔应与结构梁柱布置相协调。

【技术要点】

住宅平面宜简单规整，平面凹凸过多不仅不利于施工建造，也不利于节能环保；平面设计既应考虑结构特点，还要满足居住空间可变性。

住宅中常用部品模块主要有整体厨房、整体卫浴和整体收纳等。基本模块宜满足下列要求：

（1）基本模块具有结构独立性、结构体系同一性与可组性；

（2）基本模块可互换；

（3）基本模块的设备系统是相对独立的；

（4）标准化和多样化并不对立，二者的有机协调配合能够实现标准化前提下的多样性和个性化。可以用标准化的套型模块结合核心筒模块组合出不同的平面形式和建筑形态，创造出多种平面组合类型；立面设计可以采用不同部品组合和设计手法形成丰富的建筑形式，为满足设计的多样性和适应性要求提供优化的设计方案（图5-4-3）。

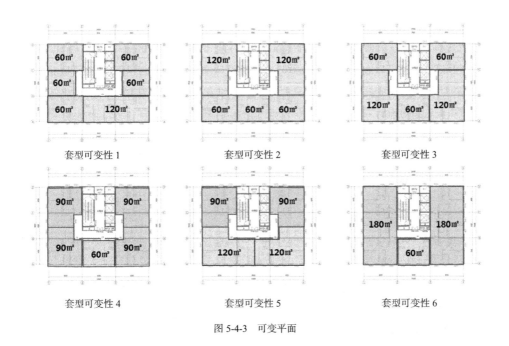

图 5-4-3 可变平面

条文 4.3.4 建筑立面设计应采取标准化与多样性相结合的方法，并应根据外围护系统特点进行立面深化设计。

【技术要点】

装配式钢结构的建筑立面设计可以体现出框架结构体系下的非受力外围护

系统轻盈通透的特点。设计中可以配合工业化外遮阳、护栏、百叶，通过建筑体量、材质肌理、色彩等变化，形成丰富多样的立面效果。

条文 4.3.5 外围护系统的外墙应采用耐久性好、易维护的饰面材料或部品，且应明确其设计使用年限。

【技术要点】

根据建筑所在地区的气候不同，住宅外围护系统也不尽相同。外围护系统应考虑基层墙与装饰层、保温层的连接件的使用年限及维护周期；外饰面、防水层、保温以及密封材料的使用年限及维护周期；外墙可进行吊挂的部位、方法及吊挂力；以及日常和定期的检查和维护要求。

条文 4.3.6 外围护系统的外墙、阳台板、空调板、外门窗、遮阳及装饰等部品应进行标准化设计。

【技术要点】

装配式钢结构住宅的外围护系统为非受力构件，其外门窗、遮阳及装饰部品可在大部分标准前提下，根据非承重特点，体现构成与美学变化，展现框架结构的轻盈通透和工业化部品的精致与精准。

条文 4.3.7 建筑层高应满足居住空间净高要求，并应根据楼盖技术层厚度、梁高等要求确定。

【技术要点】

装配式建筑在方案阶段同时进行技术策划，技术策划可确定含装修在内的楼盖技术层厚度，假设为 h_1，普通钢结构住宅当 $h_1 \leqslant 250mm$ 时，层高宜不小于 2.8m；当 $250 < h_1 \leqslant 350mm$ 时，层高宜不小于 2.9m；当 $h_1 > 350mm$ 时，层高宜不小于 3.0m。

4.4 协同设计

条文 4.4.1 装配式钢结构住宅建筑设计应符合建筑、结构、设备与管线、内装修等集成设计原则，各专业之间应协同设计。

【技术要点】

装配式住宅应在建筑、结构、机电设备、室内装修一体化设计的同时，通过专业性设计协同实现集成技术应用，如结构体与内装体的集成技术设计、建筑内装体与设备及管线的集成技术设计、设备及管线与建筑结构体分离的集成技术设计等专业性设计协同。

条文 4.4.2 建筑设计、部品部（构）件生产运输、装配施工及运营维护等应满足建筑全寿命期各阶段协同的要求。

【技术要点】

装配式住宅应以工业化生产建造方式为原则，做好建筑设计、部件部品生产运输、装配施工、运营维护等产业链各阶段的设计协同，将有利于设计、施工建造的相互衔接，保障生产效率和工程质量。

条文 4.4.3 深化设计应符合下列规定：

1 深化图纸应满足施工安装的要求；

2　应进行外围护系统部品的选材、排板及预留预埋等深化设计；

3　应进行内装系统及部品的深化设计。

【技术要点】

装配式住宅的设计除常规图纸要求外，还宜针对技术难点进行深化设计，包括主体部件和内装部品的施工图和详图部分。其图纸应整体反映主体部件和内装部品的规格、类型、加工尺寸、连接形式、设备及管线种类与定位尺寸，设计应满足构件部品的生产要求。

5　结构系统设计

条文略。

为方便建筑师更好地理解装配式钢结构住宅设计中结构专业的相关特点和结构体系应用的前沿技术，本章的技术要点主要从建筑师关心的以下两个方面介绍：①引入几种适应钢结构住宅的结构新体系及适用条件；②住宅设计中结构设计的要点。

1）钢结构住宅新体系

常规的钢结构体系在《装配式钢结构建筑技术标准》GB/T 51232 中已有介绍，可参照前述章节的内容。除了常规的钢结构体系外，随着装配式钢结构住宅的大力推进，涌现出很多新型的结构体系，这些体系也均经过严格的理论和实验论证，目前在实际项目中有一定应用。其研发应用基于国内市场对钢结构住宅痛点的响应，如防腐蚀、防火、室内梁柱外露、施工效率的进一步提升等，也能反映当前结构体系对于住宅研发的一些探索，具有一定的工程参考意义，可供建筑师借鉴。新体系的研发、应用都需要额外的经费、时间投入，装配式钢结构住宅建筑中的综合问题也不能通过结构单专业解决，合理的建筑功能设计是结构体系探索的正确出发点。

（1）钢管混凝土剪力墙体系

技术类型：

钢管混凝土剪力墙体系，是由若干 U 形钢、矩形钢管或钢板拼装而成，由多个竖向空腔结构单元形成剪力墙束，并在其中填充混凝土墙体和钢梁的结构体系。主要适用于居住类建筑，如住宅、公寓。基于结构体系的受力性能，此结构多应用于多高层建筑（图 5-4-4）。

技术特点：

①以钢管混凝土束组合构件作为剪力墙承受竖向和水平荷载，兼具钢结构的工业化与混凝土剪力墙结构的灵活性和居住适用性的综合优势，同时具有防火、保温、隔热装修一体化的特点。

②钢管混凝土束剪力墙由一字形、T 字形、L 形、十字形和 Z 形等多种截面形式组成，平面适应性较强（图 5-4-5）。

图 5-4-4 钢管混凝土束结构

图 5-4-5 钢管混凝土束组合构件形式

③墙体布置跟随建筑墙体，建筑平面布局灵活，室内空间整齐，无凸柱现象（图 5-4-6）。

图 5-4-6 结构与墙体结合

④钢管混凝土剪力墙充分发挥钢材与混凝土的综合优势，同样的受力要求可以用较薄的墙体实现，增加了使用空间（图 5-4-7、图 5-4-8）。

图 5-4-7 典型构件　　　　　　　图 5-4-8 实验破坏形态

技术条件：

钢管混凝土剪力墙结构体系可应用于非抗震设防和抗震设防为 6 ～ 8 度的地区。抗震设防 6 度最大适用建筑高度 220m，抗震设防 8 度最大适用建筑高度 100m。

（2）分层装配式钢支撑体系

技术类型：

分层装配式钢支撑体系主要适用于层数不超过 6 层的民用建筑，包括居住类建筑如住宅、宿舍、公寓、旅馆、农居，公共服务类建筑如学校、医院、办公用房等。基于结构体系的受力性能，此类房屋应用于低多层建筑（图 5-4-9）。

图 5-4-9　分层装配式钢支撑结构示意

技术特点：

①分层装配式钢支撑体系主要特点为密柱、梁贯通、柱梁铰接、水平力主要由柱间支撑承担、模数化集成设计及标准化生产（图 5-4-10）。

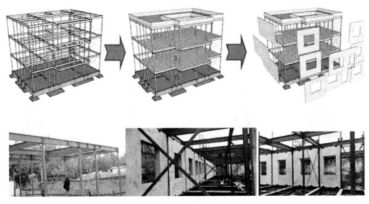

图 5-4-10　安装过程

②装配化程度高。可实现 100% 全预制装配，标准化程度高，现场工期短，安装简便，产品质量易保证，性能参数明确（图 5-4-11）。

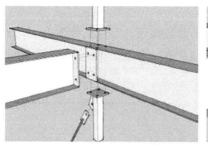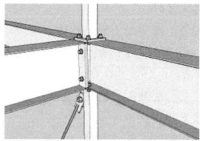

图 5-4-11　连接节点

③非结构构件贡献度大，整体房屋的冗余度高，抗震性能好（图 5-4-12、图 5-4-13）。

图 5-4-12　外墙固定件　　　　　　　　图 5-4-13　室内效果

④结构体系力学模型简单，设计便捷（图 5-4-14）。

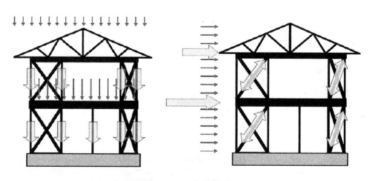

图 5-4-14　力学模型

技术条件：

分层装配式钢支撑体系可应用于非抗震设防和抗震设防为 6 ~ 9 度的地区。抗震设防 6、7 度地区建筑高度不大于 24m，层数不大于 6 层；抗震设防 8 度地区，建筑高度不大于 16m，层数不大于 4 层；抗震设防 9 度地区，建筑高度不大于 12m，层数不大于 3 层。

（3）部分填充钢—混凝土组合结构

技术类型：

部分填充钢—混凝土组合结构体系，主要适用于住宅、宿舍、公寓、旅馆。基于结构体系的受力性能，此类房屋多应用于多高层建筑（图 5-4-15）。

图 5-4-15　部分填充钢—混凝土组合结构

技术特点：

①部分填充钢—混凝土组合构件是在开口截面形式的钢构件外包轮廓范围内填充以混凝土，并依据性能要求选择布置纵筋、箍筋、拉杆、栓钉等部件的结构构件（图 5-4-16 ~ 图 5-4-19）。

图 5-4-16　部分填充钢—混凝土组合墙　　图 5-4-17　部分填充钢—混凝土组合柱

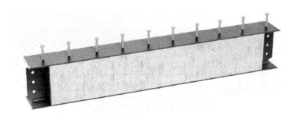

图 5-4-18　部分填充钢—混凝土组合梁

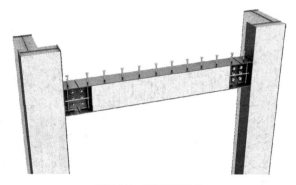

图 5-4-19　梁柱连接示意

②构件在钢结构的基础上附加混凝土，较钢结构刚度更大，位移控制更好，且界面为混凝土材质，适应性更好。

③采用专门的模具，对连接节点区进行灌浆连接，连接方式较混凝土 PC 结构更为可靠（图 5-4-20）。

图 5-4-20　连接节点区灌浆连接

④钢材表面大面积为混凝土包覆，防水、隔声、防火性能均优于普通钢结构，构件防火性能实验满足一级防火要求，当有必要时可仅对局部进行防腐、防火处理（图 5-4-21、图 5-4-22）。

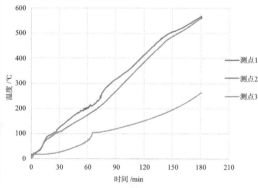

图 5-4-21　防火性能试验

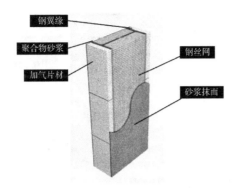

图 5-4-22　防腐防火一体化

⑤竖向构件平面位置布置灵活，截面形式可适应室内墙体的变化，截面可隐藏于户内墙体中，可实现室内不露梁柱。

⑥可实现较高的装配率。

技术条件：

部分填充钢—混凝土组合结构体系已有部分工程应用，相关的协会标准和行业标准均正在编制中，该体系可应用于非抗震设防和抗震设防为 6 ~ 9 度的地区。

（4）模块化建筑

技术类型：

模块化建筑是由建筑模块通过可靠的连接方式装配而成的建筑物。该类型结构主要适用于低层的民用建筑，当模块仅作为功能单元与主结构连接时可用于高层建筑。主要的适用建筑类型为住宅、宿舍、公寓、旅馆等。按照模块构成结构的不同可分为集装箱模块和钢框架模块（图 5-4-23）。

图 5-4-23　结构示意

技术特点：

①模块化建筑易于实现标准化、通用化的生产，加工效率高，现场组装方便，符合建筑工业化的要求（图 5-4-24）。

图 5-4-24　模块制作

②模块化建筑易于运输、安装、拆迁以及重复利用，符合绿色建筑的发展要求（图 5-4-25）。

图 5-4-25　安装过程

③可通过模块的组装，形成多变的平面形式和空间效果（图 5-4-26）。

技术条件：

模块化建筑可应用于非抗震设防和抗震设防为 6 ~ 8 度的地区。对于集装箱模块，当采用箱体叠置形式组成叠箱体系时，建筑不宜超过 3 层；当箱体与框架结构组成箱框结构体系时，建筑不宜超过 6 层，高度不超过 24m。对于钢框架模块，采用纯模块叠箱体系时，当模块中未设置支撑时建筑最大层数不超过 3 层，高度不超过 9m；当箱体内设置支撑时建筑最大层数不超过 8 层，最大高度不超过 24m；当钢框架模块和主体结构组成混合结构时，建筑最大层数可

图 5-4-26　组装效果

达 33 层，最大适用高度 100m。

2）钢结构住宅设计要点

（1）结构布置的影响

结构布置除了满足规则性要求外，宜充分发挥钢结构强度较大的优势，采用较大的平面网格，增加功能改造的可能性。可采用相对均匀的柱网，使结构的柱截面和梁截面相对均匀。应考虑梁和墙、柱平面位置和外墙、内墙的相对关系。结构构件的布置不应影响室内使用效果，墙、柱尽可能布置在公共区域，梁的布置宜与分户墙体、隔墙等相结合，并考虑结构梁宽和实际完成面墙体宽度的匹配关系。外围护墙体应按照其做法厚度、设置位置、是否带架空管线层等条件与相邻的结构墙、柱、梁协调，实现户内不外露梁的使用效果（图 5-4-27）。

图 5-4-27　室内梁柱外露案例

高层结构住宅一般会布置竖向通高的支撑或者剪力墙构件，此类构件应尽可能布置在建筑的公共区域墙体中，比如楼梯间墙体、电梯间墙体、设备管井墙体、住户的分户墙、卫生间墙体、建筑的山墙等。如有条件，尽可能不布置在山墙，降低围护墙体施工的难度。支撑或者剪力墙构件需要延续至基础，建筑设计中应兼顾其对首层和地下室功能带来的影响。设计需要时，可考虑采用偏心支撑或者局部开洞剪力墙，解决人员通行问题，具体的部件尺寸需要厂家深化配合确定。

（2）构件设计的影响

结构构件的尺寸宜统一。梁高的统一，首先有利于简化结构节点的连接构造，其次有利于隔墙高度的统一，方便隔墙板材的加工，减少现场的裁切工作（图5-4-28）。柱截面尺寸宜上下一致，采用变厚度的方式，有利于保障户内面积和减小连接难度。钢柱宜采用矩形截面，可浇灌混凝土，既提高受力性能，又可改善钢结构竖向的隔声性能。梁、柱等截面优先采用热轧或冷弯型钢，有利于构件标准化和降低加工难度。

图 5-4-28　梁高不统一的不利效果

（3）节点设计的影响

考虑到结构防护、施工等综合因素的影响，钢结构住宅地下室部分一般采用混凝土结构。钢结构一般需要至少下插一层，地下部分存在混凝土包钢结构的构造特点，且外包层混凝土的厚度一般不小于200mm。建筑功能设计时应考虑到此部分的影响，特别是对楼梯间、电梯间、设备管井等部位需要考虑地下部分柱扩大的不利影响。

当冷成型柱截面和钢梁采用隔板贯通式节点时，应考虑隔板外伸长度（25～30mm）对建筑效果的影响，考虑防火涂层厚度和装饰包裹后方可确定建筑柱的尺寸（图5-4-29）。

结构梁的端部一般需设置侧向支撑，普通钢结构一般采用隔撑，对于住宅类钢结构应优先采用加劲肋构造，满足室内使用效果的需求，因为一般住宅室内不做吊顶，隔撑的设置影响室内观感（图5-4-30）。

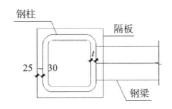

图 5-4-29　梁、柱连接隔板贯通式节点

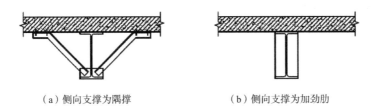

（a）侧向支撑为隅撑　　　　　　　（b）侧向支撑为加劲肋

图 5-4-30　侧向支撑形式

6　外围护系统设计

6.1　一般规定

条文 6.1.1　装配式钢结构住宅建筑的外围护系统的性能应满足抗风、抗震、耐撞击、防火等安全性要求，并应满足水密、气密、隔声、热工等功能性要求和耐久性要求。

【技术要点】

装配式钢结构住宅建筑外围护系统的性能，与住宅整体性能的关联非常紧密。在装配式钢结构住宅建筑设计时，应对外墙围护系统和屋面围护系统两个子系统规定相应的性能要求。性能要求主要包括三大方面：安全性、适用性和耐久性要求，应综合保证外围护系统安全可靠、功能适用、稳定耐久，具体要求如下：

（1）抗风、抗震、耐撞击、防火等安全性要求，是关系到人身安全的关键性能指标；

（2）水密、气密、隔声、热工等适用性要求，是作为外围护系统应该满足居住使用功能的基本要求；

（3）耐久性要求，直接影响到外围护系统使用寿命和维护保养时限。

条文 6.1.2　外围护系统设计内容应包括系统材料性能参数、系统构造、计算分析、生产及安装要求、质量控制及施工验收要求。

【技术要点】

为实现装配式钢结构住宅建筑的协同设计，在外围护系统设计时，就应该明确关键技术要点，并体现在设计要求中。对于系统材料性能参数、系统构造、计算分析等不能模棱两可；同时工厂化生产是装配式建筑的特点之一，设计时就应该考虑生产及安装要求、质量控制和施工验收要求等各个环节之间的协同。

（1）系统材料性能参数包括对外围护系统的性能指标及系统中所用材料的性能参数，在设计时要对系统性能和材料性能进行综合分析。

（2）系统构造至少应包含的内容有：外墙板及屋面板的模数协调要求，外墙板连接、接缝及外门窗洞口等构造节点，阳台、空调板及装饰件等连接构造节点等。

（3）生产及安装要求可包含精度要求、关键生产工艺和安装工序安排等。

（4）质量控制和施工验收要求宜包括对关键环节的隐蔽验收、现场复验等。

条文 6.1.3 外围护系统的设计使用年限应与主体结构设计使用年限相适应，并应明确配套防水材料、保温材料、装饰材料的设计使用年限及使用维护、检查及更新要求。

【技术要点】

外围护系统的设计使用年限要求包括两个方面：

（1）外围护系统中的结构构（部）件的设计使用年限应与主体结构设计使用年限相同，且不应低于 50 年；

（2）与结构构（部）件复合的防水材料、保温材料、装饰材料也应尽可能选用耐久性较好的材料，并注明其使用维护、检查及更新要求，主要是为检查、维护更新创造良好条件，让建筑长寿化。

条文 6.1.4 外围护系统的热工性能应符合现行国家标准《民用建筑热工设计规范》GB 50176 的规定，传热系数、热惰性指标等热工性能参数应满足钢结构住宅所在地节能设计要求。当相关参数不满足要求时，应进行外围护系统热工性能的综合计算。

条文 6.1.5 外围护系统热桥部位的内表面温度不应低于室内空气露点温度。当不满足要求时，应采取保温断桥构造措施。

【技术要点】

以上两条规定了外围护系统热工性能设计时应满足的相关要求：

（1）符合现行国家标准《民用建筑热工设计规范》GB 50176 的规定是热工性能的总体要求，设计时还应结合装配式钢结构住宅建筑所在气候地区的特点并结合现行行业标准《严寒和寒冷地区居住建筑节能设计标准》JGJ 26、《夏热冬暖地区居住建筑节能设计标准》JGJ 75、《夏热冬冷地区居住建筑节能设计标准》JGJ 134、《温和地区居住建筑节能设计标准》JGJ 475 的相关要求，确定外围护系统的传热系数和热惰性指标。对于某一参数不满足要求时，可采用对比评定法进行热工性能的权衡判断。

（2）钢铁、空气和水同时存在时，非常容易产生锈蚀。钢结构是热的良导体，在钢结构局部温度低于露点温度时，空气中的水蒸气会凝结成液态水，导致该部位的钢结构发生锈蚀。这些部位往往发生在外围护系统的热桥部位，以及钢结构的梁柱、金属连接件等与外墙围护系统交接的位置。外围护系统的防结露设计应确保热桥部位的内表面温度不低于室内空气露点温度，防结露设计应从材料和 / 或构造两个角度考虑，例如可选择保温断桥构造。

条文 6.1.6 外围护系统的隔声减噪设计标准等级应按使用要求确定，其隔声性能应符合现行国家标准《民用建筑隔声设计规范》GB 50118 的规定。

【技术要点】

在现行国家标准《民用建筑隔声设计规范》GB 50118 中，将住宅建筑分为（普通）住宅和高要求住宅，与之相对应的卧室、起居室（厅）的昼间及夜间允许噪声级均有详细的规定，在进行空气声隔声性能要求时，要注意计权隔声量与交通噪声频谱修正量的关系。

条文 6.1.7 外围护系统中部品的耐火极限应根据建筑的耐火等级确定，应符合现行国家标准《建筑设计防火规范》GB 50016 的规定。

【技术要点】

现行国家标准《建筑设计防火规范》GB 50016 规定，采用非承重外墙构件设计时，耐火等级为一、二级的建筑应采用不燃材料、耐火极限为 1.0 小时，耐火等级为三级的建筑应采用不燃材料、耐火极限为 0.5 小时。

条文 6.1.8 外围护系统应根据建筑所在地气候条件选用构造防水、材料防水相结合的防排水措施，并应满足防水透气、防潮、隔汽、防开裂等构造要求。

【技术要点】

本条是外围护系统保证水密性能的要求，为满足水密性要求，仅靠材料防水是不够的，需要采用材料防水和构造防水相结合的防排水措施达到水密性要求。例如，当外墙采用外保温技术施工前，宜在基墙、墙板外侧先进行第一道防水和防裂处理，可采用聚合物防水砂浆、防水界面剂、水泥基防水涂料等处理方法；点挂保温装饰板材时，也可采用内衬防水透气膜等处理方法。

条文 6.1.9 窗墙面积比、外门窗传热系数、太阳得热系数、可开启面积和气密性条件等应满足钢结构住宅所在地现行节能设计标准的规定。

条文 6.1.10 外门窗框与门窗洞口接缝处应满足气密性、水密性和保温性要求。

【技术要点】

以上两条是对外围护系统中外门窗的相关要求。门窗洞口与外门窗框接缝是节能及防渗漏的薄弱环节，接缝处的气密性能、水密性能和保温性能直接影响外围护系统的相关性能。门窗框与墙体间的缝隙宜采用发泡聚氨酯填充；外墙防水层应延伸至门窗框，防水层与门窗框间应预留凹槽，并嵌填密封胶；门窗上框的外口外侧应做滴水线；外窗台应设置不小于 5% 的外排水坡度。

条文 6.1.11 外围护系统与主体结构的连接应满足抗风、抗震等安全要求，连接件承载力设计的安全等级应提高一级。

【技术要点】

适当提高外围护连接承载力设计要求，对提升外围护防风、抗震性能很有必要，也与现行国家相关标准要求一致。对于外挂墙板，自重和地震作用均大（还有放大系数），连接节点仅靠计算是不够的，还应按实际受力方向做相应的静力破坏试验。由于各节点不一定协同工作，要能保证仅用一个节点就能满足承载力要求。

条文 6.1.12 连接件应明确设计使用年限。

【技术要点】

外围护系统中外墙板与建筑主体结构中的预埋件、安装用连接件，应考虑环境类别的影响，可采用碳素结构钢、低合金高强度结构钢或耐候钢等材料制作。所有外露金属件（连接件、外墙板埋件和建筑主体结构埋件）要在设计时提出耐久性防腐措施，明确工程用的材料材质和防腐做法，并应考虑在长期使用条件下铁件锈蚀的腐蚀裕量。薄壁连接件也可以根据工程要求采用热浸镀锌、铝合金或不锈钢等材料制作。

条文 6.1.13 计算外围护构件及其连接的风荷载作用及组合，应符合现行国家标准《建筑结构荷载规范》GB 50009 的规定；计算外围护系统构件及其连接地震作用及组合，应符合现行行业标准《非结构构件的抗震设计规范》JGJ 339 的规定。

【技术要点】

按照现行国家标准《建筑结构荷载规范》GB 50009 的规定，结构设计应根据使用过程中在结构上可能同时出现的荷载，按承载能力极限状态和正常使用极限状态分别进行荷载组合，并应取各自的最不利的组合进行设计。对于外围护系统而言，一般情况下风荷载是主导可变荷载，所以应按由可变荷载控制的效应设计值进行计算。

按照现行行业标准《非结构构件抗震设计规范》JGJ 339 的规定，非结构构件及其连接件应进行抗震验算时，承载力抗震调整系数应采用 1.0。非结构构件的地震作用效应和其他荷载效应（重力荷载和风荷载）基本组合后作为非结构构件内力组合的设计值。

外围护系统结构分析的计算模型应与实际构造相符合，结构分析的基本假定和简化计算应有理论或试验依据。多点支承板可采用有限元模型分析计算。

条文 6.1.14 外围护系统墙体装饰装修的更新不应影响墙体结构性能。外挂墙板的结构安全性和墙体裂缝防治措施应有试验或工程实践经验验证其可靠性。

【技术要点】

外围护系统是装配式钢结构住宅建筑的关键技术，其中外墙围护系统中墙板材料选择的必要条件是其高耐久性能。耐久性能的高低一方面取决于墙板材料本身，另一方面也和除墙板外的装饰装修材料关系密切。作为墙体装饰装修材料，设计使用年限一般不与建筑主体结构系统和外围护系统结构部分相同，所以需要对其进行定期的更新。本要求在更新时不得影响墙体的安全性。同时，对于外墙围护系统的结构安全性而言，外围护结构墙板安装的拼缝要有防止产生通缝的构造措施。另外，外墙挂板的连接节点要按幕墙技术要求进行设计和试验。

6.2 材料与部品

条文 6.2.1 装配式钢结构住宅建筑外墙围护系统的外墙板应综合建筑防

火、防水、保温、隔声、抗震、抗风、耐候、美观的要求，选用部品体系配套成熟的轻质墙板或集成墙板等部品。

【技术要点】

装配式钢结构住宅建筑设计还应做到因地制宜，满足经济适用的原则。在材料与部品选择上，应根据建筑所在地材料特点以及气候分区等条件，选用质量可靠、技术成熟、经济适用的外墙围护系统用墙体、屋面材料及部品。

对于建筑防火、防水、保温、隔声、抗震、抗风、耐候、美观等要求，不是要求一种墙体材料必须全部达到，而是应通过墙体材料及其配套的部品形成部品体系后，协同结构系统、内装系统和设备与管线系统实现这些要求。设计时应首选部品体系配套成熟的系统。

可选用蒸压（砂）加气混凝土墙板、GRC 墙板、轻骨料混凝土墙板、泡沫混凝土墙板、挤出成型水泥墙板和预制钢筋混凝土墙板等工厂生产的墙板。

设计选用时，应注意外墙板材和内墙板材选用要求的区别，外墙板材应有强度、刚度、连接等设计计算参数，并应同时满足耐水、耐候、耐冻等相关性能要求。

条文 6.2.2 外围护系统的材料与部品的放射性核素限量应符合现行国家标准《建筑材料放射性核素限量》GB 6566 的规定；室内侧材料与部品的性能应符合现行国家标准《民用建筑工程室内环境污染控制规范》GB 50325 的规定。

条文 6.2.3 外墙围护系统的材料性能应符合现行国家标准《墙体材料应用统一技术规范》GB 50574 的规定。

【技术要点】

以上两条是对外围护系统的材料与部品的总体要求。

条文 6.2.4 外围护系统的钢骨架及钢制组件、连接件应采用热浸镀锌或其他防腐措施。

【技术要点】

外围护系统的钢骨架及钢制组件、连接件属于的结构构（部）件，对其的防腐蚀要求应明确提出。在设计时应考虑建筑所在地环境类别、建筑使用部位的影响。热浸镀锌件的镀锌层，在干燥环境下不宜低于 180g/m² （双面）；在近海大气、工业化工大气、潮湿环境下不宜低于 275g/m² （双面）。不应采用电镀锌件。

条文 6.2.5 外门窗玻璃组件的性能应符合现行行业标准《建筑玻璃应用技术规程》JGJ 113 的规定。

条文 6.2.6 外门窗的性能应符合现行国家标准《建筑幕墙、门窗通用技术条件》GB/T 31433 的规定；设计文件应注明外门窗抗风压、气密、水密、保温、空气声隔声等性能的要求，且应注明门窗材料、颜色、玻璃品种及开启方式等要求。

【技术要点】

以上两条是对外门窗的总体要求，且明确提出了对外门窗用玻璃的相关要求。在工程应用中，玻璃的性能与外门窗保温、采光、隔声等性能息息相关，甚至起到了关键性作用。

对于外门窗的相关性能要求，应在设计中予以明确。以前常说的外门窗物理三性试验，现在已经逐步扩充为五性的要求。

条文 6.2.7 外围护系统的防水、涂装、防裂等材料应符合下列规定：

1 外墙围护系统的材料性能应符合现行行业标准《建筑外墙防水工程技术规程》JGJ/T 235 的规定，并应注明防水透气、耐老化、防开裂等技术参数要求；

2 屋面围护系统的材料应根据建筑物重要程度、屋面防水等级选用，防水材料性能应符合现行国家标准《屋面工程技术规范》GB 50345 的规定；

3 坡屋面材料性能应符合现行国家标准《坡屋面工程技术规范》GB 50693 的规定；

4 种植屋面材料性能应符合现行行业标准《种植屋面工程技术规程》JGJ 155 的规定。

【技术要点】

对防水、涂装、防裂等材料的相关要求，应结合使用部位和系统形式进行规定。本条直接引用了相关的标准要求。

条文 6.2.8 建筑密封胶应根据基材界面材料和使用要求选用，其伸长率、压缩率、拉伸模量、相容性、耐污染性、耐久性应满足外围护系统的使用要求，并应符合下列规定：

1 硅酮密封胶性能应符合现行国家标准《硅酮和改性硅酮建筑密封胶》GB/T 14683 和《建筑用硅酮结构密封胶》GB 16776 的规定；

2 聚氨酯密封胶性能应符合现行行业标准《聚氨酯建筑密封胶》JC/T 482 的规定；

3 聚硫密封胶性能应符合现行行业标准《聚硫建筑密封胶》JC/T 483 的规定；

4 接缝密封胶性能应符合现行国家标准《建筑密封胶分级和要求》GB/T 22083 的规定。

【技术要点】

建筑密封胶种类较多，主要包括硅酮密封胶、聚氨酯密封胶、聚硫密封胶、丙烯酸密封胶、环氧密封胶、丁基密封胶、氯丁密封胶、PVC 密封胶等。应根据建筑密封胶使用的具体部位，如水泥基材料、金属材料等界面材料，按相对应的技术标准选用密封胶。

建筑密封胶的性能指标中，最主要的性能指标为伸长率、压缩率、拉伸模量、相容性、耐污染性、耐久性，以及断裂强度、粘接强度、断裂伸长率、抗老化能力、外观、保型性、保质期、固化时间等。

条文 6.2.9 保温材料、防火隔离带材料、防火封堵材料等性能应符合现行国家标准《建筑设计防火规范》GB 50016、《建筑钢结构防火技术规范》GB 51249 的规定。

【技术要点】

本条是对保温材料、防火隔离带材料、防火封堵材料性能的总体要求，尤其对于装配式钢结构住宅建筑而言，外围护系统的材料与部品的选用不应降低主体结构的相关防火要求。

条文 6.2.10 保温材料及其厚度、导热系数和蓄热系数应满足钢结构住宅所在地现行节能标准的要求。

【技术要点】

设计时，保温材料的种类、厚度、导热系数和蓄热系数的指标，应与外围护系统的热工性能整体综合考虑。

6.3 外墙围护系统

条文 6.3.1 装配式钢结构住宅建筑外墙围护系统宜采用工厂化生产、装配化施工的部品，并应按非结构构件部品设计。外墙围护系统立面设计应与部品构成相协调、应减少非功能性外墙装饰部品，并应便于运输安装及维护。

【技术要点】

本条规定的要求应在装配式钢结构住宅建筑的方案设计、集成设计的策划阶段予以重视。住宅建筑应重视建筑性能，对于非功能性的外墙装饰部品应尽量减少，或者选择可实现功能性的外墙装饰部品，这也是装配式建筑、绿色建筑的总体要求。

条文 6.3.2 外墙围护系统可根据构成及安装方式选用下列系统：

1 装配式轻型条板外墙系统；

2 装配式骨架复合板外墙系统；

3 装配式预制外挂墙板系统；

4 装配式复合外墙系统或其他系统。

【技术要点】

本条给出了装配式钢结构住宅建筑外墙围护系统常用的部品系统种类。

装配式轻型条板外墙围护系统，一般在其外侧设置装饰板材或保温装饰一体板材，应满足装饰、防水、保温、防冷桥等要求。当单一外墙板材外挂满足要求时，也可采用外墙体单一材料自保温的装配式轻型条板外墙围护系统构造。

装配式骨架复合板外墙围护系统，外墙围护的结构骨架可采用钢结构、铝合金结构。其钢材性能应符合现行国家标准《钢结构设计规范》GB 50017、《冷弯薄壁型钢结构技术规范》GB 50018 的要求，钢骨架构件应采用镀锌或其他有效防腐处理；铝合金结构的材料应符合现行国家标准《铝合金结构设计规范》GB 50429 的要求。

装配式预制外挂墙板系统，宜区别装配式混凝土建筑的外墙板技术方式，宜优先采用轻质材料或复合轻质大板与钢结构配合采用。

条文 6.3.3 外墙板可采用内嵌式、外挂式、嵌挂结合式等形式与主体结构连接，并宜分层悬挂或承托。

【技术要点】

外墙板根据种类不同,安装连接方式也不相同,就目前而言,主要的连接方式为内嵌式、外挂式、嵌挂结合式三种,设计施工时应根据外墙板的特点合理选择。适用于装配式钢结构住宅建筑的外墙围护系统,可按图 5-4-31 选择连接形式。

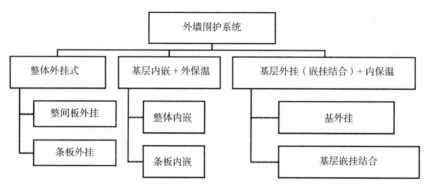

图 5-4-31　钢结构外墙系统的分类

条文 6.3.4　外墙围护系统部品的保温构造形式,可采用外墙外保温系统构造、外墙夹心保温系统构造、外墙内保温系统构造和外墙单一材料自保温系统构造等。

条文 6.3.5　外墙外保温可选用保温装饰一体化板材,其材料及系统性能应符合现行行业标准《外墙保温复合板通用技术要求》JG/T 480 和《保温装饰板外墙外保温系统材料》JG/T 287 的规定。

【技术要点】

以上两条是对外墙围护系统保温构造的相关规定。

根据外墙围护系统的使用与维护的相关要求,结合经济性要求,推荐采用外墙夹心保温系统构造、外墙内保温系统构造和外墙单一材料自保温系统构造,降低维护成本。外挂墙板系统可选择外墙内保温系统构造。

注意以下几点。

(1)外墙外保温构造系统性能应能适应基层的正常变形而不产生裂缝或空鼓,应能长期承受自重而不产生有害的变形,应能承受风荷载的作用而不产生破坏,应能耐受室外气候的长期反复作用而不产生破坏,在规定的抗震设防烈度下不应从基层上脱落,应采取防火构造措施,应具有防水渗透性能。

(2)外保温复合墙体的保温、隔热和防潮性能应符合现行国家标准《民用建筑热工设计规范》GB 50176 和国家现行相关建筑节能设计标准的规定。在正确使用和正常维护的条件下,外墙外保温工程的使用年限应不少于 25 年。

条文 6.3.6　外挂墙板与主体结构的连接应符合下列规定:

1　墙体部(构)件及其连接的承载力与变形能力应符合设计要求,当遭受多遇地震影响时,外挂墙板及其接缝不应损坏或不需修理即可继续使用;

2　当遭受设防烈度地震影响时,节点连接件不应损坏,外挂墙板及其接缝可能发生损坏，但经一般性修理后仍可继续使用；

　　3　当遭受预估的罕遇地震作用时,外挂墙板不应脱落,节点连接件不应失效。

【技术要点】

　　本条主要是针对外挂墙板的构造要求，一般采用固定支座与滑动支座或摇摆支座结合的构造，以满足结构层间变形要求；嵌入式墙体与柱之间宜采用留有变形缝隙的柔性连接构造。

　　钢结构属于比较柔性的结构，其层间位移角可以达到1/300，因此要求墙体要具备相对于主体结构相对变形的能力。一般来说，可以分为平动模式和转动模式两种，如图5-4-32所示。

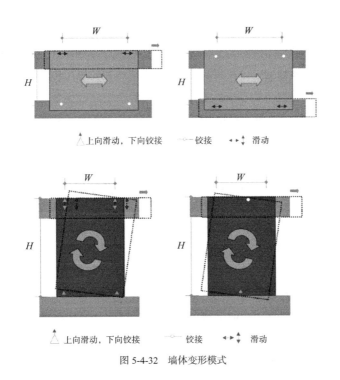

图 5-4-32　墙体变形模式

　　条文 6.3.7　外墙围护系统设计文件应注明检验与测试要求，设置的连接件和主体结构的连接承载力设计值应通过现场抽样测试验证。

【技术要点】

　　本条规定了外墙围护系统中的质量控制和施工验收要求，其中连接件和主体结构的连接承载力设计值是否达到设计要求，是判断材料质量和施工质量的关键点；采用现场抽样测试验证可实现设计与施工的有效衔接，现场抽样测试验证需要根据工程实际情况确定验证方式与检查数量要求。

　　条文 6.3.8　设置在外墙围护系统中的户内管线，宜利用墙体空腔布置或结合户内装修装饰层设置，不得在施工现场开槽埋设，并应便于检修和更换。

【技术要点】

　　外墙围护系统中的户内管线应优先考虑不在墙体中设置的方式，当需要在外墙围护系统中布置时，首选结合户内装修装饰层设置的做法，次选利用墙体空腔布置。为了不降低外墙围护系统的耐久性，禁止在施工现场开槽埋设。

条文 6.3.9 设置在外墙围护系统上的附属部（构）件应进行构造设计与承载验算。建筑遮阳、雨棚、空调板、栏杆、装饰件、雨水管等应与主体结构或外围护系统可靠连接，并应加强连接部位的保温防水构造。

条文 6.3.10 穿越外墙围护系统的管线、洞口，应采取防水构造措施；穿越外围护系统的管线、洞口及有可能产生声桥和振动的部位，应采取隔声降噪等构造措施。

【技术要点】

以上两条规定了与外墙围护系统相关的附属部（构）件，以及与设备与管线系统相关的细部构造做法。交接部位的保温、防水、隔声、减振构造，应在设计中明确具体做法。

6.4 屋面围护系统

条文 6.4.1 装配式钢结构住宅建筑屋面围护系统的防水等级应根据建筑造型、重要程度、使用功能、所处环境条件确定。屋面围护系统设计应包含材料部品的选用要求、构造设计、排水设计、防雷设计等内容。

【技术要点】

装配式钢结构住宅建筑屋面围护系统的水密性能按照防水等级要求设计，总体上应符合现行国家标准《屋面工程技术规范》GB 50345 的相关规定。其中设计文件中应注明找坡材料，防水层选用的材料、厚度、规格及其主要性能，保温层选用的材料、厚度、燃烧性能及其主要性能，接缝密封防水选用的材料及其主要性能等。

装配式钢结构住宅由屋面围护系统质量问题而引起的渗漏、结露将影响钢结构的耐久性能，考虑住宅钢结构维护的不便利性，应适当提高防水、防结露设计要求。

构造设计、排水设计、防雷设计要求应满足具有良好的排水功能和阻止水侵入建筑物内的作用，冬季保温减少建筑物的热损失和防止结露，夏季隔热降低建筑物对太阳辐射热的吸收，适应主体结构的受力变形和温差变形，承受风、雪荷载及雷电的作用不产生破坏，具有阻止火势蔓延的性能，满足建筑外形美观和使用的要求。

条文 6.4.2 当屋盖结构板采用钢筋混凝土板时，屋面保护层或架空隔热层、保温层、防水层、找平层、找坡层等设计构造要求应符合现行国家标准《屋面工程技术规范》GB 50345 的规定。

【技术要点】

本条规定了屋盖结构采用钢筋混凝土屋面板时屋面围护系统基本构造层的相关要求，其中需要特殊注意以下几点：

（1）钢筋混凝土板可采用结构找坡，坡度不应小于3%；当采用材料找坡时，宜采用质量轻、吸水率低和有一定强度的材料，坡度宜为2%；

（2）所用材料及其构造的燃烧性能和耐火极限，应符合现行国家标准《建筑设计防火规范》GB 50016、《建筑钢结构防火技术规范》GB 51249 的规定。

条文 6.4.3 采用金属板屋面、瓦屋面等轻型屋面围护系统，其承载力、刚度、稳定性和变形能力应符合设计要求，材料选用、系统构造应符合现行国家标准《屋面工程技术规范》GB 50345 和《坡屋面工程技术规范》GB 50693 的规定。

【技术要点】

本条规定了屋盖结构采用金属板屋面、瓦屋面等轻型屋面围护系统的相关要求，其中推荐的相关做法及应注意的细节构造如下。

当采用轻型金属（坡）屋面时，宜采用压型金属板＋防水垫层的两道防水做法：①轻型屋顶围护结构应根据分区环境分别组合，设置防水层、防水垫层（可结合设置反射层）、保温隔热层、隔汽层、通风层、吊顶层等，以及防雷装置。②当采用轻型（坡）屋面时，应注重屋面热桥部位的处理，屋面保温隔热材料宜外包覆盖在钢檩条上，屋檐挑出钢部（构）件应有保温隔热措施。屋面保温隔热材料应与外墙保温隔热材料连续且密实衔接。屋面围护系统保温隔热材料宜选用矿棉、岩棉、玻璃棉等不燃材料。

7 设备与管线系统设计

7.1 一般规定

条文 7.1.1 装配式钢结构住宅建筑设备与管线系统设计应符合现行国家标准《住宅建筑规范》GB 50368、《住宅设计规范》GB50096 的规定。

条文 7.1.2 设备与管线系统应综合设计、合理选型、准确定位。

【技术要点】

装配式钢结构住宅设备系统的设计协同和管线综合设计是钢结构住宅建筑设计的重要内容，其管线综合设计应符合各专业之间、各种设备及管线之间安装施工的精细化设计以及系统性布线的要求，管线宜集中布置、避免交叉。可以采用包含 BIM 在内的多种技术手段开展三维管线综合设计，各专业设备管线布置应相互协调，在满足住宅使用功能的前提下尽量集中，少占套内空间，便于维修更换。

条文 7.1.3 设备与管线系统宜与主体结构分离，且不应影响主体结构安全。

【技术要点】

由于设备管线本身使用寿命及建筑功能改变等原因，在建筑全寿命期内需要对设备管线进行多次更新，为了不影响建筑的使用寿命及功能，装配式钢结构住宅提倡采用主体结构构件、内装修部品和设备管线三部分装配化集成技术，实现室内装修、设备管线与主体结构的分离。

条文 7.1.4 设备与管线设计宜采用集成化技术，宜采用成品部品。

【技术要点】

装配式钢结构住宅的设备与管线设计应与建筑设计相协调，遵循标准化、模数化的原则，采用设备管线的集成技术，如集成式厨房、集成式卫生间的设备与管线集成设计，与内装系统相结合的设备与管线集成设计等。

条文 7.1.5 公共管线、阀门、检修配件、计量仪表、电表箱、配电箱、智能化配线箱等应设置在公共区域。用于住宅套内的设备与管线应设置在住宅套内。

【技术要点】

由于住宅建筑有着明确的产权划分，具有公共功能的设备及管线应设于公共区域，以便日常维护检修。用于本套住宅的设备与管线在维修更换时不应对其他住户造成影响。

条文 7.1.6 设备与管线穿墙体、楼板、屋面时，应采取防水、防火、隔声、隔热措施。

【技术要点】

装配式钢结构住宅对居住品质提出了更高的要求，设备管线穿越建筑部件时应采取措施不影响建筑部件的性能，如外墙板的水密性、气密性，楼板的防火、防水、隔声等要求。

条文 7.1.7 设备与管线安装应满足结构设计要求，不应在结构构件安装后开槽、钻孔、打洞。

【技术要点】

由于钢结构构件需在工厂内预制，与之发生关系的设备管线条件应精准地反映在设计图及加工图中。在结构深化设计以前，可以采用包含 BIM 在内的多种技术手段开展三维管线综合设计，对各专业管线在预制构件上预留的套管、开孔、开槽位置尺寸进行综合及优化，形成标准化方案，并做好精细设计以及准确定位，避免错漏碰缺，避免出现加工件损耗，降低生产及施工成本。不得在安装完成后的钢结构构件上剔凿沟槽、打孔开洞。

条文 7.1.8 在具有防火及防腐保护层的钢构件上安装管道或设备支吊架时，不应损坏钢结构的防火及防腐性能。

【技术要点】

钢构件上为管线、设备及其吊挂配件预留的孔洞、沟槽应选择对构件受力影响最小的部位，当条件受限无法满足上述要求时，建筑和结构专业应采取相应的处理措施。由于钢构件防火防腐性能要求较高，在安装时应避免破坏保护层。

条文 7.1.9 设备与管线的抗震设计应符合现行国家标准《建筑机电工程抗震设计规范》GB 50981 的规定。

【技术要点】

机电设备与管线的抗震设计关系到住宅的整体安全，发生地震时应保证消防系统、应急通信系统、电力保障系统、燃气供应系统、供排水系统的损坏在可控范围内，避免出现次生灾害，同时便于震后迅速恢复功能。

7.2 给水排水

条文 7.2.1 装配式钢结构住宅建筑节水设计应符合现行国家标准《民用建筑节水设计标准》GB 50555 的规定。

【技术要点】

装配式建筑是建筑绿色可持续发展的重要途径，绿色理念应贯穿于装配式建筑设备管线系统的发展中，因此提倡非传统水源的利用。当市政中水条件不完善时，居住建筑冲厕用水可采用模块化户内中水集成系统，同时基于钢结构构件的防水防腐要求应加强防水处理。

条文 7.2.2　卫生间应采用同层排水方式。当同层排水管道为降板敷设时，降板范围宜采取防水及积水排出措施。

【技术要点】

同层排水是指器具排水管及排水支管不穿越本层结构楼板到下层空间，在本层敷设并接入排水立管，同层排水系统大大减少了管道穿越预制楼板的数量，是非常适合装配式建筑的一种排水形式。装配式钢结构住宅建筑应避免连接卫生器具的排水支管向下穿越至下层住户，国家标准《住宅设计规范》GB 50096—2011第 8.2.8 条规定，污废水排水横管宜设置在本层套内。同层排水分为降板及不降板两种方式，当采用降板方式时，降板区域内的管道渗漏或地面渗水易对钢结构本体造成腐蚀，极大缩短建筑寿命，同时也会对下层住户造成影响，因此，需考虑降板范围的下层防水及积水排出措施。当采用整体卫浴时，可结合防水底盘的性能综合考虑降板范围的防水及排水措施。积水的排出宜设置独立的排水系统或采用间接排水方式。

条文 7.2.3　当采用集成式或整体厨房、卫浴时，应预留给水、热水、排水管道接口，管道接口的形式和位置应便于检修。

条文 7.2.4　当设置太阳能热水系统时，集热器、储水罐等应与主体结构、外围护系统、内装系统一体化设计。

【技术要点】

装配式钢结构住宅建筑核心是主体结构、外围护结构、室内装修、设备管线各系统的一体化集成建造及部品部件标准化，太阳能热水系统的集热储热设施、加压设备、管道等与建筑本体关系密切，因此应进行各专业的整体协同设计。

条文 7.2.5　管材、管件及阀门设备应选用耐腐蚀、寿命长、降噪性能好、便于安装及更换、连接可靠、密封性能好的部品。

【技术要点】

装配式建筑是建筑绿色可持续发展的重要途径，因此绿色理念应贯穿于装配式建筑设备管线系统的发展中，满足建筑的低碳化及人性化需求。所用材料的品种、规格、质量应符合国家现行标准的规定，并应优先选用绿色、环保且适用于装配式建筑的新材料、新技术、新工艺、新设备。

7.3　供暖、通风、空调及燃气

条文 7.3.1　装配式钢结构住宅建筑供暖通风、空调方式及冷热源的选择应根据当地气候、能源及技术经济等因素综合确定。

【技术要点】

装配式建筑是建筑绿色发展的途径之一，为实现人性化、低碳化的目标，需要采用适合装配式建筑特点的节能技术，各种被动、主动节能措施，清洁能源，高性能设备，模块化部品部件等。

条文 7.3.2 建筑的新风量应能满足室内卫生要求,并应充分利用自然通风。

条文 7.3.3 建筑室内设置供暖系统时,应符合下列规定:

1　宜选用干式低温热水地板辐射供暖系统;

2　当室内采用散热器供暖时,供回水管宜选用干法施工,安装散热器的墙板部(构)件应采取加强措施。

【技术要点】

传统的湿式地暖系统产品及施工技术使楼板荷载较大,施工工艺复杂,管道损坏后无法更换,而工厂化生产的装配式干式地暖系统的集成化部品具有施工工期短、楼板负载小、易于维修改造等优点,住宅建筑采用地板辐射供暖系统时,宜采用干式地暖系统的集成部品或干式工法施工技术。当采用散热器供暖系统时,散热器安装应牢固可靠,安装在轻钢龙骨隔墙上时,应采用隐蔽支架固定在结构受力件上;安装在预制复合墙体上时,其挂件应预埋在实体结构上,挂件应满足刚度要求;当采用预留孔洞安装散热器挂件时,预留孔洞的深度应不小于120mm。

条文 7.3.4 同层排水架空地板的卫生间不直采用低温热水地板辐射供暖系统。

【技术要点】

同层排水架空地板的卫生间不能采用湿式的地板辐射供暖系统。可以根据实际条件,采用干式架空地板式地板供暖方式,以及散热器、远红外等供暖方式。

条文 7.3.5 无外窗的卫生间应设置防止倒流的机械排风系统。

【技术要点】

考虑卫生间的卫生需求,并防止排风系统未运行时产生倒流污染,对无外窗卫生间应设具有防倒流的机械排风系统。

条文 7.3.6 供暖、通风及空调系统冷热输送管道布置应符合现行国家标准《民用建筑供暖通风与空气调节设计规范》GB 50736 的规定,并应采取防结露和绝热措施。冷热水管道固定于梁柱等钢构件上时,应采用绝热支架。

【技术要点】

管道和支架之间应采用防止"冷桥"和"热桥"的措施。经过冷热处理的管道应遵循相关规范的要求做好防结露及绝热措施,应遵照现行国家标准《设备及管道绝热设计导则》GB/T 8175 、《公共建筑节能设计标准》GB 50189 中的有关规定。

条文 7.3.7 通风及空调系统的设备及管道应预留接口位置。

条文 7.3.8 设备基础和部(构)件应与主体结构牢固连接,并应按设备技术要求预留孔洞及采取减振措施。供暖与通风管道应采用牢固的支、吊架,并应有防颤措施。

条文 7.3.9 燃气系统设计应符合现行国家标准《城镇燃气设计规范》GB 50028 的规定。

条文 7.3.10 厨房、卫浴设置水平排气系统时,其室外排气口应采取避风、防雨、防止污染墙面等措施。

7.4 电气和智能化

条文 7.4.1 装配式钢结构住宅建筑电气和智能化系统设计应符合国家现行标准《住宅设计规范》GB 50096、《住宅建筑规范》GB 50368、《住宅区和住宅建筑内光纤到户通信设施工程设计规范》GB 50846、《住宅区和住宅建筑内通信设施工程设计规范》GB/T 50605、《住宅建筑电气设计规范》JGJ 242 的规定。

条文 7.4.2 电气和智能化系统设计应符合下列规定:

1 电气和智能化设备与管线宜与主体结构分离;

2 电气和智能化系统的主干线应在公共区域设置;

3 套内应设置家居配电箱和智能化家居配线箱;

4 楼梯间、走道等公共部位应设置人工照明,并应采用高效节能的照明装置和节能控制措施;

5 套内应设置电能表,共用设施宜设置分项独立计量装置;

6 电气和智能化设备应采用模数化设计,并应满足准确定位要求;

7 隔墙两侧的电气和智能化设备不应直接连通设置,管线连接处宜采用可弯曲的电气导管。

【技术要点】

电气管线与建筑结构体分离是装配式住宅设备及管线设计的一个重要部分。宜将套内电气管线布置在套内楼板垫层内、吊顶内、隔墙空腔内及隔墙的面上等部位,不仅使设备及管线的敷设满足工业化施工建造要求,也可保证日常维修和后期更换的便捷性。

住宅建筑的公共能耗情况复杂,当未分项计量时,不利于物业管理,难以发现能耗不合理之处。为此,要求对公共的冷热源、输配系统、照明、其他动力系统等设置独立分项计量。这有助于分析住宅公共各项能耗水平和能耗结构是否合理,发现问题并提出改进措施,从而有效实施住宅公共节能。电气和智能化设备的尺寸和定位宜与建筑模数相协调,尽量统一,做到设计美观、施工安装便捷。在工厂预制的墙板和楼板,由于不能现场剔凿,故要求设计精细化,预留孔洞和接线盒应准确定位。

条文 7.4.3 防雷及接地设计应符合下列规定:

1 防雷分类应符合现行国家标准《建筑物防雷设计规范》GB 50057 的规定,并应按防雷分类设置防雷设施。电子信息系统应符合现行国家标准《建筑物电子信息系统防雷技术规范》GB 50343 的规定。

2 防雷引下线和共用接地装置应利用建筑及钢结构自身作为防雷接地装置。部(构)件连接部位应有永久性明显标记,预留防雷装置的端头应可靠连接。

3 外围护系统的金属围护部(构)件、金属遮阳部(构)件、金属门窗等应有防雷措施。

4 配电间、弱电间、监控室、各设备机房、竖井和设洗浴设施的卫生间等应设等电位连接,接地端子应与建筑物本身的钢结构金属物连接。

8 内装系统设计

8.1 一般规定

条文 8.1.1 装配式钢结构住宅建筑内装系统设计、部品与材料选型应符合抗震、防火、防水、防潮与隔声等规定，并应满足生产、运输和安装等要求。

【技术要点】

装配式钢结构住宅的内装设计首先要保证性能上满足功能技术要求，同时还能提供使用过程中维修和更换的便利性与经济性。建筑内装体的设计宜满足干式工法施工的要求。

装配式内装系统基本原则：

（1）采用有利于维护更新的配管形式，不把管线埋入结构体；

（2）按优先滞后原则决定内装修的构成顺序；

（3）设置专用的管道间，不在套内配公共竖管；

（4）采用可拆装的轻质隔墙，不在套内设承重墙；

（5）干式工法施工。

条文 8.1.2 内装系统设计应遵循模数协调的原则，并应与结构系统、外围护系统、设备与管线系统进行集成设计。

【技术要点】

装配式钢结构住宅的内装设计应结合钢构件做防火包封，采用防火板包封钢构件时应满足耐火极限要求，当钢构件采用防火涂料满足耐火时间时，装修材料仅起装饰作用。

条文 8.1.3 内装系统设计应满足内装部品的连接、检修更换和管线使用年限的要求。

【技术要点】

装配式内装集成化是指部品体系宜实现以集成化为特征的成套供应及规模生产，实现内装部品、厨卫部品和设备部品等的产业化集成。通用化是指内装部品体系应符合模数化的工艺设计，执行优化参数、公差配合和接口技术等有关规定，以提高其互换性和通用性。

条文 8.1.4 装配式钢结构住宅建筑宜采用工业化生产的集成化、模块化的内装部品进行装配式内装设计。

【技术要点】

装配式建筑的内装修提倡采用成套供应的系统化、集成化部品，如架空地板系统、集成吊顶、集成式卫生间系统、集成式厨房系统、室内门窗、橱柜、整体收纳等。值得注意的是，目前市场上集成化部品的成本有较大的差异。建筑师在进行统筹设计时，应结合建筑类型、功能流线、空间效果等与室内设计师共同对部品部件的选取进行把控。

条文 8.1.5 内装系统设计应进行环境空气质量预评价，室内空气污染物的活度和浓度应符合现行国家标准《住宅设计规范》GB 50096 中的要求。

【技术要点】

住宅建筑的发展已经进入质量并举的时代，室内居住环境的健康安全是住宅质量提升的重要体现。装配式住宅室内装修材料及施工应严格按照现行国家标准《室内装饰装修材料人造板及其制品中甲醛释放限量》GB 18580、《室内装饰装修材料溶剂型木器涂料中有害物质限量》GB 18581、《室内装饰装修材料内墙涂料中有害物质限量》GB 18582、《室内装饰装修材料胶粘剂中有害物质限量》GB 18583、《室内装饰装修材料木家具中有害物质限量》GB 18584、《室内装饰装修材料壁纸中有害物质限量》GB 18585、《室内装饰装修材料中聚氯乙烯卷材地板有害物质限量》GB 18586、《室内装饰装修材料地毯、地毯衬垫及地毯胶粘剂有害物质释放限量》GB 18587、《室内装饰装修材料混凝土外加剂中释放氨的限量》GB 18588、《建筑材料放射性核素限量》GB 6566 和《民用建筑工程室内环境污染控制规范》GB 50325 中关于室内建筑装饰装修材料有害物质限量的相关规定，应选用健康环保的材料及其施工工艺。

条文 8.1.6 内装系统设计应符合国家现行标准《建筑内部装修设计防火规范》GB 50222、《住宅室内装饰装修设计规程》JGJ 367、《民用建筑工程室内环境污染控制规范》GB 50325 和《民用建筑隔声设计规范》GB 50118 中的规定。

条文 8.1.7 内装系统设计时，对可能引起传声的钢构件、设备管道等应采取减振和隔声措施，对钢构件应进行隔声包覆，并应采取系统性隔声措施。

【技术要点】

装配式钢结构建筑中，钢材自身特点导致钢构件耐火性能薄弱。设计要特别注意结合内装系统采用单一防火涂料或防火涂料与防火板组合的保护形式，使各部位构件满足其耐火极限的要求。同时装修材料要满足耐火性能的要求。

声音传播的主要途径有固体传声和空气传声两种。住宅设计中应结合内装系统设计避免住宅室内的钢构件外露，有振动的设备和电梯轨道避免与钢构件直接连接。处理好外围护墙、分隔墙与结构主体之间的缝隙、门窗与墙体的密封，可有效避免空气传声。具体隔声措施见《建筑隔声与吸声构造》08J931。

8.2 内装部品

条文 8.2.1 装配式钢结构住宅建筑设计阶段应对装配式隔墙、吊顶和楼地面等集成化部品、集成式或整体厨房、集成式或整体卫浴和整体收纳等模块化部品进行设计选型。

【技术要点】

装配式隔墙、吊顶和楼地面等集成化部品是内装体实现干法施工工艺的基础，既可满足管线分离的设计要求，也有利于装配式内装生产方式的集成化建造与管理。

（1）装配式隔墙：隔墙应为集成产品，并便于现场安装。目前采用的隔墙有轻质条板类、轻钢龙骨类、木骨架组合墙体类等。隔墙应在满足建筑荷载、隔声等功能要求的基础上，合理利用其空腔敷设电气管线、开关、插座、面板等电器元件。

（2）装配式吊顶：吊顶宜采用集成吊顶。集成吊顶在保证装修质量和效果的前提下，便于维修，减少剔凿，保证建筑结构体在全寿命期内安全可靠。吊顶内宜设置可敷设管线的吊顶空间，吊顶宜设有检修口。

（3）楼地面宜采用集成化部品，宜采用可敷设管线的架空地板系统集成化部品。集成化的楼地面符合装配式住宅的要求，集成化的楼地面架空地板系统部品主要是为实现管线与结构主体分离，管线维修与更换不破坏主体结构，同时架空地板系统也有良好的隔声性能，可提高室内声环境质量。架空地板系统应设置地面检修口，方便管道检查和维修。当采用地板供暖时，地暖系统宜采用干式地暖系统部品。干式低温热水地面辐射供暖系统一般由绝热层、传热板、地热管、承压板组成，其构造做法宜按照相关产品技术标准执行。

条文 8.2.2 内装部品应与套内设备与管线进行集成设计，并宜满足装配式装修的要求。

【技术要点】

传统住宅设备管线多埋设于建筑结构体中，检修更换需进行剔凿，损伤结构体。装配式住宅内装部品、设备及管线设计宜采用分离体系，使用过程中可检修，后期改造更新时不影响建筑结构体的结构安全性，并保证住宅的长期使用价值。

条文 8.2.3 内装部品应具有标准化和互换性，其内装部品与管线之间、部品之间的连接接口应具有通用性。

【技术要点】

内装部品、设备及管线应便于检修更换，且不影响建筑结构体的安全性。内装部品生产宜采用通用标准接口，方便用户在使用中的更换。

8.3 隔墙、吊顶和楼地面

条文 8.3.1 装配式钢结构住宅建筑设计应采用免抹灰的装配式隔墙、吊顶和楼地面，并宜选用成品墙板等集成化部品进行现场装配。

【技术要点】

装配式钢结构住宅建筑装配式隔墙可选用下列隔墙系统类型：

（1）装配式轻型条板隔墙系统；

（2）装配式骨架复合板隔墙系统；

（3）干法砌筑的块体材料隔墙系统。

条文 8.3.2 隔墙设计应符合下列规定：

1 内隔墙应选用轻质隔墙，满足防火、隔声等要求，卫生间和厨房的隔墙应满足防潮要求，其与相邻房间隔墙应采取有效的防水措施；

2 分户墙的隔声性能应符合现行国家标准《住宅设计规范》GB 50096 的规定；

3 隔墙材料的有害物质限量应符合现行国家标准《室内装饰装修材料内墙涂料中有害物质限量》GB 18582 的规定；

4 墙体应经过模数协调确定基本板、洞口板、转角板和调整板等隔墙板的规格、尺寸和公差；

5 构造设计应便于室内管线的敷设和维修，并应避免管线维修更换对结构墙体造成破坏；

6 不同材质墙体间的板缝应采用弹性密封，门框、窗框与墙体连接应满足可靠、牢固、安装方便的要求，并宜选用工厂化门窗套进行门窗收口；

7 隔墙应设置龙骨或螺栓与上下楼板或梁柱拉结固定；

8 抗震设防烈度 7 度以上地区的内嵌式隔墙宜在钢梁、钢柱间设置变形空间，分户墙的变形空间应采用轻质防火材料填充；

9 隔墙上布置空调、电视、画框等常用部位应设置加强板或可靠固定措施。

【技术要点】

采用装配式轻质内隔墙，可利用轻质隔墙的空腔敷设管线，既有利于工业化建造施工与管理，也有利于后期空间的灵活改造和使用维护。

装配式隔墙应预先确定固定点的位置、形式和荷载，应通过调整龙骨间距、增设龙骨横撑和预埋木方等措施，为外挂安装提供条件。

条文 8.3.3 装配式吊顶设计宜选用成品吊顶部品进行现场装配，吊顶内管线接口、设备管线集中的部位应设置检修口。

【技术要点】

采用装配式吊顶，既有利于工业化建造施工与管理，也有利于后期空间的灵活改造和使用维护。电气管线敷设在吊顶空间时，应采用专用吊件固定在结构楼板上。楼板应预先设置吊杆安装件，不宜在楼板上钻孔、打眼和射钉。

条文 8.3.4 楼地面设计应符合下列规定：

1 住宅分户楼板及分隔住宅和非居住用途空间楼板的空气声隔声评价量应符合现行国家标准《住宅设计规范》GB 50096 的规定；

2 外围护系统与楼板端面间的缝隙应采用防火隔声材料填塞；

3 钢构件在套型间和户内空间易形成声桥部位，应采用隔声材料或混凝土材料填充、包覆；

4 楼地面宜采用干式工法施工，也可采用可敷设管线的架空地板的集成化部品；

5 架空地板系统宜设置减振构造；

6 架空层架空高度应根据管径尺寸、敷设路径、设置坡度等确定，并应设置检修口；

7 地板采暖时宜采用干式低温地板辐射的集成化部品。

【技术要点】

宜采用工厂化生产的架空地板系统集成化部品，可实现管线与建筑结构体分离，保证管线维修与更换不破坏建筑结构体。同时，架空地板系统的集成化部品也有良好性能，可提高室内环境质量。

架空地板见图 5-4-33，干式地暖见图 5-4-34。

图 5-4-33　架空地板　　　　　图 5-4-34　干式地暖

8.4　厨房、卫浴和收纳

条文 8.4.1　装配式钢结构住宅建筑集成式厨房应符合下列规定：

1　厨房部品宜模数化、标准化、系列化；

2　部品应预留厨房电器设施设备的位置和接口；

3　给水排水、燃气管线等应集中设置、合理定位，并应设置检修口；

4　应设置热水器的安装位置及预留孔，燃气热水器应预留排烟口。

条文 8.4.2　集成式卫浴或整体卫浴部品应符合下列规定：

1　卫浴部品宜选用模数化、标准化、系列化部品，可采用干湿分离的布置方式；

2　宜统筹考虑设置洗衣机、排气扇（管）、暖风机等；

3　给水排水、通风和电气等管道、管线应在其预留空间内安装完成，预留的管线接口处应设置检修口；

4　应进行等电位联结设计；

5　应符合干法施工和同层排水的要求；

6　采用防水底盘时，防水底盘的固定安装不应破坏结构防水层。

【技术要点】

装配式住宅建筑内装体的单元模块化部品主要包括整体厨房、整体卫浴和整体收纳等。整体厨房、整体卫浴和整体收纳采用标准化设计和模块化部品尺寸，便于工业化生产和管理，既为居住者提供更为多样化的选择，也具有环保节能优、质量品质高等优点。

工厂化生产的模块化整体厨房、整体卫浴和整体收纳单元部品通过整体集成、整体设计、整体安装，从而集约实施标准化设计、工业化建造，其生产安装可避免传统设计与施工方式造成的各种质量隐患，全面提升建设综合效益。整体厨房、整体卫浴和整体收纳设计时，应与部品厂家协调土建预留净尺寸，以及设备及管线的安装位置和要求，协调预留标准化接口，还要考虑这些模块化部品的后期运维问题。

条文 8.4.3　收纳空间设计宜选用标准化、系列化的整体收纳部品。

【技术要点】

收纳系统应结合建筑功能空间需要进行布置，并按功能要求对收纳物品种类和数量进行设计。整体收纳可分为封闭式、开敞式、步入式收纳空间，宜注重适老化设计，细化分类，根据居住使用功能就近收纳。收纳应可拆卸，灵活组装收纳柜体材料应注意绿色环保及防火性能。

9 部品部（构）件生产、施工安装与质量验收

条文略。

【技术要点】

装配式钢结构住宅建筑的部品部（构）件生产应具有国家现行产品技术标准或企业标准以及生产工艺设施；生产和安装企业应具备相应的安全、质量和环境管理体系。装配式钢结构住宅建筑对于非标部品部（构）件产品的生产，应制定专项技术条件与标准，并应经过省级以上行业主管部门组织专家评审通过。生产和施工"按标准、有管理"进行，是推行建筑产业现代化的保证。

部品部（构）件应在工厂生产制作。部品部（构）件生产和安装前，应编制生产制作和安装工艺方案。钢结构和墙板的安装应编制施工组织设计和施工专项方案。工厂化生产是推行建筑生产方式转型升级的基本要求，目的是提高效率、保证质量，要求一切按章法办事。制作和安装工艺方案应包括采用的标准规范与其他依据、加工工艺设备、材料与外购件检验、加工工艺设计；安装工艺装备、施工工艺、施工场地布置；质量检验方法、质量保证体系、生产进度计划、劳动力计划、安全生产措施与环境保护等内容。部品部（构）件生产过程及管理宜应用信息管理技术，生产工序宜形成流水作业。

部品部（构）件生产、安装、验收使用的量具应经过统一计量标准标定，并应具有统一精度等级。部品部（构）件生产、安装和验收时，必须采用经计量检定、校准合格且在有效期内的计量器具，并按有关规定正确使用。制作单位、安装单位和土建单位的计量器具宜互校。

钢结构安装应按钢结构工程施工组织设计的要求与顺序进行施工，并宜进行施工过程监测。装配式钢结构住宅质量涉及广大普通百姓民生，关乎广大百姓对钢结构的认知以及钢结构住宅的推广发展，因此，应重视且严格管控其建造质量。钢结构在施工安装期间，应进行施工过程监测以确保施工质量，主要监测内容包括：整体结构倾斜度、柱子的垂直度、柱子侧弯、梁和楼板的水平度以及梁的挠度。

单位工程完成后，施工单位应组织质量竣工验收，这是建筑工程投入使用前的最后一次验收，也是最重要的一次验收。验收合格的条件有以下5个方面。

（1）构成单位工程的各分部工程应验收合格。

（2）有关的质量控制资料应完整。

（3）涉及安全、节能、环境保护和主要使用功能的分部工程检验资料应复查合格，这些检验资料与质量控制资料同等重要。

（4）对主要使用功能应进行抽查。

（5）观感质量应通过验收。

10 使用、维护与管理

条文略。

【技术要点】

装配式钢结构住宅建筑的建设单位应根据规定和住宅设计文件注明的设计条件、使用性质及使用环境制定《住宅使用说明书》。设计条件、使用性质及使用环境是贯穿建筑设计、施工、验收、使用与维护的基本前提，尤其是装饰装修荷载和使用荷载的改变，对建筑结构的安全性有直接影响。相关内容也是《住宅使用说明书》的编制基础。

装配式钢结构住宅建筑的使用条件、使用性质及使用环境与主体结构设计使用年限内的安全性能、适用性能和耐久性能密切相关，不得擅自改变。如确因实际需要作出改变时，应按有关规定对其进行评估。

进行室内装饰装修及使用过程中，严禁损伤主体结构和外围护结构系统。装修和使用中发生下述行为之一者，应由原设计单位或者具有相应资质的设计单位提出技术方案，并按设计规定的技术要求进行施工及验收：

（1）装修和使用过程中出现超过设计文件规定的楼面装修荷载或使用荷载；

（2）装修和使用过程中改变或损坏钢结构防火、防腐蚀保护层及构造措施；

（3）装修和使用过程中改变或损坏建筑节能保温、外墙及屋面防水相关构造措施。

为确保主体结构的可靠性，在室内装饰装修和整个使用过程中，不应对钢结构采取焊接、切割、开孔等损伤主体结构的行为。管线敷设宜采用与主体结构和外围护系统分离的方式，避免主体结构和外围护系统的开槽、切割。

国内外钢结构住宅的使用经验表明，在正常维护和室内环境下，主体结构在设计使用年限内一般不存在耐久性问题。但是，破坏建筑保温、外围护防水等导致的钢结构结露、渗水受潮，以及改变和损坏防火、防腐保护等，将加剧钢结构的腐蚀。在室内装饰装修和整个使用中，严禁对外围护系统的切割、开槽、开洞等损伤行为，不得破坏其保温和防水做法。

装修施工改动卫生间、厨房间、阳台防水层的，应当按照现行相关防水标准制订设计、施工技术方案，并进行蓄水试验。

5.5 《装配式内装修技术标准》报批稿

5.5.1 编制概况

5.5.1.1 编制背景与实施时间

本标准当前为报批稿。

本标准作为装饰装修行业在装配式技术方面的第一本行业标准，其编制目的就是为了推动装配式建筑的发展，引领装配式内装行业的技术进步，促进建筑产业转型升级，全面提升装配式内装修工程的质量。在编制内容上，本标准包含了装配式内装从设计、生产、施工、验收到使用维护的全产业链的内容，改变了传统装修标准按分项工程来写的特点；从编制指导思想上，贯彻了装配式建筑的系统化、体系化理念和"两个一体化"理念：各专业一体化集成设计，设计生产施工过程的一体化管理。

5.5.1.2 标准基本构成与技术要点

本标准主要技术内容由总则、术语、基本规定、设计、生产运输、施工安装、质量验收及使用维护组成。

第1章总则：主要规定了标准的编制目的、适用范围、基本原则及与相关标准的协调一致性，提出了"装配式内装修工程应以提高工程品质、提高效率、减少人工、减少资源能源消耗和建筑垃圾为目标"的根本理念，并满足标准化设计、工业化生产、装配化施工、信息化管理和智能化应用的要求。

第2章术语：确定了装配式内装修行业的一些重要术语或易混淆的术语，如"装配式内装修""集成式卫生间""整体卫生间""集成设计""管线分离"等，以方便标准使用人员理解。

第3章基本规定：明确了装配式内装修的总体理念和基本原则，规定了装配式内装修的材料与部品要求，还强调了装配式内装修实施后的室内空气质量要求。在总体理念和基本原则方面，界定了与建筑设计的关系；规定了装配式内装修设计应遵循的管线分离、标准化设计、精细化设计等理念或原则；并对装配式内装修的部品选型、图纸深度、施工、运维管理等方面提出了要求。

第4章设计：主要规定了装配式内装修的设计原则、要求和方法。前两节主要是装配式内装修设计总体原则；第3、4、5节阐述了集成设计方法、部品选型的原则，并具体规定了装配式隔墙与墙面、装配式吊顶、装配式楼地面、收纳、厨房、卫生间、设备和管线的设计原则；第6节对装配式内装修的细部与接口提出了要求。

第5章生产运输：主要是针对装配式内装修的生产运输环节提出了基本要求和相应规定，重点把控装配式内装修部品在生产运输中对质量控制有影响的内容，并明确部品应提高集成化、模块化、标准化程度，提高施工安装和使用维护的便利性。

第6章施工安装：主要是针对装配式内装修的施工安装环节提出了基本要求和规定。明确了装配式内装修可采用同步穿插施工的组织方式，并对隔墙与墙面、吊顶等的施工安装要点进行了具体规定。

第7章质量验收：主要规定了装配式内装修的验收要求和质量规定，并明确了工程资料及移交的要求。

第8章使用维护：主要明确了装配式内装修工程的质量保修期，并规范了装配式内装修工程的日常检查维护方法、检查与维护更新计划等。

5.5.2 标准的技术内容与要求

1 总则

条文 1.0.1 为推动装配式建筑高质量发展，促进建筑产业转型升级，便于建筑的维护改造，按照适用、经济、绿色、美观的要求，引领装配式内装技术进步，全面提升装配式内装修的性能品质和工程质量，制定本标准。

条文 1.0.2 本标准适用于新建建筑装配式内装修的设计、生产运输、施工安装、质量验收及使用维护。

条文 1.0.3 装配式内装修应以提高工程质量及安全水平、提升劳动生产效率、减少人工、节约资源能源、减少施工污染为根本理念，并应满足标准化设计、工厂化生产、装配化施工、信息化管理和智能化应用的要求。

条文 1.0.4 装配式内装修的设计、部品生产、施工安装、质量验收及使用维护除应符合本标准外，尚应符合国家现行有关标准的规定。

2 术语

条文 2.0.1 装配式内装修 interior assembled decoration

遵循管线与结构分离的原则，运用集成化设计方法，统筹隔墙和墙面系统、吊顶系统、楼地面系统、收纳系统、厨房系统、卫生间系统、内门窗系统、设备和管线等系统，采用工厂化生产的部品部件，以干式工法为主进行施工安装的装修建造模式。

条文 2.0.2 管线与结构分离 pipe & wire detached from structure system

将设备和管线与建筑主体结构分离设置的方式。

条文 2.0.3 干式工法 non-wet construction

现场采用干作业施工工艺的建造方法。

条文 2.0.4 集成设计 integrated design

统筹不同专业、不同系统的技术要求，协调部品部件之间的连接，协调设计、生产、供应、安装、运维不同阶段的需求，前置解决设计问题的过程。

条文 2.0.5 集成式厨房 integrated kitchen

由工厂生产的楼地面、吊顶、墙面、橱柜和厨房设备及管线等集成并主要采用干式工法装配而成的厨房。

条文 2.0.6 集成式卫生间 integrated bathroom

由工厂生产的楼地面、吊顶、墙面（板）和洁具设备及管线等集成并主要采用干式工法装配而成的卫生间。

条文 2.0.7 整体卫生间 unit bathroom

由防水盘、壁板、顶板及支撑龙骨构成主体框架，并与各种洁具及功能配件组合而成的具有一定规格尺寸的独立卫生间模块化产品，称为"整体卫生间"，也称"整体卫浴"。

条文 2.0.8 同层排水 same-floor drainage system

在建筑排水系统中，器具排水管及排水横支管不穿越本层结构楼板到下层空间，且与卫生器具同层敷设并接入排水立管的排水方式。

条文 2.0.9 穿插施工 synchronous construction

在满足主体结构分段验收和其他必要条件时，通过科学合理的组织，实现施工层以下楼层的内装修施工与主体结构同步施工的方式，以达到各施工工序独立互不干扰，缩短整体施工工期，提高整体施工效率的目的。

条文 2.0.10 可逆安装 reversible installation

一种实现部品部件拆卸、更换及安装时不对相邻的部品部件产生破坏性影响的安装方式。

3 基本规定

3.1 一般规定

条文 3.1.1 装配式内装修应进行总体技术策划，统筹项目定位、建设条件、技术选择与成本控制等要求。

条文 3.1.2 装配式内装修应与结构系统、外围护系统、设备和管线系统进行一体化集成设计。

【技术要点】

传统建筑业项目管理中，内装修设计介入较晚，导致对前期建筑、结构、机电等专业设计的反复修改，甚至会导致现场施工的多次修改。但在做装配式建筑项目，特别是采用装配式内装修时，要求项目早期就参与到项目的策划中。装配式内装修的应用可以提升建设速度、提高项目精度和品质，但同时也要求其安装预留条件是高精度的。此外，选用不同装配式内装修技术和部品时，其适用条件、成本方面也有差异，因此，鼓励在项目前期阶段，在建筑专业的协同下，结合当地的政策法规、建设条件、项目定位与成本控制等进行总体技术策划，并与各专业进行一体化协同设计。

条文 3.1.3 装配式内装修应遵循管线与结构分离的原则，满足室内设备和管线检修维护的要求。

【技术要点】

传统住宅建筑中将电气管线敷设于墙体、楼板中，采暖管线敷设于建筑垫层中的做法非常普遍。这些管线的寿命均远远短于建筑主体结构的使用寿命，而检修或更换埋在结构构件中的管线，不但极其困难，还容易对结构造成损害，影响结构安全。因此，装配式内装修倡导管线与结构分离的原则。一些实践项目也表明：通过科学合理的设计，采用管线分离技术对建筑空间的占用可以降到很低，而对于后期的设备管线检修维护则变得十分便利。

条文 3.1.4 装配式内装修设计应协调建筑设计为室内空间可变性提供条件。

随着家庭结构的变化，人们对室内空间的需求也在变化。所以在内装设计时应充分考虑使用者后期空间的不同变化，并向建筑设计提出相应的要求。避免传统建筑项目中，内装修的设计在建筑条件确定后再进行所带来的弊端。

条文 3.1.5 装配式内装修部品选型宜在建筑设计阶段进行，部品选型时应明确关键技术参数。

【技术要点】

装配式建筑的内装修设计与传统内装修设计的区别之一就是部品选型的概念，部品是装配式建筑的组成基本单元。装配式建筑的内装修设计更注重通过对标准化、系列化的内装部品选型来实现内装的功能和效果。部品选型在建筑设计阶段进行，并明确关键技术性能参数，是转变建造模式的关键。

条文 3.1.6 装配式内装修部品应采用通用化设计和标准化接口，并提供系统化解决方案。

【技术要点】

装配式内装修部品采用标准化接口，实现规格化和互换性。大量的规格化、定型化部品的生产可稳定质量、降低成本。通用化部件所具有的互换能力，可促进市场的竞争和生产水平的提高，也便于建筑内装部品的更换、更新。

条文 3.1.7 装配式内装修施工图纸应采用空间净尺寸标注，表达深度应满足装配化施工的要求。

【技术要点】

传统建筑项目图纸中，以轴线定位和结构完成面进行标注的居多，表达深度不足以指导装修现场施工，多需要施工安装单位进行深化设计工作。装配式内装修的施工安装精度要求更高，要求图纸的表达深度能够满足装配化施工的要求。

条文 3.1.8 装配式内装修应与土建工程、设备和管线安装工程明确施工界面，并宜采用穿插施工的组织方式，提升施工效率。

【技术要点】

装配式内装修因采用管线分离技术，水、暖、电很多管线已经与主体结构分离，所以相比较传统装修和土建工程的施工界面划分已经有了很大不同。一般以出公共管井为界，户内的水、电、暖等支线管线的安装敷设，轻质隔墙的安装都应由内装修来总体统筹。

条文 3.1.9 装配式内装修应采用绿色施工模式，减少现场切割作业和建筑垃圾。

条文 3.1.10 装配式内装修工程宜依托建筑信息模型（BIM）技术，实现全过程的信息化管理和专业协同，保证工程信息传递的准确性与质量可追溯性。

3.2 材料与部品

条文 3.2.1 装配式内装修应采用节能绿色环保材料，所用材料的品种、规格和质量应符合设计要求和国家现行相关标准的规定。

条文 3.2.2 装配式内装修所用材料的燃烧性能应符合国家现行标准《建筑内部装修设计防火规范》GB 50222 和《建筑设计防火规范》GB 50016 的规定。

条文 3.2.3 装配式内装修宜选用低甲醛、低 VOC 的环保材料，其有害物质限量应符合《民用建筑工程室内环境污染控制规范》GB 50325 等国家现行相关标准的规定。

条文 3.2.4 材料与部品进场时应有产品合格证书、使用说明书及性能检测报告等质量证明文件，对于用量较大的辅料产品也应提供相应检测报告。

【技术要点】

对装配式内装修材料与部品作出要求，是希望在源头上对后期的室内空气质量和污染进行控制，是保证工程质量、保障室内空间舒适度的重要手段。特别需要注意的是对于用量较大的如胶粘剂等辅材也需要严格把控其环保性能。

3.3 室内环境

条文 3.3.1 装配式内装修工程应采取有效措施改善和提升室内热工环境、光环境、声环境和空气环境的质量。

【技术要点】

目前，在发展装配式内装修的过程中，有一种趋势是过分强调装配式技术的应用，而忽视了人使用的感受。但内装修最终还是服务于人、服务于使用者的，因此内装修带给居住者的室内环境品质和住居体验才是最核心和根本的。

条文 3.3.2 装配式内装修工程应在设计阶段对内装修材料部品中的各种室内有害物质进行综合评估。

【技术要点】

室内空气环境质量关系着居住者的健康和生活品质，始终是很重要的一项课题。我国对建材产品有害物质限量的控制有一系列标准，但目前存在的问题是：每一样合格的建材产品会集到一起时，室内污染物总量可能会超标，所以要求在设计阶段，就要对内装修材料部品中的各种室内有害物质进行累加后综合评估，把空气污染问题控制在前面，而不是施工安装后期再去弥补。

条文 3.3.3 装配式内装修工程应先对样板间进行室内环境污染物浓度检测，检测结果合格后再进行批量工程的施工。

【技术要点】

在样板间完成时对样板间的室内环境污染物进行浓度检测，能在批量工程之前对室内空间的污染物浓度进行综合评判，保障室内空间的环境质量。

条文 3.3.4 装配式内装修工程应在工程完工 7 天后，工程交付使用前进行室内环境质量验收。

4 设计

4.1 一般规定

条文 4.1.1 装配式内装修应协同建筑、结构、给排水、供暖、通风和空调、燃气、电气、智能化等各专业的要求，进行协同设计，并应统筹设计、生产、安装和运维各阶段的需求。

【技术要点】

装配式建筑设计过程的关键是集成设计和协同设计，只有将结构系统、外围护结构、设备与管线和内装系统等四大系统进行集成设计，才能体现装配式建筑建造的优势，而内装系统是装配式建筑重要的组成部分。装配式内装修是采用工厂化生产的部品部件，以干式工法为主进行施工安装的装修建造模式。

由于装配式内装修具有工厂化、集成化、装配化的特点，所以装配式内装修应充分考虑内装系统与建筑、结构、机电各主要系统的协同，并应从项目全过程角度出发，统筹设计、部品部件生产、施工建造和运营维护各个过程。

在装配式建筑工程设计中，需将内装修设计作为等同结构、给水排水、暖通、电气等的重要专业进行配合设计，建筑师需统筹考虑建筑设计与内装修设计对接的技术要求。与传统建筑设计相比，在装配式建筑设计的各阶段中，需将内装修设计需求提前介入，统筹考虑建筑设计与内装修的部品部件之间的连接问题，统筹考虑内装修部品部件的设计、生产、供应、安装、运维不同阶段对建筑专业的需求。

条文 4.1.2 设计应采用工厂化生产的部品部件，按照模块化和系列化的方法，满足多样化的需求。

【技术要点】

装配式内装修是一种工业化装修方式，部品部件采用工厂化生产。只有部品部件的标准化，才能确保提高施工效率，并有效降低成本。为同时满足用户的多样化的需求，一方面可将标准化部品部件应用模块化和系列化的方法产生多样化产品；另一方面，随着工业 4.0 的生产制造模式在逐步推广，生产厂商可通过定制化生产的方式制造部品。因此，实际工程中，内装修设计需根据项目的成本目标，平衡选择标准化部品和定制化部品的应用。在内装修工程中，设计师一方面应尽量采用通用化的部品部件，通过标准模块进行排列组合，形成系列的多样性；另一方面，为了满足用户的个性化要求，在满足预算的前提下，也可适当采用少量的定制化部品。

条文 4.1.3 装配式内装修应选用高集成度的内装部品。

【技术要点】

装配式内装修工程所采用的部品部件种类繁多，在现行的工程项目中，大多由施工企业零散采购，现场拼装。但由于不同部品部件之间规格、材料、质量、工艺不匹配，易造成难以克服的质量缺陷。因此，在实际工程中，内装修设计提倡采用成套供应的系统化部品，如架空地板系统、集成式卫生间系统、集成式厨房系统、室内门窗、橱柜、整体收纳等，尤其涉及一些关键的部品，如卫生间的防水底盘，应采用由供应商配套供应的托盘、地漏、排水管和附件，并要求其对供应的成套产品进行质量保障。

条文 4.1.4 设计应考虑建筑生命周期内使用功能可变性的需求。

【技术要点】

装配式建筑的重要特征之一是内装系统与建筑的主体结构、设备系统分离，这是实现建筑功能可变性的技术基础。建筑师在建筑设计中，应考虑用户对建筑在不同时期的不同需求，设计既应满足不同使用对象需求，同时应具备调整和变化的可能，如考虑采用大开间的结构形式、合理的结构柱网、合理的结构降板形式等；而内装修设计师为了实现用户的需求，除了需满足建筑刚建成时的技术要求，还需考虑建筑后期可变性的要求，如采用轻质隔墙、架空吊顶、干式工法等技术方案。具体对应的设计方法，可参看本书第 3 章相关内容。

条文 **4.1.5** 设计应明确内装部品和设备管线主要材料的性能指标，应满足结构受力、抗震、安全防护、防火、防水、防静电、防滑、节能、隔声、环境保护、卫生防疫、适老化、无障碍等方面的需要。

条文 **4.1.6** 设计流程宜按照技术策划、方案设计、部品集成与选型和深化设计四个阶段进行。

【技术要点】

装配式内装修设计流程宜按照技术策划、方案设计、部品集成与选型和深化设计四个阶段进行（图 5-5-1），以下分别对各阶段进行说明。

目前在我国装配式内装修刚刚起步的阶段，由于其采用的一些技术较新且系统性强，因此，在项目的初期进行技术策划十分必要。装配式内装修的技术策划主要包括项目定位、成本目标、技术和部品配置、部品部件供应、施工安装组织等方面。技术策划应在项目开始阶段进行，最晚不应迟于内装方案设计结束之前；方案设计应在技术策划的指导下进行，满足使用功能要求，对房间布置、功能流线、空间效果、主要材料等进行设计；部品集成与选型阶段在内装方案设计基本定型之后，对工程中所有的部品部件进行选型和设计，确定部品的规格、性能、材料、成本，着重解决部品之间的连接问题，并测算工程成本；深化设计阶段在部品选型确定之后进行，着重进行细部节点设计、部品部件深化设计、定制部品的设计等，并最终完成装配式内装修所有的设计文件。

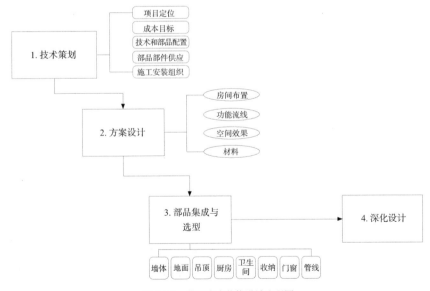

图 5-5-1 装配式内装修设计流程图

条文 **4.1.7** 内装修设计应充分考虑部品部件检修更换、设备与管线维护的要求，采用易维护、易拆换的技术和部品，对易损坏和经常更换的部位按照可逆安装的方式进行设计。

4.2 标准化设计和模数协调

条文 4.2.1 装配式内装修应对建筑的主要使用空间和主要的部品部件进行标准化设计，并提高标准化程度。

【技术要点】

装配式内装修的部品部件需要在工厂生产完成，标准化设计可以提高工业化部品部件的生产效率并减低产品成本。在实际工程设计中，内装修设计应按照工程的技术复杂程度、现场安装难易程度，对主要部品部件进行标准化设计。在内装修工程中，厨房、卫生间等部位空间尺度小、系统多、工艺复杂，也是单位面积成本最高的房间。内装修设计应提高这些房间内部品的标准化程度，这对降低施工安装难度、提高效率、提高质量、提高经济性具有重要作用。同时，建筑师需和内装修设计师协同配合，将内装修设计的提资条件落实在建筑设计中，共同将标准化设计应用在实际工程中。

条文 4.2.2 装配式内装修应采用标准化的构造节点、部件进行部品连接。

条文 4.2.3 装配式内装修应遵循模数化的原则进行设计，并应符合国家现行标准《建筑模数协调标准》GB/T 50002 的规定，住宅宜符合《工业化住宅尺寸协调标准》JGJ/T 445 的规定。

条文 4.2.4 装配式内装修部品部件的定位可通过设置模数网格来控制，且宜采用界面定位法。

条文 4.2.5 装配式内装修设计应协调部品部件的设计、生产和安装过程的尺寸并对建筑设计模数与部品部件生产制造之间的尺寸进行统筹协调。

条文 4.2.6 装配式内装修设计应根据生产和安装的要求确定公差，并在结构构件尺寸、隔墙尺寸、装修做法尺寸和装修完成面净尺寸中考虑容错尺寸，来调节温度变形、生产偏差和施工误差。

【技术要点】

公差是建筑结构变形、部品部件生产、环境温度变化、工程施工安装等各种偏差的统称，在装配式建筑中引入公差，是部品部件工厂化生产、装配化施工的要求。由于内装修的安装顺序位于结构施工和机电主管线的安装之后，前序工程产生的误差，只能在后序工程中进行纠偏，所以内装修设计应充分考虑建筑、结构、机电等制造及安装偏差，同时也应考虑内装修部品部件的生产、变形和安装偏差。可通过设置缝隙、可调节部件以及容错设计来调节公差。

因此，内装修设计应在结构尺寸、隔墙尺寸、装修做法尺寸和完成面尺寸之中，设置容错尺寸，以此调节前序工程的偏差，也容纳装修工程中产生的偏差。另外，针对既有建筑的装配式装修，也需要对既有建筑空间的偏差进行处理。

条文 4.2.7 部品部件的设计应结合原材料的规格尺寸，提高出材率，降低材料浪费。

【技术要点】

装修的部品部件的深化设计应充分考虑生产加工原材料的规格尺寸。常用的装修原材料可分为线状材料和面状材料。一般线状材料为角钢、型铝、龙骨、木枋、角线、踢脚、管材等；面装材料主要为各种板材，如石膏板、硅酸钙板、木板、铝板、钢板以及其他各种新型板材。由于工业化生产的标准板材规格基本为 1220mm×2440mm，所以部品部件设计的规格会影响板材的切割利用效率。良好的部品部件设计应与部品部件生产厂商在内装方案设计阶段开始进行配合，部品尺寸宜与材料通用规格尺寸进行协调，以提高出材率、降低材料的消耗、节约产品成本。

4.3 集成设计与部品选型

条文 4.3.1 装配式内装修应对隔墙与墙面系统、吊顶系统、楼地面系统、收纳系统、厨房系统、卫生间系统、内门窗系统、设备和管线系统等进行集成设计。

条文 4.3.2 内装修集成设计宜选用通用化的部品进行多样化组合，满足个性化要求。

条文 4.3.3 集成设计和部品选型应选择性能好、质量高、耐久性好、易维修更换的部品部件，部品部件的规格尺寸、组合方式、安装顺序、使用寿命和衔接匹配，应结合生产和安装的要求进行优化设计。

条文 4.3.4 内装修应按照设备和管线与结构分离的原则进行集成设计。

【技术要点】

管线与建筑主体结构分离是装配式内装修的基本原则。在工程设计各阶段，内装修设计需将装修工程的管线、设备的设计资料向其他相关接口专业进行提资，并与各专业进行协同一体化设计流程。

同时，针对内装修设计专业，管线可采取多种方式与主体结构分离：①管线可敷设在楼地面架空层、吊顶、墙面夹层或装配式龙骨隔墙之内；②可结合定制柜体、室内踢脚、装饰线脚、专用管线设备槽带等进行敷设；③其他敷设方式。

条文 4.3.5 内装修集成设计宜优先确定功能复杂、空间狭小、管线集中的建筑空间的部品选型和布置。

条文 4.3.6 集成设计应充分考虑装修基层、部品部件生产和安装过程中的偏差，宜采用可调节的构造和部件来纠正或隐藏偏差。

【技术要点】

由于建筑工程内装修时存在着装修基层、部品部件生产尺寸和安装偏差，因此纠偏是装修工程中必须面对的问题。在实际工程中，内装修设计应充分考虑偏差的影响，可以采用可调节的构造对偏差进行调节，也可以进行巧妙的遮盖设计以隐藏或消解偏差的视觉影响。

条文 4.3.7 部品集成设计和选型应符合以下规定：

1 内装部品应便于维护和更换，耐久性低的部品部件应安装在易更换、易维修的位置，避免维修时损伤耐久性高的部品或结构构件；

2 套内部品的维修和更换不应影响公共部品或结构的正常使用；

3 内装部品与主体结构的连接应牢固，并不得影响结构构件安全性能；

5
装配式建筑技术系列标准

4　部品选型时应考虑接口匹配，部品安装应考虑先后次序，并为后装部品提供安装条件。

Ⅰ 隔墙与墙面

　　条文 4.3.8　装配式隔墙应选用非砌筑免抹灰的轻质墙体，可选用龙骨隔墙、条板隔墙或其他装配式隔墙。

　　条文 4.3.9　隔墙构造应便于安装、连接稳固，并预留开关、插座、管线位置，设备安装时应采取防火封堵、密封隔声和必要的加固措施，振动管道穿墙应采取减隔振措施。

　　条文 4.3.10　龙骨隔墙应符合以下要求：

　　1　隔墙的组成和厚度应根据防火、隔声、空腔内安置管线及设备设施的要求确定，有 A 级燃烧性能要求的部位应采用金属龙骨；

　　2　隔墙内的防火、保温、隔声填充材料宜选用岩棉、玻璃棉等不燃材料；

　　3　有防水、防潮要求的房间隔墙应有防水防潮措施，内墙板宜采用耐水饰面一体化集成板，门、板交界处、板缝之间应做防水处理；

　　4　隔墙上需固定或吊挂重物时，应采用专用配件、加强背板或在竖向龙骨上预设固定挂点等可靠固定措施；

　　5　龙骨布置应满足墙体强度的要求，高度超过 4m 的隔墙，龙骨强度应进行验算，并采取必要的加强措施；

　　6　门窗洞口、墙体转角连接处等部位的龙骨应进行加强处理；

　　7　饰面板与龙骨之间优先采用机械连接，以方便维修和更换。

　　条文 4.3.11　条板隔墙应符合以下要求：

　　1　应根据使用功能和使用部位需求，确定采用墙材及其厚度；

　　2　条板隔墙选用应满足其所在位置墙体各项性能要求。单层使用时厚度不应小于 60mm，用作分户墙时厚度不应小于 120mm；用作户内隔墙时，厚度不宜小于 90mm；双层使用时，每个单层厚度不小于 60mm。两侧墙面的竖向接缝应错开布置，距离不应小于 1/2 板宽或不小于 200mm，板间应采取连接、加强固定措施；

　　3　当条板隔墙需吊挂重物和设备时，应根据板材性能采取必要的加固措施。

【技术要点】

　　在隔墙挂物或装饰品是内装修工程中常见的问题。由于装配式内装修挂物有一定特殊的要求，在工程设计中，建筑设计与内装修设计在处理这类具有挂物使用需求的功能空间时，应注意挂物的解决方案。多数条板类隔墙与普通墙体差不多，基本可以满足钉挂要求。在实际工程中，如应用龙骨类装配式隔墙的面板基本上以石膏板、硅酸钙板、纤维水泥板等为主，面板厚度较薄，材料强度低，握钉力不足，或者材料较硬脆，不适合钉挂。对小型物件，采用常见的双面胶或专门的粘胶可以满足要求；对于较重的物品，粘胶则不能胜任，可采用专用挂物配件，如飞机锚栓、空腔锚栓或专用膨胀螺栓。一般情况下，对于电视或吊柜等较重的物品，一般不能事先确定悬挂点，可以在龙骨上附加加强背板，再将悬挂件与加强背板进行固定。如果能够确定物品的悬挂位置和挂物要求，也可以在墙体上预留悬挂点，如预留螺母等，将物体与隔墙进行连接固定。

条文 4.3.12 卫生间等用水房间的隔墙下端宜设强度不低于 C20 混凝土条形墙垫，墙垫顶部高于楼地面完成面不小于 100mm。

条文 4.3.13 装配式墙面应符合以下要求：

1 装配式隔墙宜采用集成饰面层的墙面，饰面层宜在工厂内完成；

2 墙面应与墙体基层有可靠连接；

3 墙面上悬挂物体时，小型物件可粘挂；超过粘挂荷载限度的，应采用面板挂物专用配件、设加强背板或在墙上预留挂点，将物体与基层墙体连接固定。

Ⅱ 吊顶

条文 4.3.14 装配式吊顶可采用明龙骨、暗龙骨或无龙骨吊顶，应根据房间的功能和装饰要求选择装饰面层材料和构造做法，宜选用带饰面的成品材料。

条文 4.3.15 吊顶设计宜与新风、排风、给水、喷淋、烟感、灯具等设备和管线进行集成。

条文 4.3.16 吊顶与设备管线应各自设置吊杆，并各自满足荷载计算要求。

条文 4.3.17 重量大的灯具不得直接安装在吊顶板面上，应安装在龙骨上或直接连接在承重结构构件上，并满足荷载计算要求。

条文 4.3.18 吊顶内有敷设管线设备时，应在管线密集或接头集中的位置设置检修口。

条文 4.3.19 吊顶与墙或梁交接处，可设伸缩缝隙或收口线脚。

条文 4.3.20 吊顶主龙骨不应被设备管线、风口、灯具、检修口等切断。

Ⅲ 楼地面

条文 4.3.21 装配式楼地面可采用架空楼地面、空铺楼地面或其他干式工法施工的楼地面。

【技术要点】

装配式楼地面常用做法有架空楼地面和干铺楼地面。架空楼地面可分为龙骨铺装法和高架铺装法。

条文 4.3.22 装配式楼地面应满足房间使用的各项性能要求；楼地面构造与主体结构的连接应可靠，并不应破坏主体结构构件。设计文件中应明确房间使用荷载的限值和对楼地面产品承载能力的设计要求，放置重物的部位应采取加强措施。

【技术要点】

由于建筑专业统筹工程设计，需注意建筑设计、内装修设计、结构设计的协同配合。内装修部品与主体结构连接时，应确保不破坏主体结构受力构件，以免对建筑耐久性产生不利影响。选用产品时应对其承载能力提出要求，以防产品采购忽略承载力指标造成地面系统无法满足日常使用。同时，内装修设计也需考虑家具的荷载对架空地面的影响，满载物品的家具极易对架空地面造成破坏，所以内装修设计应对此处地面进行加强处理，并在地面上做好摆放位置标记。

条文 4.3.23 架空楼地面内敷设管线时，架空层高度应满足管线排布的需求，管线集中连接处应设置检修口或采用便于拆装的构造。

【技术要点】

架空楼地面的高度影响着建筑室内净高，建筑专业应了解架空地面的常用高度，并在设计过程中与内装修设计专业互相校核，保证室内净高满足建筑规范的要求。楼地面架空层是建筑管线排布的重要空间，其架空高度的确定应充分考虑管线排布的需要，以防因考虑不周导致建筑净空高度不足。架空地面下管线众多，需要考虑管线的检修，采用设检修口或将装配式楼地面设计为便于拆装的构造方式，以满足检修需要，可根据实际需要选择相应做法。

条文 4.3.24 采用地面辐射供暖、供冷系统时，宜选用模块式集成部品。

条文 4.3.25 架空楼地面设计应符合下列规定：

1 架空地板与周边墙体之间应设置伸缩缝隙；当每段架空地板长度较大时，宜在地板适当位置设伸缩缝隙，伸缩缝隙宜采取美化遮盖措施；

2 有存放或经常使用液体的房间，其架空地板系统宜设置防止液体快速进入架空层的措施，用水房间应设置防止水进入架空层的措施；

3 用水房间采用架空楼地面时，其横向排水管道宜设在架空层内；

4 用水房间架空楼地面应设计便于观察架空层情况的措施，防止漏水、凝水聚集；

5 与架空楼地面架空层连通的缝隙、孔洞应有防止昆虫和小动物进入的措施，架空楼地面的架空层应按房间或套型进行分舱，分舱构造和材料应能防止水漫延或防止昆虫和小动物扩散。

条文 4.3.27 空铺楼地面的基层应平整，面层和填充构造层强度应满足设计要求，当填充层采用易产生压缩变形的材料时，宜采取防止局部受压凹陷的措施。

Ⅳ 收纳

条文 4.3.28 收纳系统应结合建筑功能空间需要进行布置，并按功能要求对收纳物品种类和数量进行设计。

【技术要点】

收纳是建筑空间不可缺少的组成部分，也时常是围合建筑空间的基本元素，往往不是独立存在的，收纳设计的手法也应灵活多样，可以采取固定收纳柜的形式，也可以采用活动收纳柜，可以立于地面，也可以挂于墙壁或顶棚，但应遵循功能性、人性化、装饰性、便利性等基本要求。住宅宜在玄关、餐厅、起居、卧室、厨卫、走廊等设置收纳；公共建筑宜结合隔墙、走廊设置收纳，或设置独立的收纳空间。

条文 4.3.29 收纳系统宜与建筑隔墙、固定家具、吊顶等进行一体化设置。

条文 4.3.30 收纳系统的部品应进行标准化、模块化设计，优先采用工厂生产的标准化部品。

条文 4.3.31 收纳空间应符合相关规范对建筑空间尺寸的要求，住宅套内收纳空间的总容积不宜少于户内净空间的 1/25。

条文 4.3.32 收纳物品的重量不得超过设计允许荷载，并应在设计图中标明重量限值，交付使用前在相关部位标明重量限定标识。

【技术要点】

收纳空间是建筑室内空间荷载最集中的部位之一，对结构受力影响较大。内装修设计应与建筑设计及结构设计协同进行。通常情况下，结构设计时所采用的荷载形式在未知情况下均为均布荷载，过大的集中荷载将对原有结构受力性能产生不利影响，影响主体结构寿命。所以，在具有收纳功能要求的区域，内装修设计应与建筑设计、结构设计互相校核，并在内装修设计图中注明允许荷载的限定数值，以供建筑使用者注意。

条文 4.3.33 建筑内部的配电箱、控制面板、接线盒、插座等不宜设置于收纳部品内，当与收纳部品设计结合时，收纳部品深度不应大于 400mm，分户配电箱、信息配线箱处不应放置物品。

【技术要点】

建筑内部电箱等常被设于收纳柜中，容易给操作带来不便，设计时应对检修和日常操作的便捷性进行考虑。收纳深度大于 400mm 时，置于其中的建筑内部配电箱等的检修难以操作，容易被日常摆放物品遮挡，且这些部品有产生漏电或火花的可能。因此，这些部位所在空间不应作为收纳使用，应对此处的部品存放提出要求，并做明显提示标识，如交付使用前，在这些部位应分别标明"严禁摆放物品"字样。

条文 4.3.34 设备、管道接头或检修阀门被收纳部品遮挡或安装于收纳空间内时，应有方便管道检修的措施。

条文 4.3.35 收纳部品中的玻璃应符合《玻璃家具安全技术要求》GB 28008 的要求，兼具建筑空间分隔和围护功能时，还应符合《建筑玻璃应用技术规程》JGJ 113 的相关规定。

条文 4.3.36 用水房间的收纳部品用材及措施应满足防水、防潮、防腐、防蛀。

V 内门窗

条文 4.3.37 室内门窗宜选用成套供应的门窗系统部品，设计文件应明确所采用门窗的材料、品种、规格等指标以及颜色、开启方向、安装位置、固定方式等要求。门窗设计宜减少规格。

条文 4.3.38 对有耐火时限完整性要求的门窗，应有满足耐火时间要求的耐火实验检测报告。

4.4 厨房和卫生间

I 集成式厨房

条文 4.4.1 集成式厨房和集成式卫生间的设计应与内装修工程的其他系统

进行统筹协同。

【技术要点】

住宅厨房和卫生间的内装修设计应在建筑设计的方案设计阶段即开始介入，并与建筑设计各阶段协同设计，同步进行。建筑设计方案阶段时，需同步厨房和卫生间的集成部品选型；初步设计、施工图设计阶段时，结构、设备与管线系统设计需要考虑集成式厨房和集成式卫生间内装修的需求，包括：厨房和卫生间的布置，部品选型，吊柜橱柜预埋件布置，燃气及各类管线设备的预留，管线设备装修、美化、遮挡设计，管线设备检修口，以及计量表的位置设计等需求。

条文 4.4.2 厨房和卫生间设计应遵循人体工程学的要求，合理布局，采用标准化、模块化的方法进行精细化设计。

条文 4.4.3 有老年人居住的建筑中的集成式厨房和集成式卫生间应满足适老化要求。

条文 4.4.4 集成式厨房和集成式卫生间的管井宜出户设置，排水系统宜采用同层排水系统，并采取防止管线结露、隔声和减噪的措施。

【技术要点】

现在的居住建筑，特别是住宅建筑中排水管线下穿楼板的做法十分普遍，由于上户排水管线渗漏损害下户权益的事件时有发生，采用同层排水可有效避免排水管道检修、排水噪声等引起上下邻里间的权益纠纷。在实际工程设计中，酒店、公寓、住宅等建筑有条件的宜设置公共管井，可将管道集中设置在公共管井内，方便检修维护，避免对用户的影响。

条文 4.4.5 厨房和卫生间设计时应充分考虑维护、更新的需求，在管线预留接口连接处应设置检修口或检修门，检修口外有便于操作的空间。检修和更换部件不得影响结构安全。

【技术要点】

住宅厨房和卫生间是管线相对集中的空间，为便于检修维护，需要在内装修设计时就考虑哪些部位容易出现问题，并设置相应的检修口或检修门。建筑专业需注意，内装修设计室内检修口位置应与建筑专业校核，保证其设置位置不影响建筑功能使用和消防疏散等的要求。

条文 4.4.6 集成式厨房和集成式卫生间内的管道材质和连接方式宜与公共区的管道匹配，当采用不同材质的管道连接时，应有可靠的连接措施。

条文 4.4.7 集成式厨房的空间尺寸应符合国家现行标准《住宅厨房及相关设备基本参数》GB/T 11228、《家用厨房设备》GB/T 18884，行业标准《住宅厨房模数协调标准》JGJ/T 262、《工业化住宅尺寸协调标准》JGJ/T 445 的规定。

条文 4.4.8 厨房的洗涤盆、灶具、排油烟机、电器设备、橱柜、吊柜等设施应一次性集成设计到位，橱柜、吊柜宜与装配式墙面进行集成设计。

条文 4.4.9 悬挂在竖向结构构件上的橱柜、吊柜应与主体结构可靠连接，悬挂在轻质隔墙时，应对连接部位的隔墙采取加强措施。

条文 4.4.10 集成式厨房应选用防火、耐水、耐磨、耐腐蚀、易清洁的材料，材料强度应满足要求，地面材料应防滑。

条文 4.4.11 集成式厨房管线应进行综合协同设计，竖向管线应集中设置，横向管线避免交叉。冷热水表、燃气表、净水设备等宜集中布置，且便于查表和检修。

Ⅱ 集成式卫生间

条文 4.4.12 住宅中的集成式卫生间宜采用干湿分离的布置方式。

条文 4.4.13 集成式卫生间的接口设计应符合以下规定：

1 重点做好设备管线接口、卫生间边界与相邻部品部件之间的收口；

2 防水底盘与墙面板连接处的构造应具有防渗漏的功能；

3 卫生间墙面板和外墙窗洞口的衔接处应进行收口处理并做好防水措施；

4 卫生间的门框门套应与防水盘、壁板、墙体做好收口和防水措施，卫生间的门宜与集成式卫生间的其他部品成套供应。

条文 4.4.14 集成式卫生间的电源插座宜设置在干区，除卫生间内的设备及其控制器外，其他控制器、开关宜设置在集成式卫生间外。

条文 4.4.15 卫生间管线应进行综合设计，给水、热水、电气管线优先敷设在吊顶内。

条文 4.4.16 采用防水底盘的集成式卫生间的地漏、排水管件和其他配件应与防水底盘成套供应，并提供安装服务和质量保证。

【技术要点】

卫生间漏水是常出现的建筑工程质量问题。防水工程涉及总包、装修、部品供应商等多个相关方，各方之间工艺不连续，施工界面难以划分清楚，造成漏水的原因和责任难以分清，用户权益损失也难以赔偿。

在装配式内装修中，由于集成式卫生间的防水底盘是防水的关键部品，所以防水工程的主体责任应由防水底盘供应商负责，应采用底盘、管件和配件成套供应的方式，并由供应商提供安装服务和质量保证。

Ⅲ 整体卫浴

条文 4.4.17 整体卫浴选型宜在建筑方案设计阶段进行，与整体卫浴厂家进行技术对接，确保整体卫浴各项技术性能指标符合需求，接口的位置及尺寸与公共管线匹配。

【技术要点】

整体卫浴是最典型的工业化部品之一，为保证其应用效果，需要有一定的设计预留条件，因此在建筑设计阶段就需要部品企业参与设计配合。

条文 4.4.18 整体卫浴应采用同层排水方式。当采取结构降板方式实现同层排水时，降板区域应结合排水方案及检修位置确定。

4.5 设备和管线

条文 4.5.1 装配式内装修设备和管线设计应遵循下列原则：

1 设备和管线设计应进行综合，宜采用建筑信息模型（BIM）技术，进行工厂化生产和装配化安装；

2 设备和管线不应敷设在混凝土结构或现浇的混凝土垫层内，应与主体结构分离，可敷设在吊顶上、地面架空层中、夹层墙体内、固定家具与墙体间、踢脚和收边线脚内等部位；

3 竖向主干管线、竖向桥架及计量装置应设置在公共区域的管井或表间内；

4 设备和管线的预留洞口尺寸及位置、插座接口点位应在设计图中明确标注，部品定位准确，避免现场打孔开凿；

5 电气控制箱、分集水器、分支管线宜结合内装修部品进行集成设计。

6 内装管线及配件的使用寿命不宜低于15年。

【技术要点】

采用装配式内装修的工程中，设备管线的预留洞口、插座接口点位的位置需要在其他部品部件上进行预留，因此其位置必须准确。

条文 4.5.2 生活给水及热水管道集成设计应符合下列规定：

1 居住建筑卫生间冷水、热水管道宜采用分水器配水方式，分水器后的管线不应有接口；敷设在吊顶、架空层的冷水管线应采取防结露措施；

2 生活热水管道供水长度较大时应设置循环装置。

条文 4.5.3 消防管道的集成设计应符合下列规定：

1 消火栓宜设在楼梯间平台、消防电梯前室、设备用房及次要房间的墙体上，避免对主要使用功能房间的墙体产生不利影响，并尽量减少消火栓立管数量；

2 消防阀门、水流指示器、末端试水阀等附配件宜设在管井、设备用房内等便于检修的部位；当设在走廊等部位的吊顶内时，应预留检修口；不应设在办公室、居住房间等主要使用功能的用房内。

【技术要点】

消火栓箱的布置对室内空间、墙体均有特定的技术要求，因此，消火栓的布置应尽量布置在楼梯间、设备间墙体等部位，减小对室内装修的影响。

条文 4.5.4 空调通风管道设置宜满足下列要求：

1 居住建筑卫生间排风管道宜同层排出；

2 燃具燃烧产生的烟气可通过竖向烟道排至室外，同层排出时应采取有效的控油措施；

3 空调通风管道宜采用工厂预制、现场冷连接工艺。

条文 4.5.5 电气和智能化管线设计应符合下列规定：

1 电气线缆应采用符合安全和防火要求的敷设方式配线，导线应采用铜线；

2 电气线缆应穿金属管或在金属线槽内敷设，线缆在管道或线槽内不能有接头，如有接头，应放置在接线盒内；

3 电气线缆设计在隔墙内布线时，隔墙优先选用带穿线管的工厂化生产的墙板。

4.6 接口和细部

条文 4.6.1 装配式内装修与主体结构、外围护系统、设备管线系统相连的接口应符合通用性要求，并应符合下列规定：

1 接口应做到定位准确、坚固耐用、拆装方便；

2 接口尺寸应符合公差协调要求；

3 设在有防水要求部位的接口应有可靠的防水措施；

4 接口材料应高强耐久。

【技术要点】

装配式内装修与建筑结构、设备管线、外围护三个系统之间的接口是内装修设计和施工中需要重点处理的部位。接口部位的连接要牢固。实际工程中，主要原因是前序施工安装的偏差对内装修工程造成不可忽略的影响，导致内装修系统与其他三个系统之间的连接处理往往耗时、低效，因此，对于内装修系统接口的公差应进行统筹考虑。内装修设计、选择部品和施工安装时应特别注意，应采用能够容错和纠偏的设计或部品。

条文 4.6.2 装配式内装修细部构造应符合以下规定：

1 装配式隔墙和楼地面相接，宜按照先安装隔墙、再安装楼地面的顺序进行设计；如隔墙安装于楼地面上，楼地面的强度应能承担隔墙墙体及其附着物的荷载要求，并应满足变形、振动和隔声的要求；隔墙和楼地面相接部位可设踢脚或墙裙，方便清洁和维修；

2 装配式隔墙与吊顶相接，宜按照先安装隔墙、再安装吊顶的顺序进行设计；相接部位可采用收边线角、凹槽的方式进行处理；

3 门窗与墙体的连接宜采用配套连接件进行连接，连接件宜预留，后安装门窗时不应破坏墙体，门窗框材与墙体间的缝隙应填充密实，宜采用门窗套进行收边；

4 大面积轻质隔墙上开设门窗洞口时应采取加强措施，避免门窗开闭引起墙体振动；

5 分集水器不应设在住宅主要居室的墙面上，可结合收纳部品、吊顶、架空地板等进行布置，暗藏布置的应设检修口；

6 管线穿隔墙的孔洞在管线安装后应采用有效封堵措施，并满足相应隔声、防水和防火要求；

7 不同材料交接处宜采用收边条进行加强处理，收边条的强度应高于相邻材料。

条文 4.6.3 细部构造宜按照可逆安装的方式进行设计。

【技术要点】

在建筑的使用过程中，内装修的部品、设备管线等会因各种原因发生损坏而需要维修或更换。许多设计对维修的可更换性考虑不足，部品、设备管线等发生损坏时，不得不对其进行破坏性拆除。这种方式往往造成维修过的部位质量下降，也产生了不必要的多余垃圾。因此，在进行内装修的细部构造设计时，应采用可无损拆除、换件后重新安装就位的方式进行设计。

5 生产运输

5.1 一般规定

条文 5.1.1 装配式内装修应提高部品的集成化、模块化、标准化程度，提高施工装配效率和使用维护的便利性。

条文 5.1.2 装配式内装修应提高部品接口的开放性和通用性，实现部品系列化、成套化供应，满足多样化需求。

条文 5.1.3 为确保装配式内装修部品的品质与精准供应，应从部品预案、部品制造、出厂检验、包装运输四方面进行控制。

条文 5.1.4 装配式内装修部品制造企业应建立完整的技术标准体系以及质量、职业健康安全与环境管理体系。

条文 5.1.5 装配式内装修部品制造企业应对检验合格的部品出具合格证明文件，并对定制部品进行唯一编码标识且满足溯源性要求。

5.2 部品预案

条文 5.2.1 部品预案应符合下列要求：

1 应控制标准化部品与非标部品的系列规格组合，实现大小批量同步均衡转换，柔性制造，同步配套；

2 应明确部品之间连接的标准接口类型、规格、接驳方式，应明确配套的部件、配件及零件构成；

3 应考虑上下道装修工序的影响，减少干扰；

4 宜对所有定制部品进行唯一编码。

【技术要点】

随着"工业 4.0"和"中国制造 2025"支持政策在中国的推广应用，中国部品生产制造业一直在转型升级，生产企业的智能制造可以满足消费者个性化的需求，装配式内装修的部品鼓励采用以消费者为导向、以需定产的定制生产方式。建筑师可了解到装配式装修随着部品工业化的不断进步，装修部品可以满足消费者个性化需要、品质需求、价格需求。

部品生产制造时应保证标准参数部品与非标部品同时配套加工，消除色差，统一接口标准。

建筑师需了解部品编码对于其生产、安装、维护起到重要作用，部品、部件的编码宜锁定编号、规格、材质、饰面、使用位置、生产日期、制造单位等信息，使部品信息在加工、交付过程中能有效传递。部品饰面描述宜标准化，颜色应以通用色号或 RGB 配比数据标识；图案应以图片或其代码标识；纹理应以其模板代码标识；光泽应以通用等级标识。

条文 5.2.2 定制部品生产加工前，应根据施工安装要求及现场勘测结果，制定生产或组合预案，宜明确与周边配套部品的关联要求，尤其是拆装要求，以及因定制而造成变化的饰面要求、配套方式、接口调整等。

【技术要点】

建筑师应了解到部品工业化的设计、生产、安装的方式。部品生产前对现场进行实测，对预埋件及预留孔洞复测，测量和加工数据可以精确到毫米。部品的外廓或边界尺寸应标注最大尺寸，制造过程中的公差带应控制在标注尺寸以内；部品的内腔或容纳尺寸应标注最小尺寸，制造过程中的公差带应控制在标注尺寸之外。

条文 5.2.3 对于大型且在厂内完成主要装配的部品，应明确运输、存放、就位的相关条件和要求。

5.3 部品制造

条文 5.3.1 部品生产所用原材料应符合国家现行有关产品标准的规定，具有质量合格证明文件，并按相关规定进行抽样检测，未经检验或检验不合格，不得使用。

条文 5.3.2 部品生产企业应建立质量安全生产追溯制度，建立产品信息档案，实现对生产产品的可追溯性。

条文 5.3.3 部品的连接构造设计应确保连接可靠，装配方式应具有可拆卸性，饰面材料应易于面层的翻新或改造。

【技术要点】

装配式内装修部品部件之间连接既要保证连接的可靠性，也要考虑到拆除时的方便性，避免破坏性的拆装方式，产生大量建筑垃圾。部品的饰面与支撑构造也应易于拆卸。

条文 5.3.4 部品应根据设计技术要求在工厂内完成加工，如需要在现场安装中补充加工，应结合切口是否需要处理配备相应的工具及辅料，并在产品说明书或作业指导书中明确操作规程。

条文 5.3.5 根据设计明确划定装配责任，部品所需专用配件或辅料应为部品的组成部分。

条文 5.3.6 对于非常年生产的部品部件，宜适量预留一定的数量，以备安装损耗以及维护所需。

条文 5.3.7 应对部品的产品编码和生产日志存档，进行质量跟踪和追溯。

5.4 出厂检验

条文 5.4.1 部品生产企业应建立产品出厂检验制度，产品应按现行标准检验合格后方能出厂销售，生产者不具备出厂检验能力的，应委托具有法定资质的检验机构进行出厂检验。

条文 5.4.2 部品生产企业应对出厂合格产品签发产品合格证，合格证应标注产品相关信息，明确质量保证期限。

5.5 包装运输

条文 5.5.1 部品包装应标识产品名称、规格型号、产地、质量等级、符合保障质量安全强制性标准的证明等内容，同批次部品内置包装明细清单、产品说明书、作业指导书说明书及产品合格证等。

【技术要点】

部品的包装与运输也与工程的进度和质量密不可分。部品包装的明细程度可以方便工人对其运输和安装，部品的明细清单应包括本包装始发地、到货地、批次编码、部品明细表及装配位置、使用期限。产品说明书、作业指导说明书宜包含部品维修、更换的必要信息。

条文 5.5.2 配套部件应与部品同批次交付，易损、易耗零配件宜适量增配，需要专用工具进行装配时，应与部品同批次配备相应数量工具。

条文 5.5.3 部品包装材料宜采用环保、不掉色、可回收循环使用的材料。

条文 5.5.4 内装部品从工厂运输到施工现场，应提前制定运输计划及方案，超高、超宽、形状特殊的大型部品的运输和码放应采取质量安全保证措施。

条文 5.5.5 内装部品在施工现场二次搬运，应提前查勘场地条件并做预处理，确保卸载及转运工具顺利通行，宜采用机械化垂直运输工具上楼。

6 施工安装

6.1 一般规定

条文 6.1.1 装配式内装修施工可采用穿插施工的组织方式。

【技术要点】

建设速度快是装配式建筑的特点之一，要发挥其优势，特别是对于一些高层建筑，采用穿插施工就非常必要，即在满足主体结构分段验收和其他必要条件时，通过科学合理的组织，实现施工层以下楼层的内装修施工与主体结构同步施工的方式，以达到各施工工序独立互不干扰、缩短整体施工工期、提高整体施工效率的目的。

条文 6.1.2 装配式内装修施工安装应根据工程特点，协同总包单位制定工程施工组织设计及施工方案，明确装配式内装修工程与其他建筑工程的施工界面，及其各分项工程的施工界面、施工工序与避让原则。

【技术要点】

装配式内装修与传统装修的工作内容已经有了很大的不同，为减少后期因与传统项目中土建工程、装修工程责任划分不同带来的纠纷，应尽早明确施工的界面、施工的工序和避让原则，以提升后期施工效率，减少扯皮。

条文 6.1.3 装配式内装修施工应符合部品部件的设计规定，选用的施工工艺应满足可逆安装、易维护的要求。

条文 6.1.4 装配式内装修施工宜采用标准化施工工艺与工具式定型化施工装备。

条文 6.1.5 装配式内装修施工中采用的新技术、新工艺、新材料、新设备，应经工程样板验证后应用，并应符合国家现行有关标准。

条文 6.1.6 装配式内装修施工前，应选择有代表性的空间单元和主要部品进行样板间或样板试安装，并应根据试安装结果及时调整施工工艺、完善施工方案，且应经项目参与各方确认。

条文 6.1.7 装配式内装修施工宜采用建筑信息模型（BIM）技术对施工全

过程进行模拟、指导及协调管理。

条文 6.1.8 施工单位应根据装配式内装修工程特点和规模合理设置组织架构、配备管理人员和选择专业施工队伍，施工作业人员应具备岗位所需的基础知识和技能。

6.1.9 装配式内装修施工应遵守国家施工安全、环境保护的相关标准，制定安全与环境保护专项方案，宜采用绿色施工模式，减少现场切割作业和建筑垃圾。

【技术要点】

装配式内装修本身的特点就顺应绿色施工的发展要求：采用大量的工业化部品，且在与其他专业做好协同设计的基础上，各种开孔开洞和尺寸预留都是在施工安装前完成，因此现场的切割作业和建筑垃圾较少，符合绿色施工模式的要求。

6.5 厨房和卫生间

I 集成式厨房安装

条文 6.5.1 装配式内装修集成式厨房施工前应完成相关工程隐蔽工程验收，并采用界面放线法放控制线，位置应准确。

条文 6.5.2 装配式内装修集成式厨房施工安装应符合下列规定：

1 集成式厨房安装墙板前，应对与墙体结构连接的吊柜、电器、燃气表等部品前置安装加固板或预埋件；

2 集成式厨房的墙面、台面及管线部件安装应在连接处密封处理。

II 集成式卫生间安装

条文 6.5.3 装配式内装修集成式卫生间安装前应完成相关隐蔽工程验收，当楼面结构层有防水时，应完成防水施工并验收合格。

条文 6.5.4 装配式内装修集成式卫生间的安装应符合下列规定：

1 排水管连接处螺纹接头应旋紧，并加垫密封圈，保证孔洞及连接部位密封化处理；

2 不同用电装置的电源线应分别穿入走线槽或电线管内，其分布应有利于检修；

3 采用同层排水方式时，防水底盘门洞位置应与隔墙门洞平行对正，底盘边缘应与对应墙体平行；

4 采用异层排水方式时，应保证防水底盘地漏孔和排污孔、洗面台排水孔与楼面预留孔分别对正。

III 整体卫浴安装

条文 6.5.5 当采用整体卫浴时，宜优先组装整体卫浴，再施工安装整体卫浴周边墙体。

【技术要点】

整体卫浴在安装时需要将管线安装在壁板外侧，并需要一定的安装操作空间，当整体卫浴外围墙体是轻质隔墙时，建议先安装整体卫浴再立隔墙，这主要是从提高施工效率和操作方便性的角度出发而提出的要求。

7 质量验收

条文略。

本章主要是装配式内装修的质量验收要求。相对于传统装修的验收，在个别项目上，依据装配式内装修部品化程度高、精度和品质更高的特点，在质量验收要求上进行了提升，以体现装配式内装修的特点。

8 使用维护

条文 8.0.1 装配式内装修工程的设计文件应注明其设计条件、使用性质及使用要求。

条文 8.0.2 装配式内装修工程的质量保修期限应不低于 5 年，缺陷责任期为 2 年。

【技术要点】

推动装配式内装修的根本目的是为了"提升品质、提升效率"，而提升工程品质在标准中的落脚点就是工程质量保质期的提高。我国长期以来都是 2 年的质量保修期，装配式内装修工程保修期的提高一方面是经过工程实践的验证，另一方面也是针对装配式内装修的发展方向而提出的高要求，呼应国家高质量发展的目标。

条文 8.0.3 装配式内装修工程的项目建设单位，应按国家有关规定提供包括有装配式内装修工程专项的《房屋建筑质量保证书》。除应按现行有关规定执行外，其内容尚应注明相关内装部品质量保修范围、保修期限、保修责任、保修承诺、报修及处理要求。

条文 8.0.4 装配式内装修工程的项目建设单位，应按国家有关规定的要求提供包括有装配式内装修工程专项的《建筑使用说明书》。并宜按户内部位和公共部位分别编制。

条文 8.0.5 《建筑使用说明书》中装配式内装修工程专项的户内部位内容，除应按现行有关规定执行外，尚应包含以下内容：

1 使用注意事项，二次装修、改造的注意事项，应包含被允许及被禁止的事项；

2 主要内装部品的做法、部品寿命、使用说明等，并宜提供构造做法简图；

3 设备与管线的组成、材料特性及规格，部品部件的使用寿命、使用说明等，并宜提供主要部件的安装简图；

4 主要内装部品、设备与管线的《日常检查维护方法》，主要包含内容参表 8.0.5。

日常检查维护方法 表 8.0.5

序号	检查维护对象	检查方法	检查结果
1	装配式隔墙（墙面）	按项目制定	按实际情况记录
2	装配式吊顶	按项目制定	按实际情况记录

序号	检查维护对象	检查方法	检查结果
3	装配式楼地面	按项目制定	按实际情况记录
4	集成式卫生间	按项目制定	按实际情况记录
5	集成式厨房	按项目制定	按实际情况记录
……	……	……	……

条文 8.0.6 《建筑使用说明书》中装配式内装修工程专项的公共部位编制内容，除应按现行有关规定执行外，尚应包含以下内容：

1 使用注意事项，应包含被允许及被禁止的事项；

2 公共部位主要内装部品的做法、部品寿命、使用说明等，并宜提供构造做法简图；

3 公共部位及其公共设施设备与管线的组成、材料特性及规格，部品部件的使用寿命、使用说明等，并宜提供主要部件的安装简图；

4 公共部位主要内装部品、设备与管线的《检查与维护更新计划》，主要包含内容参表 8.0.6。

检查与维护更新计划   表 8.0.6

序号	检查维护项目	检查方法及内容	维护更新分类	维护更新时限
1	装配式隔墙（墙面）	按项目制定	按实际情况记录	按项目制定
2	装配式吊顶	按项目制定	按实际情况记录	按项目制定
3	装配式楼地面	按项目制定	按实际情况记录	按项目制定
4	给水设备与管线	按项目制定	按实际情况记录	按项目制定
5	排水设备与管线	按项目制定	按实际情况记录	按项目制定
6	供暖设备与管线	按项目制定	按实际情况记录	按项目制定
……	……	……	……	……

附　录　装配式建筑的集成设计建造案例

居住建筑

北京雅世合金公寓项目

建成时间：2009 年
项目类型：住宅
项目规模：7.78 万 m²
项目地点：北京市海淀区
设计研发：中国建筑设计研究院
内装设计：市浦设计事务所
建设施工：中建一局集团第三建筑有限公司
技术集成：北京金阳新建材公司、FUKUVI 化学工业公司、SKK（上海）有限公司、上海积水化学公司、久保田公司、博洛尼公司、史丹利公司、TOTO（中国）公司、北新集团建材公司、能率（中国）投资公司、林内公司、森德公司、积水腾龙（北京）环境科技公司、海尔 CSG 开发部、松下电器（中国）有限公司、万协公司、凤设计事务所、北京建王园林工程公司

案例资料来源：北京雅世合金公寓项目组

雅世合金公寓项目是"十一五"国家科技支撑计划课题《绿色建筑全生命周期设计关键技术研究》（2006BAJ01B01）的示范工程，国家住宅性能认定 3A 认证项目，中日两国合作研发的"中日技术集成示范项目"，是我国住宅首个可持续建筑体系与建筑长寿化技术的设计建造项目，其达到国际水准的开放建筑体系的产业化整体实践具有示范效益和引领作用。作为中国最早实现建筑支撑体与填充体分离的装配式建筑实践项目 SI 住宅先进理念及其新型工业化技术，开创了装配式建筑内装体系和集成部品整体应用，获得中国土木工程詹天佑奖、詹天佑奖优秀住宅小区金奖、全国优秀工程勘察设计行业奖住宅与住宅小区一等奖、广厦奖等多项奖项。项目位于北京市海淀区永定路，用地为 2.2hm²，总建筑面积为 7.78 万 m²，容积率为 2.2，有两栋公建设施和 8 栋 6 ～ 9 层住宅，共计 486 户。

项目以住宅全寿命周期的质量性能设计理念为出发点，设计建造中考虑了生产的集成性、居住的适应性和建筑的长效性，保证了居住品质，提高了住宅全生命周期的综合价值。项目推动了住宅设计、生产、维护和改造的新型工业化住宅关键技术系统研发，以及体系化的国内外先进适用性技术的整体集成应用开创性的具有优良住宅性能的住宅建设实践，传播了国际先进住宅科技理念与成果，促进了我国住宅建设的可持续发展。

【系统集成】

结构系统：采用装配式新型混凝土砌块剪力墙体系。

外围护系统：新型工厂生产外饰面的砌块外饰面，工厂预制；国内首个借鉴日本住宅外围护理念与体系，研发落地的复合型内保温集成技术案例。

内装系统：采用集成化部品体系，全干式工法的装配式填充体内装集成技术。其集成技术有：墙体与管线分离的内装工业化集成技术，架空地板系统、架空墙体系统、架空吊顶系统的内装工业化集成技术。

设备与管线系统：SI 住宅内装分离与管线集成技术，集中设备管井，预制构件内无电气管线预埋，以及隔墙体系集成技术、围护结构内保温与节能集成技术、干式地暖节能集成技术、集成厨房与整体卫浴集成技术、新风换气集成技术、架空地板系统与隔声集成技术和环境空间综合设计与集成技术等十多项核心技术与集成技术体系。在安装分水器的地板处设置地面日常检修口，以方便修理。

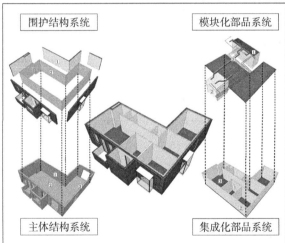

围护结构系统

模块化部品系统

主体结构系统

集成化部品系统

家庭形成期

家庭成熟期

第一阶段
支撑体集成技术系统

维护结构系统，包括：1-外装；2-保温
层；3-门窗屋面等

结构主体系统，包括：1-承重墙；2-楼
板；3-梁柱等

第二阶段
填充体集成技术系统

模块化部品系统，包括：1-整体厨房；
2-整体卫浴；3-管线系统等

集成化部品系统，包括：1-轻质隔墙；
2-架空墙体；3-地板吊顶等

上海万科金色里程住宅项目

建成时间：2010 年
项目类型：住宅
项目规模：13.5 万 m²
项目地点：上海市浦东新区
设计研发：上海中森建筑与
工程设计顾问有限公司、上
海兴邦建筑技术有限公司
内装设计：上海中森建筑与
工程设计顾问有限公司
建设施工：上海市第二建筑
有限公司
内装施工：上海市第二建筑
有限公司

案例资料来源：上海万科金
色里程项目组

金色里程项目是万科集团首个将建筑工业化理念的预制装配技术大规模体系集成化应用的住宅项目，荣获全国优秀工程勘察设计行业奖三等奖、第二届中国建筑学会建筑设备（给水排水）优秀设计二等奖、中国土木工程詹天佑优秀住宅小区金奖等奖项。项目位于上海市浦东新区中环线内，总用地 6.94hm²，建筑面积 13.5 万 m²，由 7 栋 PC 高层，20 栋联排别墅、1 座地下车库及其他配套公共设施组成。地上建筑面积约 10.4 万 m²，容积率 1.5。

项目策划阶段进行了住宅产业化技术体系研究，采用 VSI 体系与管线分离工法，减少湿作业。其 PC 建造技术概括为以下几个方面：外墙 PC 板，外墙板、楼梯、阳台、空调板等构件均为 PC 板，工厂预制现场吊装，承重剪力墙、楼板、梁采用现浇；PC 的连接防水，改传统的材料粘结性防水变为构造疏导性防水；PC 的门、窗预埋，窗整体性、气密性好，门窗牢固程度大大增加；PC 凸窗构件，结构整体性好，外观精致；PC 阳台、PC 空调板构件，阳台、空调板预制构件尺寸精确，同时考虑并预留了设备专业的孔、洞、预埋件等，实现一步到位或方便安装；PC 楼梯构件，楼梯平整并且踏步高度、宽度尺寸精确，大大降低逃生时磕绊的概率。

【系统集成】

结构系统：采用装配式混凝土剪力墙结构建筑体系。外挂预制混凝土墙板、预制混凝土阳台、凸窗、空调板、预制混凝土楼梯等构件，采用叠合剪力墙 PCF 体系。

外围护系统：采用预制外墙模（含外饰面，外墙模叠合）＋现浇剪力墙，反打面砖、窗框预埋工艺。

内装系统：采用室内六面架空管线分离设计方法。其集成化部品关键技术包括：干式隔声双层架空地板、超薄型轻钢龙骨吊顶、冷热水给水用分水器、双层双面轻钢龙骨石膏板隔墙（内置隔声棉）、同层排水的集水器等。同时，项目采用了整体卫浴、集成厨房、系统收纳等模块化部品，干法施工，现场拼装，减少渗漏。

设备与管线系统：住宅的主体结构、内装部品和设备管线三者分离，公共空间集中设置管井。

装配式建筑的集成设计建造案例

山东济南鲁能领秀城住宅项目

建成时间：2016 年
项目类型：住宅
项目规模：18.7 万 m²
项目地点：山东省济南市
设计研发：中国建筑标准设计研究院有限公司
内装设计：五感纳得（上海）建筑设计有限公司、松下亿达装饰工程有限公司、上海曼图室内设计有限公司
建设施工：中建三局集团有限公司
内装施工：深圳市美芝装饰设计工程有限公司、东亚装饰股份有限公司、中建东方装饰有限公司、中国建筑装饰集团有限公司
部品集成：南京旭建新型建材股份有限公司、苏州海鸥有巢氏整体卫浴股份有限公司、山东力诺瑞特新能源有限公司、广东欧科空调制冷有限公司

案例资料来源：山东济南鲁能领秀城项目组

鲁能领秀城项目是中国百年住宅的试点项目、绿色建筑三星级认证项目、国家住宅性能标准 3A 级项目。项目位于济南市中区舜耕路与二环南路交汇处路南，总占地 6.49hm²，建筑面积 18.7 万 m²，共有 16 栋楼，地上建筑面积约 13 万 m²，容积率 2.0。

项目应用了百年住宅技术体系，实施了新型支撑体填充体建筑体系与装修部品化技术，联合国内外十余家产学研用的科研、设计和生产施工等单位进行科技攻关，体系化应用了建筑长寿化等数十项集成技术，从系统实施到设计、生产、施工、维护等产业链各个环节进行了探索及产业化技术创新实践。项目以建筑产业现代化、居住品质优良化、建筑长寿化和绿色低碳化为纲领，研发了创新的框架剪力墙＋PK 预应力叠合楼板＋ALC 外墙板围护体系，将新型装配式工业化建筑体系系统性实施到设计、生产、施工、运维等产业链环节以进行探索及实践，带动了装配式建筑产业化技术集成的创新。

【系统集成】

结构系统：采用装配式混凝土框剪结构建筑体系，按照 100 年结构耐久性进行设计，提升了住宅全寿命周期内资产价值和使用价值，实现了标准化、大规模部品成批量生产与供应，且节能减排效果显著。项目采用高开放度的大空间框架体系，PC 技术现浇框剪＋PK 预应力叠合楼板。其集成技术包括：预制叠合楼板集成技术、预制楼梯集成技术、预制阳台板和空调板集成技术。

外围护系统：住宅中首次采用复合型内外保温的 ALC 集成技术案例。首次在商品住宅中采用现浇框架—剪力墙结构＋装配式 ALC 外墙板，建筑保温采用 ALC 板＋内保温的组合形式，同时利用多种规格的 ALC 装饰板进行了外饰面的设计，并达到了防止冷桥的作用。

内装系统：采用装配式内装的填充体方法，实现了地面、隔墙与吊顶的分离式设计。集成化部品关键技术包括：卫生间干区位置架空地板集成技术、轻钢龙骨吊顶集成技术、架空墙体集成技术、轻钢龙骨隔墙集成技术，以及整体卫浴、集成厨房、系统收纳的模块化部品。

设备与管线系统：采用主体与内装分离体系，将住宅的主体结构、内装部品和设备管线三者分离。通过在前期设计阶段对建筑结构体系的整体设计，有效提升了后期的施工效率，有助于合理地控制建设成本，并保证了施工质量与内装模数的对接，方便了检查更换和增设设备与设施。

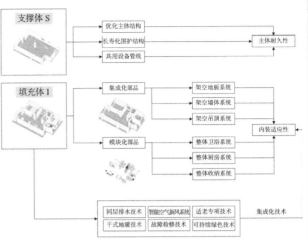

支撑体 S
- 优化主体结构
- 长寿化围护结构 ——— 主体耐久性
- 共用设备管线

填充体 1
- 集成化部品
  - 架空地板系统
  - 架空墙体系统
  - 架空吊顶系统
- 模块化部品
  - 整体卫浴系统
  - 整体厨房系统
  - 整体收纳系统

内装适应性

| 同层排水技术 | 智能空气新风系统 | 适老专项技术 | 集成化技术 |
| 干式地暖技术 | 故障检修技术 | 可持续绿色技术 | |

原始建筑图	套型变换		
	标准三室	育儿二室	适老二室
B 套型			

北京郭公庄公共租赁住房一期项目

建成时间：2017 年
项目类型：住宅
项目规模：21 万 m²
项目地点：北京市丰台区
设计研发：中国建筑设计研究院有限公司
内装设计：中国建筑设计研究院有限公司
建设施工：北京城建建设工程有限公司
内装施工：北京和能人居科技有限公司
部品集成：北京和能人居科技有限公司

案例资料来源：北京郭公庄公共租赁住房一期项目组

郭公庄公共租赁住房一期项目是北京市首个开放式街区制装配式住宅项目。项目位于北京市丰台区，距郭公庄地铁站约 1km，是为数不多的距城市中心较近的公租房项目；也是基于"开放街区、组团围合、混合功能"设计理念的装配式公共租赁住房社区。项目规划用地 5.88hm²，容积率不超过 2.5，提供公租房 3000 套，建筑高度 60m，住宅层数为 6 ~ 20 层。

住宅楼底部加强区采用现浇混凝土结构，加强区以上区域结构采用预制混凝土结构。整个小区仅由四个基本套型组成，标准化程度高。通过标准化构件的排列组合，与阳台的功能结合起来，形成类似博古架的形式，统一而又富有变化，现代中透着传统。对窗台、窗台板、分格、空调机位等部位进行细部处理，为避免千篇一律，强调立面的识别性，在阳台栏板上随机涂饰颜色，自下而上逐渐减少。由于大量采用标准化的构件，立面形式尊重功能，有效地控制了成本。

【系统集成】

结构系统：采用装配整体式剪力墙结构建筑体系。上部为外墙采用三明治 PC 外墙，加强区采用 PCF。建筑模数以 300mm 为基本模数单位。预制构件包括外墙、楼板、楼梯、阳台和空调板，预制率 35% ~ 40%。楼板、阳台板和空调板均采用叠合楼板，楼梯采用预制混凝土楼梯段。

外围护系统：外墙采用三明治复合墙体，由外叶墙（50mm 厚）、保温层（70mm 厚）和内叶墙（200mm 厚）组成。

内装系统：采用装配式装修方法。除卫生间防水和顶棚外，全部采用干法作业，质量好、速度快，实现 3 个工人 10 天完成一套的装修速度。地面采用架空采暖地面；内隔墙采用轻钢龙骨隔墙，面板采用带饰面硅酸钙板；卫生间采用防水托盘的干式防水做法，同层排水；厨卫顶棚采用无龙骨的干式吊顶。

设备与管线系统：采用管线和结构支撑体分离的体系。地面采用了干式工法架空地面，结合地板采暖模块，施工速度快，采暖效率高，装修污染小。便于以后管线的维修。

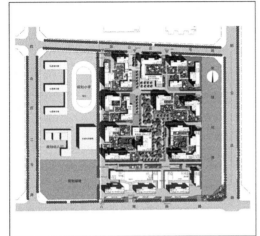

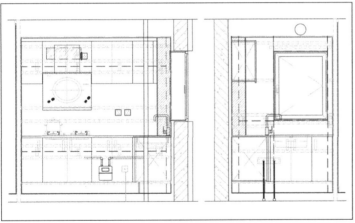

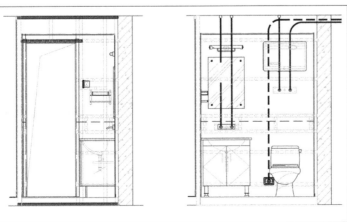

北京实创青棠湾公共租赁住房项目

建成时间：2018 年
项目类型：住宅
项目规模：32.5 万 m²
项目地点：北京市海淀区
设计研发：中国建筑标准设计研究院有限公司
内装设计：五感纳得（上海）建筑设计有限公司
建设施工：中建三局建设工程股份有限公司
内装施工：北京国标建筑科技有限责任公司、北京宏美特艺建筑装饰工程有限公司、苏州科逸住宅设备股份有限公司
部品集成：苏州科逸住宅设备股份有限公司、远大住宅工业集团股份有限公司、广东松下环境系统有限公司、北京建工茵莱玻璃钢制品有限公司、仁创生态环保科技股份有限公司、大连金桥木业有限公司

案例资料来源：北京实创青棠湾公共租赁住房项目组

实创青棠湾是中国百年住宅试点项目、绿色建筑三星级认证项目、国际 LEED-ND 金级认证项目、国家住宅性能标准 2A 级项目、健康建筑认证项目，项目作为保障性住房建设唯一样板，入选"砥砺奋进的五年"大型成就展、"伟大的变革——庆祝改革开放四十周年大型展览"。项目秉持绿色可持续住宅建设理念，在公租房建设上首次研发落地了建筑支撑体与填充体建筑通用体系，实践了建筑主体装配和建筑内装修装配等产业化体系与集成技术。项目位于北京市海淀区永丰产业基地，总用地 10.9hm²，总建筑面积 32.5 万 m²，共计 25 栋住宅楼，容积率 2.0，绿地率 30%，居住套数 3790 套。

项目以国际先进可持续发展建筑产业化理念和装配式技术全面提高建筑工程质量与建设效率，提升了公共租赁住房住宅全寿命周期内资产价值和使用价值，实现了标准化、大规模部品成批量生产供应和产业链集成协同模式创新，具有良好的产业化前景和推广价值，取得了良好的经济效益、社会效益和环境效益。

项目从建筑设计源头制定实施住宅产业化路线，采用装配式主体与内装，并整合大量集成技术和部品。住宅楼栋、住宅套型以及住宅部品均采用标准化设计，通过标准化设计和工业化建造技术，实现快速大量建设的同时合理控制成本的技术整体解决方案；通过适应可变性和功能精细化设计，解决了适应住户家庭全生命周期需要的问题；通过 SI 住宅设计建设方式，提供了保障长期优良性能的全新公共租赁住房产品。

【系统集成】

结构系统：采用大空间的装配式剪力墙结构建筑体系。从地上一层或二层开始全部采用装配式剪力墙结构形式。装配式构件包括：外墙、内墙、楼梯、阳台板、空调挂板及楼板。

外围护系统：采用混凝土三明治夹芯外墙板。

内装系统：采用内装填充体的装配式内装体系与技术。实施标准化、集成化、模块化的装修模式，采用整体厨卫、轻质隔墙等材料、产品和设备管线集成化技术，提高了装配化装修水平，满足个性化需求。

设备管线系统：采用管线分离体系与集成技术，是我国首个实现预制 PC 结构部件生产中无电气等管线预埋的工程项目。

大空间结构 +SI 分离技术	多样化选择 + 家庭全寿命周期 建筑全寿命周期 = 优良社会资产	

基本单元（大空间结构）	A 套型（零居）、E 套型（两居）	E 套型（中年之家）→（青年之家）
	基本构成	格局变更（多样化选择）

E 套型（中年之家）（老年之家）	A 套型 +A 套型→（一居半）	套型 A+ 套型 E →（两居）
格局变更（家庭全寿命周期）	套型组合（家庭全寿命周期）	套型组合（家庭全寿命周期）

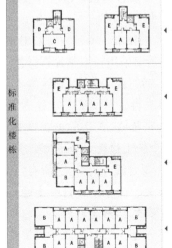

标准化楼栋

零居套型（1/2P）标准 A 套型

一居套型（2/3P）标准 B 套型 标准 C 套型 标准 D 套型

两居套型（3/4P）标准 E 套型

标准化套型

整体卫浴 整体厨房 整体收纳 架空层部品 分集水器 防水托盆 管线检修 通风换气

标准化部品

北京丰台桥南王庄子居住项目

建成时间：2018 年
项目类型：住宅
项目规模：8.06 万 m²
项目地点：北京市丰台区
设计研发：中国建筑设计研究院有限公司
内装设计：中国建筑设计研究院有限公司
建设施工：江苏省苏中建设集团股份有限公司
内装施工：北京市金龙腾装饰股份有限公司、浙江亚厦装饰股份有限公司
部品集成：苏州海鸥有巢氏整体卫浴股份有限公司、广东松下环境系统有限公司、北京鸿科联创科技发展有限公司、北京黎明文仪家具有限公司、北京宏森木业有限公司、北京泽信融智科技有限公司

案例资料来源：北京丰台桥南王庄子居住项目组

丰台桥南王庄子居住项目（泽信公馆）以建筑长寿化、居住品质优良化、建设产业化和绿色低碳化为纲领，用数十项绿色及产业化技术，打造了绿色、高品质的百年住宅示范住区。获得百年住宅设计认证、绿色三星设计认证、绿色三星运行认证。项目总规划用地面积 3.45hm²，其中建设用地面积 2.99 万 m²，规划容积率 1.85，总建筑面积 8.06 万 m²。

项目采用标准化与模数化设计方法。项目对所有套型的厨卫空间进行模块化设计，实现对空间的合理利用。土建设计与室内精装修设计同步进行，对土建设计和装修设计统一协调，实现设计的标准化与模数化，减少浪费，提高工作效率。室内设计以简约、明快为主要设计原则，与建筑单体整体风格相匹配。项目采用 BIM 技术进行设计。项目建立建筑模型，通过数字信息仿真模拟建筑物所具有的真实信息，并在运营管理过程中对模型进行应用。

【系统集成】

结构系统：采用大空间剪力墙结构建筑体系，按照 100 年设计使用年限进行设计，全面提高结构安全性与耐久性。

外围护系统：采用整体挂装式陶板幕墙体系。整体幕墙设计可以充分隔声减噪，陶板由天然陶土配石英砂挤压成型，质感良好美观，并且便于维修更换。外窗选用玻璃钢框料，玻璃选型为 5mmLOW-E 镀膜玻璃 +12mmAr+5mm 普通透明玻璃。商品房南向外窗，公租房东向、西向、南向外窗均设置展开或关闭后可以全部遮蔽窗户的手动遮阳卷帘。遮阳卷帘结合陶板幕墙一体化设计，卷帘盒隐藏在幕墙内，与简洁建筑外观相协调。

内装系统：采用装配式内装体系与集成技术。项目结构采用大板构造，套内仅有一道剪力墙，其他室内隔墙采用轻钢龙骨石膏板、水泥压力板隔墙体系，可实现无损拆装。通过内装分离、管线集成、可变隔墙系统以及整体卫浴实现内装可变性，从而满足居住者人数、年龄结构变化的要求，以及居住者未来装修、改造的可变要求。采用装配式部品和装配化施工方式，整个施工过程无现场污染。

设备与管线系统：采用 SI 住宅体系实现管线分离方式。所有强、弱电管线均为装修吊顶内明管敷设，开关、插座下返管线走轻质隔墙夹层内；坐便器采用壁挂式后排水形式，做装饰矮墙，与管井位于同一墙面，便于排水管线直接接入主立管。地面采用架空地面，管线明敷，便于后期维修。

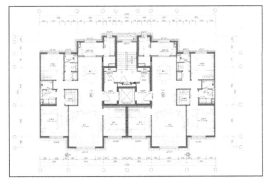

江苏镇江新区公共租赁住房项目

建成时间：2018 年
项目类型：住宅
项目规模：13.5 万 m²
项目地点：江苏省镇江新区
设计研发：中国建筑设计研究院有限公司
建设施工：威信广厦模块住宅工业有限公司

案例资料来源：江苏镇江新区公共租赁住宅项目组

镇江新区公共租赁住房项目是我国首个采用预制集成模块建筑体系建设的示范项目、绿色建筑三星级认证项目、精瑞白金奖的项目。项目引进国外先进建造理念，并进行本土化的技术研究与创新开发，通过实验研发、体系优化、技术改型等手段，解决了使用该体系在抗震区建造高层建筑的关键技术难点，对我国的工业化建筑市场的拓展进行了有益的尝试，提供了新的发展思路。项目为公租房住宅小区，位于江苏省镇江市大港区烟墩山路以东、港南路以北。项目总占地 5.08hm²，建筑面积 13.5 万 m²，共有 10 栋住宅楼。工程地下 2 层，地上 18 层，建筑高度 56.5m。地上建筑面积约 9.6 万 m²，容积率 1.89。规划总套数为 1436 套，包含 42m²、47m²、79m²、96m² 四种套型。

项目采用模块—核心筒体系进行建造，建筑施工分别在现场与工厂进行。在现场完成地下车库、主体地下二层、地下一层以及主体地上核心筒部分的施工。除以上部分，主体地上建筑均为工厂生产的模块，生产后在现场围绕核心筒进行搭建，并完成整个建筑物的保温及外装饰面层的施工。模块建筑体系中预制集成建筑模块是根据标准化生产流程和严格的质量控制体系，在专业技术人员的指导下由熟练的工人在模块组装工厂车间流水生产线上制作完成，其承重结构体系为钢结构，工厂制作加工精度可达毫米级，是一种较彻底的工业化、标准化的建造技术产品。项目在工厂完成 80% 以上的主体结构组装和 90% 以上的部品安装，高效的流水作业大大提高了施工速度和精度。现场建筑垃圾减少 85%，而且大部分的建筑垃圾可实现回收利用，施工周期短，绿色度高。

【系统集成】

结构系统：采用装配式钢结构模块结构建筑体系。核心筒与预制集成模块之间通过可靠度非常高的连接件连接，有效保证模块建筑结构体系的整体受力性能。

外围护系统：模块外墙，工厂预制。

内装系统：项目建筑设计与内装修设计一体化进行，采用装配式内装技术，内装施工以及管线埋设均在工厂内一次性完成，不产生二次装修问题。

设备管线系统：采用管线分离体系。

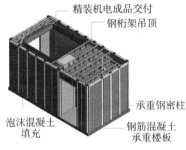

精装机电成品交付
钢桁架吊顶
承重钢密柱
泡沫混凝土填充
钢筋混凝土承重楼板

墙板钢密柱骨架生产 → 墙板发泡混凝土填充及面板安装 → 墙板组装与顶部钢桁架安装 → 楼板钢筋铺设

模块吊顶管线铺设 ← 模块门窗安装 ← 模块墙面与地面处理 ← 楼板混凝土浇筑

模块设备安装 → 模块内装部品安装 → 模块精装完成出厂 → 模块运输到现场吊装

装配式建筑的集成设计建造案例

江苏南京丁家庄保障房项目

建成时间：2018 年
项目类型：住宅
项目规模：9.57 万 m²
项目地点：江苏省南京市
设计研发：南京长江都市建筑设计股份有限公司
内装设计：南京长江都市建筑设计股份有限公司
建设施工：中国建筑第二工程局有限公司
内装施工：中国建筑第二工程局有限公司
部品集成：南京旭建新型建材股份有限公司、北京和能人居科技有限公司、南京倍立达新材料系统工程股份公司

案例资料来源：江苏南京丁家庄保障房项目组

丁家庄保障房项目作为江苏省已建成的规模最大的装配式绿色科技示范工程，是江苏省首个 100% 复制标准化套型、应用三合一预制夹芯保温外墙以及采用装配式装修的高品质绿色生态保障性住房社区。项目位于南京市迈皋桥丁家庄保障房片区，北临奋斗路，南靠青山路，东临燕新路，西靠自强路。用地面积为 2.27hm²，用地性质为公建与住宅用地，项目总建筑面积 9.57 万 m²。

项目将建筑产业现代化技术与绿色建筑技术进行集成整合，强调各技术之间的协调与集成。运用模块化组合设计方法，采用标准套型模块、标准厨房模块、标准卫生间模块、核心筒模块，标准层平面由标准模块和核心筒模块组成。在标准居住模块的基础上，通过和交通模块的组合形成标准层模块，再通过竖向层高模数累积形成高层公租房完成体。

项目全过程各阶段采用信息化技术。通过 BIM 的可视化分析，可以对各预制构件的类型及数量进行优化，减少预制构件的类型和数量。预制构件的深化设计使用了 CATIA 软件。基于 BIM 技术可将建筑、结构、机电等专业模型整合，再根据各专业要求及净高要求将综合模型导入相关软件进行碰撞检查，根据碰撞报告结果对管线进行调整、避让，对设备和管线进行综合布置，从而在实际工程开始前发现问题。

【系统集成】

结构系统：采用装配式混凝土剪力墙结构体系。其预制装配率达到了 61.08%，装配率达到了 64%。

外围护系统：采用三合一预制保温夹芯外墙板，集承重、围护、保温、防水、防火、装饰等功能为一体。通过方案比较，内外页板的拉结件采用高强、低导热的不锈钢连接件，保证构件的整体性和耐久性。商业裙房部分为 GRC 预制挂板。

内装系统：采用干法施工作业方式，使用架空地面、装配式墙面、装配式吊顶、整体门窗、整体卫生间、集成厨房等内装关键技术与集成部品。

设备管线系统：采用设备管线系统与建筑主体结构分离技术。

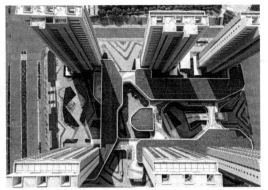

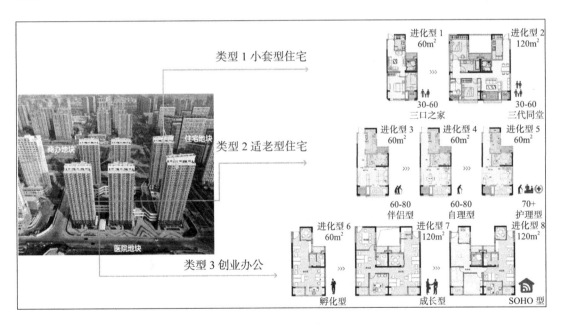

山东德州长屋住宅项目

建成时间：2018 年
项目类型：住宅
项目规模：143.26m²
项目地点：山东省德州市
设计单位：华南理工大学建筑学院、都灵理工大学建筑学院
建设单位：华南 - 都灵理工大学联队、中建钢构有限公司、保定嘉盛光电科技有限公司、深圳市铁汉一方环境科技有限公司等

案例资料来源：王奕程，赵一平，许安江，等.历史走向未来：长屋计划的整合实验[J].建筑学报,2018（12）.

长屋住宅项目，作为 2018 中国国际太阳能十项全能竞赛获奖作品，代表了零能耗城市住宅原型，以装配式集成解决策略实现从设计生成到建造实验、再到市场推广的全过程，并形成一种形态与技术的有效整合设计方法。长屋原型选取了较为普适的尺度：宽 4.8m，长 18m，两层建筑总高 7.2m，建筑面积为 143m²。

长屋原型设计中需要解决的首要问题是精密规划技术空间、服务空间和生活空间的尺度与分布方式，通过极限的空间整合实现自由空间的释放，以达到最优的空间效率。于是窄而长的原型在长屋中被进一步沿进深方向划分为边界清晰的集成墙、服务带与生活空间。

【系统集成】

结构系统：采用装配式钢框架 + 轻钢龙骨的模块结构建筑体系。考虑到工厂预制装配的经济性、集成化与个性定制的平衡，最终采取横向的切分方式，使模块的适应性最大化，即在面宽与纵向上都可以实现定制和拓展，以适应不尽相同的宅基尺寸和用户需求。建筑被划分为 3 种类型的 12 个结构模块，每种模块均符合道路运输的尺寸，可适应运输需求，也是减小运输形变、保证模块吊装稳定性的合适尺寸范围。除去中庭模块与交通模块之外，其余的模块尺寸均保持相同。结构模块的组织方式同样也强化了建筑的带状空间。以 150mm 为基础的建筑模数网络，从结构到围护、从饰面到固定家具层层推进。合理的模数体系使得模块与家具可通过不同的组合方式满足多样的空间使用需求，实现了预制装配与定制拓展的共存。

外围护系统：集成墙作为相邻房屋间难以开窗的共墙，在纵深与垂直方向连接起长屋，成为复合设备管线与收纳元件的"主板"。

内装系统：管线空间被极限压缩，同时依据人的活动尺度在垂直方向上对收纳空间加以利用。服务带承载了卫生间、交通体、收纳柜等居家生活的辅助功能。仅存在于服务带的吊顶容纳了必要的设备，作用于生活空间。主要的使用场所因而被解放，在层高和进深上都更加舒适和自由。进深方向上，门窗的开合致使空间公共与私密、通达与隔绝灵活转化，模糊了功能边界，适应了多样的生活需求。

设备管线系统：长屋原型的能源问题解决方案依赖于以能源表现为目标的主被动系统综合设计，是对于能源与舒适性转换路径的合理规划，这其中既包括了以阳光为核心的能源利用，也包括以水为媒介的物质循环。

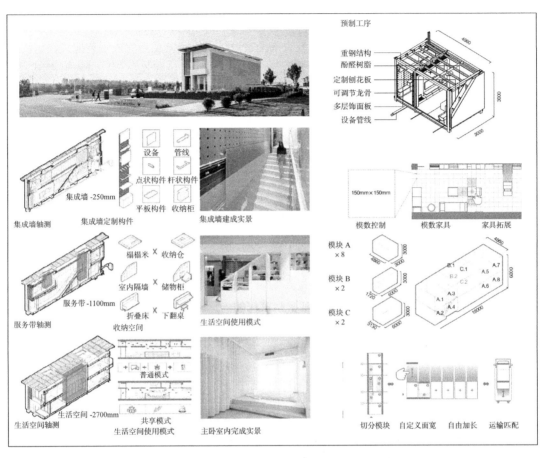

预制工序

重钢结构
酚醛树脂
定制刨花板
可调节龙骨
多层饰面板
设备管线

集成墙 -250mm

集成墙轴测　　集成墙定制构件　　集成墙建成实景

设备　管线
点状构件 杆状构件
平板构件　收纳柜

模数控制　模数家具　家具拓展

服务带 -1100mm

榻榻米 × 收纳仓
室内隔墙 × 储物柜
折叠床 × 下翻桌

服务带轴测　　　　收纳空间　　　　生活空间使用模式

模块 A ×8
模块 B ×2
模块 C ×2

生活空间 -2700mm

普通模式

共享模式

切分模块　自定义面宽　自由加长　运输匹配

生活空间轴测　　生活空间使用模式　　主卧室内完成实景

a 基础就位，b 模块运输，c 全部模块到达现场，d 模块吊装开始，e 二层模块开始拼装，f 模块吊装完成

403

河北雄安市民服务中心周转及生活用房项目

建成时间：2019 年
项目类型：住宅
项目规模：2.2 万 m²
项目地点：河北省雄安新区
设计研发：清华大学建筑设计研究院有限公司
内装设计：中建三局集团有限公司
建设施工：雄安建设集团

案例资料来源：河北雄安市民服务中心周转及生活用房项目组

雄安市民服务中心周转及生活用房项目获得 2019 中国勘察设计一等奖、2019 教育部勘察设计一等奖。项目完成了装配式住宅快速性建造的开拓性实践，为雄安新区后续建设起到一定指引作用。项目以模式创新、技术创新、管理创新为驱动，致力于营造绿色生态宜居新城区，在贯彻落实新发展理念、追求新时代城市高质量发展、优化居住空间布局、探索混合型居住空间等方面，具有积极的示范意义。项目位于新区起步区以北规划建设的雄安市民服务中心，是服务中心的周转用房及生活服务用房组团，用地面积 2.09hm²，总建筑面积 2.2 万 m²，项目包括多种套型的周转公寓、饮食中心、健身中心及无人超市等配套服务设施。

项目采用装配式钢结构框架 + 钢桁架楼承板结构建筑体系。项目填补了装配式住宅产品及其产业化整体技术应用空白，其有效的施工管理与质量控制对于我国周转用房住宅未来开发建设具有引领示范作用。基于钢结构的一体化装配式建筑综合解决方案，项目探索了基于轻钢结构的全装配式建造体系。在项目管理上构建了 SOP-BIM 运维平台和基于云技术的"透明雄安"大数据平台，采用 IBMS 一键式管理系统，实现智慧设计、智慧建造、智慧运行、智慧服务一体化。基于属地的生态技术创新运用，项目采用适宜地方的生态节能策略，达到绿色三星级，在生态本底修复、绿色永续材料、公共配套共享、环境友好营建方面亮点突出。采取低影响开发策略，恢复场地海绵功能。

【系统集成】

结构系统：采用装配式钢结构框架 + 钢桁架楼承板结构建筑体系。

外围护系统：外围护系统采用幕墙保温一体板外墙板集成技术，包括：外侧 110mm 厚岩棉夹芯铝板、内侧石膏板（附保温隔声岩棉）。同时采用滑动式木纹百叶等细部构造，弱化装配式建筑的冰冷机器属性，营造园区亲切宜人的居住空间。

内装系统：在集成地面、集成墙面、集成吊顶、生态门窗、快装给水、薄法排水、整体卫浴、集成厨房八个方面，综合运用最先进的装配式建筑技术，实现了地面、隔墙与吊顶的最大化装配式建造。

设备管线系统：项目全过程整合了 BIM 设计，设置了管廊系统以减少管线交错及横穿。

装配体系分解示意

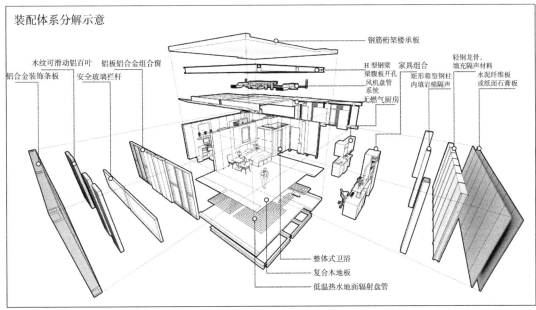

钢筋桁架楼承板

木纹可滑动铝百叶
铝板铝合金组合窗
铝合金装饰条板
安全玻璃栏杆

H型钢梁
梁腹板开孔
风机盘管
系统
无燃气厨房

家具组合

矩形箱型钢柱
内填充岩棉隔声

轻钢龙骨,
填充隔声材料
水泥纤维板
或纸面石膏板

整体式卫浴
复合木地板
低温热水地面辐射盘管

装配式建筑的集成设计建造案例

浙江绍兴宝业新桥风情住宅项目

建成时间：2019 年
项目类型：住宅
项目规模：13.5 万 m²
项目地点：浙江省绍兴市
设计研发：中国建筑标准设计研究院有限公司、浙江宝业建筑设计研究院有限公司
内装设计：大和房屋工业株式会社（日本）、浙江广艺建筑装饰工程有限公司
建设施工：浙江宝业住宅产业化有限公司
内装施工：浙江广艺建筑装饰工程有限公司
部品集成：宝业大和工业化住宅制造有限公司、松下电工、松下住建、苏州海鸥有巢氏整体卫浴股份有限公司、上海唐盾材料科技有限公司、德国西韦德、德国快可美、日门建材、伊奈中国、积水化学工业株式会社、北京嘉泰华装饰工程有限公司、日本大建工业株式会社、雷士照明控股有限公司、日本爱克工业株式会社、骊住中国

案例资料来源：浙江绍兴宝业新桥风情项目组

宝业新桥风情项目是在百年住宅建设技术体系的基础上，充分发挥宝业 PC 技术与装配式内装产业化技术优势，倾力打造的舒适、健康、可持续、全寿命期住宅。项目位于绍兴市越西路与西郊路交叉口，紧邻新桥江。项目规划总用地面积 4.12hm²，建筑面积 13.5 万 m²，共有 14 栋楼，767 套，包括 10 栋高层住宅、4 栋高层住宅产业化装配式住宅示范楼（4 号楼、7 号楼、8 号楼、10 号楼）。地上建筑面积约 9.55 万 m²，容积率 2.3。

作为中国百年住宅示范项目，项目采用 SI 体系，使住宅主体结构和内装部品完全分离。通过架空楼面、吊顶、架空墙体，使建筑骨架与内装、设备分离。当内部管线与设备老化时，可以在不影响结构体的情况下进行维修、保养，并方便更改内部格局，以此延长建筑寿命；最大限度地保障社会资源的循环利用，使住宅成为全寿命耐久性高的保值型住宅。项目采用隔声性能、品质优良性能、经济性能和安全性能保障技术集成系统，全方位、高标准地实施百年住宅，确保百年住宅的长久品质。

【系统集成】

结构系统：采用装配式混凝土大空间剪力墙结构体系。按照 100 年设计使用年限进行设计建造，以管线分离体系实现了预制 PC 结构部件生产中无电气等管线预埋。项目采用两种装配式结构建筑体系，即西伟德体系（叠合板式剪力墙结构）和国标体系（装配式剪力墙结构），并对两种体系的实际实施进行对比。4 号楼和 7 号楼采用西伟德体系：三～十七层（顶层）采用叠合板式混凝土剪力墙，一～十六层均采用叠合楼板。8 号楼和 10 号楼采用国标体系：三～十七层（顶层）采用装配式混凝土剪力墙，一～十六层均采用叠合楼板。

外围护系统：项目采用双层墙面与复合耐久性保温集成技术。

内装系统：项目实现了地面、隔墙与吊顶的分离式架空设计，采用集成化部品关键技术和模块化部品关键技术。

设备与管线系统：SI 住宅户内管线敷设工程与传统住宅不同，采用管线与主体结构分离的方法，在方便管线更换的同时，不破坏主体结构。在承重墙内表层采用树脂螺栓或轻钢龙骨，外贴石膏板，实现贴面墙，其夹层空间用来安装铺设电气管线、开关、插座等。

建筑产业化——保证施工品质的建造方式的升级

■内装全干式工法
1. 轻钢龙骨系统；2. 内装树脂线角与收边材料；3. 木地板
■整体卫浴等通用部品
1. 整体卫浴；2. 整体厨房；
3. 系统坐便；4. 系统洗面
■外立面围护结构及主体的干式工法
1. 外立面及围护结构装配；
2. 主体结构减少湿作业

建筑长寿化——可持续居住长久价值的实现

■高耐久性结构体
■ SI 分离工法
1. 外墙内保温架空层；
2. 吊顶布线；3. 局部架空；
4. 电气配线与结构分离
■ SI 集成技术
1. 给水分水器；
2. 单立管排水集成接头；
3. 局部板上同层排水；
4. 排水立管集中设置
■耐久性围护结构
1. 外立面耐久性材料与部品
2. SKK 自洁耐久型仿石涂料
■大空间结构及可推拉开放感的空间
■管道检修口

品质优良化——高性能设施的采用

■新风技术
1. 全部采用负压式新风；
2. 加强套型自然通风设计
■通用型产品系统
1. 门厅扶手；2. 部品使用推拉门；
3. 开关插座设计；4. 单元无台阶
■双玻 Low-E 内开铝合金断热门窗
■阳台系统
1. 树脂地面；2. 晾衣部品
■洗衣机防水盘
■厨卫直排系统
■环保内装材料
1. 呼吸砖；2. 低甲醛环保材料；
3. 静音式内门系统
■居家全收纳系统

绿色低碳化——二氧化碳排放量的消减

■公共部位及门厅 LED
1. 门厅采用 LED；
2. 公共部位太阳能电灯
■高等级的保温隔热性能
1. 内外保温工法；
2. 高性能门窗 YKK；
3. 带窗下挂水部品；
■节能器具
1. 高节水卫生洁具；
2. 高校热水器具

浙江杭州转塘单元 G-R21-22 地块公共租赁住房项目

建成时间:2019 年
项目类型:住宅
项目规模:9.18 万 m²
项目地点:浙江省杭州市
设计研发:汉嘉设计集团股份有限公司
建设施工:浙江东南网架股份有限公司
部品集成:苏州科逸住宅设备股份有限公司、芜湖贝斯特新能源开发有限公司

案例资料来源:浙江杭州转塘单元 G-R21-22 地块公共租赁住宅项目组

杭州市转塘单元 G-R21-22 地块公共租赁住房项目为杭州市主城区首个装配式钢结构保障性住房项目,共有 839 套公租房。项目位于杭州市西湖区转塘街道,规划用地面积约 2.44hm²,总建筑面积 9.18 万 m²,其中 1 ~ 5 号楼 20 层,建筑高度 59.8m。

项目从绿色建筑的新理念出发,围绕新型轻钢型材生产、结构用轻混凝土研发、轻钢轻混凝土住宅结构、设备及全装修集成技术研发,采用结构设计、模板装饰一体化技术,在工业废料资源化等领域进行低碳技术创新及产业化探索,将方(矩)形钢管、焊接 H 型钢、钢筋桁架楼承板等钢结构件在工厂预制、于现场安装,实现全装配化,显著提高施工效率。

项目实现了装配式建筑一体化智慧建造,推进装配式建筑与 BIM+ERP 的深度融合发展,实现设计、加工、装配全过程信息化管理。通过对装配式建筑设计、生产,装配全过程的采购、成本、进度、合同、物料、质量和安全的协同办公与信息化管理,大幅缩短工期、节省成本,推动装配式建筑的一体化全过程高品质的智能管理与智慧建造。

【系统集成】

结构系统:采用装配式钢框架支撑 + 钢筋桁架楼承板结构建筑体系。钢结构建筑主体采用钢梁、钢柱及其连接节点,以钢框架承重结构及其抗侧力系统构成;楼板、屋盖则采用与钢结构"高、大、轻、强、快"特点相配套的钢筋桁架现浇混凝土楼板;建筑平面设计有较大的灵活性,可构造大开间,便于用户灵活布置内隔墙,形成不同的功能分区。

外围护系统:采用新型墙材料采用 ALC(加筋蒸压加气混凝土)条板墙体、硅酸钙轻质复合条板及蒸压加气混凝土砌块等。其中,外墙采用 ALC 加筋蒸压加气混凝土条板与蒸压加气混凝土砌块,内墙采用硅酸钙轻质复合条板与蒸压加气混凝土砌块。

内装系统:装修系统中采用了工业化整体卫浴、工业化集成厨房、太阳能建筑一体化等系统。

设备与管线系统:项目应用了管线综合布置技术,在施工前模拟机电安装工程施工完后的管线排布情况。根据模拟结果,结合原有设计图纸的规格和走向,进行综合考虑后再对施工图纸进行深化,从而达到实际施工图纸深度。

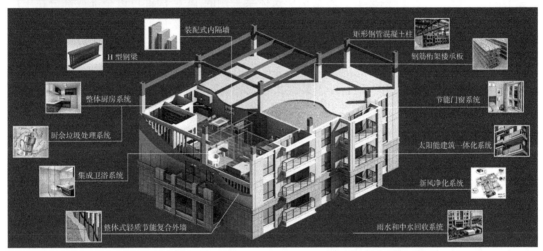

装配式内隔墙

H 型钢梁

整体厨房系统

厨余垃圾处理系统

集成卫浴系统

整体式轻质节能复合外墙

矩形钢管混凝土柱

钢筋桁架楼承板

节能门窗系统

太阳能建筑一体化系统

新风净化系统

雨水和中水回收系统

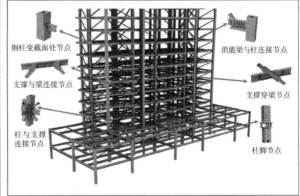

钢柱变截面处节点

支撑与梁连接节点

柱与支撑连接节点

消能梁与柱连接节点

支撑穿梁节点

柱脚节点

浙江嘉兴海盐吾悦广场住宅项目

建成时间：2020 年
项目类型：住宅
项目规模：4298.77m²
项目地点：浙江省嘉兴市
设计研发：浙江绿筑集成科技有限公司、华汇工程设计集团股份有限公司
内装设计：浙江绿筑集成科技有限公司、华汇工程设计集团股份有限公司
建设施工：浙江绿筑集成科技有限公司、浙江精工钢结构集团有限公司
内装施工：浙江绿筑集成科技有限公司、浙江精工钢结构集团有限公司
部品集成：浙江绿筑集成科技有限公司、绍兴精工绿筑集成建筑系统工业有限公司、和能人居科技集团

案例资料来源：浙江嘉兴海盐吾悦广场住宅项目组

海盐吾悦广场住宅项目总规划用地面积 11.45hm²，总建筑面积 44.12 万 m²。项目中住宅 12 号楼为高装配率的商品住宅，地上 16 层，地下 1 层，结构高度 48.15m，地上建筑面积 4298.77m²。

项目采用新型包覆钢—混凝土组合（PEC 构件）框架剪力墙结构的建筑体系，并采用了高精度安装的下承重式预制混凝土墙板、ALC 条板、可拆卸钢筋桁架楼承板、装配式装修等装配式集成技术，装配率 92%，且全装修交房。新型包覆钢—混凝土组合框架剪力墙结构建筑体系采用的 PEC 构件可以全部或部分在工厂或现场预制，预制构件的吊装和连接方式与钢构件类似，现场只需少量补填或完全不填混凝土。其技术体系经济性好、结构性能优越。

项目基于装配式建筑物联网技术的开发，采用了构件质量追溯与装配式构件运营维护管理等主要配套管理措施。装配式部分组合（PEC）结构的主要受力构件为部分组合（PEC）剪力墙、部分组合（PEC）柱以及部分组合（PEC）梁，采用由局部到整体的综合吊装施工技术，以及竖向构件多层一吊的快速施工方法。

【系统集成】

结构系统：采用装配式新型钢—混组合结构体系 + 可拆卸钢筋桁架楼承板结构的建筑体系。其集成技术包括：预制 PEC 钢混组合墙集成技术、预制 PEC 钢混组合梁集成技术、可拆卸钢筋桁架楼承板集成技术、预制 PC 楼梯集成技术。项目采用钢—混凝土部分组合（PEC）框架—剪力墙结构体系，基础采用桩筏基础。

外围护系统：装配式外挂（PC）＋内嵌（ALC）集成外墙系统；"装配施工"创新技术：无脚手架、保温装饰一体化、机械装配施工；"防水性能"创新技术：变形构造防开裂、防漏水，内外墙分离双层防水保护，"五道"构造防水措施；"保温隔热"创新技术：预制外保温、内外分离空气隔绝、保温可扩展性。

内装系统：采用的集成化部品关键技术包括：墙体与管线分离技术、轻质隔墙技术、装配式集成厨房技术、装配式集成卫浴系统、干式楼地面系统。

设备与管线系统：项目采用主体与内装分离体系，将住宅的主体结构、内装部品和设备管线三者分离。与结构、外围护、内装各系统，以及部门部件的生产、运输、安装等各环节相互协调。

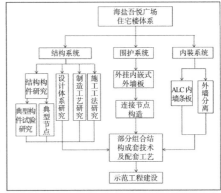

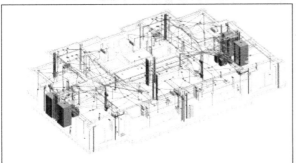

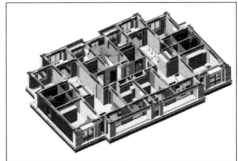

北京顺义区某低层住宅项目

建成时间：2016 年

项目类型：住宅

项目规模：341m²

项目地点：北京市顺义区

设计研发：北京中天元工程设计有限责任公司、大作营造（北京）建设工程有限公司

内装设计：北京无上堂艺术文化有限公司

建设施工：大作营造（北京）建设工程有限公司

内装施工：大作营造（北京）建设工程有限公司

部品集成：北京中天元工程设计有限责任公司、大作营造（北京）建设工程有限公司

案例资料来源：北京顺义区某低层住宅项目组

顺义某低层住宅项目在设计与建造中采用了多项新型装配式钢结构 UBF 低层住宅建筑体系及集成技术，具有与之相匹配的设计、施工一体化工作流程。其钢结构住宅建筑体系的主要特点是：第一，与钢混凝土结构相比，有着更好的抗震、防腐、耐久、环保和节能效果，可减小构件断面，增加柱间跨度，能将使用面积增加 5%～8%；第二，可实现构架的轻量化和构件大型化，运送简便，加工性能优异，质量稳定，便于实现系统化，提高生产率；第三，吊装施工较为简便，可提高施工效率。项目总建筑面积 341m²，性质为兼具适老性能的低层住宅。项目为地上 2 层（无地下），由客厅、餐厅、卫浴、厨房及家庭活动室、主次卧室、收纳储藏等功能空间构成，立面为四坡屋顶的有工业化特征的现代风格。

整体设计实施以 SI 装配式理论为基础。外装体系为由 UBF 梁贯通式全栓接重钢主体结合水泥纤维外墙装饰板 +ALC 板的集成技术体系。内装运用了装配式内保温、轻钢龙骨石膏板隔墙、管线分离敷设、干式地暖、整体卫浴、适老化设计及部品等新型装配式技术与集成化部品。实现了建造高装配化、产品高精度、使用高品质的初衷。交付使用后得到了包括业主在内的广泛好评。

【系统集成】

结构系统：采用装配式 UBF 梁贯通式全栓接重钢结构建筑体系。全螺栓连接钢结构及端板连工法、高精度；梁通柱不通、钢柱完全隐藏于墙体内，平面灵活，自由平面；钢构件模数化、工业化，快速安装。

外围护系统：ALC 复合外墙（ALC 外墙板 + 水泥纤维装饰板 + 保温层）。围护层、装饰层、保温层分离，各司其职，便于安装施工以及后期维护。

内装系统：住宅内装为部品化施工、标准化设计，内装设计采用整体性的干式工法体系，建筑材料在工厂生产、现场组装的建造方式。采用轻钢龙骨石膏板隔墙、干式地暖和整体卫浴等系统化集成技术。

设备管线系统：采用管线分离技术体系。其管线与结构部分分离技术，通过多专业、多工种的协同配合，巧妙地设计电气管线敷设，使得既满足美观性，又便于人们后期更新维护。

辽宁沈阳万科春河里 17 号楼住宅项目

建成时间：2013 年
项目类型：住宅
项目规模：9300m²
项目地点：辽宁省沈阳市
设计研发：中国中建设计集团有限公司、日本鹿岛建设公司
建设施工：赤峰宏基建筑（集团）、沈阳欣荣基建筑工程有限公司

案例资料来源：辽宁沈阳万科春河里项目组

万科春河里项目位于沈阳市沈河区文艺路与彩塔街交汇处，总用地面积 8.14hm²，由 26 栋高层与超高层住宅组成，建设总规模约 55.27 万 m²。其中 17 号楼采用框架结构装配和管线与承重体分离室内装配技术。17 号楼建筑面积 9300m²，基底面积 625m²，建筑层数 15 层，层高 3.3m，地下室至一层为钢筋混凝土剪力墙现浇结构，2 ~ 15 层为框架结构装配，其梁、柱连接节点采用套筒灌浆连接，现场浇筑施工，其地下结构和楼电梯间承重墙体为现场浇筑。

【系统集成】

结构系统：采用装配式预制混凝土框架结构建筑体系，其大板结构方法可实现可变性的内部空间。工厂预制混凝土楼板、混凝土楼梯梯段、混凝土内隔墙板以及混凝土中间夹 EPX 保温外墙板。凸窗与预制混凝土夹芯保温外墙板一体成型，以上构件在现场吊装安装。

外围护系统：外围护结构均采用了工业化集成和装配，这使建筑在保温节能、外墙隔声、外墙装饰和外墙防渗等方面的质量均得到很好的提升，也使建筑的整体性能得到了有效的保障。同时，这种外围护结构的工业化装配有效促进了绿色建筑材料的发展，使大量的绿色可循环建材得以应用，同时也大大提升了城市的美感和城市的精细程度。

内装系统：结合我国部品部件使用年限、模数型制以及部品部件族群深化设计，进行部品同寿命族群的分类。不同使用寿命的部品组合在一起，使其构造便于分别拆换、更新和升级。项目建立了公共空间模块（走廊、电梯、楼梯、机电管井、防排烟管井等）和户内功能空间模块（入户空间模块、LDK 模块、多用居室模块、整体卫浴模块、整体厨房模块、整体收纳模块等）的模块间分层级关系，内部部品部件不同寿命族群的集群布置和适配关系，部品部件接口的通用形制，以及模块间相匹配的模数协同。

设备与管线系统：将公共管井、共用管线在户外独立设置，室内上下水管线、电气管线均与承重体分离，采用架空和夹层的方式形成同层敷设管线和健康通风设施，便于在不破坏主体结构的情况下的更新改造，形成了 SI 内装修装配式干法施工技术及工艺工法。

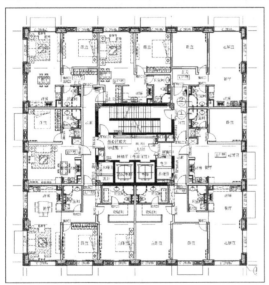
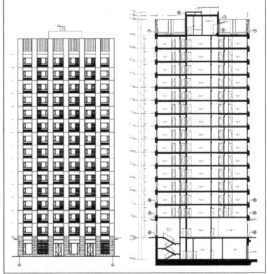

415

公共建筑

四川成都都江堰向峨小学项目

建成时间：2009 年
项目类型：学校
项目规模：5000m²
项目地点：四川省成都市
设计研发：同济大学建筑设计研究院（集团）有限公司

案例资料来源：《建筑知识》
2018（05）

新建向峨小学是上海市政府在都江堰市对口援建项目中首个开工的学校项目，采用装配式轻型木结构建筑体系。建筑主体采用木结构体系，由加拿大林创（中国）公司捐赠所用木材；由美国路易维尔基金管理委员会捐赠雨水收集利用系统；由同济大学建筑设计研究院（集团）有限公司免费设计。通过上海市援建指挥部搭建的这一爱心平台，使得向峨小学成为一个真正国际合作、携手援建的绿色校园。

项目全木结构体系：新建向峨小学是国内第一座整体运用轻型木结构体系的学校，对木结构建筑起到示范作用。轻型木结构是一种将小尺寸木构件按不大于 600mm 的中心间距密置而成的结构形式。结构的承载力、刚度和整体性通过主要结构构件（骨架构件）和次要结构构件（墙面板、楼面板和屋面板）共同作用而获得，是一种箱型建筑体系。

项目抗震特点：轻木结构最大优点是抗震性能好。向峨小学采用轻木结构，抗震性能远非一般钢筋混凝土结构建筑所能比拟。轻型木结构房屋的抗震性好，主要原因有三点：①地震力对房屋的破坏程度是和建筑自身重量成正比的。轻型木结构的构件都是断面较小的结构规格木材，相对于其他结构体系的建筑物自重较轻；②轻型木结构构件之间的连接件种类和数量都很多，这使其遭受地震力时传力路径多样，因此整体结构安全性高；③由于木材自身的材料特性，其地震时吸收地震能量的能力较砖和混凝土强。

项目防火、防潮与防白蚁维护设计：承重墙、房间隔墙、楼面和屋面的木结构构件，都根据规范要求安装双面或单面防火石膏板，所有楼面铺设 50mm 厚轻质混凝土面层，其耐火极限满足防火规范构件燃烧性能和耐火极限要求，同时有效降低噪声干扰，减少变形挠度，提高使用舒适度。坡屋顶内的封闭空间采取防火分隔措施，水平方向的分隔长度或宽度不超过 20m，面积不超过 300m²，墙体在竖向高度不超过 3m。与混凝土基础直接接触的木构件都采用经过加压防腐处理的木材；未经防腐处理的木构件与室外地面之间的净距不小于 450mm；外墙体在外表面铺设防水层来进行防水；屋面采用坡屋顶保证排水，铺设防水基材、面层材料以及泛水板等，保证屋盖结构不产生雨水渗漏；屋盖空间设置通风口，屋面增设防潮层，以防止冷凝水对屋顶结构产生危害。

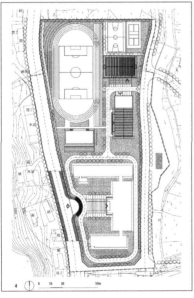

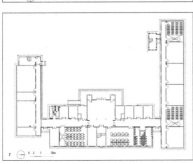

北京城市副中心 C2 综合物业楼项目

建成时间：2017 年
项目类型：综合办公类
项目地点：北京市通州区
设计研发：中国建筑设计研究院有限公司
内装设计：中国建筑设计研究院有限公司
建设施工：中国建筑第八工程局有限公司
内装施工：和能人居科技、北京城建长城建筑装饰工程有限公司
内装施工：和能人居科技、北京城建长城建筑装饰工程有限公司
部品集成：和能人居科技、北京江河幕墙系统工程有限公司、天津正通墙体材料有限公司

案例资料来源：北京城市副中心 C2 综合物业楼项目组

　　行政办公区 C2 工程（综合物业楼）项目是副中心首个建成、投入并使用的办公建筑，采用装配式混凝土结构建筑体系。C2 工程作为城市副中心建设、搬迁指挥部所在地，在副中心建设过程中起到了重要的指挥、协调、监管、控制作用。项目采用装配式设计建造技术、BIM 施工方式、绿色三星级标准，主体结构系统为装配式预制混凝土体系，内装系统采用装配式装修方式，是在办公类建筑中应用装配式建筑集成技术的成功范例。项目位于政务区规划政通东路与政通北街交汇处，主要功能包含综合办公、展示、接待、监控中心、食堂、洗衣房、会议等，其中办公、会议等主要功能区域采用装配式装修建造技术。

　　项目策划阶段进行了装配式建筑技术策划，对建筑结构系统、外围护系统、内装修系统、设备管线系统等进行策划，同时兼顾成本测算、构件生产加工运输安装的综合调研与策划。通过装配式策划形成设计指导原则，即采用模块化、标准化设计，多样化组合的方式贯穿到项目方案当中。内隔墙采用蒸压加气混凝土条板材料，外围护墙采用具有清水混凝土效果的外挂板材。装配式装修体系结合机电的管线分离技术，为后期设计打下了良好的体系基础。外围护体系采用了成型混凝土挂板材料，构造方式简单可靠，生产、加工、施工迅速，具有丰富的光影效果。

　　项目设计阶段采用装配式内装修技术、装配式外墙挂板技术、地下采光技术、太阳能技术、弱电智能化技术等，统筹考虑区域规划协调性，提倡绿色节能环保、智能化办公、新技术应用，展现高效型、创新型、集约共享型的新型行政区办公形象。

　　项目施工阶段采用内装与管线分离、干法施工、BIM 施工。采用设备管线系统与建筑主体结构分离技术。在图纸阶段将管线布置与路由确定，施工过程中采用 BIM 指导施工，极大地提高了工程效率和进度，同时也保证了项目质量，便于后期建筑日常维护过程中管线的检修、维护和更换，远期综合成本得以降低。装配式装修的应用极大地缩短了现场施工时间，减少了现场施工人员，节约材料、成本、管理，施工过程无污染、无噪声，采用标准化、集成化的部品部件，施工精度高、周转快、维修率低。此外，装配式内装施工也为 C2 工程穿插施工作业提供了可行的条件，在外墙系统封闭完成之后，内装修和外挂板同时施工，互不影响。

综合物业楼设计流程

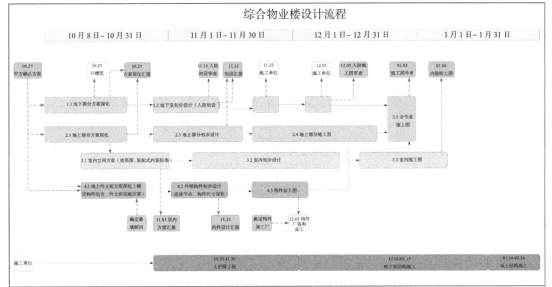

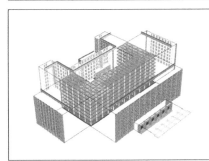

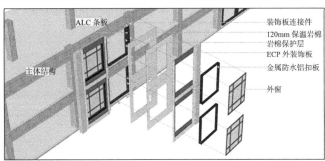

ALC 条板

主体结构

装饰板连接件
120mm 保温岩棉
岩棉保护层
ECP 外装饰板
金属防水铝扣板

外窗

河北雄安市民服务中心企业临时办公区项目

建成时间：2018 年
项目类型：办公
项目规模：3.6 万 m²
项目地点：河北省雄安新区
设计研发：中国建筑设计研究院有限公司
技术标准：住房和城乡建设部科技与产业化发展中心、中国残疾人联合会、中国建筑设计研究院有限公司（国住人居工程顾问有限公司）、中集模块化建筑投资公司、中国中建设计集团有限公司
室内设计：中国建筑设计研究院有限公司、超级番茄设计顾问有限公司
景观设计：戴水道景观设计咨询（北京）有限公司、天津华汇景观设计团队
灯光设计：北京清华同衡规划设计研究院有限公司
BIM 设计：中国建筑设计研究院有限公司（BIM 设计研究中心）
模块生产安装：中集模块化建筑投资公司、中建集成房屋有限公司

案例资料来源：河北雄安市民服务中心企业临时办公区项目组

雄安市民服务中心是雄安新区的第一个建设工程，采用了装配化、集成化的箱式模块结构建筑体系。项目位于容城县城东侧。其中，企业临时办公区位于整个园区的北侧，包含 1 栋酒店、6 栋办公楼和中部的公共服务街。

项目创新性地采用了全装配化、集成化的箱式模块建造体系，解决了工期与建筑质量的矛盾。模块结构、设备管线、内外装修均在工厂加工好，现场只需拼装就可完成，装配率极高；以工厂化的生产、机械化的安装减少现场作业，解决冬季施工的问题；以可逆的、可循坏使用的模式解决临时建筑的定位问题，避免将来拆除产生建筑垃圾。

整组建筑由 12m×4m×3.6m 的模块组成。每个模块自成体系，具有高度的装配化、集成化与单元化。当这组建筑完成其"临时性"的历史使命时，所有的模块可以移至他处，重新组合，再次利用。十字形建筑单体空间设计模块化，根据功能需求分为办公模块、阳台模块、门厅模块、楼电梯模块以及卫生间模块。模块外墙在工厂一体化加工。外墙设计与模块化的建造方式相统一，包含深色模块、浅色模块、窗户模块以及爬藤模块。通过四种不同标准幕墙单元的组合，形成条码化的外观语言，使建筑具有信息时代的美学。

建造集成：为减少湿作业、适应工厂加工，项目采用 CFC 板 + 防火石膏板 + PVC 地面或地毯的楼板系统、轻钢龙骨 + 岩棉保温 + 自带饰面的集成板材的墙体系统、铝扩张网的吊顶系统、单元化的幕墙系统。

全装配式、集成化的箱式模块建造体系——12m×4m×3.6m 单元模块

受运输条件影响，选取 12m×4m×3.6m 单元模块作为箱体标准尺寸

尺寸单元选取

模块单元拆分

模块外围护体系
模块受力结构

十字单元组合模式

1000m² 左右的十字单元

集装箱结构搭接

服务核

十字单元组合示意

十字单元结构示意

集成化的内外装修 / 设备管线

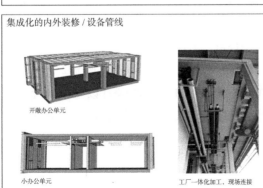

开敞办公单元

小办公单元

工厂一体化加工，现场连接

集成化、拼装式的材料、构造体系

最大限度减少湿作业

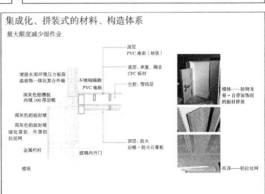

增强水泥纤维压力板保温装饰一体化复合外墙
深灰色铝樘板内填100厚岩棉
深灰色铝板封堵
深灰色铝板封堵
绿化罩架、外罩铝拉丝网
金属栏杆
楼板

不锈钢踢脚
PVC地板
玻璃内开门

面层
PVC 地面（地胶）
基层：承重、隔音
CFC 板材
空腔：管线层
顶层：防火
岩棉＋防火石膏板
吊顶——铝拉丝网

墙体——轻钢龙骨＋自带装饰面的板材拼接

上海西岸世界人工智能大会 B 馆项目

建成时间：2018 年
项目类型：展馆
项目规模：8885m²
项目地点：上海市徐汇区
设计研发：上海创盟国际建筑设计有限公司
内装设计：上海创盟国际建筑设计有限公司
建设施工：宏润建设集团股份有限公司、上海一造建筑智能工程有限公司

案例资料来源：上海西岸世界人工智能大会 B 馆项目组

人工智能峰会 B 馆是 2018 世界人工智能大会的主会馆之一，采用装配式模块化铝合金排架结构建筑体系。在有限的建造时间里，打破了常规会展建筑的设计与建造方式，通过建筑与展亭的数字设计与智能建造，在 100 天内实现了建筑工业化、智能化的具体实践。项目是一次对建筑数字设计与智能建造的探索，展现了新技术对未来建筑产业的观念与实践的改变。

项目尝试重新定义从设计到建造的整个流程。数据模型在一定程度上取代了通常意义上的图纸，成为形式、结构、预制加工和现场安装的媒介；通过数字化智能几何找形、参数化力学建造优化方法，以及平行数据指导数字工厂加工和建造的方法，尝试重新定义建筑各个环节智能化的不同推进方式，实现智能化设计建造一体化实践。此外，通过简练的形式、务实的建造、人机协作的巧思和全预制装配结构体系，快速实现了建筑工业化、绿色化以及智能化的具体实践，完整呈现了建筑绿色智能建造的系统化解决方案。

项目主体采用模块化装配的铝合金排架结构建筑体系，外围护系统采用钢龙骨体系和聚碳酸酯板结合的半隐框幕墙，屋顶采用双层膜系统，内装采用装配式技术，主体与内装分离。白色的基调统一着西岸滨江公共建筑的整体气质，克制的形式与色彩勾勒出上海西岸独特的当代艺术氛围，典雅的白色与绿色的滨江开放空间形成着简练的对话。这种平实、简洁的状态似乎已成为大家的默契与共识。项目共有三个主体体量，满足未来展览、峰会、论坛等功能需要。这三个主体量的扭转形成了两个三角形的绿色入口公园——有遮蔽、半开放的共享城市空间。进入这个空间，数字预制化木构拱壳顶棚带来扑面而来的温暖气息。

大庭院屋顶跨度约为 40m，结构厚度仅为 0.5m，是全球单元材料最省的互承式钢木结构屋顶。2000m² 的木壳部分，现场仅仅用了 29 天的施工周期，全部通过预制拼装的方式得以实现。顶棚在侧面微微高于主会议空间，这样可以形成更好的地面通风效果。顶部通过聚碳酸酯瓦楞板加以覆盖，光线经过几层过滤后洒在共享花园中。花园中设计了一个 120m² 的半透明 3D 打印咖啡厅以及近 50 个座椅区域，形成峰会席间休息、交流以及茶歇等功能的空间，同时提升空间场所的全新个性与场所特色。

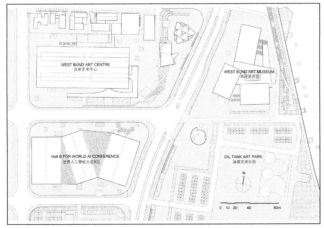

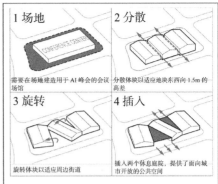

1 场地	2 分散
需要在场地建造用于 AI 峰会的会议场馆	分散体块以适应地块东西向 1.5m 的高差
3 旋转	4 插入
旋转体块以适应周边街道	插入两个休息庭院，提供了面向城市开放的公共空间

结构体系

围护体系

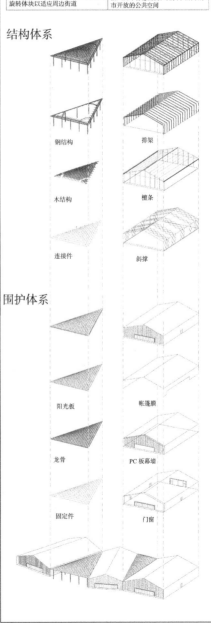

钢结构 　排架
木结构 　檩条
连接件 　斜撑

阳光板 　帐篷膜
龙骨 　PC 板幕墙
固定件 　门窗

上海装配式建筑集成技术试验楼项目

建成时间：2019 年
项目类型：办公
项目规模：335.62m²
项目地点：上海市浦东新区
设计研发：华东建筑设计研究院有限公司上海科创中心
内装设计：上海现代建筑装饰环境设计研究院有限公司、上海优必装饰科技发展有限公司
建设施工：南通亨通建筑装饰安装有限公司上海分公司、浙江绿筑集成科技有限公司、上海城建建设实业集团新型建筑材料有限公司、泰州步步高楼梯制造有限公司南京分公司、上海檀森智能科技有限公司、上海伍正生装饰工程有限公司（赘立）、上海玻机智能幕墙股份有限公司
内装施工：上海现代建筑装饰环境设计研究院有限公司、上海品宅装饰科技有限公司、苏州科逸住宅设备有限公司
部品集成：上海浦砾珐住宅工业有限公司、上海玻机智能幕墙股份有限公司、上海汇辽科技发展股份有限公司、上海玄思建设工程有限公司、威海立达尔机械股份有限公司

案例资料来源：上海装配式建筑集成技术试验楼项目组

项目是首次以"集成"为核心的装配式建筑试验楼，采用新型钢—混凝土组合结构建筑体系与集成技术，也是上海市首次以推进装配式建筑技术发展，推广新材料、新技术，实践 EPC 工程建设管理为目标的实践型工业化建筑。项目采用了单元式集成混凝土外挂墙板体系、钢—混凝土组合结构体系、集成辐射叠合楼板体系、SP 预应力空心楼板体系、室外预制硬化铺地技术及装配式内装技术。

项目通过 BIM 技术组织各类预制装配式建筑技术体系集成并模拟建造。梳理并解决多种预制装配式技术体系在拼装、搭建、组合的过程中可能出现的建造问题，同步展开对新材料、新技术的应用研究。装配式建筑集成技术试验楼通过三个完整体块的叠加、错位、穿插，完成了建筑空间的设计，形式丰富，同时因复杂形体产生的悬挑空间、屋面露台等部位也为预制构件的安装带来挑战。为了满足不同使用者的个性需求和建筑全寿命周期中的功能变化特性，项目采用全干式连接且强度高、吊装快的钢—混凝土组合结构体系和将管线同层连接至设备管井的扩大同层排水技术，来实现大跨度的大空间设计理念，不仅可以为老年人的无障碍设计预留空间，还可以通过装配式内装满足使用灵活可变的要求。

项目将各预制装配式技术体系间的衔接进行 BIM 建造模拟，梳理各预制体系的应用标准，确保施工工序顺利推进。内装技术集成研究装配式内装体系间的包容度，满足不同内装系统交叉施工快捷有序。构造措施优化包括单元墙板间的全构造防水措施、预制墙板与主体结构连接节点工法设计等。在叠合楼板中预埋辐射换热管，并采用太阳能、空气源热泵的多能互补方式构建辐射供冷供热系统，创新性地实现辐射供冷供热系统与预制楼板的工业化集成应用，在提高室内舒适度的同时，实现能源的高效利用。集成单元式混凝土外挂墙板，可分别与门、窗、阳台及遮阳等外墙部件做集成一体化设计，统一在工厂内预制完成，实现高预制装配式单元。单元外墙厚度轻薄、重量小、强度高、集成化能力强并性能稳定，不仅可减少立面缝隙，增强墙体抗风、防水、保温性能，其连接方式还有利于抗震。

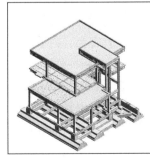

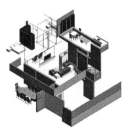

广东省深圳坪山区学校项目

建成时间：2019 年
项目类型：学校
项目规模：22.8 万 m²
项目地点：广东省深圳市
设计研发：中建科技有限公司
内装设计：中建科技有限公司
建设施工：中建二局集团有限公司、中建二局安装工程有限公司
内装施工：中建科技有限公司
部品集成：中建科技（深汕特别合作区）有限公司

案例资料来源：广东省深圳坪山区学校项目组

深圳坪山区学校项目采用装配式钢—混凝土组合结构建筑体系，是全国首个采用该体系的学校项目，提出了公建类（科教文卫）项目产品化应用的概念，研发了该类型建筑体系一体化设计技术集成创新应用。其具有的快速建造与质量经济特点对于学校类项目的建设具有示范引领作用。

项目南校区二期工程、竹坑学校工程、锦龙学校工程，作为国家"十三五"重点研发计划项目示范工程，围绕建筑体系产品化设计理念，采用"两个一体化""四个标准化""装配式建筑四大系统"和多项工业化建筑设计关键技术，着力打造建筑外形多样、部品部件标准、产品质量优良、绿色生态环保的学校建筑标杆。基于"研究装配式混凝土结构体系设计技术"和"学校装配式结构设计关键技术研究"课题成果形成了预制混凝土柱 + 型钢梁 + 预应力带肋叠合板 +ALC 外墙板（PC 外挂墙板）围护建筑体系。项目联合国内众多研究单位从设计、生产和施工等多个维度对所涉及的关键技术进行攻关研究和集成创新，通过标准化的模数和模块化组合，形成多样化及个性化的建筑整体，并减少构件的规格种类、提高构件模板的重复使用率，利于构件的生产制造与施工。

项目从平面标准化开始，通过定制标准化柱网，以标准柱网为基本模块，实现其变化及功能适应性的可能性，满足其全生命周期使用的灵活性和适应性，同时应控制好层高关系，在满足功能需求的前提下，综合梁高、板厚、机电管线空间和装修做法等需求，确定标准化的剖面设计。立面标准化设计应该对立面的各构成要素进行合理划分，将其大部分设计成工厂生产的构件或部品，并以模块单元的形式进行组合排列，辅之以色彩、肌理、质感、光影等艺术处理手段，实现立面多样化和个性化。

项目标准化设计的目标是满足工厂化生产需求，让构件在工厂得到高效、优质、批量化的生产。项目部品标准化设计主要针对工厂化生产的内外墙装饰部品及门窗、洁具等功能性部品，内装部品主要有吊顶，外装饰部品主要有空调百叶、栏杆、遮阳、外门窗等。建筑体系的机电系统由给水排水系统、空调系统、供暖系统、强弱电系统、消防系统和燃气系统等子系统构成。采用机电管线与主体结构分离的设计技术，通过 BIM 全过程应用，对管线的排布和预制构件关系进行综合设计，既减少了对主体结构构件的影响，也提升了现场施工效率，对机电管线的后期维护、更换与增设提供了方便。

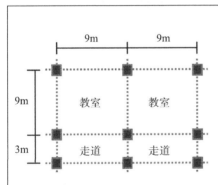
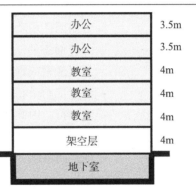

	9m	9m
9m	教室	教室
3m	走道	走道

办公	3.5m
办公	3.5m
教室	4m
教室	4m
教室	4m
架空层	4m
地下室	

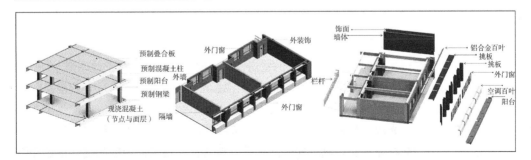

预制叠合板
预制混凝土柱 外墙
预制阳台
预制钢梁
现浇混凝土
（节点与面层） 隔墙

外门窗 外装饰
栏杆
外门窗

饰面
墙体
铝合金百叶
挑板
挑板
外门窗
空调百叶
阳台

浙江乌镇"互联网之光"博览中心项目

建成时间：2019 年
项目类型：展馆
项目规模：2.57 万 m²
项目地点：浙江省乌镇
设计研发：上海创盟国际建筑设计有限公司
内装设计：上海创盟国际建筑设计有限公司
建设施工：亚都建设集团有限公司
内装施工：浙江宏厦建设有限公司

案例资料来源：浙江乌镇"互联网之光"博览中心项目组

浙江乌镇"互联网之光"博览中心项目采用装配式大跨度的张弦梁 + 跨间悬链梁结构建筑体系，场馆整体采用基于动态模数系统的预制化装配式建筑综合解决方案。设计通过智能建造一体化实现了性能化的轻型建筑设计。通过数字设计方法，实现重量轻、材料少、施工能耗低、开放、轻盈的结构形式，体现了环保可持续性、节能、设计技术、高效等理念。用地位于乌镇核心镇区的西北角，整个场地被农宅、旅游项目以及已建成的一期展馆所包围。整个片区紧邻乌镇西栅古建筑群，在区域城镇化发展进程中，新老区域建筑交织，呈现出复杂的多样性。新场馆的布置既需要考虑与已建场馆空间及功能整合的连续性，又必须考虑未来整个片区作为峰会核心区以世界互联网领先科技成果发布活动、建设智慧化的会务会展综合配套设施发展的可能性。

结构系统：屋脊张弦梁 + 跨间悬链梁的结构系统具有形成 90m×200m 全无柱空间的能力，这也是设计最初的设想，但在设计后期因使用功能调整而分割成四组并置的展览空间。利用重力产生悬链形态的屋面有很多可借鉴的成功案例，单就结构经济性而言，采用悬索或钢板带的悬垂屋面意味着更低的用钢量，但柔性体系的建造控制及相应屋面的构造处理都相对复杂，与项目快速建造的需求不符，因此半刚性体系成为首选。四个展厅均采用了中高外低的空间断面，将主张弦梁布置于展厅中部，利用张弦梁进行起拱，实现空间需求。同时将张弦梁在顶部打开，引入天光，进一步结合结构提升空间品质。主张弦梁之间运用"悬链梁"的结构形式进行连接。

外围护系统：墙使用聚碳酸酯板加丝网印刷。每一片 PC 板的角度通过参数化软件控制角度。PC 板既能用作围护结构，又有良好的透光效果。

内装系统：项目的室内设计采用忠于建筑结构设计原则：①把光源定位与悬链梁结合，隐藏于建筑自身结构内，通过光的漫反射均匀照亮室内空间，免去了二次天花吊装工作量的同时，避免了直射光源产生的眩光问题；②展馆装饰墙体材料选用铝蜂窝板和铝方管格栅，在电脑程序中通过数字算法计算出不同角度的铝蜂窝板和铝方管格栅的加工数量，电脑模拟提高了加工精度，同时工厂预制后现场拼装，也在很大程度上压缩了施工时间，提高了施工效率。

设备与管线系统：项目采用主体与内装分离体系。通过在前期设计阶段对建筑结构体系的整体设计，有效提升了后期的施工效率，有助于合理地控制建设成本；保证了施工质量与内装模数的对接，方便今后检查、更换和增设新的设备与设施。

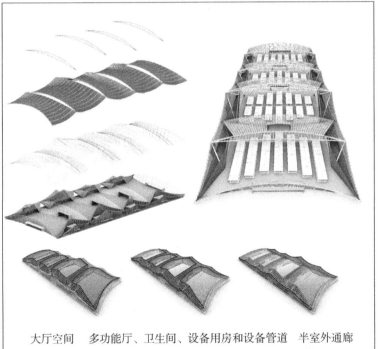

大厅空间　多功能厅、卫生间、设备用房和设备管道　半室外通廊

福建福州绿色科技产业园综合楼项目

项目类型：办公
项目规模：6346m²
项目地点：福建省福州市
设计研发：中国中建设计集团有限公司
内装设计：中国中建设计集团有限公司
建设施工：中建科技（福州）有限公司
内装施工：中建科技（福州）有限公司
部品集成：中建科技（福州）有限公司

案例资料来源：福建福州绿色科技产业园综合楼项目组

绿色科技产业园综合楼项目采用装配整体式混凝土框架结构体系。项目运用中建自主产权灌浆套筒、灌浆料和套筒自动生产设备、四边不伸出钢筋技术，方便加工和安装；采用轻骨料微孔混凝土复合墙板、全过程各专业协同设计、BIM全程可视协同设计和建筑装修一体化设计等多项技术。项目根据当地的地理位置及气候特点，采用了预制混凝土遮阳板进行了对日照的灵活使用，大会议室外墙则采用了预制混凝土墙板和垂直绿化一体化的生产工艺，还运用了太阳能空调，减少能耗。设计室外露台，利用了当地的气候特征，使预制建筑更加生态化、节能化、舒适化。

项目平面设计规整，选取2M为建筑模数，柱网采用8000mm×8400mm、8000mm×6000mm两种尺寸。结合构件生产工艺，每个柱跨安装两块外挂墙板，外挂墙板上开窗方式、窗口尺寸遵循标准化要求，通过反复计算机模拟和视觉效果对比，确定统一的遮阳板尺寸规格，实现了装配式建筑"少规格、多组合"的设计原则。综合楼采用装配整体式混凝土框架结构体系，应用的预制构件有预制柱、预制叠合梁、预制叠合板、预制复合外挂板、预制内墙板、预制楼梯板和预制女儿墙等。建筑预制外墙板接缝、门窗洞口连接等部位的构造节点设计满足建筑的物理性能、力学性能、耐久性能及装饰性能的要求。防水材料主要采用发泡聚乙烯棒与密封胶，水平缝采用构造防水与材料防水相结合，垂直缝采用结构自防水、构造防水、材料防水相结合。门窗为先装法，减少渗水隐患、提高品质。

项目采用建筑装修一体化设计，在建筑主体工程设计的同时展开装饰装修设计工作。为体现装配式建筑材料美学，结合建筑空间的功能要求，装修设计基调定位为简约素雅，色彩以灰色调为基底，适量补入木格栅，活跃空间氛围的同时，与立面语言相呼应。

项目设计施工全过程应用BIM协同技术。在设计阶段，根据前期技术策划成果指导装配式技术的选用，减少由于设计生产、施工和装修环节相脱节造成的失误，分析预制部件的几何属性，对预制构件类型和数量进行优化。通过BIM协同设计平台，对预制部件生产与安装进行了施工模拟和设备管线集成，并通过材料用量的统计、优化设计，实现了BIM技术在设计中的专业协同。

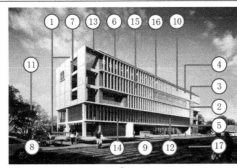

①	绿化（垂直屋顶）
②	自然采光
③	外窗开启
④	高性能围护结构
⑤	固定遮阳系统
⑥	太阳能空调系统
⑦	高效节水器具
⑧	雨水收集

⑨ 无障碍设施	⑩ 全预制装配式	⑪ 高效灌溉系统
⑫ 分项计量	⑬ 能源管理系统	⑭ 智能照明
⑮ 自然通风	⑯ 建筑装修一体化	⑰ 透水地面

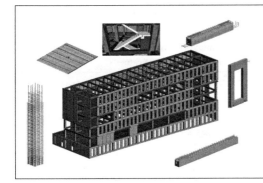

装配式建筑的集成设计建造案例

图片来源

表格中未列图片为作者自绘或自摄。

编号	图名	图片来源
图 1-1-1	装配式剪力墙结构的 WPC 体系与工法	彰国社.集合住宅实用设计指南 [M].刘东卫,等,译.北京:中国建筑工业出版社,2001.
图 1-1-2	装配式框架结构的 HPC 体系与施工法	彰国社.集合住宅实用设计指南 [M].刘东卫,等,译.北京:中国建筑工业出版社,2001.
图 1-1-3	装配式框架结构的 RPC 体系与工法	彰国社.集合住宅实用设计指南 [M].刘东卫,等,译.北京:中国建筑工业出版社,2001.
图 1-1-4	装配式框架剪力墙结构的 WRPC 体系与工法	彰国社.集合住宅实用设计指南 [M].刘东卫,等,译.北京:中国建筑工业出版社,2001.
图 1-1-6	住宅产业化与住宅工业化的关系	中国建筑工业出版社,中国建筑学会.建筑设计资料集（第三版）第 2 分册 居住.北京:中国建筑工业出版社,2017.
图 1-1-7	建筑专用体系与建筑通用体系	中国建筑工业出版社,中国建筑学会.建筑设计资料集（第三版）第 2 分册 居住.北京:中国建筑工业出版社,2017.
图 1-1-9	SAR 支撑体和可分单元	鲍家声.支撑体住宅 [M].南京:江苏科学技术出版社,1998.
图 1-1-10	SAR 体系区、界、段的概念	鲍家声.支撑体住宅 [M].南京:江苏科学技术出版社,1998.
图 1-1-12	MATURA 住宅部品体系	Stephen Kendall, Jonathan Teicher. Residential Open Building[M]. London and New York: E & FN spon, 2000.
图 1-2-1	英国博览会水晶宫	http://www.cila.cn/news/216509.html
图 1-2-2	英国利物浦埃尔登街作品	https://www.sohu.com/a/156577286_99936506
图 1-2-3	德国法格斯工厂	http://web.xkyn.net/pc-zhjmnhvcjbjjhcxkjhk.htm
图 1-2-4	德国包豪斯校舍	https://zhidao.baidu.com/question/499659643505629804.html
图 1-2-5	"多米诺"住宅体系	https://cd.house.ifeng.com/news/2015_06_15-50433086_0.shtml
图 1-2-6	巴塞罗那世界博览会德国馆	http://www.360doc.com/content/18/0919/14/58910009_787948767.shtml
图 1-2-7	斯图加特住宅区展览中密斯·凡·德·罗设计的公寓	https://www.zhihu.com/question/23305478/answer/183981641
图 1-2-8	芝加哥家庭保险公司	http://www.lvtumu.com/forum.php?mod=viewthread&tid=13109&extra=
图 1-2-9	纽约帝国大厦及施工现场	http://www.xixik.com/content/e51135cd5be1e191
图 1-2-10	纽约洛克菲勒中心	吴焕加.20 世纪西方建筑史 [M].郑州:河南科学技术出版社,1998.
图 1-2-11	马赛公寓	https://baike.sogou.com/v6886213.htm?ch=ch.bk.innerlink

编号	图名	图片来源
图 1-2-12(左)	"栖息地 67 号"·及施工现场	https://www.xiangshu.com/photo_t3353704_16785201.html
图 1-2-12(中)		尤塔·阿尔布斯.高喆，译.装配式住宅建筑设计与建造指南——工艺流程及技术方案[M].北京：中国建筑工业出版社，2019.
图 1-2-12(右)		
图 1-2-13	纽约联合国总部秘书处大厦	http://bbs.zol.com.cn/dcbbs/d34039_2969_uid_newplayer2013.html
图 1-2-14(左)	纽约利华大厦及施工现场	Lever House，http://www.som.com/projects/lever_house/
图 1-2-14(右)		Lever House X Skidmore，https://www.duitang.com/blog/?id=150651227
图 1-2-15	柏林新国家美术馆	https://bbs.zhulong.com/101010_group_3000036/detail19058064/?louzhu=1
图 1-2-17(左)	东京中银舱体大楼及分析	http://archcy.com/focus/modular/dc6bb3e229ebdcb7
图 1-2-17(右)		日本建筑学会.建筑设计资料集 [居住篇][M].天津：天津大学出版社,2001.
图 1-2-18	悉尼歌剧院及施工现场	http://diqu.nxing.cn/shehui/8798062.html
图 1-2-19	法国蓬皮杜国家文化艺术中心	http://tuchong.com/66825/4013942/
图 1-2-22	英国伦敦莫瑞街住宅	Jingmin Zhou. Urban Housing Forms[M].UK：Architectural Press，2005.
图 1-2-23	MMC 单元模块建筑法	Jingmin Zhou. Urban Housing Forms[M].UK：Architectural Press，2005.
图 1-2-24	华北 301 住宅标准设计	吕俊华，等.中国现代城市住宅：1840-2000[M].北京：清华大学出版社，2003.
图 1-2-25	上海陶粒混凝土大板住宅标准层平面	吕俊华，等.中国现代城市住宅：1840-2000[M].北京：清华大学出版社，2003.
图 1-2-26	北京洪茂沟住宅区	吕俊华，等.中国现代城市住宅：1840-2000[M].北京：清华大学出版社，2003.
图 1-2-27	北京前三门大街高层住宅及标准层平面	吕俊华，等.中国现代城市住宅：1840-2000[M].北京：清华大学出版社，2003.
图 1-2-28	多类型住宅结构工业化体系（ 左起：砌块、大板、大模板、框架轻板 ）	吕俊华，等.中国现代城市住宅：1840-2000[M].北京：清华大学出版社，2003.
图 1-2-29	江苏无锡支撑体系住宅	吕俊华，等.中国现代城市住宅：1840-2000[M].北京：清华大学出版社，2003.
图 1-2-30	天津 "80 住" 砖混结构住宅	吕俊华，等.中国现代城市住宅：1840-2000[M].北京：清华大学出版社，2003.
图 1-2-31	清华大学退台式花园住宅	吕俊华，等.中国现代城市住宅：1840-2000[M].北京：清华大学出版社，2003.
图 1-2-32	河北石家庄联盟小区小康住宅实验楼	吕俊华，等.中国现代城市住宅：1840-2000[M].北京：清华大学出版社，2003.

编号	图名	图片来源
图1-2-33	北京翠微小区适应型住宅试验房	建设部马建国际建筑设计顾问有限公司,《适应型住宅通用填充体系》课题组, 江苏省老科协高级建设专家委员会. 小康型灵活空间住宅设计图集 [M]. 杭州: 浙江科学技术出版社, 1995.
图1-2-34	第一代远大集成住宅	刘东卫, 等. 中国住宅工业化发展及其技术演进 [J]. 建筑学报, 2012(04).
图1-2-35	万科第五寓	刘东卫, 等. 中国住宅工业化发展及其技术演进 [J]. 建筑学报, 2012(04).
图1-2-36	万科新里程住宅	刘东卫, 等. 中国住宅工业化发展及其技术演进 [J]. 建筑学报, 2012(04).
图1-2-37	叠合楼板、外挂墙板、长沙花漾午华施工现场	刘东卫, 等. 中国住宅工业化发展及其技术演进 [J]. 建筑学报, 2012(04).
图1-2-38	北京锋尚国际公寓	https://bj.5i5j.com/xiaoqu/2935.html
图1-2-39	北京雅世合金公寓	张广源拍摄
图1-3-1	批量生产与批量定制	斯蒂芬·基兰, 詹姆斯·廷伯莱克. 再造建筑: 如何用制造业的方法改造建筑业 [M]. 何清华, 祝迪飞, 等, 译. 北京: 中国建筑工业出版社, 2009.
图2-1-1	建筑产业现代化国家建筑标准设计体系	住房和城乡建设部. 建筑产业现代化国家建筑标准设计体系. 2015.
图2-1-3	住宅建筑通用体系	中国建筑标准设计研究院. 《装配式住宅建筑设计标准》图示: 18J820[S]. 北京: 中国计划出版社, 2018.
图2-3-8	架空地面与树脂地脚螺栓	刘东卫. SI住宅与住房建设模式 体系·技术·图解 [M]. 北京: 中国建筑工业出版社, 2015.
图2-3-9	整体卫浴构成示意图	中国建筑标准设计研究院. 《装配式住宅建筑设计标准》图示: 18J820[S]. 北京: 中国计划出版社, 2018.
图2-3-10	整体卫浴实景照片	北京丰科建泽信公馆项目
图2-3-11	集成厨房构成示意图	中国建筑标准设计研究院. 《装配式住宅建筑设计标准》图示: 18J820[S]. 北京: 中国计划出版社, 2018.
图2-3-12	集成厨房实景照片	北京丰科建泽信公馆项目
图2-3-13	系统收纳示意图	中国建筑标准设计研究院. 《装配式住宅建筑设计标准》图示: 18J820[S]. 北京: 中国计划出版社, 2018.
图2-3-14	系统收纳实景照片	北京丰科建泽信公馆项目
图3-2-3	装配式建筑工程项目设计流程	北京城市副中心 C2 综合物业楼项目
图3-2-4	装配式混凝土建筑的技术策划要点	中国建筑标准设计研究院. 装配式建筑系列标准应用实施指南(装配式混凝土结构建筑)[M]. 北京: 中国计划出版社, 2016: 图3.2.2.

编号	图名	图片来源
图 3-2-5	基于钢结构的一体化装配式建筑综合解决方案	河北雄安市民服务中心周转及生活用房项目
图 3-2-6	各系统装配分析	河北雄安市民服务中心周转及生活用房项目
图 3-3-2	支撑体空间网格	刘长春，等. 新型工业化建筑模数协调体系的探讨 [J]. 建筑技术，2015.
图 3-3-3	单元空间网格	刘长春，等. 新型工业化建筑模数协调体系的探讨 [J]. 建筑技术，2015.
图 3-3-4	平面网格	刘长春，等. 新型工业化建筑模数协调体系的探讨 [J]. 建筑技术，2015.
图 3-3-5	部件部品的尺寸	住房和城乡建设部. 建筑模数协调标准：GB/T 50002—2013[S]. 北京：中国建筑工业出版社，2014：图 4.3.1.
图 3-3-6	采用中心线定位法的模数基准面	住房和城乡建设部. 建筑模数协调标准：GB/T 50002—2013[S]. 北京：中国建筑工业出版社，2014：图 4.2.2-1.
图 3-3-7	用于模数协调的空间参考系统	住房和城乡建设部. 建筑模数协调标准：GB/T 50002—2013[S]. 北京：中国建筑工业出版社，2014：图 4..2.2-2.
图 3-4-1	预制构件分析	江苏南京丁家庄保障房项目
图 3-4-4	住宅模块组合	江苏南京丁家庄保障房项目
图 3-4-6（a）	装配式住宅立面	北京郭公庄公共租赁住房一期项目
图 3-4-6（b）		辽宁沈阳万科春河里 17 号楼住宅项目
图 3-4-7（a）	装配式公共建筑立面	河北雄安市民服务中心周转及生活用房项目
图 3-4-7（b）		福建福州绿色科技产业园综合楼项目
图 3-4-8	钢结构主体的连接节点	浙江杭州转塘单元 G-R21-22 地块公共租赁住房项目
图 3-4-9	集水器和分水器	北京雅世合金公寓项目
图 3-5-3	外围护系统	北京城市副中心 C2 综合物业楼项目
图 3-5-4	外挂墙板板型划分及设计参数要求	中国建筑标准设计研究院. 预制混凝土外墙挂板（一）：16J110-2　16G333[S]. 北京：中国计划出版社，2016.
图 3-6-3	装配式吊顶节点示意图	中国建筑标准设计研究院. 装配式混凝土结构住宅建筑设计示例（剪力墙结构）：15J939-1[S]. 北京：中国计划出版社，2015.
图 3-6-4	装配式楼地面节点示意图	中国建筑标准设计研究院. 装配式混凝土结构住宅建筑设计示例（剪力墙结构）：15J939-1[S]. 北京：中国计划出版社，2015.
图 3-7-1	装配式住宅建筑分离体系	中国建筑标准设计研究院.《装配式住宅建筑设计标准》图示：18J820[S]. 北京：中国计划出版社，2018.

编号	图名	图片来源
图 3-7-2（a）	管线分离施工实景图	上海绿地清漪园住宅项目
图 3-7-2（b）		浙江绍兴宝业新桥风情住宅项目
图 3-7-2（c）		山东济南鲁能领秀城住宅项目
图 3-7-2（d）		
图 3-7-6（a）	耐久性围护结构	山东济南鲁能领袖城住宅项目
图 3-7-6（b）		北京郭公庄一期公共租赁住房项目
图 4-1-1	精益思想演化与应用趋势	李忠富，杨晓林 . 现代建筑生产管理理论 [M].北京：中国建筑工业出版社，2012.10.
图 4-2-1	预制混凝土构件生产线效果图	中建一局集团建设发展有限公司提供
图 4-2-2	预制混凝土构件生产线	北京燕通建筑构件有限公司提供
图 4-2-3	台模清理	文林峰 . 装配式混凝土结构技术体系和工程案例汇编 [M]. 北京：中国建筑工业出版社，2018：91.
图 4-2-4	放线支模	
图 4-2-5	混凝土浇筑	
图 4-2-6	预制混凝土构件入箱养	
图 4-2-8	模具组装	北京燕通建筑构件有限公司提供
图 4-2-9	涂抹脱模剂	北京燕通建筑构件有限公司提供
图 4-2-10	钢筋绑扎	北京燕通建筑构件有限公司提供
图 4-2-12	混凝土输料系统	北京燕通建筑构件有限公司提供
图 4-2-15	预制混凝土构件的立体存储	北京燕通建筑构件有限公司提供
图 4-2-16	隐蔽工程验收记录表	北京燕通建筑构件有限公司提供
图 4-2-18	钢构件生产线	浙江精工钢构提供
图 4-2-21	钢材切割	浙江精工钢构提供
图 4-2-22	H 型钢矫正机	浙江精工钢构提供
图 4-2-23	用于焊接的机械设备	浙江精工钢构提供
图 4-2-24	焊接的机械设备	浙江精工钢构提供
图 4-2-26	蒸压加气混凝土板生产工艺流程	赵立群，樊钧，王琼，陈宁 . 新型墙体材料生产与应用 [M]. 上海：上海科学技术文献出版社，2014：06.
图 4-2-27	钢筋网在模具中组装工序	北京金隅加气混凝土有限责任公司提供
图 4-2-28	蒸压釜设备	北京金隅加气混凝土有限责任公司提供
图 4-3-3	预制构件吊装	中国建筑标准设计研究院 . 装配式混凝土剪力墙结构住宅施工工艺图解：16G906[S]. 北京：中国计划出版社，2016.

编号	图名	图片来源
图 4-3-4	预制构件安装就位	中建一局集团建设发展有限公司提供
图 4-3-6	灌浆套筒灌浆连接	中国建筑标准设计研究院.装配式混凝土剪力墙结构住宅施工工艺图解:16G906[S].北京:中国计划出版社,2016.
图 4-3-7	后浇混凝土连接段	中国建筑标准设计研究院.装配式混凝土剪力墙结构住宅施工工艺图解:16G906[S].北京:中国计划出版社,2016.
图 4-3-9	预制外墙板接缝处防水处理工艺流程	https://mp.weixin.qq.com/s/o1SwzG73YeWryywCKG0glw
图 4-3-11	轻质隔墙施工过程示意图	图(a)、(b)、(c)来源:文林峰.装配式钢结构技术体系和工程案例汇编[M].北京:中国建筑工业出版社,2019:53、54;图(c)~(f)、(h)由北京金隅加气混凝土有限责任公司提供
图 4-4-2	建筑信息模型(BIM)技术	文林峰.装配式混凝土结构技术体系和工程案例汇编[M].北京:中国建筑工业出版社,2018:67. 文林峰.装配式钢结构技术体系和工程案例汇编[M].北京:中国建筑工业出版社,2019:162.
图 4-4-3	BIM 预制混凝土构件库示意图	住房和城乡建设部科技与产业化发展中心.装配式建筑标准化部品部件库研究与应用[M].北京:中国建筑工业出版社,2019:56、57.
图 4-4-4	BIM 技术进行碰撞检查	李云贵.建筑工程施工 BIM 应用指南(第二版)[M].北京:中国建筑工业出版社,2017:142.
图 4-4-5	BIM 深化设计模型	李云贵.建筑工程施工 BIM 应用指南(第二版)[M].北京:中国建筑工业出版社,2017.
图 4-4-6	预制混凝土构件二维码	文林峰.装配式混凝土结构技术体系和工程案例汇编[M].北京:中国建筑工业出版社,2018:184.
图 4-4-7	施工场地布置	文林峰.装配式混凝土结构技术体系和工程案例汇编[M].北京:中国建筑工业出版社,2018:51.
图 4-4-8	吊装模拟	文林峰.装配式混凝土结构技术体系和工程案例汇编[M].北京:中国建筑工业出版社,2018:51.
图 5-1-1	装配式混凝土建筑建造全过程参考流程	中国建筑标准设计研究院.装配式建筑系列标准应用实施指南(装配式混凝土结构建筑)图 3.2.2.
图 5-1-2	装配式混凝土建筑技术策划要点	
图 5-1-4	预制承重夹芯外墙板示意图	基于:中国建筑标准设计研究院.装配式建筑系列标准应用实施指南(装配式混凝土结构建筑)[M].北京:中国计划出版社,2016:图 3.7.4-2.修改绘制
图 5-1-5	预制承重夹芯外墙板水平缝构造示意图	中国建筑标准设计研究院.装配式建筑系列标准应用实施指南(装配式混凝土结构建筑)[M].北京:中国计划出版社,2016:图 3.7.3-1.

编号	图名	图片来源
图 5-1-6	预制承重夹芯外墙板竖缝构造示意图	中国建筑标准设计研究院.装配式建筑系列标准应用实施指南（装配式混凝土结构建筑）图 3.7.3-2.
图 5-1-7	预制混凝土夹芯保温外挂墙板示意图	中国建筑标准设计研究院.装配式建筑系列标准应用实施指南（装配式混凝土结构建筑）图 3.7.4-2.
图 5-1-8	预制外墙生产过程中的面砖反打工艺	菲利普·莫伊泽,等.装配式住宅建筑设计与建造指南——建筑与类型 [M].高喆,译.北京:中国建筑工业出版社,2019:140.
图 5-1-9	预制外墙接缝的立面效果示例	菲利普·莫伊泽,等.装配式住宅建筑设计与建造指南——建筑与类型 [M].高喆,译.北京:中国建筑工业出版社,2019:393,237.
图 5-1-10	预制混凝土夹芯保温外挂墙板水平缝、垂直缝构造示意图	中国建筑标准设计研究院.装配式建筑系列标准应用实施指南（装配式混凝土结构建筑）[M].北京:中国计划出版社,2016:图 3.7.4-3,3.7.3-4.
图 5-1-11	装配式隔墙示意	中国建筑标准设计研究院.装配式建筑系列标准应用实施指南(装配式混凝土结构建筑)[M].北京:中国计划出版社,2016:图 7.3.6-1.
图 5-1-12	集成吊顶示意	中国建筑标准设计研究院.装配式建筑系列标准应用实施指南(装配式混凝土结构建筑)[M].北京:中国计划出版社,2016:图 7.3.4.
图 5-1-13	架空地板示意	中国建筑标准设计研究院.装配式建筑系列标准应用实施指南(装配式混凝土结构建筑)[M].北京:中国计划出版社,2016:图 7.3.5.
图 5-1-14	集成式厨房的典型布置图	中国建筑标准设计研究院.装配式建筑系列标准应用实施指南(装配式混凝土结构建筑)[M].北京:中国计划出版社,2016:图 7.3.1-1.
图 5-1-15	集成式卫生间的典型布置图	中国建筑标准设计研究院.装配式建筑系列标准应用实施指南(装配式混凝土结构建筑)[M].北京:中国计划出版社,2016:图 7.3.2.
图 5-1-16	外立面装饰材料示意	https://wenku.baidu.com/view/c37bccbee2bd960591c6772e.html
图 5-1-17（左）	装配式建筑场地布置实例	https://www.sohu.com/a/280368374_322858
图 5-1-17（右）		https://wenzhou.leju.com/news/2018-01-05/09456354860269344456453.shtml
表 5-2-1	多高层装配式钢结构适用的最大高度	住房和城乡建设部.装配式钢结构技术标准:GB/T 51232—2016[S].北京:中国建筑工业出版社,2017:表 5.2.6.
表 5-2-2	装配式钢结构建筑适用的最大高宽比	住房和城乡建设部.装配式钢结构技术标准:GB/T 51232—2016[S].北京:中国建筑工业出版社,2017:表 5.2.7.

编号	图名	图片来源
图 5-2-1	统一模数尺寸下的不同立面组合效果	菲利普·莫伊泽，等.装配式住宅建筑设计与建造指南——建筑与类型[M].高喆，译.北京：中国建筑工业出版社，2019：245-248.
图 5-2-3	接缝防水构造	菲利普·莫伊泽，等.装配式住宅建筑设计与建造指南——建筑与类型[M].高喆，译.北京：中国建筑工业出版社，2019：134.
图 5-3-1	装配式住宅建筑分离体系	中国建筑标准设计研究院.《装配式住宅建筑设计标准》图示：18J820[S].北京：中国计划出版社，2018：4.1.1 图示 2.
图 5-3-2	住宅全寿命周期示意图	中国建筑标准设计研究院.《装配式住宅建筑设计标准》图示：18J820[S].北京：中国计划出版社，2018：4.1.1 图示 2.
图 5-3-3	基本模块可变性	中国建筑标准设计研究院.《装配式住宅建筑设计标准》图示：18J820[S].北京：中国计划出版社，2018：4.1.1 图示 2.
图 5-3-4	普通结构对比大空间结构平面布置	中国建筑标准设计研究院.《装配式住宅建筑设计标准》图示：18J820[S].北京：中国计划出版社，2018：4.1.2 图示 .
图 5-3-5	集成化部品示意图	中国建筑标准设计研究院.《装配式住宅建筑设计标准》图示：18J820[S].北京：中国计划出版社，2018：6.1.6 图示 .
图 5-3-6	装配式吊顶部品做法节点示意图	中国建筑标准设计研究院.装配式混凝土结构住宅建筑设计示例（剪力墙结构）：15J939-1[S].北京：中国计划出版社，2015.
图 5-3-7	架空地板做法节点示意图	中国建筑标准设计研究院.装配式混凝土结构住宅建筑设计示例（剪力墙结构）：15J939-1[S].北京：中国计划出版社，2015.
图 5-3-8	常用集成化部品示意	中国建筑标准设计研究院.《装配式住宅建筑设计标准》图示：18J820[S].北京：中国计划出版社，2018：8.1.2 图示 .
图 5-3-9	排水管道设置示例	中国建筑标准设计研究院.《装配式住宅建筑设计标准》图示：18J820[S].北京：中国计划出版社，2018：8.2.1 图示 .
图 5-3-10	同层排水示例	中国建筑标准设计研究院.《装配式住宅建筑设计标准》图示：18J820[S].北京：中国计划出版社，2018：8.2.2 图示 1.
图 5-3-11	干式地暖做法节点示意	中国建筑标准设计研究院.《装配式住宅建筑设计标准》图示：18J820[S].北京：中国计划出版社，2018：8.3.3 图示 .
图 5-3-12	厨卫水平排气示意	中国建筑标准设计研究院.《装配式住宅建筑设计标准》图示：18J820[S].北京：中国计划出版社，2018：8.3.4 图示 .
图 5-3-13	水平换气分户式新风示意	中国建筑标准设计研究院.《装配式住宅建筑设计标准》图示：18J820[S].北京：中国计划出版社，2018：8.3.5 图示 .

编号	图名	图片来源
图 5-3-14	电气管线布置示意	中国建筑标准设计研究院.《装配式住宅建筑设计标准》图示：18J820[S]. 北京：中国计划出版社，2018：8.4.1 图示.
图 5-4-4	钢管混凝土束结构	杭萧钢构产品资料图
图 5-4-5	钢管混凝土束组合构件形式	杭萧钢构产品资料图
图 5-4-6	结构与墙体结合	杭萧钢构产品资料图
图 5-4-7	典型构件	杭萧钢构产品资料图
图 5-4-8	实验破坏形态	杭萧钢构产品资料图
图 5-4-9	分层装配式钢支撑结构示意	杭萧钢构产品资料图
图 5-4-10	安装过程	宝业集团产品资料图
图 5-4-11	连接节点	宝业集团产品资料图
图 5-4-12	外墙固定件	积水住宅株式会社产品资料图
图 5-4-13	室内效果	积水住宅株式会社产品资料图
图 5-4-14	力学模型	宝业集团产品资料图
图 5-4-15	部分填充钢—混凝土组合结构	精工钢构产品资料图
图 5-4-16	部分填充钢—混凝土组合墙	精工钢构产品资料图
图 5-4-17	部分填充钢—混凝土组合柱	精工钢构产品资料图
图 5-4-18	部分填充钢—混凝土组合梁	精工钢构产品资料图
图 5-4-19	梁柱连接示意	精工钢构产品资料图
图 5-4-20	连接节点区灌浆连接	精工钢构产品资料图
图 5-4-21	防火性能试验	精工钢构产品资料图
图 5-4-22	防腐防火一体化	精工钢构产品资料图
图 5-4-23	结构示意	http://www.boxpark.cn/news/13040310.html
图 5-4-24	模块制作	http://tech.163.com/14/0418/18/9Q4S64NL00094ODU.html
图 5-4-25	安装过程	中建海龙建筑科技有限公司资料图
图 5-4-26	组装效果	http://mini.eastday.com/a/180902014752227.html

附录

案例编号	案例名称	图片来源
1	北京雅世合金公寓项目	中国建筑标准设计研究院有限公司
2	上海万科金色里程住宅项目	上海中森建筑与工程设计顾问有限公司
3	山东济南鲁能领秀城住宅项目	中国建筑标准设计研究院有限公司
4	北京郭公庄公共租赁住房一期项目	中国建筑设计研究院有限公司

案例编号	案例名称	图片来源
5	北京实创青棠湾公共租赁住房项目	中国建筑标准设计研究院有限公司
6	北京丰台桥南王庄子居住项目	中国建筑设计研究院有限公司
7	江苏镇江新区公共租赁住房项目	中国建筑设计研究院有限公司
8	江苏南京丁家庄保障房项目	江苏南京丁家庄保障房项目组
9	山东德州长屋住宅项目	王奕程，赵一平，许安江，等．历史走向未来：长屋计划的整合实验 [J]．建筑学报，2018（12）．
10	河北雄安市民服务中心周转及生活用房项目	清华大学建筑设计研究院有限公司
11	浙江绍兴宝业新桥风情住宅项目	中国建筑标准设计研究院有限公司
12	浙江杭州转塘单元 G-R21-22 地块公共租赁住房项目	浙江杭州转塘单元 G-R21-22 地块公共租赁住宅项目组
13	浙江嘉兴海盐吾悦广场住宅项目	浙江绿筑集成科技有限公司
14	北京顺义区某低层住宅项目	北京中天元工程设计有限责任公司
15	辽宁沈阳万科春河里 17 号楼住宅项目	中国中建设计集团有限公司、日本鹿岛建设公司
16	四川成都都江堰向峨小学项目	周峻．都江堰市向峨小学 [J]．建筑知识，2018（05）．
17	北京城市副中心 C2 综合物业楼项目	中国建筑设计研究院有限公司
18	河北雄安市民服务中心企业临时办公区项目	中国建筑设计研究院有限公司
19	上海西岸世界人工智能大会 B 馆项目	上海创盟国际建筑设计有限公司
20	上海装配式建筑集成技术试验楼项目	华东建筑设计研究院有限公司
21	广东省深圳坪山区学校项目	中建科技有限公司
22	浙江乌镇"互联网之光"博览中心项目	上海创盟国际建筑设计有限公司
23	福建福州绿色科技产业园综合楼项目	中国中建设计集团有限公司

　　本教材为方便读者学习专业知识，第 1～第 4 章出现大量的专有名词和图片，与第 5 章特定的标准解析中部分术语和图片略有重复。附录中的工程案例，必要时也在之前章节的对应知识点处出现，尽可能做到理论和实例的准确参照。

参考文献

书籍专著

1. 内田祥哉 . 建築生産のオープンシステム [M]. 東京：彰国社，1977.

2. 内田祥哉 . 構法計画ハンドブック [M]. 東京；彰国社，1977.

3. 内田祥哉 . 建筑工业化通用体系 [M]. 姚国华，译 . 上海：上海科学技术出版社，1983.

4. Stichting Architecten Research, Eindhoven. Keyenburg Apilotproject Eenvoorbeeldproject[M]. 1985.

5. 娄述渝，林夏 . 法国工业化住宅的设计与实践 [M]. 北京：中国建筑工业出版社，1986.

6. 松村秀一 . 工業化住宅・考 . 京都：学芸出版社，1987.

7. 肯尼斯・弗兰姆普敦 . 现代建筑：一部批判的历史 [M]. 原山，等，译 . 北京：中国建筑工业出版社，1988.

8. 吴良镛 . 广义建筑学 [M]. 北京：清华大学出版社，1989.

9. 鲍家声 . 支撑体住宅 [M]. 南京：江苏科学技术出版社，1990.

10. 赵冠谦 . 2000 年的住宅 [M]. 北京：中国建筑工业出版社，1991.

11. 约翰・伊特韦尔，等 . 新帕尔格雷夫经济学大辞典 第二卷 . 北京：经济科学出版社，1992.

12. 贾倍思 . 长效住宅——现代建宅新思维 [M]. 南京：东南大学出版社，1993.

13. 内田祥哉 . 建築の生産とシステム [M]. 東京：住まいの図書館出版局，1993.

14. 吴焕加 . 20 世纪西方建筑史 [M]. 郑州：河南科学技术出版社，1998.

15. 贾倍思，等 . 居住空间适应性设计 [M]. 南京：东南大学出版社 . 1998.

16. 沈祖炎 . 钢结构制作安装手册 [M]. 北京：中国建筑工业出版社，1998.

17. 周静敏 . 世界集合住宅——新住宅设计 . 北京：中国建筑工业出版社，1999.

18. 邹德侬，等 . 中国建筑五十年 [M]. 北京：中国建材工业出版社，1999.

19. Stephen Kendall, Jonathan Teicher. Residential Open Building[M].London and New York：E & FN spon，2000.

20. 彰国社 . 集合住宅实用设计指南 [M]. 刘东卫，等，译 . 北京：中国建筑工业出版社，2001.

21. 日本建筑学会 . 建筑设计资料集 [居住篇] [M]. 天津：天津大学出版社，2001.

22. 石氏克彦 . 多层集合住宅 [M]. 张丽丽，译 . 北京：中国建筑工业出版社，2001.

23. 内田祥哉 . 現代建築の造られ方 [M]. 東京：市ヶ谷出版社，2002.

24. 吕俊华，等 . 中国现代城市住宅：1840-2000[M]. 北京：清华大学出版社，2003.

25. 彼得・柯林斯 . 现代建筑设计思想的演变 [M]. 英若聪，译 . 北京：中国建筑工业出版社，2003.

26. 松村秀一 . 箱の産業－プレハブ技術者たちの証言 / 日本の住宅産業とプレハブ住宅 [M]. 東京：彰国社，2003.

27. 聂兰生，等 . 21 世纪中国大城市居住形态解析 [M]. 天津：天津大学出版社，2004.

28. UR 都市机构 . KSI——Kikou Skeleton and Infill Housing[M]. UR 都市机构, 2005.

29. 陈眼云，等 . 建筑结构选型 [M]. 广州：华南理工大学出版社，2005.

30. 松村秀一，等 . 21 世纪型住宅模式 [M]. 陈滨，译 . 北京：机械工业出版社，2006.

31. KENDALL Stephenl, TEICHER Jonathan, 村上心訳 . サステイナブル集合住宅オプン？ビルディングに向けて [M]. 东京：技报堂，2006.

32. 清家刚，等 . 可持续性住宅建设 [M]. 陈滨，译 . 北京：机械工业出版社，2007.

33. TopEnergy 绿色建筑论坛组织 . 绿色建筑评估 [M]. 北京：中国建筑工业出版社，2007.

34. N John Habraken. 衍异：开放住宅的系统设计 [M]. 王明蘅，译 . 建筑与文化出版社有限公司，2008.

35. 鲁春梅 . 建筑施工组织 [M]. 哈尔滨：哈尔滨工程大学出版社，2008.

36. 長期優良住宅に係る認定基準技術解説 [M]. 东京：一般社団法人住宅性能評価表示協会，2008.

37. 斯蒂芬·基兰，等 . 再造建筑：如何用制造业的方法改造建筑业 [M]. 何清华，祝迪飞，谢琳琳，等，译 . 北京：中国建筑工业出版社，2009.

38. 吴东航，等 . 日本住宅建设与产业化 [M]. 北京：中国建筑工业出版社，2009.

39. 孙文迁，等 . 铝合金门窗生产与质量控制 [M]. 北京：中国电力出版社，2010.

40. 开彦 . 开彦观点 [M]. 北京：中国建筑工业出版社，2011.

41. 纪颖波 . 建筑工业化发展研究 [M]. 北京：中国建筑工业出版社，2011.

42. 住房和城乡建设部住宅产业化促进中心 . 公共租赁住房产业化实践——标准化套型设计和全装修指南 [M]. 北京：中国建筑工业出版社，2011.

43. 肯尼思·弗兰姆普敦 . 20 世纪建筑学的演变：一个概要陈述 [M]. 张钦楠，译 . 北京：中国建筑工业出版社，2011.

44. 社团法人预制建筑协会 . 预制建筑技术集成 第 1 册 预制建筑总论 [M]. 朱邦范，译 . 北京：中国建筑工业出版社，2012.

45. 古阪秀三 . 建筑生产 [M]. 李玥，等，译 . 北京：中国建筑工业出版社，2012.

46. 李忠富，等 . 现代建筑生产管理理论 [M]. 北京：中国建筑工业出版社，2013.

47. 大卫·加特曼 . 从汽车到建筑：20 世纪的福特主义与建筑美学 [M]. 程玺，译 . 北京：电子工业出版社，2013.

48. 国家住宅与居住环境工程技术研究中心 . SI 住宅建造体系设计技术——中日技术集成型住宅示范案例·北京雅世合金公寓 [M]. 北京：中国建筑工业出版社，2013.

49. 中国建筑标准设计研究院有限公司 . 公共租赁住房标准化设计研究 [M]. 北京：中国建筑工业出版社，2014.

50. 中国房地产研究会住宅产业发展和技术委员会，中国百年建筑研究院，《中国百年建筑评价指标体系研究》课题组 . 中国百年住宅建筑评价指标体系研究 [M]. 北京：中国城市出版社，2014.

51. 中国建筑标准设计研究院有限公司 . 绿色保障性住房建设与发展研究 [M]. 北京：中国计划出版社，2014.

52. 赵立群，等 . 新型墙体材料生产与应用 [M]. 上海：上海科学技术文献出版社，2014.

53. 刘东卫. SI 住宅与住房建设模式·体系·技术·图解 [M]. 北京：中国建筑工业出版社，2015.

54. 张宏，等. 构件成型·定位·连接与空间和形式生成：新型建筑工业化设计与建造示例 [M]. 南京：东南大学出版社，2016.

55. 上海隧道工程股份有限公司. 装配式混凝土结构施工 [M]. 北京：中国建筑工业出版社，2016.

56. 王晶，等. 基于信息化的精益生产管理 [M]. 北京：机械工业出版社，2016.

57. 中国建筑工业出版社，中国建筑学会. 建筑设计资料集 第 2 分册 居住. 北京：中国建筑工业出版社，2017.

58. 松村秀一，等. 三维图解建筑构法 [M]. 吴东航，等，译. 北京：中国建筑工业出版社，2017.

59. 文林峰. 装配式混凝土结构技术体系和工程案例汇编 [M]. 北京：中国建筑工业出版社，2017.

60. 徐竹. 复合材料成型工艺及应用 [M]. 北京：国防工业出版社，2017.

61. 李云贵. 建筑工程施工 BIM 应用指南（第二版）[M]. 北京：中国建筑工业出版社，2017.

62. 樊则森. 从设计到建成：装配式建筑二十讲 [M]. 北京：机械工业出版社，2018.

63. 朱建军，等. 精益生产与管理 [M]. 北京：科学出版社，2018.

64. 尤塔·阿尔布斯. 装配式住宅建筑设计与建造指南——工艺流程及技术方案 [M]. 高喆，译. 北京：中国建筑工业出版社，2019.

65. 中国建筑标准设计研究院有限公司，住房和城乡建设部科技与产业化发展中心. 装配式混凝土建筑技术体系发展指南（居住建筑）[M]. 北京：中国建筑工业出版社，2019.

66. 文林峰，等. 装配式建筑标准化部品部件库研究与应用 [M]. 北京：中国建筑工业出版社，2019.

67. 中国建筑学会. 2016—2017 建筑学学科发展报告 [M]. 北京：中国科学技术出版社，2018.

68. 刘东卫. 百年住宅——面向未来的中国住宅绿色可持续建设研究与实践 [M]. 北京：中国建筑工业出版社，2018.

69. 周静敏. 工业化住宅概念研究与方案设计 [M]. 北京：中国建筑工业出版社，2019.

期刊论文

70. 陈登鳌. 试论工业化住宅的建筑创作问题——探索住宅建筑工业化与多样化的设计途径 [J]. 建筑学报，1979（03）.

71. 水亚佑，等. 法国工业化建筑体系的新进展 [J]. 建筑技术通讯（施工技术），1981（01）.

72. 张守仪. SAR 的理论和方法 [J]. 建筑学报，1981（06）.

73. 赵冠谦，等. 北方通用大板住宅建筑体系标准化与多样化问题的探讨 [J]. 建筑学报，1981（06）.

74. 周士锷. 在砖混体系住宅中应用 SAR 方法的探讨 [J]. 建筑学报，1981（06）.

75. 鲍家声 . 支撑体住宅规划与设计 [J]. 建筑学报，1985（03）.

76. 程述成，等 . 全国第二批城市住宅小区规划设计方案评议综述 [J]. 住宅科技，1990（10）.

77. 马韵玉，等 . "应变型住宅"初探 [J]. 建筑学报，1991（11）.

78. 鲍家声 . 从支撑体住宅到开放建筑 [J]. 世界建筑导报，1995（02）.

79. 赵冠谦，等 . 北方通用大板住宅建筑体系标准化与多样化问题的探讨 [J]. 建筑学报，1981（06）.

80. 窦以德 . 工业化住宅设计方法分析 [J]. 建筑学报，1982（06）.

81. 吕俊华 . 住宅标准设计方法探新——台阶式花园住宅 [J]. 建筑学报，1982（06）.

82. 邵凯平 . 丹麦工业化建筑体系简介 [J]. 建筑施工，1989（05）.

83. 曹凤鸣 . "TS"体系——灵活可变的居住空间 [J]. 建筑学报，1993（03）.

84. 何川 . 住宅建设新模式与支撑体高效空间住宅 [J]. 新建筑，1994（03）.

85. 鲍家声 . 可持续发展与建筑的未来——走进建筑思维的一个新区 [J]. 建筑学报，1997（10）.

86. 关柯，等 . 住宅产业化概念释义 [J]. 建筑管理现代化，1999（02）.

87. 王仲谷 . 面向 21 世纪的住房与环境设计 [J]. 城市规划，1997（05）.

88. 聂兰生，等 . 跨世纪城市小康住宅模式初探 [J]. 规划师，1998（05）.

89. 开彦，等 . 中国城市小康住宅通用体系（WHOS）设计通则 [J]. 住宅科技，1998（03）.

90. 李忠富，等 . 住宅产业特点、构成与发展分析 [J]. 建筑管理现代化，1999（02）.

91. 聂梅生 . 抓好国家康居示范工程推进住宅产业化进程 [J]. 城乡建设，1999（10）.

92. 赵冠谦，等 . 中国住宅建设技术发展五十年 [J]. 城市开发，1999（10）.

93. 开彦 . 关于中国住宅产业现代化发展战略的思考 [J]. 城市开发，2000（06）

94. 张军 . 轻型钢结构住宅建筑通用体系研究 [J]. 天津建设科技，2000（12）.

95. 孙克放 . 更新理念，拓展思路，设计新一代康居住宅 [J]. 建筑学报，2000（04）.

96. 赵冠谦 . 21 世纪住宅的设计标准 [J]. 中国住宅实施，2001（02）

97. 童悦仲 . 中国住宅产业的现状与发展 [J]. 中国房地产，2002（03）.

98. 童悦仲，等 . 吸收国外经验提高我国住宅建筑技术水平——考察欧洲住宅建筑技术 [J]. 建筑学报，2004（04）.

99. 马韵玉，等 . 日本可持续发展型集合住宅的五个设计准则 [J]. 住宅产业，2005（05）.

100. 刘东卫 . 日本的公共住宅政策及住房保障制度 [J]. 北京城市规划，2007（04）.

101. 孙志坚 . 日本集合住宅设计与生产工业化——住宅高附加值生产与多样化对应 [J]. 工业建筑，2007（07）.

102. 高祥 . 日本住宅产业化政策对我国住宅产业化发展的启示 [J]. 住宅产业，2007（06）.

103. 孙志坚 . PC 住宅设计过程中电气设计分离的有效性 [J]. 工业建筑，2007（08）.

104. 孙志坚 . 住宅部件化发展与住宅设计 [J]. 工业建筑，2007（09）.

105. 刘东卫 . 日本环境友好型住宅的建设理论与实践 [J]. 城市住宅，2007（09）.

106. 卞宗舒 . 体系化钢结构住宅开发模式的初步研究 [J]. 钢结构，2007（03）.

107. 王炜文，等 . 1997—2007 年施工和建造技术回顾 [J]. 世界建筑，2007（10）.

108. 孙克放 . 大力发展省地节能环保型住宅建设资源节约环境友好型社会 [J]. 住宅产业，

2008（05）.

109. 范悦，等 . 可持续开放住宅的过去和现在 [J]. 建筑师，2008（03）.

110. 郝飞，等 . 日本 SI 住宅的绿色建筑理念 [J]. 住宅产业，2008（02-03）.

111. 刘东卫 . 日本集合住宅建设经验与启示 [J]. 住宅产业，2008（06）.

112. 孙克放 . 中国住宅产业化的跨越构想 [J]. 建筑技术及设计，2009（03）.

113. 白德懋 . 居者有其屋——北京住宅建设的历史经验总结 [J]. 北京规划建设，2009（11）.

114. 刘东卫，等 . 百年住居建设理念的 LC 住宅体系研发及其工程示范 [J]. 建筑学报，2009
（08）.

115. 童悦仲 . 我国住宅产业化的进展、问题与对策 [J]. 建筑，2010（12）.

116. 深尾精一，等 . 日本走向开放式建筑的发展史 [J]. 新建筑，2011（06）.

117. 斯蒂芬·肯德尔 . 内装产业如何改变建筑 [J]. 谭刚毅，孙竹青，译 . 新建筑，2011（06）.

118. 贾倍思 . 开放建筑 30 年项目汇编 [J]. 新建筑，2011（06）.

119. 娄霓，等 . 新型砌块结构体系在开放住宅中的研究与应用 [J]. 新建筑，2011（06）.

120. 周静敏，等 . 英国工业化住宅的设计与建造特点 [J]. 建筑学报，2012（04）.

121. 刘东卫，等 . 中国住宅工业化发展及其技术演进 [J]. 建筑学报，2012（04）.

122. 刘东卫，等 . 中国住宅设计与技术新趋势 [J]. 住宅产业，2012（11）.

123. 胡惠琴 . 工业化住宅建造方式——《建筑生产的通用体系》编译 [J]. 建筑学报，2012
（04）.

124. 闫英俊，等 . SI 住宅的技术集成及其内装工业化工法研发与应用 [J]. 建筑学报，2012
（04）.

125. 加茂，等 . NEXT21 实验住宅建筑体系和住户改装的实验 [J]. 胡惠琴，译 . 建筑学报，
2012（04）.

126. 井关和朗，等 . KSI 住宅可长久性居住的技术与研发 [J]. 李逸定，译 . 建筑学报，2012
（04）.

127. 东乡武，等 . 日本低层工业化住宅的历史与现状 [J]. 岩崎琳，译 . 建筑钢结构进展，
2012（12）.

128. 陈喆，等 . 基于"开放住宅"理论的北京市高层保障性住房设计研究 [J]. 建筑学报，
2012（02）.

129. 贾倍思 . 开放建筑——历史回顾及其对中国当代住宅设计的启示 [J]. 建筑学报，2013
（01）.

130. 李忠富，等 . 住宅产业化发展中的 SI 体系研究 [J]. 工程管理学报，2014（06）.

131. 胡向磊，等 . 钢结构住宅技术体系发展模式 [J]. 建设科技，2014（03）.

132. 刘东卫，等 . 新型住宅工业化背景下建筑内装填充体研发与设计建造 [J]. 建筑学报，
2014（07）.

133. 周静敏，等 . 住宅产业化视角下的中国住宅装修发展与内装产业化前景研究 [J]. 建筑
学报，2014（07）.

134. 秦姗，等 . 日本 KEP 到 KSI 内装部品体系的发展研究 [J]. 建筑学报，2014（07）.

135. 魏素巍，等 . 适合中国国情的 SI 住宅干式内装技术的探索——内装装配化技术研究 [J].

建筑学报，2014（07）.

136. 曹祎杰 . 工业化内装卫浴核心解决方案 [J]. 建筑学报，2014（07）.

137. 徐弋 . 新型内装工业化技术分析——松下在绿地南翔示范项目中的实践 [J]. 建筑学报，2014（07）.

138. 秦姗，等 . 基于日本 SI 住宅可持续建筑理念的公共住宅实践 [J]. 建设科技，2014（10）.

139. 米萨，等 . 中英两国工业化建筑系统（IBS）的比较研究 [J]. 建筑设计管理，2016（05）.

140. 刘东卫 . 国际开放建筑的工业化建造理论与装配式住宅建设模式研究 [J]. 建筑技艺，2016（10）.

141. 李忠富，等 . 建筑工业化与精益建造的支撑和协同关系研究 [J]. 建筑经济，2016（11）.

142. 刘赫，等 . 新型装配式住宅通用体系的集成设计与建造研究 [J]. 建设科技，2017（08）.

143. 古阪秀三 . 日本建筑业生产率提高及工业化现状 [J]. 韩甜，译 . 工程管理年刊，2017（10）.

144. 刘东卫 . 装配式建筑标准规范的"四五六"特色 [J]. 工程建设标准化，2017（05）.

145. 刘东卫 . 国际建筑工业化的前沿理论动态与技术发展研究 [J]. 城市住宅，2018（10）.

146. 刘东卫 . 装配式内装产业及技术前景展望 [J]. 住宅产业，2018（12）.

147. 李忠富 . 再论住宅产业化与建筑工业化 [J]. 建筑经济，2018（05）.

148. 樊骅，等 . 装配式建筑实施的管理要素 [J]. 住宅与房地产，2019（17）.

149. 周静敏，等 . 内装工业化体系的居民接受度及改造灵活性研究 [J]. 建筑学报，2019（02）.

150. 苗青，等 . 基于 SAR 理论的内装工业化体系研究 [J]. 建筑实践，2019（02）.

151. 夏海山 . 中日住宅建筑工业化技术体系比较研究 [J]. 建筑师，2019（12）.

152. 刘东卫，周静敏 . 建筑产业转型进程中新型生产建造方式发展之路 [J]. 建筑学报，2020（05）.

153. 松村秀一 . 日本住宅生产的预制化建筑构法理论变迁与技术演进 [J]. 伍止超，译 . 建筑学报，2020（05）.

154. 南一诚 . 日本住宅建设产业的建筑生产系统及预制化技术——开放建筑理论与建筑构法 [J]. 马凌翔，译 . 建筑学报，2020（05）.

155. 川崎直宏 . 建筑长寿化发展放心的日本公共住宅建设体系 [J]. 金艺丽，译 . 建筑学报，2020（05）.

156. 秦姗，刘东卫，伍止超 . 可持续发展模式的住宅建筑系统集成与设计建造——中国百年住宅建设理论方法、体系技术研发与实践 [J]. 建筑学报，2020（05）.

157. 東郷武 . 日本の工業化住宅の産業と技術の変遷 [R]. 国立科学博物館技術の系統化調査報告，2010.

158. 彰国社 . 建筑生产事典施工 .1978（1）.

159. 土木学会，日本建築学会 . 阪神·淡路大震災調査報告 [R].1996.

160. The MATURA System[R]. 2000.

161. UR 都市机构八王子研究所资料 [R]. 2012.

162. 中国建筑标准设计研究院有限公司，同济大学 . 住房和城乡建设部课题"建筑产业现代化建筑与部品技术体系研究" [R].2015.

163. 中国建筑标准设计研究院有限公司 . 住房和城乡建设部课题 "建筑产业现代化国家建筑标准设计体系" [R].2015.

164. プレハブ建築協会 . プレハブ住宅完工戸数実績調査及び生産能力調査報告書 2015年度 [R]. 2016.

165. Stephen Kendall. INFILL SYSTEMS-A NEW MARKET[R]. 2015.

致 谢

值此出版之际，首先向中国建筑学会注册建筑师继续教育委员会的各位专家、领导表示最诚挚的谢意！

由衷感谢住房和城乡建设部执业资格注册中心，感谢于洋副主任、齐建生处长等领导与专家们，本书的顺利出版离不开他们巨大的支持。

非常感谢崔愷院士、庄惟敏院士、李兴钢大师，他们在百忙之中，承担了本书的指导和审阅工作。

特别向 90 余岁高龄的审查组领衔专家赵冠谦大师致以崇高的敬意！同时衷心感谢审查组的同济大学周静敏教授、香港大学贾倍思教授、东南大学张宏教授、深圳大学范悦教授和大连理工大学李忠富等学者专家们，他们细致的工作为本书提供了专业上的保障。

衷心感谢中国建筑出版传媒有限公司（中国建筑工业出版社），感谢徐冉主任及其同仁们，他们为本书的出版给予了巨大帮助和辛勤付出。

最后诚挚地向提供优秀装配式建筑设计创新作品与实践案例的以下各单位致谢，感谢鼎力支持！

清华大学建筑设计研究院有限公司

同济大学建筑设计研究院（集团）有限公司

同济大学建筑与城市规划学院

华南理工大学建筑学院

中国建筑设计研究院有限公司

华东建筑设计研究院有限公司

中国中建设计集团有限公司

上海中森建筑与工程设计顾问有限公司

南京长江都市建筑设计股份有限公司

中建科技有限公司

浙江绿筑集成科技有限公司

北京中天元工程设计有限责任公司

《装配式建筑系统集成与设计建造方法》编写组

2020 年 5 月 16 日